W0467088

Einem weisen Mann steht die ganze Welt offen.
Denn das Vaterland einer trefflichen Seele ist das Universum.
DEMOKRIT

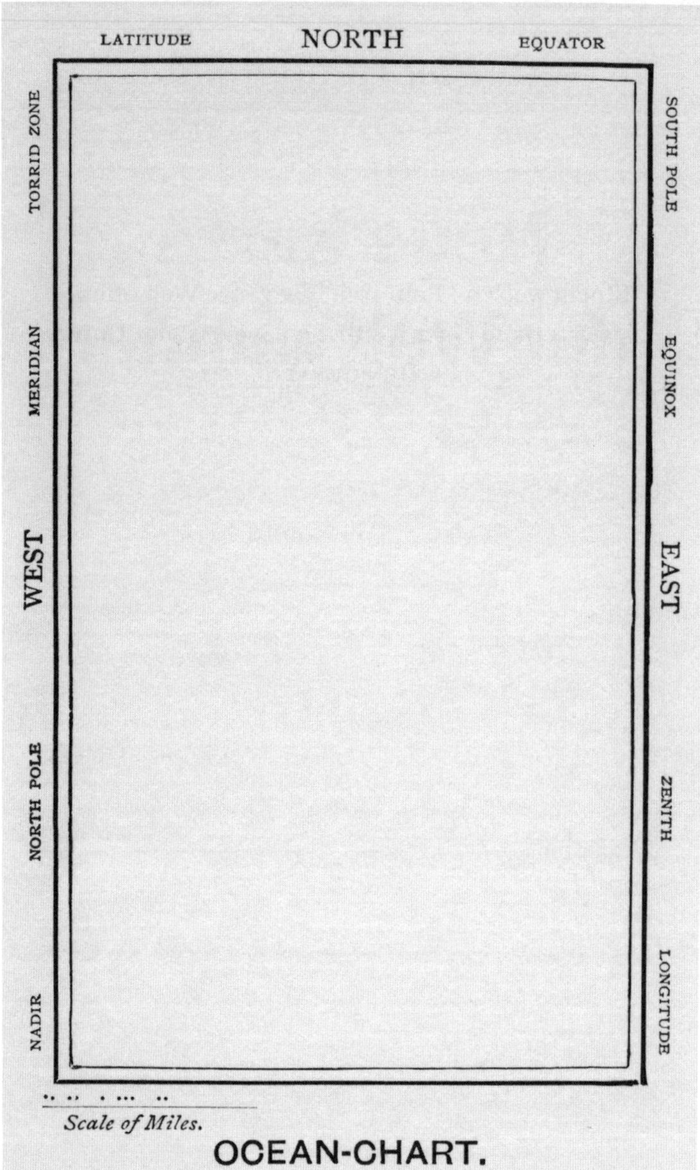

Eine Karte er brachte, die nur zeigte das Meer,
Nicht das winzigste Stückchen von Land:
Und die Crew war sehr froh, fand sie doch, diese wär
Grade richtig für ihren Verstand.
»Die Jagd nach dem Schnark«, Lewis Carroll, 1876

Caspar Henderson

Neue Karte der Weltwunder

Eine Forschungsreise
zu den Rätseln
der Naturwissenschaften

„Mögest Du Dir die Zeit nehmen, die stillen Wunder zu feiern, die in der lauten Welt keine Bewunderer haben."

= März 2023 =
Rena

Matthes & Seitz Berlin

Denn wir tragen die Wunder mit uns selbst
herum, die wir außer uns suchen.
Thomas Browne

dennoch empfand ich keine angst
mein wunder suchendes glück hatte dafür keinen platz.
John Clare

Niemand weiß, wieso es so sein kann, wie es ist.
Richard Feynman

Inhalt

Einleitung

Feiern möcht' ich, aber wofür?
Friedrich Hölderlin

Warum, warum spüren wir […] dieses
süße Gefühl von Freude?
Elizabeth Bishop

Eines Frühlingsmorgens entdeckte ich, als ich mit meiner Tochter in die Küche hinunterkam, einen hellen Lichtfleck an der Decke. Zunächst konnte ich mir keinen Reim auf dieses seltsame Etwas machen, das da waberte, sich verformte und zeitweise von Schatten abgedunkelt wurde. Doch allmählich begriff ich, was hier vor sich ging. Die Sonne, die sich tagelang hinter den Wolken versteckt gehalten hatte, war hervorgebrochen und so weit den Horizont hinaufgeklettert, dass ihre Strahlen auf die Fenster eines gegenüberliegenden Gebäudes fielen. Diese Fenster reflektierten nun das Licht durch die sich wiegenden Äste eines Baums auf eine weitere spiegelnde Oberfläche, die gerade in einem solchen Winkel angeordnet war, dass sie das von den Ästen abgeschattete Licht durch unser Küchenfenster an die Decke warf.

Manchmal erfordert es extreme oder außerordentliche Umstände, damit ganz gewöhnliche Dinge wundervoll erscheinen. Im Fall des Dichters Ko Un beispielsweise genügte ein briefmarkengroßer Flecken Sonnenlicht auf seiner Zellenwand im koreanischen Militärgefängnis, um wieder ein Gefühl des Staunens und der Hoffnung in ihm zu entfachen, wenngleich er auch um sein Leben fürchtete. Die Umstände an jenem Morgen in meiner Küche hingegen hatten nichts Außergewöhnliches an sich. Ich musste nicht um mein Leben bangen. Ich befand mich an keinem atemberaubend schönen oder exotischen Ort. Es war ein stinknormaler Arbeitsdienstag. Oder Mittwoch. Oder sonst ein Tag, ich vergesse solche Dinge. Jedenfalls waren weder Zeit noch Ort irgendwie besonders und ebenso wenig, könnte man meinen, das Phänomen, mit dem ich konfrontiert war. Wer hat nicht schon Sonnenlichtsprenkel auf einer Wand beobachtet oder sich gefragt, was diesen Effekt wohl hervorruft? Und wem hat sich in dem Klima, in dem ich lebe, nicht schon die Stimmung aufgehellt, wenn sich nach einer Reihe düsterer Tage endlich die Sonne wieder blicken ließ?

Und dennoch, mein Erstaunen – mein Gefühl, vollkommen wach zu sein – war außerordentlich. Mir mit meinem Wissenschaftsspleen war klar, dass das so sanfte und lebendige Spiel des Lichtflecks und seiner Schatten von Trillionen von Photonen (Lichtteilchen) hervorgerufen wurde, die von einer gewaltigen thermonuklearen Explosion in ungefähr 150 Millionen Kilometern Entfernung her stammten. Und ich wusste auch, dass diese Photonen nur einen winzigen Bruchteil einer ungleich gigantischeren Menge von Photonen ausmachten, die jede Sekunde geräuschlos und mit einer Geschwindigkeit weit jenseits unserer Vorstellungskraft auf unseren Planeten treffen. Wie Ko Un in einem anderen Gedicht schreibt: »Ich starre auf die unsichtbaren Bewegungen aller Dinge«.[1]

Noch größere Freude machte mir der Moment meiner Tochter wegen. Sie war damals fünf, und der Lichtfleck erschien ihr wahrscheinlich nicht mehr und nicht weniger erstaunlich als viele andere Dinge – von Postboten bis Fischstäbchen –, die eine Fünfjährige jede Woche zu sehen bekommt. Aber sie sah ihren Vater lachen, beschloss daher, dass daran etwas lustig sein musste, und lachte ebenfalls. Es war also Liebe dabei, und das machte es wundervoll. Aber das ist noch nicht die ganze Geschichte.

Sich über das Wundern wundern

Mein Küchenerlebnis brachte mich zum Nachdenken über das Wundern – darüber, was es auslöst und wie wir es erfahren, wie flüchtig es sein kann; darüber, auf wie vielfältige Weise es zum Schweigen gebracht und erstickt werden kann, aber auch, wie es ein Gefühl von Sinn vermitteln und essenzieller Bestandteil eines guten Lebens sein kann. Ich kam zu dem Schluss, dass all das einer genaueren Untersuchung wert wäre. *Neue Karte der Weltwunder* ist dabei herausgekommen.

Dieses Buch taucht in Philosophie, Geschichte, Kunst, Religion, Wissenschaft und Technologie ein, um zu einem besseren Verständnis und einer größeren Wertschätzung der Dinge, über die wir uns wundern, aber auch der Natur des Sich-Wunderns selbst zu gelangen. Auf besondere Expertise kann ich nicht verweisen und auch nicht auf andere Qualifikationen als nur meine Neugier und meinen Dickkopf. Ich stimme allerdings Samuel Johnson zu, der schrieb: »Niemals [...]

würde etwas unternommen werden, wenn erst alle möglichen Einwände widerlegt sein müssten.« Und wenn ich auch viel (eigentlich nahezu alles) ausgelassen habe, so war ich doch bemüht, meine Darstellung nach Kräften geerdet und kohärent zu halten. Geerdet dadurch, dass die verschiedenartigen und zahlreichen Wunder, denen ich in diesem Buch nachspüre, auch in einfachen und alltäglichen Situation wie der in meiner Küche bereits zu einem gewissen Grade gegenwärtig sind. Und kohärent dadurch, dass diese verschiedenen Wunder durch das Phänomen der Emergenz miteinander verbunden sind.

Als Startpunkt eignen sich *Wunder und die Ordnung der Natur 1150–1750* von Katherine Park und Lorraine Daston sowie *The Age of Wonder* von Richard Holmes.

Über Emergenz werde ich in dieser Einleitung noch ein paar Worte verlieren, doch zunächst einige Gedanken über die Bedeutung des Worts ›wundern‹, seine mögliche Geschichte sowie darüber, was das Wundern mit jenem großen Unterfangen zu tun hat, aus der Welt schlau zu werden und sich in ihr zurechtzufinden.

The Oxford Companion to Consciousness enthält keinen Eintrag zu Wundern oder Verwunderung – sehr wohl aber einen zu Wein – und das sollten wir vielleicht als einen Wink auffassen. Ein Standardwörterbuch bringt uns hier auch nicht viel weiter. Typischerweise wird Wunder[2] als etwas definiert, das Erstaunen oder Bewunderung auslöst, und Verwunderung entsprechend als der Zustand der darüber nachsinnenden Person. Henry David Thoreau vermutete eine gemeinsame Wurzel mit ›wandern‹, während andere einen Zusammenhang mit ›Wunde‹ ins Spiel gebracht haben, doch diese Ableitungen sind rein spekulativ.

Im Folgenden eine etwas weitergehende Definition. Im Rückblick auf seine Erfahrung mit einer Esche in der Abendsonne beschreibt der Philosoph Martyn Evans ›wundern‹ als:

In der Kurzgeschichte »Undr« macht Luis Borges Wunder zu einem Urwort, das allen anderen vorhergeht und sie überflüssig macht. Ralph Waldo Emerson schreibt: »Wenngleich der Ursprung der meisten Wörter vergessen ist, war doch jedes Wort zuerst ein Genieblitz und wurde allgemein gültig, weil es im Augenblicke für den Ersten, der es sprach und hörte, die Welt versinnbildlichte«.

eine Haltung veränderter, unwiderstehlich intensivierter Aufmerksamkeit auf etwas, das wir unmittelbar als irgendwie bedeutsam anerkennen – etwas, dessen Erscheinen unsere Vorstellungskraft noch vor unserem Verstand anregt, das wir aber mit der Zeit vermutlich umfassender verstehen wollen.

»Die Fantasie [ist] ein Hilfsmittel, um in einer Welt der unbegrenzten Möglichkeiten Sinn zu finden, indem man diese Möglichkeiten reduziert.« Michael Lewis

Dies trifft meiner Ansicht nach einen bedeutenden Teil dessen, was vor sich geht, wenn wir von Verwunderung ergriffen werden. Jedenfalls kann ich das für meine Person sagen. Wie Evans sich ausdrückt: Wir erkennen oder erfassen intuitiv etwas Wesentliches und Schönes (etwa eine zugrunde liegenden Struktur oder Ordnung) und geraten in einen Zustand gesteigerter Aufmerksamkeit.

Wann hat es mit dem Wundern angefangen? Gehört es zur menschlichen Erfahrung seit den Anfängen unserer Geschichte? Oder reicht es sogar noch weiter zurück? Vor einigen Jahren wurden im Gombe Stream Nationalpark in Tansania zwei Schimpansen dabei beobachtet, wie sie unabhängig voneinander zum Sonnenuntergang auf den Grat eines Bergkamms kletterten. Dort grüßten sie einander, fassten sich bei den Händen, setzten sich gemeinsam hin und starrten lange Zeit auf das schwindende Licht der untergehenden Sonne. Wie sollen wir so einen Bericht deuten? Die Primatologin Jane Goodall hegt da keinen Zweifel. Nicht weit von dieser Stelle entfernt hat sie andere Schimpansen dabei beobachtet, wie sie einen Wasserfall betrachteten und dann überbordendes Ausdrucksverhalten und Tänze zeigten. Sie bemerkt dazu:

> Ich kann mich des Eindrucks nicht erwehren, dass [solches Verhalten] durch Gefühle von Ehrfurcht und Staunen, die wir empfinden, ausgelöst wird. Das Gehirn der Schimpansen ähnelt so stark dem unseren. Sie haben Gefühle, ähnlich oder gleich wie [die

unseren,] und unglaubliche intellektuelle Fähigkeiten, von denen wir dachten, sie wären uns vorbehalten. Warum sollten sie also nicht auch ... irgendeine Art spirituelles [Leben] haben, das heißt wirklich in Erstaunen verfallen über Dinge, die um einen herum vorgehen. [...] Ich glaube, Schimpansen sind so spirituell wie wir, nur können sie es nicht analysieren, sie sprechen nicht darüber. [...] Es bleibt alles in ihrem Inneren eingeschlossen, und die einzige Weise, wie sie es zum Ausdruck bringen können, ist durch diesen fantastischen rhythmischen Tanz ...

»Ungerechtfertigte sprachliche Abgrenzungen fragmentieren die Einheit, mit der sich die Natur uns präsentiert. Affen und Menschen hatten noch nicht genügend Zeit, um unabhängig voneinander verblüffend ähnliche Verhaltensweisen zu entwickeln.« Frans de Waal

Wenn Goodall und andere Forscher recht haben, dann könnte auch unser mit den Schimpansen gemeinsamer Vorfahre, der vor mehr als fünf Mio. Jahren lebte, so etwas wie Verwunderung empfunden haben.

Vor fünfzig- oder gar hunderttausend Jahren stellten anatomisch moderne Menschen ausgeklügelte Werkzeuge her und trieben weiträumig Handel. Um dies zu bewerkstelligen, mussten sie sprechen können und daher dürfen wir annehmen, dass sie auch Geschichten kannten. Spätestens vor etwa vierzigtausend Jahren stellten Menschen Tiere und andere Dinge in Skulpturen und Wandgemälden dar, die heute allgemein als große Kunst angesehen werden. Niemand bezweifelt das Können dieser frühen Schöpfer. Was aber können wir über ihre Gefühle und Überzeugungen aussagen? Werfen wir einen Blick auf die daumenlange Skulptur eines Wasservogels, vielleicht eines Kormorans, die in einer Höhle in Süddeutschland entdeckt wurde und mehr als dreißigtausend Jahre alt ist.

Der Vogel besitzt eine perfekte Stromlinienform, wie im Augenblick des Eintauchens eingefangen. Laut Jill Cook, leitende Kuratorin in der prähistorischen Abteilung des British Museum, mag es sich um ein »spirituelles Symbol« handeln, »das die Oberwelt, mittlere

Handabdrücke sind in der altsteinzeitlichen Kunst weit verbreitet und könnten das erste allgemein anerkannte Symbol der Erscheinungsform des Menschen darstellen darstellen. Diese hier aus der Provinz Santa Cruz in Argentinien sind zwischen 9000 und 13 000 Jahren alt.

Welt und Unterwelt des Kosmos verbindet [...]. Alternativ kann es sich auch um die Abbildung einer kleinen Mahlzeit und eines Pakets brauchbarer Federn handeln.« Aber wir sollten auch an einige der erhalten gebliebenen Darstellungen menschlicher und halbmenschlicher Formen denken, von den höchst stilisierten nackten Frauenfiguren bis zu dem ›Zauberer‹ aus der Chauvet-Höhle in Frankreich, vermutlich halb Mensch, halb Hirsch, und dem Löwenmensch aus dem Hohlenstein-Stadel in Deutschland. Die Erschaffer dieser Objekte legten in ihren Beobachtungen und ihrer Nachahmung

»Der aufgeworfene Nacken eines Tieres, die Stellung seiner Kiefer, die Kraft seiner Läufe sind mit einer Feinfühligkeit und Kontrolliertheit beobachtet und wiedergegeben, wie man sie in den Werken von Frau Lippo Lippi, Velázquez oder Brancusi findet.« John Berger

nicht nur außerordentliche Präzision an den Tag – so das verbreitete Urteil heute; sondern sie waren auch schöpferisch. Sollte ihr Empfindungsvermögen tatsächlich so weit von dem eines Künstlers wie Paul Klee entfernt gewesen sein, der 1920 schrieb: »Kunst gibt nicht das Sichtbare wieder, sondern macht sichtbar«? Sollte zu ihren Empfindungen tatsächlich nicht auch Wundern gehört haben?

*

Vor etwa zehntausend Jahren, in den Anfängen des Ackerbaus, blühte in Anatolien im Südosten der heutigen Türkei eine Gesellschaft, die monumentale Steinarbeiten hervorgebracht hat. Auf einem Bergkamm bei Göbekli Tepe errichtete hohe Säulen wurden mit Piktogrammen versehen, in denen man heute heilige Symbole zu erkennen glaubt, und mit Reliefen verziert, die diverse Kreaturen darstellen. Nicht weit von Göbekli Tepe, in Nevali Çori, einer kurz vor ihrer Flutung durch einen Stausee in den 1990er-Jahren noch freigelegte Ausgrabungsstätte, befand sich an einem Flussufer ein von gigantischen Steinfiguren umgebenes Amphitheater. In einer der Skulpturen wand sich eine Schlange um den Kopf eines Mannes. Eine andere zeigte einen Raubvogel auf sich umschlingenden Zwillingen landen. Riesige, T-förmige Megalithen zeigten gesichtslose, längliche Köpfe und seitlich eingemeißelt menschliche Arme. Diese Gestalten mussten über einem Publikum aufgeragt haben, das auf den Bänken entlang der Gebäudewände Platz gefunden haben mag. Empfand, wer auf diese Figuren blickte, Staunen, Furcht oder noch etwas anderes? Wir werden wahrscheinlich nie mehr als darüber spekulieren können, aber ein ritueller und religiöser Kontext scheint plausibel: Wir wissen, dass heute solche Orte häufig emotional aufgeladene Zustände von Ehrfurcht, Bewunderung und Erstaunen befördern.

Verwunderung, schrieb der Gelehrte Philip Fisher 1999, »liegt auf einer Skala des Erklärbaren in einem mittleren Bereich, jenseits des Gewöhnlichen, aber außerhalb des Irrationalen oder Unlösbaren.« Es bildet, bei jedem Einzelnen wie auch historisch, einen Horizont »zwischen dem derart Vertrauten, dass es als Selbstverständlichkeit erscheint, und dem, was sich zu weit draußen auf dem Ozean der Wahrheit befindet, um auch nur gesichtet worden zu sein, es sei denn als Unaussprechliches.« Das Wundern ist dann also mit der Liebe zum Wissen und zur Weisheit verbunden. Das überrascht natürlich kaum. Sowohl Platon als auch Aristoteles sehen den Ursprung der Philosophie im Wundern oder *thaumazein*. Platon sagt: »die Verwunderung; ja es gibt keinen andern Anfang der Philosophie als diesen«. Und Aristoteles: »Verwunderung veranlasste zuerst wie noch jetzt die Menschen zum Philosophieren«.

Viele Traditionen ehren, was wir in modernen Industrieländern als ein Gefühl der Verwunderung auffassen, wobei es sich bei ihnen gleichwohl um Verwunderung einer leicht anderen Art handeln mag. Diese Empfindung hat häufig eine, wenn auch nicht notwendigerweise wissensfeindliche, so doch weniger suchende und rastlose Form angenommen als in unserer Gesellschaft. Beispielsweise haben die Völker, die wir als ›animistisch‹ bezeichnen, möglicherweise ihre Gemeinsamkeit in einer Daseinsweise, die der Ethnologe Tim Ingold als »lebendig und zu einer in permanenter Geburt befindlichen Welt hin offen« beschreibt. Für sie ist die Welt eine ständige Quelle des »Erstaunens, aber nicht der Überraschung«. In der Yoga-Philosophie gibt die Verwunderung über die Erkenntnis der eigenen Unkenntnis der Welt Anlass zu Befreiung. In den Werken klassischer chinesischer Dichter wie Li Bai und Du Fu folgt der konzentrierten Aufmerksamkeit auf die Wunder des Daseins keine ruhelose Suche nach immer weiteren Fakten, sondern Verwunderung (wenngleich sie häufig auch Gefühle von Melancholie und Trennung hervorrufen mag). Und im 20. Jahrhundert stellte in Europa der Philosoph Martin Heidegger die nach seiner Auffassung instrumentelle Einstellung der industriellen Zivilisation, in der alles außerhalb von uns zu einer ständig verfügbaren Ressource des Konsums wird, dem gegenüber, was er als wahres Erstaunen ansah.

Verwunderung, wie Heidegger sie auffasste – er nannte es *Erstaunen* und verband es mit *Verhaltenheit* –, enthüllt Menschen und Dinge, ganz einfach so, wie sie sind, und lässt uns die Schönheit und Komplexität der Welt bewahren wollen. Das ist nach meiner Ansicht ein attraktiver Gedanke und einer, der zu einer unserer Zeit angemessenen Ethik beitragen (aber sie nicht definieren) kann. Man muss Heidegger nicht sehr weit folgen – insbesondere nicht bis zu seinen katastrophalen politischen Entscheidungen –, um Nutzen aus einigen Unterscheidungen zu schlagen, die er zwischen dem wahren Erstaunen und sehr ähnlichen, aber doch nicht damit identischen Gemütsverfassungen getroffen hat.

Fangen wir mir *Staunen* und *Bestaunen* an, die vor allem im vormodernen und religiösen Denken vorherrschen, in dem die Welt voller Mysterien steckt und die Götter oder Gott angsteinflößend auf den Menschen wirken können. Zwei herausragende Beispiele, beide wahrscheinlich im 4. Jahrhundert v. Chr. niedergeschrieben, stammen aus der *Bhagavad Gita* und aus der hebräischen Bibel. Im 11. Gesang der *Gita* gewährt Krishna Arjuna eine Vision seiner göttlichen Gestalt. Vor dem Wunder dieser Herrlichkeit, die heller strahlt als tausend Sonnen, erzittern vor Furcht Himmel, Erde und all die unendlichen Räume. In den Kapiteln 38 bis 41 des Buchs Hiob spricht Jahwe aus dem Sturm zu Hiob und fragt ihn: »Wo warst du, als ich die Erde gründete? [A]ls die Morgensterne miteinander jauchzten und alle Gottessöhne jubelten? Wer hat das Meer mit Toren verschlossen, als es herausbrach wie aus dem Mutterschoß«. (Hiob weiß darauf natürlich keine Antwort.) Auch der Psalmendichter rückt *yir'ah* – die Ehrfurcht, Scheu und Verehrung derer, die die Zeichen und Omen von Gottes Wirken in der Welt erblickt haben – in den Vordergrund und stellt es als den Ausgangspunkt der Weisheit dar.

Das berühmte Zitat des Physikers Robert Oppenheimer bei seiner Erinnerung an die Explosion von *Trinity*, der ersten Atombombe, stammt aus der *Gita*: »Jetzt bin ich der Tod geworden, der Zerstörer der Welten.« Eine genauere Übersetzung ist: »Ich bin allmächtige Zeit, die alles zerstört.« Die Grundbotschaft der *Gita* ist jedoch Freude.

»Alle Welt fürchte den HERRN, und vor ihm scheue sich alles, was auf dem Erdboden wohnet.« (Psalm 33, 8)

Erstaunen und Ehrfurcht liegen auch in der erhabenen und romantischen Empfindsamkeit, die im 18. und 19. Jahrhundert in

Europa aufkam. Nur brachen und veränderten sich die Gefühle in dieser neuen Welt. Die Empfindung von Ehrfurcht vor den großen Werken der Natur wie einem Berg oder einem mächtigen Wasserfall war nun ebenso oder noch mehr eine ästhetische als eine religiöse Erfahrung. Eine einflussreiche Formulierung dieser Sichtweise erschien 1756 in Edmund Burkes *Philosophische Untersuchungen über den Ursprung unserer Ideen vom Erhabenen und Schönen*. Der Verfasser beschreibt darin das Erhabene als einen Zustand des Erstaunens, »in welchem alle [Gedanken], mit einigem Grade von Schrecken, gehemmt und unterbrochen werden«. Er fügt aber hinzu, dass wir trotz der Gefahr auch ein Gefühl von Entzückung angesichts des Erhabenen empfinden. Dass uns ein riesiger Wasserfall verschlucken könnte, gehört zu seinem Reiz, weil uns die Konfrontation mit ihm befähigt, uns unserer Furcht zu stellen und sie zu einem gewissen Grade zu überwinden, wodurch uns eindringlich gewahr wird, dass wir am Leben sind.

Von der Gemütsregung des Erhabenen gänzlich verschieden präsentiert sich die typische menschliche Reaktion auf Kuriositäten. Dieser (von Heidegger *Verwunderung* genannten) Empfindung zentral ist der Reiz des Neuen. Und worauf sich unsere Neugier richtet, variiert beträchtlich: Es mag sich um die Zurschaustellung außerordentlichen Geschicks oder Wagemuts drehen, zum Beispiel das Jonglieren mit Kettensägen. Es kann sich schlicht um Sonderbares und Unvertrautes handeln: Man denke an die Szene in *Der Sturm*, in der Trinculos erster Gedanke beim Zusammentreffen mit Caliban sich darauf richtet, ihn zurück nach England zu schaffen und als Schauobjekt Geld aus ihm zu schlagen. Auch Grelles oder Abnormes kann die Neugier wecken, an der Grenze dessen, was viele Menschen als grotesk empfinden, oder schon darüber hinaus wie beispielsweise den Elefantenmenschen oder die Mikrozephaliker in Tod Brownings Film *Freaks* von 1932 – oder im Zeitalter des Internets das Bild eines Harlequin-Babys oder ein penisförmiger Fortsatz auf dem Kopf eines Ferkels. Oder es

»wenn sie [in England] keinen Deut geben wollen, einem lahmen Bettler zu helfen, so wenden sie zehn dran, einen toten Indianer zu sehn« (Zweiter Aufzug, zweite Szene).

kann sich um etwas auf entzückende Weise Unvereinbares handeln: »Dieses Hippobaby wurde durch einen Tsunami von seiner Familie getrennt, und eine 103-jährige Schildkröte wurde zu seinem besten Freund« gehört zu meinen Favoriten. Doch was immer der Gegenstand der Neugier, nichts hält unsere Aufmerksamkeit lange im Bann. Es gibt immer Hunger auf Neues und selten viel Interesse an tieferen Erklärungen oder tieferem Sinn.

Von der Faszination und Begeisterung für Neues verschieden ist die nüchternere Form der Bewunderung (so Heideggers Kategorie), in der der Verstand aktiv bleibt und der Bewunderer einen gewissen emotionalen Abstand vom Objekt seiner Bewunderung hält. Diese Art des Wunderns mag dem, was Platon und Aristoteles im Sinn hatten, am nächsten kommen. Für sie bildet das Wundern den Anfang, nicht jedoch das Ziel der Philosophie, das vielmehr darin besteht, mittels Vernunftgebrauchs das Leben des Menschen zu verbessern. Und ganz in denselben Bahnen beschreibt der Mathematiker und Philosoph René Descartes 1649 Verwunderung (*admiration*) als die Erste der Leidenschaften – und als eine ausschließlich geistige, die nicht von schnellem Puls und klopfendem Herzen begleitet wird. Laut Descartes ist Verwunderung »eine plötzliche Überraschung der Seele, die bewirkt, dass sie sich dazu gebracht sieht, mit Aufmerksamkeit die Objekte zu betrachten, die ihr als selten und außerordentlich erscheinen.« Sie sei zu begrüßen, weil sie uns hilft, uns auf Gegenstände, wie sie an sich selbst sind, zu konzentrieren statt etwa darauf, wie sie für uns sind. Und damit leite sie uns auch zur Erwerbung der Wissenschaften. Sobald wir aber dazu angeregt worden seien, diesem höheren Wissen nachzustreben, hätten wir keinen weiteren Bedarf am Wundern. Es ist also dienlich, aber durchaus kein Ort, um zu verweilen. Diese Art des Wunderns entspricht also grob dem Geist der wissenschaftlichen Revolution, der Heidegger so misstraute. (Aus einem optimistischeren Blickwinkel, für den Steven Johnson in seinem 2017 erschienenen Buch *Wonderland* eintritt, haben die Lust am

Descartes zählt zu den Leidenschaften neben der Verwunderung noch Liebe, Hass, Begierde, Freude und Trauer.

Neuen und der Antrieb des Spaßes, wenn sie mit nüchternerer Analyse verbunden werden, häufig zu bedeutenden und segensreichen technologischen und gesellschaftlichen Fortschritten geführt. Programmierbare Computer entspringen automatischen Musikinstrumenten; Demokratie entspringt der Begegnung aller Menschen als Gleicher in Schenken und Kaffeehäusern.)

Der Aufstieg der Wissenschaft

Das Aufblühen der Forschungskultur im frühmodernen Europa veränderte grundlegend, worüber sich Menschen wunderten und Gedanken machten. Der Historiker David Wootton illustriert die Natur dieser Veränderung durch Vergleich eines gebildeten Engländers, bevor und nachdem die Wissenschaft, zu seiner Zeit noch als Naturphilosophie bezeichnet, in eine zentrale Stellung in der Kultur seines Landes aufrückte. Um 1600, ein Jahrzehnt bevor Galileis Entdeckungen mit einem Teleskop John Donne zu dem Ausspruch verleiteten, dass die »neue Philosophie alles in Zweifel zieht«, glaubt ein gebildeter Engländer, dass Zauberer und Hexen wirklich existieren und dass Hexen Stürme beschwören können, mit denen sie Schiffe auf See zum Kentern bringen. Er glaubt, dass Mäuse spontan in Strohballen entstehen. Er hat das Horn eines Einhorns gesehen, aber kein Einhorn. Er ist überzeugt, dass es eine Salbe gibt, die Wunden heilt, wenn man sie auf den Dolch aufgeträgt, der die Wunden verursacht hat, und dass der Leichnam eines Ermordeten blutet, wenn der Mörder zugegen ist. Er glaubt, dass Form, Farbe und Textur einer Pflanze ihre medizinischen Eigenschaften verraten. Er hält es für möglich, unedles Metall in Gold zu verwandeln. Er glaubt, dass Regenbogen Zeichen Gottes sind und dass Kometen auf Böses hindeuten. Er glaubt an Astrologie und dass sich die Sonne um die Erde dreht, obwohl es bereits fast sechzig Jahre her ist, dass Nikolaus Kopernikus seine Gegenargumente vorgetragen hat. Für ihn ist Aristoteles der größte Philosoph und sind Plinius, Galen und Ptolemäus, allesamt antike

Römer, die größten Autoritäten der Naturgeschichte, der Medizin und der Astronomie.

In den 1730er-Jahren hat ein gebildeter Engländer durch ein Teleskop und ein Mikroskop geblickt. Er besitzt eine Pendeluhr und ein Barometer (er weiß, dass es ein Vakuum am Ende der Röhre gibt). Er kennt keine gebildete und einigermaßen kultivierte Person, die an Magie, Hexen, Alchemie oder Astrologie glaubt. Er ist überzeugt, dass Form und Farbe einer Pflanze nichts darüber verraten, welchen medizinischen Nutzen sie hat. Er weiß, dass das Einhorn der Mythologie angehört. Er ist überzeugt, dass keine mit dem bloßen Auge sichtbare Kreatur spontan entsteht. Er glaubt nicht an die Waffensalbe oder dass die Leichen Ermordeter in Anwesenheit des Mörders bluten. Er weiß, dass der Regenbogen durch Lichtbrechung entsteht, dass sich die Erde um die Sonne dreht und dass Kometen keine Bedeutung für unser Leben auf der Erde tragen. Er weiß, dass das Herz eine Pumpe ist, und hat möglicherweise auch schon eine Dampfmaschine bei der Arbeit gesehen. Er glaubt, dass Naturphilosophie die Welt verändern wird und die Menschen der Moderne die der Antike in jeder Hinsicht überflügelt haben.

Thomas Newcomens atomsphärische Dampfmaschine – Vorbote des Anthropozäns – pumpte erstmals 1712 Wasser aus Kohleminen.

Diese neue Art des Denkens – in Woottons Worten »eine neue Art der Auseinandersetzung mit der sinnlichen Realität« – vervielfältigte die Macht und Wahlmöglichkeiten des Menschen im Hinblick auf die Natur und reduzierte das Ausmaß der Angst im täglichen Leben. Diese Sichtweise hat weitgehend bis heute Bestand und kann gelegentlich sehr phlegmatisch daherkommen. Wie sich im 20. Jahrhundert der Physiker Richard Feynman ausdrückte: »Die Leute fragen mich: ›Suchen Sie nach den allem zugrunde liegenden Naturgesetzen?‹ Nein, das tue ich nicht, ich versuche lediglich, mehr über die Welt herauszukriegen. Falls sich herausstellt, dass es ein einfaches, letztgültiges Gesetz gibt, das alles erklärt, umso besser; würde Spaß machen, es zu entdecken. Falls sich jedoch herausstellt, das Ganze ist wie eine Zwiebel mit Millionen Häuten, und wir es einfach leid sind, alle diese Häute zu untersuchen, dann ist es eben so ... Mein Interesse an der Wissenschaft besteht einfach darin, mehr über die Welt herauszufinden«.

Aber so sehr Feynman es hier auch kleinredet, der Prozess wissenschaftlicher Entdeckung kann große Freude bereiten, dem Entdecker genauso wie denen, die in seine Fußstapfen treten. Nehmen wir die Relativitätstheorie, auf die Albert Einstein in seinen eigenen Worten durch »kombinatorisches Spiel« kam, indem er zwei zuvor unverbundene Ideen zusammenbrachte. Was, so fragte sich Einstein, wenn Schwerkraft nicht irgendeine mysteriöse, aus der Distanz auf Objekte einwirkende Kraft ist, sondern mehr wie ein elektromagnetisches Feld und somit Raum *ist*? Sein Zeitgenosse, der Physiker Carlo Rovelli, beschreibt die emotionale Wirkung, als er sich als Student Einsteins Durchbruch bewusst wurde:

> Immer wieder löste ich meinen Blick vom Buch und sah auf das glitzernde Meer: Mir erschien es, als sähe ich tatsächlich die Krümmung von Raum und Zeit, wie Einstein sie sich vorstellte. Wie durch Magie: als flüsterte mir ein Freund eine unerhörte verborgene Wahrheit ins Ohr, die plötzlich den Schleier der Wirklichkeit zerreißt und eine einfachere, tiefere Ordnung offenbart. Seit wir entdeckt haben, dass die Erde rund ist und sich dreht wie ein irrwitziger Kreisel, begreifen wir, dass die Wirklichkeit nicht ist, wie sie uns erscheint: Jedes Mal, dass wir einen neuen Aspekt an ihr erhaschen, ist es eine tief emotionale Erfahrung. Ein weiterer Schleier ist gefallen.

Die Wissenschaft und ihr Schatten

Wissenschaft und Technologie sind in unserer Kultur eng mit der Idee des Fortschritts verknüpft. Die meisten Entdeckungen und Entwicklungen werden mit Enthusiasmus begrüßt, weil sie uns faszinieren oder begeistern oder weil sie den Kreis unserer Möglichkeiten erweitern und die Not lindern. Wissenschaft ist, so unterstellen wir, unparteiisch. Doch es liegt ein Schatten auf ihr, denn neues Wissen bringt nicht nur Macht, sondern auch die Möglichkeit ihres Missbrauchs mit sich. Wie ein alter griechischer Mythos erzählt, ist eine der Töchter des mit Wundern assoziierten Gottes Thaumas die wunderschöne Göttin des Regenbogens Iris, die anderen Töchter aber sind die Harpyien: grausame Vorboten der Zerstörung und des Todes.

»Daher ist das Wundern – und nicht die Erwartung irgendwelcher Vorteile aus ihren Entdeckungen – das erste Prinzip, das die Menschheit zum Studium der Philosophie anregt, jener Wissenschaft, die die verborgenen Verknüpfungen freilegen möchte, welche die vielfältigen Naturerscheinungen verbindet; und sie betreiben dieses Studium um seiner selbst willen, als eigenständiges Vergnügen oder Gut an sich selbst, ungeachtet seiner Tendenz, ihnen die Mittel zu zahlreichen anderen Vergnügen zu verschaffen.« Adam Smith

Für die frühmodernen Europäer war die Entdeckung Amerikas, die die wissenschaftliche Revolution möglicherweise überhaupt erst in Gang brachte, etwas höchst Erstaunliches – nicht zuletzt, weil sie bewies, dass noch wirklich Neues, der antiken Welt Unbekanntes entdeckt werden konnte. Doch wie den Feinfühligeren und Aufmerksameren unter ihnen bewusst wurde, zogen diese Entdeckungen häufig Katastrophen nach sich. »Die wundervolle Entdeckung Amerikas [...] bringt alle Gespräche über andere Wunder zum Verstummen«, schrieb Bartolomé de las Casas 1542. Auf diesen einzelnen Satz folgt dann ein komplettes Buch zur Dokumentation des Genozids an den Ureinwohnern. Die Gründungsgeschichte der USA stützt sich auf zahlreiche Völkermorde, von denen wir teilweise nur durch einzelne Vorfälle einen flüchtigen Eindruck gewinnen wie etwa durch die tödliche Folter indigener Frauen und Kinder »zur öffentlichen Belustigung« und das übermütige Football-Spiel mit rund achtzig Köpfen in den Straßen Manhattans.

Heute haben Wissenschaft und Technologie zu einem Ausmaß menschlichen Wohlstands geführt, von dem unsere Vorfahren sicher nicht zu träumen gewagt haben. Zugleich ermöglichen sie die Konstruktion von Waffen, die Hunderte Millionen Menschenleben binnen Sekunden auslöschen können. »Unser ganzer gepriesener Fortschritt der Technik, überhaupt der Zivilisation«, schrieb Albert Einstein Mitte des 20. Jahrhunderts, »ist der Axt in der Hand des pathologischen Verbrechers vergleichbar.« Vielleicht sorgt uns die Gefahr eines Atomkriegs weniger als noch zu Zeiten des Kalten Kriegs, doch andere Schreckgespenster sind an seine Stelle getreten. Eines davon ist die Sorge, dass Wissenschaft und Technologie unsere Gesellschaften in die Lage bringen, die Ökosysteme, von denen wir abhängen, so sehr zu stören und zu verschmutzen, dass es zu ihrer Destabilisierung kommt. Eine andere ist die Furcht, dass neue Technologien ihrem großen Versprechen zum Trotz in Wirklichkeit unsere Freiheit einschränken könnten. In den 1950er-Jahren warnte Aldous Huxley, dass Pharmakologie und Gehirnwäsche eines Tages die Menschen dazu bringen könnten, ihre Knechtschaft zu lieben. Wenn wir dafür Zucker, Smartphones und Massendesinformation einsetzen, lag er vielleicht gar nicht so weit daneben, und das noch bevor wir das ganze Ausmaß der Folgen intelligenter Systeme abschätzen können, die unsere Gefühle besser lesen und Begierden besser antizipieren können als wir selbst.

Ein erwachsener US-Amerikaner verbringt durchschnittlich 74 Stunden wöchentlich vor dem Bildschirm, Tendenz steigend. Viele Millionen nicht arbeitende junge Männer – arbeitslos und nicht auf Arbeitssuche – sitzen den ganzen Tag bekifft vor dem Schirm.

Melancholie

Selbst bei relativ gesunder Lebensweise und gesicherter Existenz kann schlechte Laune beinahe alles verderben. Mich überkommt das Gegenteil des Wunderns manchmal, wenn ich an die Entscheidungen denke, die ich in meinem Leben getroffen habe (wenn denn davon tatsächlich die Rede sein kann), oder wenn ich über ein politisches und ökonomisches System nachsinne, das uns die Külch quitscht, dass wir nichts mehr gischeln als ›Plisch‹.[3] In diesen Momenten stecke ich, wenn nicht im Sumpf der Verzagtheit,[4] so doch zumindest im Morast der Verdrossenheit oder im Pfuhl der Aussichtslosigkeit. Meistens wird mir

»Es gibt ein Ziel, aber keinen Weg; was wir Weg nennen, ist Zögern.« Franz Kafka

jedoch bald bewusst, dass mich Erste-Welt-Probleme plagen und es noch viel schlimmer bestellt sein könnte – wie der Witz geht: fürchterliches Essen und dann noch so kleine Portionen. Die Stimmung verfliegt schließlich und ich versuche, mich etwas Positivem zuzuwenden. »Ein Traum liefert uns dem andern aus, und die Täuschungen nehmen kein Ende«, schrieb Ralph Waldo Emerson. »Das Leben besteht aus einer ununterbrochenen Folge von Stimmungen, sie gleichen den Rosenkranzperlen auf den Gebetketten. Wenn wir sie der Reihe nach durchgehen, erweisen sie sich als verschieden gefärbte Linsen, die die Welt in ihre eigenen Farben tauchen.«

»Manchmal scheint es mir, dass wir uns nie daran gewöhnen, auf dieser Welt zu sein, und dass das Leben nur ein großes fortlaufendes unverständliches Versehen ist.« W. G. Sebald

Es gibt viele Gründe, sich mutlos zu fühlen, und andere Menschen fallen in tiefere Finsternis, als ich sie jemals erlebt habe, und dies aus unterschiedlichen Gründen. Einige Wege sind in der Literatur brillant beschrieben worden. »Ich sage es Ihnen feierlich, dass ich viele Male ein Insekt werden wollte«, erklärt Fjodor Dostojewskis Mann aus dem Kellerloch, »und mich dafür innerlich, heimlich zu zerfleischen, mit den Zähnen zu zerfleischen, an mir selbst so lange zu nagen und zu saugen, bis die Bitternis sich endlich in eine schmachvolle, verfluchte Süße umwandelte und schließlich – in einen entschiedenen, echten Genuss!« Düsterer noch ist Franz Kafkas *Verwandlung*, in der sich die Hauptfigur Gregor Samsa in einen riesigen schmutzigen Käfer verwandelt: die metaphern- oder fabelförmige Darstellung eines psychologischen Zustands.

Das wirkliche Leben kann sich ebenso schmerzhaft oder hässlich anfühlen wie die schrecklichsten in Büchern beschriebenen Erfahrungen. Die schlichte Erkenntnis, dass wir in einer trüben und sich ständig wandelnden Welt existieren und dass wir sterben werden, kann fürchterlich sein. Ressentiment und Wut aufgrund

Ressentiment, ein von dem Philosophen Søren Kierkegaard eingeführter Begriff, bezeichnet einen psychologischen Zustand, der aus unerfüllbaren Gefühlen von Neid und Hass resultiert. Der Schriftsteller Albert Camus fasste es als »Selbstvergiftung – die unheilvolle, abflusslose Absonderung einer fortgesetzten Ohnmacht.«

Melencolia I von Albrecht Dürer.

wirklicher oder eingebildeter Kränkungen und Ungerechtigkeiten mag in Hassgedanken und Hassreden und auch in Gewalttaten zum Ausdruck kommen. Aber auch Versuche, durch Alkoholmissbrauch, Drogenmissbrauch, Selbstschädigung oder andere Verhaltensweisen das Gefühl der Leere zu überwinden oder sich völlig gegen Gefühle zu betäuben, sind verbreitet.

Im frühmodernen Europa wurden düstere Stimmungen – Schlaflosigkeit, Reizbarkeit, Ängste und Verzweiflung – als Symptome der Melancholie angesehen, die man einer übermäßigen Konzentration schwarzer Galle zuschrieb (neben gelber Galle, Schleim und Blut einer der vier angenommenen ›Säfte‹ der Humoralpathologie).

Melancholie lässt Hamlet das Firmament nicht als mit goldnem Feuer ausgelegten, majestätischen Baldachin sehen, sondern als faulen verpesteten Haufen von Dünsten. Sie ist das wilde Tier, das drohend über Robert Burtons gigantischem Werk *The Anatomy of Melancholy* von 1621 lauert. Die Humanisten der Renaissance entdeckten aber auch eine positive Seite an dieser Seelenverfassung. Laut Marsilio Ficino wurde Melancholie mit »Genie« assoziiert und daher mit dem Vermögen zu kreativem Schaffen und Veränderung. In diesem Fall, und für dieses Buch, hilft Albrecht Dürers *Melencolia I* als Wegweiser.

»Unser Leben ist nach Augustinus eine einzige Versuchung, eine Kette beständiger Übel. Wer könnte seine Unseligkeit ertragen? Geht es uns gut, werden wir unverschämt und überheblich, das Unglück dagegen macht uns niedergeschlagen, und so benehmen wir uns unter allen Umständen töricht und jämmerlich.« Robert Burton

Seit seiner Entstehung 1514 hat Dürers Kupferstich zahlreiche Menschen fasziniert, die, auf verschiedene Weisen, das Reich des Wunderns oder das seines Schattens erweitert haben. William Blake hielt an seiner Kopie dieses Stichs selbst dann noch fest, als Armut ihn zwang, fast seine gesamte Habe zu veräußern. Albert Einstein und Sigmund Freud hatten Reproduktionen an der Wand ihres Arbeitszimmers hängen.

Nach der Deutung des Kunsthistorikers Erwin Panofsky, der um die Mitte des 20. Jahrhunderts wirkte, personifiziert der Engel in der Bildmitte zwei verschiedene Ideen: Melancholie als einer der vier Säfte und Geometrie als eine der sieben Freien Künste. Er steht für den Geist des Renaissancekünstlers, der praktisches Können respektiert, sich aber nach der Schönheit und Abstraktion der mathematischen Theorie sehnt und der zwar von himmlischen

Für Freud war Melancholie »seelisch ausgezeichnet durch eine tief schmerzliche Verstimmung, eine Aufhebung des Interesses für die Außenwelt, durch den Verlust der Liebesfähigkeit, durch die Hemmung jeder Leistung und die Herabsetzung des Selbstgefühls, die sich in Selbstvorwürfen und Selbstbeschimpfungen äußert und bis zur wahnhaften Erwartung von Strafe steigert.«

Einflüssen und ewigen Ideen inspiriert wird, aber umso mehr unter der menschlichen Gebrechlichkeit und geistigen Begrenztheit leidet. So weit, so solide und in Gelehrsamkeit und Kunstgeschichte fundiert. Doch eine der Eigenschaften, die *Melencolia I* zu einem so faszinierenden Werk machen, ist, dass es immer größer erscheint als jede einzelne Interpretation – und sich immer neuen Lesarten öffnet. Hier ist meine: Engel, so glaubte man (und manche Menschen glauben dies immer noch), existieren in einem Zwischenreich zwischen Gott und Menschen, dienen jenem und überbringen diesen gelegentlich Nachrichten. Dürers Engel, von kräftiger Gestalt, scheint fest im Reich des Materiellen zu stehen oder sich zumindest ganz darauf eingelassen zu haben. Dunkelheit, vom Mondschein erhellt, gibt es durchaus in der Szene, doch wir scheinen uns nicht in der alptraumhaften Welt zu befinden, die der Demiurg des gnostischen Glaubens erschaffen hat. Die sonderbare Fledermaus, die den Titel des Drucks trägt, wirkt eher mickrig als furchterregend und mag ohnehin von dannen fliegen. Die unorthodoxe Schreibweise des Worts, das sie auf ihrem Banner trägt, erhält Sinn, wenn wir es als Anagramm von *Limen Caelo*, Himmelspforte, lesen.

In Alan Moores Roman *Jerusalem* spielt eine Gang von Erzengeln in einer schäbigen Snookerhalle in Northampton Billard um menschliche Seelen.

Das »I« in *Melencolia I* könnte darauf hindeuten, dass das Bild das erste einer ganzen Serie werden sollte. Wenn das stimmt, wurden die anderen entweder nie geschaffen oder sind verschollen. Eine andere Möglichkeit ist, dass es auf Imagination (Vorstellung) als die erste und niedrigste der drei Kategorien des Genies (neben Vernunft und Geist) verweist. Oder das »I« steht für das lateinische Wort für »geh«, sodass es in diesem Fall »Melancholie, verschwinde!« bedeuten würde.

Und was immer dieser Engel tut, er ist nicht verzagt. Seine Augen sind nicht nach unten geschlagen, wie wenn er entmutigt wäre, sondern aufwärts gerichtet. Vielleicht hat er mit seinem geistigen Auge etwas erfasst und deshalb für einen Moment innegehalten, bevor er fortfährt zu entwerfen, was immer er mit dem Zirkel auf seinem Schoß konstruiert. Die Holzbearbeitungswerkzeuge zu seinen Füßen befinden sich in Unordnung, doch sie liegen nicht zerbrochen; es wirkt wie die Werkstatt eines Kreativen und nicht wie die von einem, dessen innere Welt in sich zusammenbricht. (Wenn die Einfälle aus seinen Notizbüchern als Anhaltspunkt dienen können, dann dürfte die Werkstatt von Dürers Zeitgenossen Leonardo da Vinci ein wenig so ausgesehen haben, und lethargisch war Leonardo so wenig wie ein speiender Vulkan.) »Melancholie [...] hat aber mit Todessehnsucht nichts gemein«, schreibt W. G. Sebald. »Sie ist eine Form des Widerstands.«

In seiner Skizze zu einer Abhandlung mit dem Titel »Über die Natur, das Gewicht und die Bewegung von Wasser« beispielsweise schlägt Leonardo da Vinci eine Aufteilung in fünfzehn Bücher vor. Sie enthält Dutzende Notizen über verschiedene Phänomene, die alle sehr genaue Beobachtung erfordern, aber letztlich nirgendwohin führen, weil Leonardo die Themen nicht systematisch weiterverfolgt.

Ein links von der Bildmitte und am Rand des Blickfelds des Engels befindlicher großer Polyeder scheint ein Produkt dieser Werkstatt zu sein. Die Eigenschaften dieses Objekts, eines heute als Dürer-Polyeder bekannten Rhomboederstumpfs, sind viel diskutiert worden. Es mag sich um den Versuch handeln, einen neuen archimedischen Körper zu konstruieren (einen aus zwei oder mehr Arten regelmäßiger Polygone gebildeten symmetrischen Polyeder), dessen Ecken alle die Innenfläche einer Kugel berühren würden. Wenn, dann ist der Engel, so wie der Künstler, gescheitert, denn dieses geometrische Problem hat keine mathematische Lösung.

Geometer – in den frühen 1500er-Jahren die Speerspitze der Naturwissenschaft – folgten Platon in der Überzeugung, dass die Platonischen Körper, reguläre Polyeder, die jeweils aus einer Art Polygon gebildet werden, die Bausteine der Materie wären. Der Tetraeder ergäbe Feuer, der Würfel Erde, der Oktaeder Luft, der Ikosaeder Wasser und der Dodekaeder Äther (jene rätselhafte Substanz, die angeblich den Himmel füllte). Natürlich irrten sie, allerdings, wie der Physiker Frank Wilczek angemerkt hat, nicht ohne Nutzen. Denn sie regten ein Nachdenken über die Möglichkeit einer begrenzten Anzahl diskreter Elemente als Grundlage der materiellen Welt an. Das Standardmodell der Teilchenphysik identifiziert ebenfalls eine begrenzte Anzahl von Elementarteilchen (bislang siebzehn), aus denen sich, indem sie sich auf verschiedene Weisen miteinander verbinden, alles zusammensetzt, was ist. Handelt es sich also bei dem Engel um einen Vorläufer heutiger Physiker, die die Grundbausteine der Welt zu verstehen suchen und damit die Möglichkeit zu deren Manipulation auf den tiefsten Ebenen eröffnen?

Melencolia I enthält vieles mehr, darunter einen Cherub, einen Hund, eine Sanduhr, eine Waage, eine Glocke und einen Schlüsselbund, den der Engel an der Taille trägt. Bemerkenswert sind auch die alchemistischen Symbole: Ein Schmelztiegel steht links vom Polyeder auf dem Sims, eine Leiter mit sieben Sprossen – die gewöhnlich als Repräsentation der sieben Metalle und Planeten des alchemistischen Systems gedeutet werden – ragt hinauf zu einem jenseits des Bildrahmens befindlichen Aussichtspunkt oder Turm. Außerdem gibt es noch rechts hinter dem Kopf des Engels eine Gruppierung von Zahlen, die ein magisches Quadrat bilden – in welchem die Aufsummierung jeder Horizontalen, Vertikalen und Hauptdiagonalen jeweils dieselbe Zahl ergibt. (In diesem Fall ist die Summe 34 und das Quadrat hat zusätzlich die Eigenschaft, dass sich die vier Quadranten sowie die mittleren vier Zahlen ebenfalls auf 34 summieren.) Die zwei mittleren Zahlen unten setzen sich zum Entstehungsjahr des Stichs 1514 zusammen, dessen zwei äußere Ziffern, 1 und 4, auf den ersten und vierten Buchstaben des Alphabets, A und D, verweisen, mit denen Albrecht Dürer seine Drucke und Zeichnungen zu signieren pflegte.

Was bedeutet das alles? Möglicherweise kämpfte Dürer mit der Idee (die, soweit wir wissen, zum ersten Mal von Pythagoras

Laut der modernen Physik lassen sich Elementarteilchen in zwei Gruppen unterteilen: Teilchen mit Spin ½, aus denen die Materie des Universums besteht, und Teilchen mit Spin 0, 1 und 2, welche die zwischen der Materie wirkenden Kräfte bilden. Zwei Teilchen der ersten Art können sich nie gleichzeitig am selben Ort befinden, während dies für eine unbegrenzte Zahl von Teilchen aus der zweiten Gruppe möglich ist. Fundamentalteilchen bilden ein Emergenzphänomen von Quantenfeldern. Diese wiederum sollen sich zusammen mit der Raum-Zeit aus kovarianten Quantenfeldern ergeben.

geäußert wurde), dass alle Dinge Zahlen sind. Vielleicht wollte er das Werk auch zu einem bleibenden Rätsel gestalten und hoffte, dass der Betrachter in der Beschäftigung damit Aufschluss über seinen eigenen Geist erlangen würde. Denn so sehr uns Dürer (der Name bedeutet ›Türmacher‹) auch in die detaillierte, fast obsessive symbolische Welt der Werkstatt des Engels hineingeleitet, so lässt er uns auch darüber hinausblicken und -denken. Von Paracelsus bis Jung ist Alchemie mit der Entwicklung des Individuums assoziiert worden, doch ich möchte in der Leiter lieber eine frühe Ahnung der wissenschaftlichen Methode sehen, in der eine umfassendere Sicht durch sorgsamen schrittweisen Fortschritt gewonnen wird. Und in Dürers magischem Quadrat möchte ich den Ausdruck eines hartnäckigen Rätsels erblicken, das uns die wirkliche Welt aufgibt: Mathematik scheint (wie es im 20. Jahrhundert der Physiker Eugene Wigner ausdrückte) etwas »unverhältnismäßig Effektives« an sich zu haben, insofern ihre Konzepte häufig weit über ihren Entstehungskontext hinaus Anwendung finden. Wieso zum Beispiel taucht π, das Verhältnis des Umfangs eines Kreises zu seinem Durchmesser, in statistischen Analysen von Populationsentwicklungen auf, ganz zu schweigen von der Feinstrukturkonstante, den Einstein'schen Feldgleichungen und der Definition der Planckläge. Auf unheimliche Weise scheint das Universum in einer Art Code geschrieben zu sein – und dazu noch einem, der sich Stück für Stück entschlüsseln lässt. Wir mögen wenig oder keine Ahnung davon haben, was die Gleichungen mit Leben füllt, und doch leben wir in dieser Welt, die sie beschreiben.

Albert Einstein war kein außerordentlich begabter Mathematiker, doch wie Galilei erkannte er die Erklärungskraft der Mathematik. Es blieb aber das Rätsel, wieso sie diese Macht besitzt. »Das ewig Unbegreifliche an der Welt«, schrieb er, »ist ihre Begreiflichkeit«. Der Physiker James Hartle hat eine einfache Antwort: »Die Welt muss begreiflich sein, damit informationssammelnde und -nutzende Systeme, einschließlich Menschen wie uns, [überhaupt erst] existieren können.«

Melencolia I hat noch andere Anklänge. Die Kugel zu Füßen des Engels ist eine von

»Keine Frage ist erhabener als die, wieso es ein Universum gibt.« Derek Parfit

den Griechen so geliebte ›vollkommene‹ symmetrische Form, doch 1514 erhielt sie noch eine neue Bedeutung. Columbus' erste Reise nach Amerika nur gut zwanzig Jahre zuvor schien zu bestätigen, dass die Erde eine Kugel ist, deutete aber auch darauf hin, dass auf ihrer Oberfläche mehr zu entdecken war, als die Antike sich jemals vorgestellt hatte. Der 1493 in Dürers Heimatstadt Nürnberg gefertigte Behaim-Globus hatte die Landmassen der Erde selbstsicher mit Details geschmückt, aber für Amerika keinen Platz gelassen: Japan und China lagen in direkter Segelroute westlich von Lissabon. Die Salviati-Karte von 1525 dagegen zeigt versuchsweise Teile der Küstenlinie des neu entdeckten Kontinents, lässt aber auch, selbstsicher in seinem Nichtwissen, große Bereiche des Planeten weiß und unerforscht. *Melencolia I* entstand zudem, kurz nachdem Kopernikus in seinem *Commentariolus* oder *Kleinen Kommentar* von 1510 den Globus aus dem Zentrum des Universums entfernt hatte, und es ist durchaus möglich, dass Dürer, einem der bestinformierten Künstler seiner Zeit und begeistertem Amateurastronomen, Kopernikus' sensationelle These zu Ohren gekommen war.

In Zusammenarbeit mit zwei professionellen Astronomen erstellte Dürer 1515 die erste gedruckte Sternenkarte. Sie stellte den Himmel der Südhalbkugel dar und ließ große Bereiche frei … für zukünftige Erforschung.

In der linken oberen Ecke von *Melencolia I* erhaschen wir einen Blick auf eine *Weltlandschaft* (oder genauer *Seelandschaft*), eine weite Welt jenseits der Werkstatt des Engels. Eine wunderschöne Stadt liegt am Gestade eines Sees oder ruhigen Meeres, das sich in unermessliche Ferne erstreckt – eine Vorgängerin von Paul Klees *Lagunenstadt*. Über dem Wasser wölbt sich ein Mondregenbogen, das seltene Nachtpendant zum gewöhnlichen Regenbogen bei Tage. Den lichtsensitivsten Augen enthüllt ein Mondregenbogen unter ganz besonderen Bedingungen eine Anmutung des Farbspektrums inmitten seines scheinbar weißen Lichts. (Gewöhnlich erfordert es eine Kamera, die das menschliche Auge an Lichtempfindlichkeit übertrifft.) Wer die Farben in einem Mondregenbogen sehen kann, erfährt Licht von einer neuen und unwahrscheinlichen Seite: Das Licht der Sonne muss zuerst vom Mond zurückgeworfen, dann in den Wassertropfen gebrochen und erneut reflektiert werden, um eine Erscheinung am Rande der Sichtbarkeit zu erzeugen, und darin liegt etwas zutiefst Wundervolles. Darüber hinaus steht am Himmel ein Komet, ähnlich dem, der in der Nürnberger Chronik im Druck von 1493 Erwähnung findet. Gut möglich, dass dieses Himmelszeichen für Dürer mehrdeutig war und nicht unbedingt ein Menetekel des Bösen. Schließlich zog der Komet, der zu Dürers Lebzeiten den Weg der Erde gekreuzt hatte, offenbar nicht das befürchtete Desaster nach sich. Vielleicht konnte man sich erlauben, mehr Fragen zu stellen und weniger Angst zu haben – das eigene Unwissen anzuerkennen und sich bei den Antworten weniger auf Autorität zu verlassen.

Für mich bedeutet *Melencolia I* daher eine Einladung zum Wundern. Der Engel mag in Gedanken vertieft sein, doch eine tiefere und weitere Welt winkt und will erkundet und geschätzt werden. (»Die ganze Materie«, schrieb der Autor und Künstler Bruno Schulz einige Jahre vor seiner brutalen Ermordung, »wogt von unbegrenzten Möglichkeiten«.) Mit dem Zirkel auf seinem Schoß erstellt der Engel eine Karte, die die vor ihm ausgebreiteten Rätsel mit der größeren Welt jenseits davon verbinden mag, und der Künstler ermutigt uns, ähnlich zu verfahren.

Eine Einladung zum Wundern

Dieses Buch stellt einen Versuch dar, Neugier und Staunen anzuregen und mit anderen zu teilen. Nur wie lässt sich eine Auswahl unter den Attraktionen treffen und eine passende Anordnung finden? Ein mögliches Modell bieten einige atemberaubende Kompendien aus dem goldenen Zeitalter des Islam. Das *Buch der Kuriositäten der Wissenschaften und Wunder für das Auge* zum Beispiel versammelt eine erstaunliche Reihe astronomischer Diagramme und Landkarten von Astronomen, Historikern, Gelehrten und Reisenden des 9. bis 11. Jahrhunderts. Dann gibt es famose, wenn auch unzuverlässige

Vorbilder wie *Das höchste Streben in den Künsten der Gelehrsamkeit*, ein 1314 veröffentlichtes Werk, das Raum für ganz grundlegende Einsichten findet, wie etwa der, dass ein Nashorn Reißaus nimmt, wenn ein Mann auf das Ohr des Tiers uriniert. Europäische Bände wie das um 1550 erschienene *Augsburger Wunderzeichenbuch* enthalten hinreißende Illustrationen sonderbarer meteorologischer Ereignisse und bizarrer Phänomene, in denen man Vorzeichen der Apokalypse erblickte. Bücher wie diese eignen sich hervorragend, wenn man Jahrzehnte Zeit und ein ganzes Team von Buchmalern zur Verfügung hat und – David Humes Argumente gegen Wunder ignorierend – zum magischen Denken tendiert. In Ermangelung dieser Elemente werden es ein paar einfache Organisationsprinzipien tun müssen.

Hume argumentierte im Prinzip dahingehend, dass die Naturgesetze unveränderlich und menschliche Urteile unzuverlässig sind.

Ein mögliches Modell liefert das 1557 veröffentlichte *De rerum varietate* oder *Über die Vielfalt der Dinge* des Mathematikers und Spielers Girolamo Cardano. Es unterscheidet Wunder nach Ort (»Wunder der Erde«, »Wunder des Wassers« und so weiter) und nach Größe entsprechend Cardanos eigener Einschätzung. So fallen »blaue Wolken«, die über der Magellanstraße gesichtet wurden, unter die Kategorie des wahrhaft Wundervollen, während er mexikanische Fußjongleure »der Bewunderung, aber nicht großer Bewunderung würdig« befindet.

Cardano war ein brillanter Universalgelehrter, aber häufig knapp bei Kasse; und es heißt, seine Auseinandersetzungen über Spielschulden hätten oft in Messerstechereien geendet. Sein *Liber de ludo aleae* (*Buch über Zufallsspiele*) von 1564 ist die erste systematische Abhandlung über Wahrscheinlichkeit in der europäischen Mathematik. Angeblich hat er seinen eigenen Todestag vorausgesagt und dafür gesorgt, dass er die Wette gewann, indem er sich an diesem Tag das Leben nahm.

Ähnlich habe auch ich zwei Organisationsprinzipien zur Grundlage genommen. Zunächst habe ich auf die alte Idee der sieben Wunder zurückgegriffen. Es mag ein geläufiges Verfahren sein, hat aber den Vorzug, überschaubar zu sein; und es ist zum Mindesten einmal erfolgreich angewandt worden, nämlich in einem kurzen Aufsatz des Physikers Lewis Thomas. Zweitens habe ich diese sieben Wunder durch das Prinzip der Emergenz miteinander verbunden – womit der Vorgang beschrieben wird, in dem neue Eigenschaften und Verhaltensweisen aus der Kombination einfacherer Bestandteile hervorgehen. Das relativ einfache Phänomen im ersten Kapitel geht also in die Entstehung des Phänomens im zweiten Kapitel ein und so weiter.

In seinem Essay aus den frühen 1980er-Jahren handelt Thomas sieben Wunder ab, wobei er das größte davon bis zuletzt aufhebt: (1) Bakterien, die auf hydrothermalen Quellen in der Tiefsee leben; (2) Oncideres, eine Käfergattung, die auf Seidenbäumen lebt; (3) der Scrapie-Virus; (4) Riechrezeptorzellen; (5) Termiten; (6) jedes menschliche Kind; (7) die Welt als lebendes System.

Wenn es mir möglich gewesen wäre, hätte ich für die Erstellung einer Karte der Wunder so weitläufige Reisen unternommen wie der Ingenieur Mabouloff von der Gesellschaft für inkohärente Geographie in Georges Méliès' Film *Le voyage à travers l'impossible* (*Die Reise durch die Unmöglichkeit*) von 1904. Mein Budget brachte mich jedoch selten weiter als bis zu meiner Hütte, und die größte Expedition, die es mir zugestand, war eine Woche in einer anderen Hütte. Somit musste ich mich auf die Erkundung nahe gelegener Wunder beschränken – die Bibliothek, das Labor und der gelegentliche Wald- oder Küstenausflug in Reichweite statt der fernen Orte, von denen ich träume. Aber gegenwärtig in meiner unentdeckten Umgebung erhaschte ich gelegentlich einen Blick auf »Dinge, die seltsam und dabei doch gewöhnlich; unglaublich und dabei doch bekannt; allerhöchst und dabei doch einfach; unendlich einträglich, aber nicht wertgeschätzt sind«, wie der Mystiker Thomas Traherne sich ausdrückte. Selbst das größte Wunder hat Anteil an so unbedeutenden Vorkommnissen wie dem in meiner Küche – und in diesem Sinne bedurfte es eines kleinen Gedankens, um dieses ganze Buch zu füllen.

Ludwig Wittgensteins Beobachtung – »Welch ein kleiner Gedanke doch ein ganzes Leben füllen kann!« – bietet ausreichend Text für »Proverb«, eine bemerkenswerte musikalische Komposition von Steve Reich.

Sein Gesamtverlauf ergibt sich folgendermaßen: Das erste Kapitel handelt von Licht – einem der grundlegenden Phänomene des Universums und Ausgangspunkt für vieles andere. Es beschreibt, was Licht ist und wie wir es sehen; Regenbogen, Sonne und Arten von Dunkelheit dienen als Anschauungsmaterial. Das zweite Kapitel untersucht den Ursprung des Lebens und die materielle Welt, aus der das Leben entsprungen ist, und stellt einige kurze Überlegungen zu einem winzigen Ausschnitt der unzähligen Eigenheiten an, die das Leben so staunenswert machen. Im Zentrum des dritten Kapitels steht das menschliche Herz und der Herzschlag, der uns unausweichlich an unsere kurze, aber bemerkenswert belastbare physische Existenz erinnert. Kapitel vier handelt vom Gehirn und erkundet sieben einfache Aussagen, die sich über das vielleicht komplexeste Einzelobjekt im Universum treffen lassen. Kapitel fünf spürt dem Bogen eines Menschenlebens nach – ein Phänomen, das auf dem fortlaufenden Funktionieren von (unter anderem) Herz und Hirn beruht. Mit einer Einteilung des Lebens in die drei Abschnitte Jugend, Reife und Alter, nach dem Vorbild der Antike und nicht dem der mittelalterlichen und frühneuzeitlichen Überlieferung, die sieben Lebensabschnitte unterschied, geht das Kapitel der Frage nach, wie Wundern im Laufe eines Lebens erfahren wird und sich verändert. Das sechste Kapitel beschäftigt sich mit dem Wundern über die Welt, in der wir leben. Es fragt, wie diese Welt uns formt und wie wir sie unsererseits durch Karten und Träume formen. Kapitel sieben geht auf einige der Technologien ein, die die menschliche Erfahrung der Welt sowie die Welt selbst verändern und damit auch, was wir als wundervoll wahrnehmen. Es fragt nach der Zukunft des Wunderns in einer von Menschen zunehmend manipulierten oder missbrauchten Welt und welche Wunder auf uns warten mögen. Ein Nachwort reflektiert über das vom Buch abgedeckte Terrain.

»Zwei Dinge erfüllen das Gemüt mit immer neuer und zunehmender Bewunderung und Ehrfurcht […]: Der bestirnte Himmel über mir, und das moralische Gesetz in mir. […] Der erstere Anblick einer zahllosen Weltenmenge vernichtet gleichsam meine Wichtigkeit, als eines tierischen Geschöpfs, das die Materie, daraus es ward, dem Planeten (einem bloßen Punkt im Weltall) wieder zurückgeben muß, nachdem es eine kurze Zeit (man weiß nicht wie) mit Lebenskraft versehen gewesen. Der zweite erhebt dagegen meinen Wert, als einer Intelligenz, unendlich« Immanuel Kant

Neue Karte der Weltwunder ist gefüllt mit wissenschaftlichen Entdeckungen. Nicht, weil ich denke, wir bräuchten all dies. Das denke ich nicht. Um eine berühmte Passage aus Immanuel Kants *Kritik der praktischen Vernunft* von 1788 für meine Zwecke anzupassen und zu verdrehen: Zwei Dinge erfüllen mich mit Verwunderung und Besorgnis: die natürliche Welt, die die Grundlage unseres Seins bildet, und das, was Menschen ihr und sich gegenseitig zufügen. Es gibt dringliche Angelegenheiten, zu denen Wissenschaft gegenwärtig wenig Orientierung bietet, darunter viele (aber nicht alle) Fragen dazu, was wir wertschätzen sollten und warum. Soweit es neue Technologien betrifft (die sowohl Ausdruck als auch Quelle wissenschaftlicher Durchbrüche sind), sollten Warnungen, dass sie die Existenz verarmen können, ernst genommen werden. Doch oft ist statt der Technologien selbst vor allem ihre Verwendung zu verurteilen. Wird von Wissenschaft und Technologie weise Gebrauch gemacht, können sie mit vielerlei Fehlern aufräumen und den Bereich des Möglichen erweitern, einschließlich der Arten von Wundern und wundervollen Erfahrungen, denen wir begegnen. Wenn wir es ernst damit meinen, alle empfindungsfähigen Lebewesen gedeihen zu lassen, können Wissenschaft und Technologie von Nutzen sein.

Man denke daran, was der Historiker Sven Beckert »Kriegskapitalismus« nennt: »Wenn unser angeblich neues globales Zeitalter sich auf revolutionäre Weise von der Vergangenheit unterscheidet, dann nicht durch das Ausmaß der globalen Vernetzung, sondern dadurch, dass Kapitalbesitzer erstmals in der Lage sind, sich von genau jenen Nationalstaaten zu emanzipieren, die in der Vergangenheit ihren Aufstieg ermöglicht haben.«

Es gibt immer noch mehr. Wissen ist provisorisch, erweiterbar und ungenügend – und wird wohl auch so bleiben. Die beweisbaren Aussagen der Mathematik zum Beispiel sind unendlich an der Zahl. »Was wir beobachten«, schrieb Werner Heisenberg, ist »nicht die Natur selbst [...], sondern die Natur, die unserer Art der Fragestellung ausgesetzt ist.« Und wie gewöhnlich trifft Thoreau ins Schwarze, wenn er schreibt,

»Wir werden immer am Anfang der Unendlichkeit stehen, einander gleich in unserem unendlichen Unwissen.« David Deutsch

höheres Wissen sei nicht mehr als »ein völlig neues, großes Staunen, wenn wir plötzlich erkennen, wie unzulänglich alles ist, was wir bisher als Wissen bezeichnet haben«. Das Höchste, was wir daher erreichen können, »ist nicht Wissen, sondern eine Art Offenheit für Einsichten«. Ich verstehe das so, dass das größte Wunder mit Liebe einhergeht und mit der Weisheit, zu erkennen, was wir vor uns haben. »Es geht nicht um Verstehen«, sagt uns der Dichter W. S. Merwin. »Es geht um unser Leben, unser einziges Leben.«

Dieses Buch ist nicht im buchstäblichen Sinne eine Karte, auch wenn es einige davon enthält. Als eine Thaumatologie oder als Text über Mirakel ist es nicht einmal entfernt umfassend. Es geht lediglich darum, einige Wunder zu erleben, soweit mir das möglich ist – und ein besseres Gefühl dafür zu bekommen, wie groß diese Wunder und wo sie zu finden sind: das heißt sie zu würdigen. Ich hoffe, die Leserin oder der Leser wird, einigen meiner Richtungsvorschlägen folgend, weitere Wunder entdecken.

In den Memoiren ihres Schriftstellerlebens zitiert Annie Dillard ebenfalls Thoreau: »Der junge Mensch sucht seine Materialien zusammen, um eine Brücke zum Mond zu bauen […] oder vielleicht einen Palast oder Tempel auf Erden, und am Ende beschließt der reife Mensch, einen Holzschuppen damit zu bauen.«

Zum Wundern kommt es, wenn wir intellektuell und emotional aus allen Rohren feuern. Es kann uns an den Rand des Terrors führen oder uns ohne die geringste Spur einer Bedrohung das Unvorhersehbare und Sonderbare direkt unter die Nase halten. Wie die Leichtkraft – eine mythische Kraft, die Aristoteles im Gegensatz zur Schwerkraft annahm – kann es erhebend wirken. Wie ein guter Scherz kann es ausdrücken, was in zu wenig Worten gesagt werden muss. Wundern eröffnet neue Möglichkeiten – das psychologische Äquivalent zum Bolzenschneider, den Werner Herzog Regisseuren als ständigen Begleiter anempfiehlt. Es kann sich anfühlen wie das Erfassen von etwas Größerem und Besserem, dem wir vorübergehend angehören. Es kann sich anfühlen wie eine Entdeckung oder zumindest wie der erste Schritt einer Entdeckungsreise. Und es kann sich anfühlen wie Rückkehr oder Genesung – die Empfindung, dass etwas wiederhergestellt wird. Wundern kann sich genügen oder sich wie ein guter Ausgangspunkt anfühlen. Es ist ein Gemütszustand, in dem wir ein Geschenk annehmen und seine Wichtigkeit, wenn auch nicht notwendigerweise seine Bedeutung, erfassen können. Es ist eine Art von Gnade.

1

Der Regenbogen und der Stern
Licht

Die Umwandlung von Körpermaterie in Licht
und umgekehrt ist der Vernunft und der Natur,
die sich an Verwandlungen dieser Art gleichsam
zu ergötzen scheint, ganz angemessen.
ISAAC NEWTON

»Ja, ich habe een Paar Aujen«, erwiederte Sam, »und
das is jrade der Teifel. Wären meine Aujen een Paar
Gas-Mikroskop-Gläser, die funfzehn Trillionen Mal
vergrößern, so hätt' ich vielleicht durch die Treppe,
die Thür und Alles durchsehen können; aber so, da sie
bloß Aujen sind, war meine Sehkraft zu gering.«
CHARLES DICKENS

An einem Februarmorgen des Jahres 1962 quetschte sich US-Marineoberst John Glenn in eine Kapsel an der Spitze einer Rakete und wurde mehr als hundert Kilometer ins All hinauf geschleudert. Er umrundete die Erde drei Mal in knapp unter fünf Stunden, bevor ihn die Schwerkraft in einem Bogen sicher in den Atlantischen Ozean stürzen ließ.

In diesen fünf Stunden flog Glenn durch drei Tage und drei Nächte. Sein erster Tag, der vom Start in Cape Canaveral fünfundvierzig Minuten dauerte, führte ihn über die Kanarischen Inseln und Kano in Nigeria, bevor er auf der anderen Seite Afrikas die Sonne hinter dem Indischen Ozean versinken sah. Die Abenddämmerung, sagt er, war wunderschön. Der Himmel im All war tiefschwarz mit einem schmalen blauen Band entlang des Horizonts. Die Sonne ging schnell unter, wenn auch nicht so schnell, wie er erwartet hatte. Schichten von leuchtendem Orange und Blau zogen sich nach beiden Seiten hin und verjüngten sich zum Horizont. Als er über die australische Küste nahe Perth flog, war es Nacht. Über dem Pazifik bereitete er sich auf sein erstes Morgengrauen vor.

Beim Sonnenaufgang über Kanton, einem Atoll der Phoenixinseln auf halbem Wege zwischen Fidschi und Hawaii, sah Glenn Tausende winziger schimmernder Kugeln außerhalb seiner Kapsel. »Sie strahlen hell, wie wenn sie von sich aus leuchten. Ich habe noch nie so etwas gesehen ... Sie nähern sich der Kapsel und sehen aus wie kleine Sterne. Ein ganzer Schauer davon kommt heran. Sie wirbeln um die Kapsel und kommen vor das Fenster und sie sind alle hell erleuchtet.« Für Glenn war der Anblick dieser Kugeln, die verschwanden, als sein Fahrzeug ins Sonnenlicht eintauchte, eine der bewegendsten Erfahrungen des ganzen Flugs. Er war ein sehr religiöser Mensch und ihre engelhafte Erscheinung wirkte noch lange in ihm nach.

Die NASA kam später zu dem Schluss, dass es sich bei dem Phänomen um Glenns Urin gehandelt haben musste, das vom Raumschiff abgelassen zu Tröpfchen von perfekter Kugelform gefroren war. Es lässt sich leicht über das Bathos oder die Entzauberung in dieser Entdeckung lachen. Die ganze Unternehmung des US-Raumfahrtprogramms in seinen ersten Jahren – das Hunderttausende Menschen beschäftigte und einen merklichen Anteil am Bundeshaushalt verschlang – war schließlich zu einem großen Teil ein gigantischer Pisswettbewerb mit den Sowjets. Doch Wunder und Humor schließen sich nicht aus und die Kugeln boten ganz offensichtlich einen wundervollen Anblick, ganz gleich, wie niedrig ihre Herkunft. Sie besitzen sogar eine Art Reinheit verglichen mit der Dunstglocke von Menschenhand geschaffenen Mülls, der heute die Erde umkreist. Und die Wunder von Glenns Flug, der mit 28000 km/h (oder 7843 m/s) seine kurzen Kreise um die Erde drehte, schmälert das nicht im Geringsten.

Geschwindigkeit

Ob in einer niedrigen Erdumlaufbahn oder in scheckigen Schatten auf einer Wand – zahlreiche mit Licht verbundene Phänomene rufen tiefe Verwunderung in uns hervor. Debatten über ihre Natur sind häufig mit mystischen und religiösen Assoziationen beladen, nicht zuletzt in der westlichen Kultur – man braucht nur einen Blick auf den Anfang der Genesis zu werfen. Ich werde aber mit einem schlichten Faktum beginnen, das ebenfalls Rätsel aufgibt: der Lichtgeschwindigkeit.

Wenn die Lichtgeschwindigkeit tatsächlich unendlich wäre, würden sich Teilchen und die von ihnen transportierte Information augenblicklich von A nach B bewegen, Ursache und Wirkung überlagerten sich und alles würde zeitgleich geschehen. Das Universum hätte keine Geschichte und keine Zukunft, und Zeit nach unseren Begriffen gäbe es nicht.

Im Unterschied zu einer Windbö oder einem auch noch so schnellen Pfeil scheint Licht immer schon gleich überall da zu sein – ganz ohne zeitlichen Abstand überallhin zu gelangen. Der gesunde Menschenverstand mag daher auf die Idee kommen, dass es sich mit unendlicher Geschwindigkeit fortbewegt. Seit der Antike hatten nur wenige Denker Einwände gegen diese Sicht erhoben, und erst vom 17. Jahrhundert an gab es Versuche, das Gegenteil tatsächlich zu beweisen. Galileo Galilei schlug vor, eine Laterne des Nachts auf einem entfernten Hügel zu platzieren, sie zu einem bestimmten Augenblick zu enthüllen und die Zeit zu bestimmen, bis diese Enthüllung in einer gewissen Distanz beobachtet würde. Der Versuch ergab lediglich, dass Licht außerordentlich schnell sein muss. Es waren dann jedoch zu einem gänzlich anderen Zweck angestellte Beobachtungen, die einen Weg zur Messung der Lichtgeschwindigkeit wiesen.

1610 richtete Galilei ein Teleskop auf den Jupiter und entdeckte in seinem Orbit vier helle Monde, die an ihm hingen wie Schiffslaternen bei Nacht auf ruhiger See. Eine folgenschwere Entdeckung: ein überzeugender Beweis, dass nicht alle Himmelskörper um die Erde kreisen, und ein Angriff auf die Kirchenlehre. Galilei fiel aber auch eine praktische Anwendung ein: Die regelmäßige Bewegung der Jupitermonde könne als eine Art Himmelsuhr verwendet werden. Seefahrer und Kartografen überall auf der Welt sollten in der Lage sein, das Verschwinden und Auftauchen der Monde hinter dem Planeten zu beobachten und die lokale Sonnenzeit zum Zeitpunkt dieser Eklipsen mit der Standardzeit an einem Ort mit bekanntem Längengrad abzugleichen. Über die Zeitdifferenz sollten sie den relativen Längengrad ihres Standorts berechnen können.

In Wahrheit sind nicht alle Jupitermonde starre Kugeln. Io, der etwa den Umfang unseres Mondes besitzt, ist mit Vulkanen von der Größe des Mount Everest übersät und der vulkanisch aktivste Himmelskörper in unserem Sonnensystem. Enceladus, ein Galilei noch unbekannter kleiner Saturnmond, sprüht Wasser durch seine Eiskruste.

Die Idee war einleuchtend. Aufnahmen der Raumsonde *Juno* bei ihrer Annäherung an den Jupiter 2016 zeigen in der Tat, wie die Monde den Planeten wie die Zeiger einer Himmelsuhr umkreisen. Doch einer Realisierung dieser Idee erwies sich die Messtechnik des 17. Jahrhunderts nicht gewachsen. Bei dem Versuch ihrer praktischen Umsetzung allerdings fiel Ole Rømer, der eine Generation nach Galilei an der Pariser Sternwarte arbeitete, eine Anomalität am umfangreichen Datenmaterial auf, das er über die Bewegung von Jupiters innerstem Mond Io sammelte. Wenn sich die Erde Jupiter am nächsten befand, trat die Eklipse von Io (der Mond umläuft Jupiter einmal

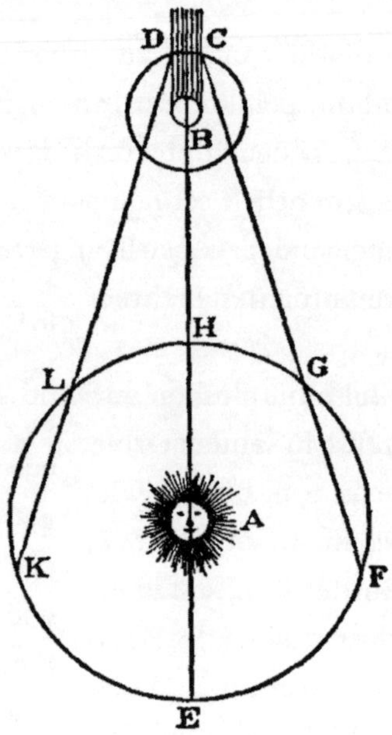

In Rømers schematischer Darstellung benötigt das von Io reflektierte Sonnenlicht, wenn der Mond in den Schatten des Jupiter (B) eintritt (C) oder aus ihm heraustritt (D), weniger Zeit zur Erde, wenn sich die Erde bei den Punkten G oder L auf ihrer Umlaufbahn um die Sonne (A) befindet, als wenn sie sich bei den Punkten F oder K befindet.

alle zweiundvierzigeinhalb Stunden) ungefähr elf Minuten früher ein als vorhergesagt. Ein halbes Jahr später, als die Erde am weitesten von Jupiter entfernt stand, trat die Eklipse etwa elf Minuten später als vorhergesagt ein. Rømer wusste, dass die Umlaufzeit Ios um Jupiter nichts mit der relativen Position von Erde und Jupiter zu tun haben konnte, und erkannte, dass die Zeitdifferenz damit zu erklären war, dass sich das Licht mit endlicher Geschwindigkeit bewegte: Es benötigte etwa zweiundzwanzig Minuten länger, um vom Jupiter zur Erde zu gelangen, wenn die beiden Planeten auf entgegengesetzten Seiten der Sonne standen, als wenn sie sich auf derselben Seite befanden. Die Lichtgeschwindigkeit ergab sich dann schlicht aus der Division des Durchmessers der Umlaufbahn der Erde durch diese Zeitdifferenz.

Genau das tat Rømer und errechnete 1676 eine Lichtgeschwindigkeit von ungefähr 210 000 Kilometern pro Sekunde. Heute wissen wir, dass er den wirklichen Wert unterschätzte (der bei fast 300 000 Kilometern pro Sekunde liegt), weil er mit falschen Daten zur maximalen Zeitverzögerung zwischen den Io-Eklipsen und zum Durchmesser der Sonnenumlaufbahn der Erde rechnete.

Aber das Resultat war dennoch atemberaubend: Nicht nur ein schlagender Beweis, dass die Lichtgeschwindigkeit endlich (wenn auch erstaunlich hoch) ist, sondern dass sie experimentell gemessen werden kann.

Selbst heute bleibt die Lichtgeschwindigkeit schwer vorstellbar. In einem Aufsatz von 1982 beschreibt Annie Dillard, wie sie Zeuge einer Sonnenfinsternis wurde. In der Sekunde vor dem Verschwinden der Sonne rast eine Schattenwand auf den Hügel zu, auf dem sie und ihre Begleiter stehen. Sie saust das Tal hinauf, knallt auf diesen Hügel und schlägt über sie zusammen: »Der ungeheuerliche flinke Schatten des Mondes.« Dillard erfährt später, dass sich der Mondschatten mit etwa 2900 Kilometern pro Stunde bewegte, und sagt, dass Sprache keinen Eindruck von dieser Geschwindigkeit vermitteln könne. Und doch liegt diese sagenhafte Geschwindigkeit – fast zweieinhalb Mal so schnell wie Schall in der Luft – in Bereichen von einem Millionstel der Lichtgeschwindigkeit.

Nehmen wir einen Athleten auf dem Startblock eines Hundertmeterlaufs. Er oder sie benötigt fast eine Siebtelsekunde, um auf den Startschuss zu reagieren. Zu diesem Zeitpunkt ist das ›P‹ des ›Peng‹ bereits auf halbem Weg zur Ziellinie. Das Licht vom Startschuss hingegen ist bereits 100 000 Kilometer entfernt, das entspricht zweieinhalb Mal dem Erdumfang. Wenn die Lichtteilchen, die wir Photonen nennen, ähnlich einem anderen sonderbaren Teilchen, zu dem wir später kommen, geradewegs durch die Erde hindurch- und auf der anderen Seite wieder herausfliegen könnten, ohne dabei Geschwindigkeit einzubüßen, dann bräuchten sie vier Hundertstel einer Sekunde dafür – gerade einmal Zeit genug für einen Kolibri, zweimal mit den Flügeln zu schlagen.

Was ist Licht?

Die Natur des Lichts lässt sich durchaus in ein paar wenigen Worten beschreiben. Das Problem ist nur, dass viele dieser Wörter und die ihnen zugrunde liegenden Konzepte weit entfernt von der Alltagserfahrung angesiedelt sind und die Verstandeskräfte der Laien unter uns doch sehr beanspruchen. Wir können beispielsweise sagen, dass das sichtbare Licht einen winzigen Teil des elektromagnetischen Spektrums ausmacht und als solches eine sich selbst fortpflanzendt, transversal oszillierende Welle elektrischer und magnetischer Felder darstellt, die sich durch Vakuum fortbewegen kann. Wir können auch sagen, dass Licht aus Photonen genannten Teilchen besteht, die die kleinste transportierbare Energiemenge darstellen, und dass es der Kraftträger der elektromagnetischen Wechselwirkung ist, die (neben der Gravitation und der starken und schwachen Kernkraft) eine der vier bekannten Grundkräfte im Universum bildet.

»Ein Photon ist eine minimale Störung in einem elektromagnetischen Feld ... Die Quantentheorie [besagt], dass Energie in diskreten Einheiten oder Quanten auftritt. Weil diese Einheiten nicht weiter geteilt werden können, besitzen sie die Art von Beständigkeit, die wir mit Teilchen verbinden. Und unter manchen Umständen ist es hilfreich, sie sich in der Weise vorzustellen. In diesem Sinne sind Photonen Lichtteilchen.« Frank Wilczek

Wenn uns dies alles schon nicht besonders weiterhilft, dann vermutlich das Folgende ebenso wenig. Photonen (die Lichtteilchen) besitzen keine Masse und keine Ladung, werden aber zwischen geladenen Teilchen wie Elektronen und Protonen ausgetauscht, wann immer diese geladenen Teilchen wechselwirken. Sie können nicht zum Stillstand kommen, sondern nur die Form wechseln; und aus bislang noch nicht gänzlich verstandenen Gründen bewegen sie sich mit Lichtgeschwindigkeit fort.

Die starke Kernkraft bindet Protonen und Neutronen in Atomkernen aneinander. Die schwache Kernkraft ist für radioaktiven Zerfall und Kernfusion verantwortlich.

Wenn man zum ersten Mal davon hört, dass Licht aus Teilchen besteht, liegt es nahe, nach ihrer Größe zu fragen. Es gibt aber keine

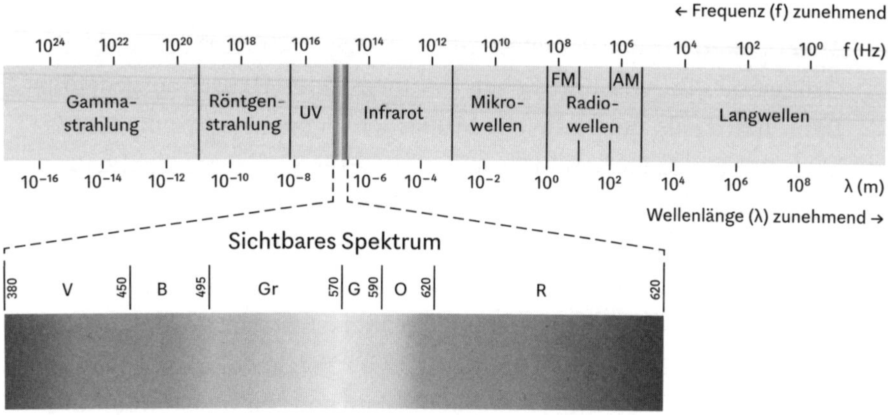

Das sichtbare Licht und sein Anteil am elektromagnetischen Spektrum.

gute Antwort auf diese Frage, weil die Einordnung als ›Teilchen‹ nur die halbe Wahrheit ist. In der Physik lassen sich die auf unserer Alltagswahrnehmung basierenden Begriffe des gesunden Menschenverstands nicht immer anwenden. Tatsächlich widersprechen auch viele Dinge, die mit dem bloßen Auge sichtbar sind, dem gesunden Menschenverstand.

Der Umstand, dass der Mond, ein massiver Felsbrocken von 73 Milliarden Milliarden Tonnen, keine Anstalten macht, vom Himmel zu fallen, ist nur ein mögliches Beispiel. Die hartnäckige Trennung von Warm- und Kaltwasserhähnen auf öffentlichen Toiletten in Großbritannien ein weiteres. Und anders als alles, was wir uns leicht vorstellen können, verhalten sich Photonen manchmal wie Teilchen und manchmal wie Wellen.

Wenn man nachbohrt, werden manche Physiker (vielleicht einfach nur, weil sie einen loswerden möchten) sagen, dass man sich bei der Frage nach der Größe eines Photons an seine Wellenlänge halten sollte. Doch wie groß ist *die* wieder? Für sichtbares Licht variiert sie zwischen 400 Nanometern bei violettem Licht und 700 Nanometern bei rotem. Ein Nanometer (abgekürzt nm) entspricht einem Milliardstel eines Meters, und auch das lässt sich schwer vorstellen.

Aber denken wir uns das letzte Glied unseres kleinen Fingers auf die Größe eines durchschnittlichen Zimmers eines Hauses ausgedehnt. Dann hätte jede der vielleicht Milliarden Zellen in etwa die Größe eines Reiskorns. Grünes Licht in der Mitte des sichtbaren Spektrums (um 550 nm) besäße dann eine Wellenlänge von ungefähr einem Zwanzigstel eines solchen Korns.

Die Wellenlängen des elektromagnetischen Spektrums erstrecken sich allerdings über eine viel größere Bandbreite als nur das sichtbare Licht. Photonen können also im Vergleich damit sehr viel kleiner oder größer sein. Die Wellenlängen von Gammastrahlen werden in Pikometern gemessen – dem Billionstel eines Meters. Damit sind sie um drei Größenordnungen kleiner als ein Atom. (Um ein Gefühl für die Größe eines Atoms zu bekommen, kann man sich vor Augen halten, dass ein Salzkorn aus ungefähr Milliarden Milliarden, oder 10^{18}, davon besteht – das ist zehn Millionen Mal die Anzahl der Sterne in der Milchstraße.) Im Gegensatz dazu erreichen Mikrowellen, mit denen man Nahrung aufwärmt, die Dimension einer Grapefruit (Merkzettel für mich: Grapefruit nicht in die Mikrowelle), und Radiowellen können einige Meter bis mehrere Kilometer lang sein.

Licht und Sicht

Dass es Licht gibt, ist ein großes Wunder. Und nicht weniger die Tatsache, dass wir es sehen können. Photonen im Bereich des sichtbaren Lichts stellen die einzigen Elementarteilchen dar, zu deren direkter Erfassung unsere Vorfahren einen Wahrnehmungsapparat ausgebildet haben. Der Grund dafür, dass wir Licht in diesem Bereich der Wellenlängen sehen – die Wellenlängen, die all die Farben und Schattierungen in unserer Welt erzeugen –, hängt vor allem damit zusammen, dass ein Großteil des Sonnenlichts, das die Erdoberfläche erreicht (und sich zusätzlich noch durch Wasser bewegt), in diesem Frequenzbereich liegt. Könnten wir elektromagnetische Wellen aus anderen Teilen des Spektrums wahrnehmen, sähe die Welt ziemlich anders aus. Eine auf Gammastrahlen beschränkte Wahrnehmung ließe den Mond heller strahlen als die Sonne. Mit Röntgenstrahlen wären unsere Adams- und Evakostüme transparent und wir würden alle mit unseren Knochen herumtanzen wie am Tag der Toten in Mexiko.

Der Sehvorgang ist extrem kompliziert und wissenschaftlich nur teilweise durchdrungen. Das menschliche Gehirn, wahrscheinlich das komplexeste Einzelobjekt des bekannten Universums, stellt einen beträchtlichen Anteil seiner Schaltkreise dazu ab, das in unsere Augen fallende Licht zu verarbeiten. Doch einige der Grundlagen, wie unser Auge funktioniert, lassen sich in wenigen kurzen Absätzen umreißen.

Licht, das durch Pupille und Linse dringt, wird auf die Retina projiziert, die mit lichtempfindlichen Zellen ausgekleidet ist, welche als Zapfen und Stäbchen bezeichnet werden. Die Zellen liegen zusammengedrängt wie Bleistifte in einer Schachtel, wobei ihre Enden (etwas flacher im Fall der Stäbchen, etwas spitzer im Fall der Zapfen) zum Licht hin ausgerichtet sind. Jede Retina besitzt um die 120 Millionen Stäbchen und sechs bis sieben Millionen Zapfen. Stäbchen, die für Lichtintensität empfindlich sind, verteilen sich hauptsächlich um die äußeren Bereiche der Retina, während sich Zapfen, die für Farben empfindlich sind, vor allem in der Mitte konzentrieren.

Jedes Stäbchen enthält etwa eine Milliarde Rhodopsin-Moleküle – ein lichtsensitives Protein –, die auf das Licht ausgerichtet zu transparenten Tellern aufgeschichtet sind. Das Auftreffen eines einzigen Photons genügt, um die Form eines zentralen, als Chromophor bezeichneten Teils dieser faszinierenden Moleküle zu verändern und damit eine Kaskade von Effekten zwischengeschalteter Moleküle auszulösen, die das Ausgangssignal hundert- und tausendfach verstärken. Bis vor Kurzem dachte man, dass ein gleichzeitiges Auftreffen von mindestens sieben Photonen für ein ausreichend starkes Signal nötig wäre, damit das Stäbchen dem Gehirn mitteilt, dass Licht vorhanden ist. Doch Experimente konnten mittlerweile zeigen, dass einige Menschen sogar ein einzelnes Photon wahrnehmen können. Teilnehmer an diesen Tests haben die Empfindung als »fast ein Gefühl, an der Schwelle zur Einbildung« beschrieben.

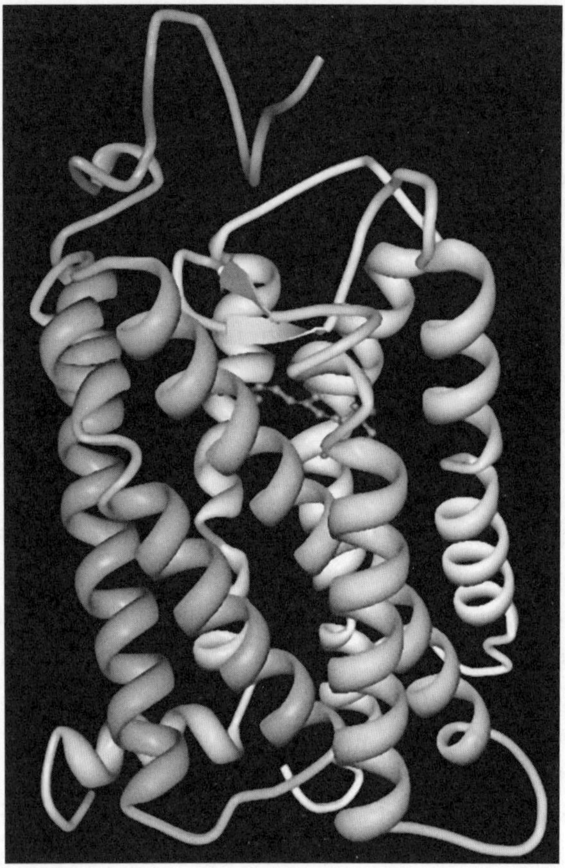

Rhodopsin

Unsere Augen können jedenfalls außerordentlich empfindlich sein und befähigen uns, wenn sie sich an die Dunkelheit angepasst haben, nur mit dem Licht des Sternenhimmels unseren Weg zu finden. Gleichzeitig ist unser visuelles System so robust, dass es uns erlaubt, auch bei Tageslicht, das zehn Milliarden Mal so hell strahlt, Gegenstände deutlich auszumachen. Von einer Wand reflektiertes scheckiges Sonnenlicht liegt irgendwo im mittleren Bereich unseres Sehvermögens.

Im Zentrum der Retina auf einem Areal von etwa einem Prozent ihrer Gesamtfläche liegt die Sehgrube: eine tassenförmige Grube von der Breite eines Mohnsamens. Die Sehgrube ist mit Zäpfchenzellen besetzt, die dünner sind als Stäbchenzellen – nur ein Millionstel Meter im Durchmesser im Vergleich zu fünf Millionstel – und dichter beieinanderliegen. Dadurch erreichen sie eine deutlich höhere räumliche Auflösung. In der Tat stammt etwa die Hälfte der Informationen, die das Gehirn vom Auge erreicht, von dort. Die Sehgrube erlaubt uns bei guten Lichtverhältnissen, uns auf die feinen Details eines Punktes direkt vor uns zu konzentrieren. Selbst bei gesunden, jungen Augen hat dieser Punkt zwei Grad im Durchmesser oder die Breite eines Daumennagels in einer Armlänge Entfernung. Das Gehirn muss dann aus dem Strom mehrmals pro Sekunde hauptsächlich mit der Sehgrube aufgenommener schmaler Schnappschüsse den Eindruck einer gesamten Szene zusammensetzen.

Der Physiker Thomas Young legte 1802 die Grundlagen für unser modernes Verständnis des Farbensehens, als er bemerkte, dass alle Farbeindrücke durch die Kombination von Rot, Grün und Blau erzeugt werden können, und daher die These aufstellte, dass es drei Arten von Nerven im Auge gibt, die jede für eine dieser drei Farben empfindlich seien. Im 20. Jahrhundert wurden diese Nerven dann als Zäpfchenzellen identifiziert, die tatsächlich in drei Varianten auftreten, die unterschiedliche Arten von Opsinen (lichtsensitiven Proteinen)

Wir sehen die Welt nie so, wie das unsere Retina tut, sagt der Neurowissenschaftler Stanislas Dehaene. »In Wahrheit wäre das ein ziemlich schrecklicher Anblick: ein überaus verzerrtes Arrangement von hellen und dunklen Bildpunkten, das gegen das Zentrum der Retina hin stark vergrößert ist, teilweise von Blutgefäßen verdeckt wird und ein enormes Loch am Ort des ›blinden Flecks‹ aufweist – dort treten die Kabel zum Gehirn aus. Das Bild würde permanent verschwimmen und sich mit unserem wandernden Blick verändern. Stattdessen sehen wir eine dreidimensionale Szene – die Fehler der Retina sind korrigiert, der blinde Fleck ist geflickt, mit Rücksicht auf unsere Augen- und Kopfbewegungen wurde sie stabilisiert, und sie wurde auf der Grundlage früher erlebter ähnlicher visueller Szenen neu gedeutet.«

Um genau zu sein, liegen die Absorptionsspitzen der verschiedenen Zapfenzellen in unserem Auge bei 564 nm in Richtung des roten Endes des Spektrums, was aber in Wahrheit gelblich-grün ist, bei 534 nm für bläulich-grün und bei 420 nm für bläulich-violett.

enthalten und damit Licht unterschiedlicher Frequenzen absorbieren. Die erste Art absorbiert eher Licht an dem Ende des sichtbaren Spektrums mit größeren Wellenlängen, was wir als Rot wahrnehmen, während die zweite vor allem in der Mitte des Spektrums ausschlägt, was wir als Grün wahrnehmen, und die dritte wiederum an dem Ende mit kürzeren Wellenlängen, was wir als Bläulich sehen. Fünfzig Jahre später verfeinerten die Physiker Hermann von Helmholtz und James Clerk Maxwell Youngs Arbeit, und Maxwell schuf mithilfe der Dreifarbentheorie, wie wir sie heute nennen, die erste Farbfotografie.

Beinahe jedes Farbbild, das uns heute begegnet, basiert auf einem fernen Abkömmling der von ihm entwickelten Technik.

Zäpfchen benötigen im Vergleich zu Stäbchen deutlich mehr Licht, um ein Signal abzugeben, weshalb wir bei schwachem Licht auch nicht viele Farben sehen. Und welche Farben wir wahrnehmen, hängt davon ab, wie viele der verschiedenen Arten von Zäpfchen wie stark zu einem gegebenen Zeitpunkt angeregt werden, da Auge und Gehirn Durchschnitte aus den Signalen vieler Zäpfchen bilden. Gelb beispielsweise nehmen wir wahr, wenn die für den rötlichen Teil des Spektrums empfindlichen Zäpfchen ein wenig stärker stimuliert werden als die für den bläulichen Teil empfindlichen. Möglicherweise ist Ihnen schon einmal aufgefallen, dass Sie mehr Grüntöne unterscheiden können als Abtönungen anderer Farben, und dass diese Grüntöne bei schwindendem Licht tendenziell länger sichtbar bleiben. Denn das menschliche Auge ist besonders für grünes Licht empfindlich, das mit einer Wellenlänge um 555 nm gleich zwei der drei Zäpfchenarten anregt: die für länger- und die für mittelfrequentes sichtbares Licht.

Wieso bestimmte Kombinationen von Wellenlängen bestimmte Farbempfindungen hervorrufen, ist schwer zu sagen. Der Philosoph Alva Noë diskutiert die Farbe Gelb: Gelb erhält man durch Mischung von rotem und grünem Licht, so wie Violett durch Mischung von Rot und Blau. Nun ist Gelb aber weder rötlich-grün noch grünlich-rot in der Weise, wie Violett rötlich-blau ist. In der Tat, so Noë weiter, gibt es überhaupt nicht so etwas wie rötlich-grün. Außerdem »sehen wir im Gelb kein Rot oder Grün in der Weise, wie wir Blau und Rot im

Der Künstler Ben Conrad mit seinem Lochkameraanzug und -helm mit insgesamt 135 Lochkameras (1994). Im Unterschied zu einer Lochkamera, die einen großen Bereich mit gleichem Fokus aufnimmt, haben unsere Augen zu einem gegebenen Zeitpunkt lediglich ein ›nadellochgroßes‹ Areal – einen winzigen funkelnden Splitter der Realität – im Fokus.

Violett sehen. Im Unterschied zu Violett ist Gelb, wie Blau und Rot auch, unär und nicht binär.« Nach Ansicht des Psychologen und Neurowissenschaftlers Michael Grazianos gibt unsere Weiß-Empfindung Rätsel auf. Weiß sollte »die dreckigste, schmutzigste Farbe, die überhaupt möglich ist«, sein, weil es eine Mischung aller Wellenlängen des sichtbaren Spektrums darstellt. Unser Gehirn modelliert weißes Licht aber mit hohem Helligkeitswert und geringem Farbwert: reine Leuchtkraft – eine physikalische Unmöglichkeit.

»[Licht-]Strahlen [selbst sind] nicht gefärbt«, schrieb Isaac Newton 1704, »in ihnen liegt lediglich eine Macht oder Disposition, die Empfindung dieser oder jener Farbe zu erregen.« Dreihundert Jahre später beschreibt dies immer noch die weitgehend akzeptierte Erkenntnis, dass Farbe als Teil der Informationsverarbeitung des Gehirns einzuordnen ist und nicht als Repräsentation einer absoluten, objektiven Realität. Farbe kann uns zum Beispiel Informationen über Bewegung liefern: Ein in Drehung versetztes schwarz-weißes Rad kann uns die Regenbogenfarben zeigen. Sie kann uns auch Informationen über räumliche Tiefe liefern: Weiter entfernte Hügel erscheinen bei helllichtem Tage bläulich, weil – wie auch beim blauen Himmel über unseren Köpfen – die dazwischenliegende Luftmasse blaues Licht stärker streut als größere Wellenlängen. Der Philosophin Mazviita Chirimuuta zufolge »sind Farben keine Eigenschaft des Geistes, von Objekten oder von Licht, sondern die Eigenschaft von Wahrnehmungsprozessen – einem Zusammenspiel aller drei.« Chirimuuta spricht von »Farbadverbialismus«: Farben sind nicht Eigenschaften von Dingen, sondern die Weise, wie Stimuli bestimmten Arten von Individuen oder sogar Kulturen erscheinen. »Statt als Adjektive sollten wir Farbwörter als Adverbien behandeln. Ich esse hastig, laufe ungraziös und an einem schönen Tag sehe ich den Himmel blau!«

»Die Welt ist blau an den Rändern und in den Tiefen blau. Dieses Blau ist das Licht, das verloren gegangen ist.« Rebecca Solnit

Falls die menschliche Farbwahrnehmung ein wenig nach Flickschusterei klingt, dann weil sie es tatsächlich ist. Aber eine ziemlich gute Flickschusterei. Je nachdem, über wen wir reden, können Menschen zwischen Zehntausenden bis zu Millionen verschiedener Farben differenzieren. In Wirklichkeit unterscheiden unsere Augen nur etwa einhundertfünfzig Farbtöne, aber unser visuelles Wahrnehmungssystem bezieht noch mindestens zwei weitere Faktoren in die

Erfahrung, die wir ›Farben‹ nennen, mit ein. Zum einen ist da die Helligkeit – die Lichtmenge, die von einem Gegenstand ausgestrahlt oder reflektiert wird. Und zweitens gibt es noch die Sättigung – die Intensität eines Farbtons, wobei eine weniger gesättigte Farbe blasser und eine stark gesättigte lebendig erscheint. Die Verbindung von Farbton, Helligkeit und Sättigung in jeweils unterschiedlichen Graden erzeugt die enorme Farbvielfalt, die wir erleben. Und es gibt noch weitere Faktoren: Auch der Kontext beeinflusst unsere Farbwahrnehmung. Bei der Schachbrettschatten-Täuschung zum Beispiel erscheinen zwei gleichfarbige Quadrate vollkommen unterschiedlich eingefärbt, weil das Gehirn eines davon als im Schatten liegend interpretiert.

Wie stellt sich unsere Farbwahrnehmung im Vergleich zu der anderer Tiere dar? In manchen Hinsichten ist sie zwar der von Vögeln und Bienen, die Ultraviolett sehen können, unterlegen, erweist sich aber als der der Fangschreckenkrebse überlegen, die es zu Berühmtheit gebracht haben, weil sie, in der ganzen Obskurität und Bizarrheit der Krebstiere, über zwölf oder noch mehr verschiedene Arten farbsensitiver Opsine in den Zapfenzellen ihrer Augen verfügen. In der fernen Vergangenheit, man schrieb das Jahr 2013, nahmen Forscher noch an, dass eine solche Opsin-Vielfalt diesen Tieren eine außerordentlich feine Farbdifferenzierung ermöglichen würde. Das Gegenteil ist der Fall: Fangschreckenkrebse erweisen sich als sehr schlecht darin, Farben zu unterscheiden. Dank anderer Anpassungen können sie jedoch linear, zirkular und elliptisch polarisiertes Licht erkennen – was ihnen in der Bewegung des Wassers und des von den Körpern ihrer Beute reflektierten Lichts Ansichten eröffnen muss, die wir uns kaum vorstellen können.

»Man könnte das Licht […] mit Regentropfen vergleichen.« Richard Feynman

Den Regenbogen flechten und entflechten

Es ist reizvoll (und gar nicht einmal völlig irreführend), sich den Sonnenschein bildlich als auf die Erde fallende Regentropfen vorzustellen – nur eben als unglaublich winzige, unglaublich schnelle und unglaublich zahlreiche Regentropfen. In jeder Sekunde prasseln ungefähr 10^{45} Photonen von der Sonne auf die Erde – in prallem Sonnenlicht hunderttausend Billionen pro Quadratzentimeter.

Scheckiges Licht an einer Küchenwand genügte, um mich in Verwunderung zu versetzen. Und viel mehr als das war auch nicht nötig, um beliebte und auch bleibende Kunstwerke zu inspirieren. Der Maler Edward Hopper zum Beispiel bekannte sich zu seitlich auf ein Gebäude fallendem Sonnenlicht als dem Motiv, das er am liebsten malte. Bei Wunder denken die meisten von uns üblicherweise an etwas Dramatischeres oder Außergewöhnliches. Mit einem solchen Phänomen haben wir es etwa zu tun, wenn ein Photonenschauer auf einen Regenschauer trifft und einen Regenbogen erzeugt.

Buchstäblich jede Kultur hat ihre Geschichten, in denen Regenbogen eine Rolle spielen. Viele australische Aborigines verehren die Regenbogenschlange, ein gewaltiges Tier, das in den tiefsten Wasserlöchern haust. Sie stammt von einem noch gigantischeren, bei Nacht als dunkler Streifen in der Milchstraße sichtbaren Wesen ab und lässt sich an ihren Bewegungen durch Wasser und Regen erkennen. Sie formt Landschaften und erschafft Orte durch ihren Gesang, und sie kann bösartig oder gutartig sein. Manchmal verschluckt und ertränkt sie Menschen oder schlägt sie mit Schwäche, Krankheit und Tod. Andere Male verleiht sie ihnen Heilkräfte oder die Macht, Regen zu bringen.

Nach dem traditionellen Glauben der Aborigines hat jeder Mensch eine Heimstatt in jenem Land, dem sein Geist von Geburt entstammt. Ein Ältester drückt es so aus: »Wir alle kommen vom Regenbogen.« Und am Ende des Lebens muss jeder Menschengeist rituell an sein Heim in der dunklen, unsichtbaren Unterwelt zurückgegeben werden. In dieser Kosmologie bildet der Regenbogen keinen Bogen, sondern einen Kreis, der zur Hälfte unter der Erde verborgen bleibt und der die Lebenskraft in der Erde und die im Himmel miteinander verbindet. Der Wasserkreislauf durch die materielle Welt ermöglicht die Reproduktion organischer Wesen sowie die spirituelle Bewegung von Personen aus den finsteren Tiefen der unsichtbaren Welt unter der Erde hinaus ans Licht und in die Lebendigkeit des materiellen Daseins und wieder zurück – ein Beispiel für einen »hydro-theologischen Kreislauf«, wie es der Geograf Yi-Fu Tuan nennt.

Andere Kulturen kennen vielfältige Geschichten über den Regenbogen. Im alten China war er ein Spalt im Himmelsgefüge, der von der Göttin Nüwa mit Steinen von fünf verschiedenen Farben abgedichtet wurde. In Grönland sah man in ihm den Saum des Gewands eines Gottes. In Wales galt er als Sitz einer Göttin und in Armenien als Gürtel des Sonnengottes. Die nordamerikanischen Blackfoot nannten den Regenbogen Mütze des Regens oder die Angelschnur des Alten. Ein germanischer Mythos beschreibt ihn als die Schale, die zur Zeit der Schöpfung als Farbbehälter für das Einfärben der Vögel benutzt wurde. Die Wurzel eines ungarischen Worts für Regenbogen, *szivárvány*, stammt von einem Verb mit der Bedeutung ›Wasser schöpfen‹ ab, und nach der ungarischen Überlieferung saugen die zwei Enden des Regenbogens Wasser aus den Weltmeeren.

In der klassischen mediterranen Welt wurde der Regenbogen mit der Beziehung zwischen dem Reich der Götter und dem Reich der Menschen in Beziehung gebracht. Griechen und Römern zufolge war er ein Pfad von Iris, einer zwischen Himmel und Erde verkehrenden Götterbotin. (Iris ist die Tochter von Thaumas, einem Meeresgott, dessen Name volksetymologisch mit dem griechischen Wort für Wunder verknüpft wird, von dem das deutsche Wort ›Thaumaturg‹ herkommt, welches einen Zauber oder Wunder wirkenden Magier oder Heiligen bezeichnet.) Auch der altnordische Mythos beschreibt den Regenbogen als Brücke, der Asgard und Midgard, die Heimat der Götter und die der Menschen, miteinander verbindet. Und in großen Teilen Europas sowie West- und Südasiens gibt es natürlich die Assoziation mit einem Pfeilbogen. Für Finnen und Samen war der Regenbogen der Bogen des Donnergottes, einem geschickten Bogenschützen, der Blitze als Pfeile benutzt. Auf Hindi ist er *Indradhanush*, der Bogen

Indras; auf Arabisch *Qaus Quzaḥ*, der Kriegsbogen von Quzaḥ, einem vorislamischen Gott.

In einigen Kulturen wurde der Regenbogen als bösartig angesehen. Das Volk von Nias, einer seiner Megalithen wegen erwähnenswerten Insel im indonesischen Archipel, fürchtete den Regenbogen als riesiges Netz, das von einem mächtigen Geist zum Einfangen von Seelen aufgespannt wurde. Und unter vielen indigenen Völkern des Amazonasgebiets wurden Regenbogen mit Schaden assoziiert. Die antiken Peruaner fürchteten ihn dermaßen, dass sie es für angeraten hielten, schweigend zu verharren, bis er wieder verschwunden war.

Die Regenbogenerzählung in der Genesis ist wiederum von älteren Geschichten beeinflusst, wie etwa der aus dem Gilgamesch-Epos (ca. 1800 v. Chr.), die davon erzählt, wie die Göttin Ischtar ein juwelenbesetztes Halsband in den Himmel hängte als Versprechen, dass sie nie die große Flut vergessen werde, die ihre Kinder dahingerafft hatte.

Die moderne westliche Vorstellungswelt verbindet – unter dem Einfluss der biblischen Erzählung, in der der Regenbogen für den Bund mit Gott steht – überwiegend Positives mit ihm. Politische und soziale Bewegungen haben ihn seit Jahrhunderten als Symbol der Hoffnung und Solidarität übernommen. Ein Regenbogen prangte im 16. Jahrhundert auf einer Flagge im Deutschen Bauernkrieg (einer der größten und weitgreifendsten Aufstände in Europa vor der Französischen Revolution. Er endete mit der Niederlage der Bauern und in einem Massaker). Im 20. Jahrhundert wurde eine Regenbogenfahne von der Kooperativen- und der Friedensbewegung in Europa geschwungen. Das Regenbogensymbol wurde auch von der Jüdischen Autonomen Oblast in Sibirien sowie von der Indigenenbewegung in den Anden übernommen. Seit Ende der 1970er-Jahre wird eine Variante auch mit LGBT-Pride verknüpft.

Wer als Erstes im Regenbogen nichts anderes als ein unbelebtes Phänomen ohne innewohnende Bedeutung erblickte, werden wir nie erfahren. Die früheste erhaltene Aufzeichnung einer wissenschaftlichen Erklärung, wie wir es heute nennen würden, stammt aus dem 4. Jahrhundert v. Chr. In der *Meteorologica*, einer Abhandlung über

Erdbeben und Wetterphänomene, beschreibt Aristoteles den Regenbogen als eine Reflexion oder ein Echo. Licht, schreibt er, bewegt sich in direkter Linie und wird von einer Regenwolke in einem Kreis gleicher Winkel reflektiert, was im Auge den Eindruck eines Bogens hervorruft. Die verschiedenen Farben – Aristoteles zählt nur drei: rot, grün und violett – entstehen dadurch, dass das Licht in leicht unterschiedlichen Winkeln umgelenkt wird.

Aristoteles' Erklärung stimmt zum Teil, ist aber unvollständig. Sonnenlicht *wird* in einem Regenbogen auf eine Weise reflektiert, die sich in grober Analogie mit der Reflexion von Schall vergleichen lässt, es wird aber auch gebrochen – ein erstes Mal, wenn es in einen Regentropfen eindringt, und ein zweites Mal, wenn es nach Reflexion an seiner Rückwand wieder austritt. Obwohl Aristoteles wusste, dass von einem Prisma oder Wassertropfen gebrochenes Licht sich in verschiedene Farben aufspaltet, übertrug er dies nicht auf den Regenbogen, sondern behauptete, dass Licht von einer ganzen Wolke reflektiert würde. Seine Auffassung scheint in Europa und der islamischen Welt über sechzehn Jahrhunderte lang nicht ernsthaft angefochten worden zu sein. Lediglich in China gibt es (in den 1088 n. Chr. veröffentlichten Traumbach-Essays des Beamten und Universalgelehrten Shen Kuo) die Erwähnung der Idee, dass Regenbogen durch Brechung des Sonnenlichts in einzelnen Regentropfen zustande kommen. In westlichen Abhandlungen tauchen neue Ideen etwa 200 Jahre nach Shen Kuo auf. 1266 schrieb der englische Mönch Roger Bacon, dass ein Hauptregenbogen nie höher als 42 Grad über dem Horizont erscheint. Um 1300 kamen der persische Gelehrte Kamāl al-Dīn al-Fārisī und Dietrich von Freiberg unabhängig voneinander zu Forschungsergebnissen, die die Basis unseres modernen Verständnisses bilden. Ohne vom anderen zu wissen, bewiesen beide, dass ein Regenbogen aus einer Ansammlung individueller Wassertropfen entstehen konnte und nicht, wie Aristoteles angenommen hatte, durch eine Wolke oder einen Nebel, die als Spiegel wirkten.

Beide Forscher gründeten ihre Schlussfolgerung auf Experimente und Messungen. Al-Fārisī stellte ein mit Wasser gefülltes gläsernes

Kugelgefäß – sein vergrößertes Modell eines Regentropfen – in eine Camera obscura, warf Licht darauf und folgerte, dass die Farben durch Zerlegung weißen Lichts entstehen. Dietrich benutzte ebenfalls Glaskugeln, sah sich aber die Naturphänomene genauer an. »In langen, dicht mit zahlreichen Tautropfen besetzten Spinnenweben«, schrieb er, »erscheint, wenn in der richtigen Position zu Sonne und Auge, die Farbe [...] Gelb [...] ganz deutlich zwischen den anderen Farben [...] wie im Regenbogen.« Sowohl al-Fārisī als auch Dietrich begriffen außerdem, dass ein Nebenregenbogen, der manchmal schwächer über dem Hauptregenbogen zu sehen ist, durch eine zweite Reflexion der Lichtstrahlen innerhalb der Regentropfen entsteht, wodurch sich die Reihenfolge der Farben umkehrt.

Regentropfen besitzen gewöhnlich einen Durchmesser von 0,1 bis 5 Millimetern. Sie haben die Form von abgeplatteten Sphäroiden, also von Kugeln mit eingedrückten Nasen. Bei Nebel, der ein ›Brockengespenst‹ hervorruft, sind die Tropfen so klein, dass quantenmechanische Effekte wichtig werden und alle Farben zu Weiß verschmieren.

Es gab nur wenig Fortschritte, bis dann René Descartes in den 1620er-Jahren mithilfe des Brechungsgesetzes errechnete, dass ein Regenbogen bei einem Winkel von 41°30′ oberhalb des Betrachters entsteht. Eine Generation später wurden diese Berechnungen von Isaac Newton weiter präzisiert. Er zeigte, dass ein Hauptregenbogen immer zwischen 40°17′ und 42°2′ und ein Nebenregenbogen zwischen 50°57′ und 54°7′ erscheint. Er bewies außerdem, dass unter den richtigen Bedingungen ein dritter Regenbogen hinter dem Betrachter in Form eines Kreises um die Sonne herum entsteht. Weil das Sonnenlicht aber so hell ist, lässt er sich niemals mit bloßem Auge erkennen.

Im 19. Jahrhundert schien es dann, als würden Regenbogen keine großen Rätsel mehr aufgeben. Thomas Young bewies 1803 mit einem Experiment, dass sich Licht wie eine Welle verhält; und die Art, wie diese Wellen interferieren (indem sich ihre gemeinsame Amplitude vergrößert,

Das Brechungsgesetz beschreibt die Beziehung von Einfalls- und Brechungswinkel, wenn Licht von einem Medium in ein anderes eintritt, beispielsweise von Luft in Wasser. Es wurde erstmals um 984 von Ibn Sahl entdeckt und dann 1602 von Thomas Harriot und 1621 von Willebrord Snell wiederentdeckt.

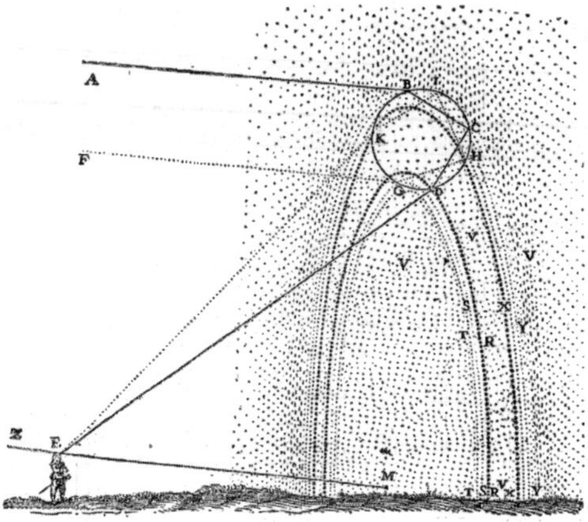

Marin Cureau de la Chambre, ein Zeitgenosse Descartes', lag mit seiner Erklärung des Regenbogens völlig falsch. Er glaubte, gebrochenes Licht werde auf Wolken projiziert, die das Bild dann zum Betrachter reflektieren würden (1650).

wenn sie synchron laufen, und sich abschwächt, wenn nicht), erklärte die zusätzlichen Streifen, die sich manchmal auf der Innenseite des Hauptregenbogens bilden. Mit dem in der Folge zunehmenden Verständnis der Streuung und Polarisierung des Lichts schien eine umfassende Erklärung des Regenbogens in Reichweite. Aber war er dadurch nicht vielleicht forterklärt worden?

Nach einem Vogelbad in himmlischer Farbe, einem Himmelspfad und einem Bund mit dem Allmächtigen kann einem die Erklärung des Regenbogens als Lichttrick doch wie eine Enttäuschung vorkommen. Einige von Thomas Youngs Zeitgenossen dachten in der Tat in diesen Bahnen. Johann Wolfgang von Goethe versuchte es mit einer neuen Theorie, die mehr den menschlichen Empfindungen Rechnung trug, indem er untersuchte, wie

Wie der Schriftsteller Philip Pullman erklärt, bedeutet Einheitssicht für Blake eine wörtliche, rationale, losgelöste und unemotionale Sicht der Welt. Doppelsicht hingegen sieht nicht nur mit dem Auge, sondern durch es hindurch auf Zusammenhänge, Assoziationen, emotionale Bedeutungen, Verbindungen. Dreifachsicht ist der Ort von dichterischer Inspiration und Träumen, während Vierfachsicht den Zustand ekstatischer oder mystischer Glückseligkeit darstellt.

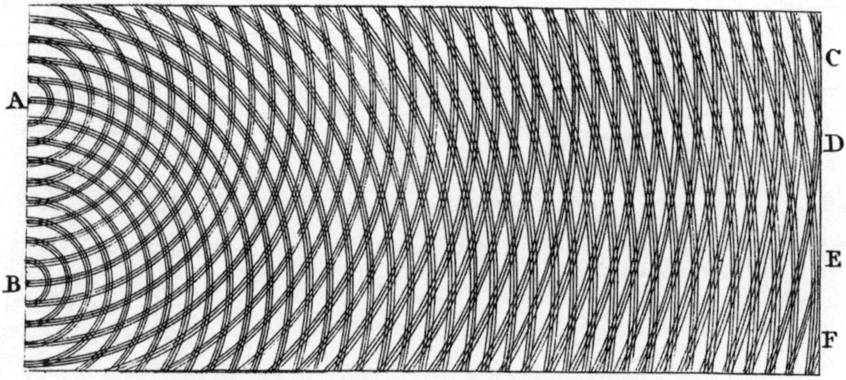

1803 zeigte Thomas Young mithilfe eines Wellentanks und eines Doppelspalt-Interferometers, dass sich Licht wie Wellen verhält. Einige Physiker sehen dies als die wichtigste Entdeckung in der Erforschung des Lichts an.

wir Farbe unter verschiedensten Bedingungen wahrnehmen, statt wie Newton ein mathematisches Modell seines Verhaltens zu entwickeln. William Blake prangerte die »Einheitssicht« der Naturphilosophen seit Newton an und John Keats schrieb den berühmten Satz, dass der einst ehrfürchtig betrachtete Regenbogen zu einem Posten im langweiligen Katalog der Dinge reduziert worden war.

Doch Aristoteles' Verknüpfung des Regenbogens mit dem Echo ist, so das Argument des modernen Wissenschaftlers Philip Fisher, nicht nur als wissenschaftlicher, sondern auch als poetischer Gedanke zu verstehen. Er erfasst eine innere Ähnlichkeit zweier weit voneinander entfernt scheinender Dinge und verbindet sie mittels der Sprache in einer unmittelbaren Wahrnehmung. Auch die Arbeit al-Fārisīs und Dietrichs ist nicht ohne Schönheit. Wenn ich mir einen Mönch des 13. Jahrhunderts zum nassen Gras hin nach vorne gebeugt vorstelle, wie er seinen Kopf langsam von einer Seite zur anderen bewegt, um die Farbveränderung des durch die Tautropfen gebrochenen Lichts wahrzunehmen, dann sehe ich kein nervöses Haschen nach Tatsachen oder ein Unvermögen, mit Ungewissheit zu leben, sondern genussvolle, kindliche

»Eine kurze Nacht – / auf den Härchen der Raupen / glitzernder Tau« (Buson)

Faszination und die Bereitschaft, die Welt nach ihren eigenen Maßstäben zu erforschen.

Ein wissenschaftlicher Zugang muss zu einer spirituellen Sicht nicht im Widerspruch stehen. Descartes' Abhandlung über den Regenbogen sollte als Teil einer Präambel zu seinem höchst ambitionierten *Discours de la méthode* von 1637 dienen, in dem er über jeden Zweifel erhaben bestimmen wollte, was tatsächlich durch Mathematik, Logik und Deduktion gewusst werden kann. Darin sah er einen sicheren Weg zu Gott, der Grundlage allen Seins. In diesem Sinne handelte es sich um ein zutiefst religiöses Projekt, nicht um eine bloße Rechenübung (allerdings sah er schon eine pragmatische und politische Anwendung für sein Wissen und schlug vor, den Regenbogeneffekt in Schauobjekten wie beispielsweise Springbrunnen zur Belustigung von Königen einzusetzen).

Newton ließ in seinen naturphilosophischen oder, wie wir heute sagen würden, wissenschaftlichen Untersuchungen höchste Sorgfalt walten und wenngleich er unser Verständnis der Naturgesetze voranbrachte wie kaum ein anderer, verlor er nie den Blick für die Begrenztheit dieses Wissens. Er entwickelte starke Argumente dafür, dass Licht aus Teilchen besteht, sah aber auch die Stärke der Gegenargumente, die sein Zeitgenosse Christiaan Huygens vorbrachte und die hundert Jahre später von Thomas Young erhärtet wurden, dass nämlich Licht aus Wellen besteht. Und er wusste, wann er mit dem Spekulieren aufhören musste. »Um absoluter zu bestimmen, was Licht ist«, schrieb er, »und auf welche Art oder durch welche Akte es in unserem Geist die Farbphantasmen hervorruft, ist nicht so leicht. Und ich werde nicht Mutmaßungen mit Gewissheiten vermengen.«

»Die gesamte Natur zu erklären, ist eine zu große Aufgabe für einen Menschen oder auch ein Zeitalter … Es ist besser, ein Weniges mit Gewissheit zu tun und den Rest anderen zu überlassen, die nach einem kommen, als alles durch Mutmaßung zu erklären, ohne sich auch nur einer Sache zu vergewissern.« Isaac Newton

Und nichtsdestotrotz hatte Newton auch eine Obsession für biblische Prophezeiungen und verwandte unmäßig viel Zeit für Abhandlungen mit Kapitelüberschriften wie »Von der Macht des elften

Horns von Daniels viertem Untier, Zeiten und Gesetze zu verändern«. Er praktizierte auch Alchemie, da er Materie für aktiv und beseelt hielt. Diese Seite seiner Persönlichkeit blieb lange unbekannt, bis John Maynard Keynes im frühen 20. Jahrhundert seine privaten Aufzeichnungen entdeckte und zu dem Schluss kam: »Newton war nicht der Erste des Zeitalters der Vernunft. Er war der Letzte der Magier.« Und zumindest eine Spur magischen Denkens durchdringt auch seine Arbeit über das Licht. Newton unterteilte den Regenbogen in sieben Farben, eine mystische Zahl, die er nicht nur zu den sieben Tönen der westlichen Tonleiter in Beziehung setzte (und damit zu der antiken pythagoreischen Idee, dass die Welt göttliche Proportionen zum Ausdruck bringe), sondern auch zu den sieben klassischen Planeten. Heute sind wir schnell bei der Aufzählung dieser Farbnamen – Rot, Orange, Gelb, Grün, Blau, Indigo und Violett –, auch wenn sie ein unvoreingenommenes Auge selten so differenziert wahrnimmt.

In meiner Erfahrung vermehrt die Physik, soweit ich sie verstehe, nur noch weiter mein Staunen über alles, was ist. Und welches Thema mich auch gerade beschäftigt: Der große Tanz, in dem sich das Licht mühelos in verschiedenen Richtungen in sich selbst bewegt, während es seinen Weg durch Luft oder Wasser zurücklegt, gibt immer Anlass zum Meditieren. Denn inmitten dieses »gewaltigen Durcheinanders«, wie Richard Feynman es plastisch beschrieb, finden wir manchmal Klarheit.

Wenn man sich an die Erscheinung hält, könnte man denken, Philip Larkin verhielte sich zur lyrischen Dichtung wie Eddie the Eagle zum Skispringen. Doch Larkins »Wasser«, in dem er sich eine neue Religion vorstellt, beweist das Gegenteil: »Meine Liturgie benützte / Bilder des Beschüttens / ein wilder andachtsvoller Regenguss, / Und ich höbe im Osten / ein Glas mit Wasser / in dem Licht von überall / zusammenkäme immerfort.«

Ich wohne in der Nähe eines Flusses, auf dem ich, wenn ich Gelegenheit dazu habe, Kajak fahre. Das Wetter – England eben – ändert sich ständig. Wenn die Sonne scheint und goldene Lichtstrahlen auf dem Wasser funkeln, finde ich Trost darin, einfach nur über seine Oberfläche zu gleiten. In der Regel sehe ich mehrmals pro Jahr einen Regenbogen – selten genug, dass ich mich immer wieder auf den nächsten freue und wie ein Kind Spaß an etwas

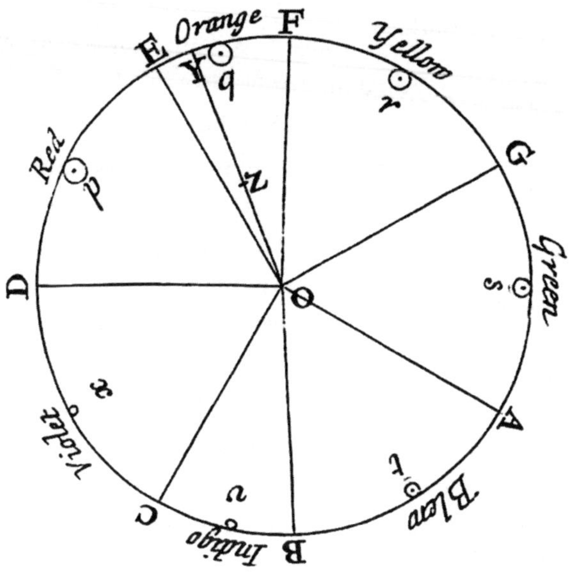

In Analogie zu verschiedenen Tönen in der Musik spekulierte Newton, dass Lichtstrahlen verschiedener Größe, Stärke oder Dynamik »Vibrationen verschiedener Stärke« im Äther, jenem vermeintlichen Medium, durch das sich das Licht bewegte, sowie in der Retina des Auges anregten. Die stärksten Vibrationen, so nahm er an, entsprächen den ›stärksten‹ Farben, den Rot- und Gelbtönen; die kleinsten Vibrationen hingegen den schwächsten Farben, den Blau- und Violetttönen; die mittleren dem Grün; und eine Mischung aller dem Weiß. Aufgrund dieser Analogie erschien es Newton einleuchtend, dass es sieben Farben geben sollte, so wie die diatonische Tonleiter sieben Töne hat. Damit lag er, wie sich gezeigt hat, gründlich daneben. In Wirklichkeit gibt es keine sinnvolle wissenschaftliche Verknüpfung zwischen der Aufteilung des Lichts im elektromagnetischen Spektrum und den Frequenzen von Schallwellen.

derart Schönem habe, das gleichzeitig so nah und unerreichbar ist. Ich erfreue mich auch an dem Wissen, dass ich etwas sehe, das den Spektralfarben der »verschieden brechbaren Strahlen« des Lichts, wie Newton sie nannte, möglichst nahekommt, und nicht die elektronische

Wenn in ultraviolett betrachtet, erscheinen die Ringe des Saturn, die aus Wassereis bestehen, als bizarrer Regenbogen aus Rot-, Pink-, Türkis- und Dunkelblautönen und noch weiteren Farben.

In György Kurtágs »Play with Infinity« (1973) und György Ligetis Etüde »Arc-en-Ciel« (1985–2001) kann man die Tropfen fast hören.

Zusammensetzung künstlicher Bilder, mit denen wir über so große Teile unseres Lebens bombardiert werden. Wie schon Prince in »Purple Rain« sang, ist in einem Regenbogen Regen (unter anderem) wirklich violett. Ein Regenbogen ist kein übernatürliches Zeichen. Doch ebenso wenig ist er ein unabhängig vom Betrachter existierender Gegenstand. Er gleicht dem Horizont: ein Produkt der Wahrnehmung, wenn auch eines, das zugleich enthüllt – oder zumindest einen Anhaltspunkt liefert –, was in der Welt außerhalb von uns vor sich geht. Aus dem Zusammenspiel des Sonnenlichts mit fallenden Wassertropfen hervorgehend, ist er ein scheinbar konstantes, aber sich schleichend veränderndes Muster und damit gar kein schlechtes Bild für das Bewusstsein. »Wahrnehmung«, schrieb der Mathematiker und Astronom Johannes Kepler, »gehört nicht in den Bereich der Optik, sondern zur Erforschung des Wundervollen.« Das schließt unsere Farbempfindungen mit ein, die nicht wirklich in der Welt ›da‹ sein mögen, aber doch als Mittel unseres Kontakts mit ihr so großen Wert für uns besitzen.

Vielleicht können wir Menschen in unseren Reaktionen auf die Wahrnehmung natürlicher Phänomene nie ganz auf Allegorisches und Metaphorisches verzichten. Wenn ich zum Beispiel lese, dass ein herannahender Sturm einen riesigen Mehrfach-Regenbogen erzeugen kann (der Effekt wird durch Gravitationswellen in Nachthimmelsleuchten verursacht, vergleichbar mit einem Stein, den man in ruhiges Gewässer wirft), und mich dann erinnere, dass die Regenbogenschlange der australischen Aborigines nicht immer eine gutartige Erscheinung ist, denke ich unwillkürlich an die vielfältigen Stürme, die uns vermutlich in den kommenden Jahren und Jahrzehnten bevorstehen.

Das Jahr 2016 war das heißeste der menschlichen Geschichte und lieferte zudem als drittes Jahr in Folge einen Hitzerekord mit 1,2 Grad Celsius höherer globaler Jahresdurchschnittstemperatur als vor der Industrialisierung. Es spricht viel dafür, dass durch Treibhausgasemissionen verursachter Klimawandel die Stärke und Häufigkeit von Stürmen signifikant erhöhen wird.

Regenbogen sind nur eins der vielen von uns wahrnehmbaren Lichtwunder. Bei dem als Heiligenschein bekannten optischen Phänomen beispielsweise umgibt ein weißes Leuchten ähnlich einem Halo den auf taubedecktes Gras fallenden Schatten des Kopfes des Betrachters. Die Tautropfen wirken dabei als Linsen, die parallel durch sie fallende Lichtstrahlen bündeln und die darunterliegenden Halme dadurch heller erscheinen lassen. Beim Phänomen der Glorie erscheint ein heller Halo um den Schatten des Betrachters, wenn dieser Schatten auf Nebel oder eine Wolke fällt. Der Halo unterscheidet sich jedoch vom Heiligenschein darin, dass er konzentrische Farbringe aufweist, von Blau ganz innen über Grün, Gelb und Rot bis zu Violett ganz außen. Das Licht der Glorie stammt vor allem von Reflexionen von der Rückwand und der Front der Wassertropfen. Brechung beim Eintreten und Verlassen des Lichts führt zu dem Farbeffekt. In den Bergen kann, wenn die Sonne tief am Himmel steht, der Schatten im Zentrum einer Glorie stark vergrößert und manchmal auch verzerrt sein, wenn er auf größere Flächen unebenen Geländes fällt, sodass ein Brockengespenst entsteht - eine Erscheinung, die Selbst und Nichtselbst miteinander koppelt und die Menschen gleichermaßen erschreckt wie fasziniert hat. Nach heutigem Wissensstand schwingt bei dieser Gespenstererscheinung auch ein Gefühl dafür mit, dass unsere tatsächlichen Körper auch ›lediglich‹ Projektionen darstellen: nämlich im Dreidimensionalen betriebene Geodäsie an Phänomenen der vierdimensionalen Raumzeit.

Wenden wir uns nun von den Schatten der Lichtquelle selber zu: Eine Nebensonne (auch Parahelion genannt) projiziert helle Sonnen-›Echos‹ zu beiden Seiten des

»Nach der Allgemeinen Relativitätstheorie folgen Körper in der vierdimensionalen Raumzeit immer geraden Linien, doch für uns scheinen sie sich in unserem dreidimensionalen Raum auf gekrümmten Bahnen zu bewegen. (Stellen Sie sich vor, sie beobachten ein Flugzeug, das über hügeliges Gebiet fliegt. Obwohl es im dreidimensionalen Raum einer geraden Linie folgt, beschreibt sein Schatten auf der zweidimensionalen Erdoberfläche eine gekrümmte Bahn).« Stephen Hawking

Originals, häufig noch ergänzt durch einen umschließenden Leuchtring. Sie entsteht durch die Brechung des Sonnenlichts durch flache Eiskristalle, die viele Tausend Meter über dem Erdboden durch die Luft fallen. Noch höher und von gänzlich anderer Ursache und Erscheinung zeigt sich das Polarlicht, ein schnell changierender, häufig überwiegend grüner Farbvorhang, der entsteht, wenn geladene Teilchen von der Sonne auf ionisierte Atome im Magnetfeld hoch über der Erde treffen. In Aufnahmen von der Internationalen Raumstation kann man scheinbar endlose Polarlichter über den gewölbten Horizont rollen sehen wie die Kaltflammenzungen brennenden Weinbrands auf einem gigantischen Christmas Pudding.

Auch andere Planeten im Sonnensystem werfen Licht auf ihre Monde. Saturnschein ist mit großer Deutlichkeit auf den Saturnmonden Dione und Mimas fotografiert worden. Ein körniges Bild zeigt Plutoschein auf dem Plutomond Charon.

Einige wundervolle Lichteffekte im Weltraum lassen sich auch leicht vom Erdboden aus beobachten. Erdschein – das von der sonnenerleuchteten Erdseite abgestrahlte Licht, projiziert auf die von der hellen, schmalen Sichel eines Alt- oder Neulichts eingefasste dunkle Mondscheibe – gehört zu meinen Favoriten. Er ist am deutlichsten sichtbar, wenn der Mond bei ruhigem und klarem Wetter in der Abenddämmerung oder im Morgengrauen dicht am Horizont steht. Der Erdtrabant erscheint dann besonders nah – ein Janus auf der Schwelle zwischen verschiedenen Realitäten. Zur selben Zeit und am selben Ort auf der Erde bleibt der Erdschein konstant. Doch sein Farbton und seine Leuchtkraft hängen davon ab, wo auf der Erde man sich befindet, denn sie variieren mit dem Reflexionsgrad des umgebenden Meeres, Landes oder der Wolken.

Eine Legende der nordamerikanischen Yurok besagt, dass weit draußen im Pazifischen Ozean, aber nicht weiter, als man mit einem Kanu paddeln kann, der Rand des Himmels auf die Wasseroberfläche schlägt und dadurch Wellen erzeugt. Bei jedem zwölften Aufwärtsschwung bewegt sich der Himmel etwas langsamer, sodass ein geschickter Bootsfahrer unter dem Rand hindurchschlüpfen, den äußeren Ozean erreichen und an der Küste einer anderen Welt die ganze Nacht durchtanzen kann.

Ein Erdschein auf dem Mond begegnet uns als zartes und sanftes Licht, aber der

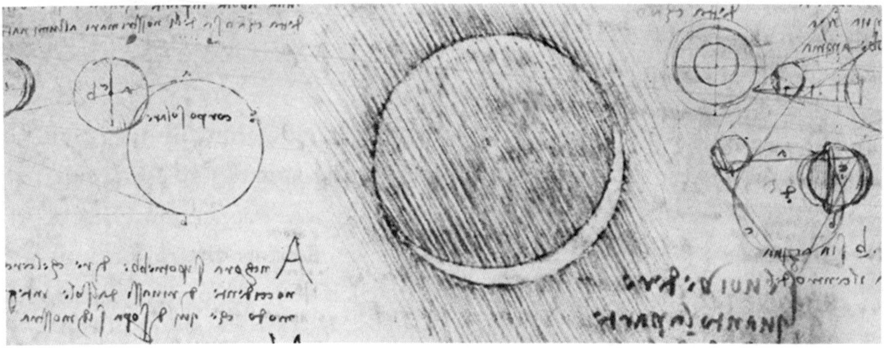

Erdschein-Skizze Leonardo da Vincis (zwischen 1506 und 1510).

Blick von dem Teil des Mondes, der sich im Erdschein befindet, wäre atemberaubend: eine schillernde blau-grün-weiße Kugel am Himmel, viermal so groß wie die Sonne und fünfzigmal heller, als der Vollmond auf der Erde erscheint.

Die Liste wundersamer Lichterscheinungen auf der Erde ließe sich lange fortsetzen. Sie enthielte die Erscheinung des Sirius, des hellsten Sterns am Himmel, dessen Licht sich durch den gesamten sichtbaren Regenbogen des Farbspektrums zu bewegen scheint, wenn es sich in der Atmosphäre bricht. Sie enthielte auch Zodiakallicht: das kurz nach der Dämmerung und kurz vor dem Morgengrauen im Himmel sichtbare diffuse Glühen, das durch Reflexion des Sonnenlichts durch Billionen winziger Staubkörner entsteht – nicht mehr als eines pro Kubikmeter –, die es nicht auf Planeten oder Asteroiden unseres Sonnensystems geschafft haben. Und dabei haben wir noch gar nicht angefangen, über die Trickeigenschaften des Lichts selbst zu reden. (Eines meiner Lieblingsbeispiele, auf das Richard Feynman besonders hingewiesen hat, ist, dass ein Spiegel, wenn man einen Teil seiner Oberfläche wegkratzt, Licht in einem anderen Winkel reflektiert als zuvor.) Ich wende mich jetzt aber stattdessen dem gemeinsamen Ursprung vieler dieser Phänomene zu: der Sonne.

Zodiakallicht ist in den Worten des Astronomen Caleb Scharf »ein staubiger Eindruck der Anordnung der Planeten in der riesigen Scheibe ihrer Orbits und all der anderen Objekte, mit denen sie sich diesen Raum teilen.«

In die Sonne starren

Soweit die historischen Aufzeichnungen zurückreichen (und vermutlich schon lange davor), haben Menschen die meiste Zeit Ehrfurcht vor der Sonne empfunden. Oft haben sie ihr einen zentralen Platz in ihrer Religion eingeräumt. Aber bis vor weniger als einem Jahrhundert hatte so gut wie niemand eine sonderlich klare Vorstellung davon, was sie ist oder was sie scheinen lässt.

Länger als ein paar Augenblicke direkt in die Sonne zu schauen, kann zum Erblinden führen, doch dank neuerer Technologie beginnen wir heute, ihre wahre Pracht zu würdigen. Ein 2015 veröffentlichtes Video vom Solar Dynamics Observatory der NASA zeigt fünf Jahre detailgenauer Beobachtungen im Zeitraffer auf fünf Minuten komprimiert. Die aufgewühlten Verdrehungen, Wirbel und Ausstöße faszinieren und überwältigen derart, dass man sie für einige Zeit nur anstarrt und alles um sich herum vergisst.

Der NASA-Film ist hypnotisierend. Der erste Film von der Sonne reicht jedoch bis ins Jahr 1613 zurück. Über mehrere aufeinanderfolgende Tage im Juni und Juli dieses Jahres projizierte Galilei ein Bild der Sonne durch ein Teleskop auf einen Schirm und zeichnete die Position der Flecken auf dessen Oberfläche auf. Die von ihm angefertigten Zeichnungen können es in der Qualität mit Fotografien aufnehmen, die Hunderte Jahre später aufgenommen wurden, und zeigen, wenn man sie wie die Einzelbilder eines Films oder Daumenkinos der Reihe nach anschaut, wie die Flecken sanft über den Stern gleiten.

Menschen wissen seit Langem von den Sonnenflecken. Die älteste bekannte Aufzeichnung stammt aus China und geht ungefähr auf das Jahr 800 v. Chr. zurück. Viele Kulturen kennen auch Geschichten über sie. So wird beispielsweise vom antiken Volk der Sambesi berichtet, es glaube, bei den Sonnenflecken handele es sich um Schlamm, den der Mond der Sonne aus Neid ins Gesicht gespritzt habe. Galilei war nicht einmal der erste Mensch, der sie durch ein Teleskop beobachtet hat. Der Mathematiker Thomas Harriot war ihm 1609 zuvorgekommen.

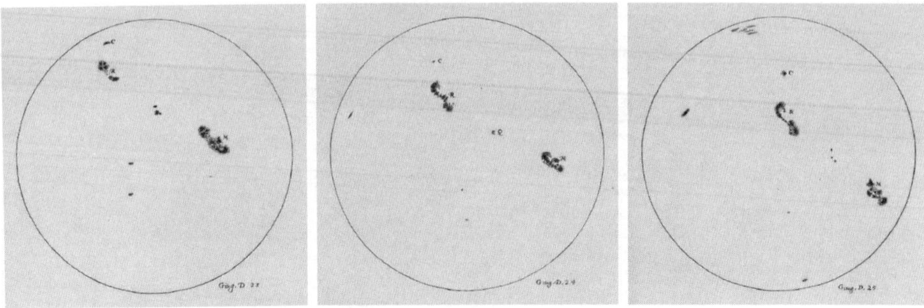

Jeden Tag vom 2. Juni bis zum 8. Juli 1613 zeichnete Galilei die Flecken ein, die er auf der Sonne entdecken konnte. Hier sind drei aus der Serie von dreiundfünfzig Bildern reproduziert.

Doch Galilei und ein weiterer Beobachter der Sonnenflecken namens Johannes Fabricius mutmaßten als Erste, dass aus ihrer Bewegung über die Sonne sowie aus ihrem Verschwinden an deren Rand und erneutem Auftauchen auf der anderen Seite folgte, dass es sich bei der hellen Scheibe in Wahrheit um eine rotierende Kugel handelte, mit der sich die Flecken mitdrehten. In Galileis Zeichnungen sehen wir am deutlichsten die ersten Schritte der Verwandlung der Sonne von einem Objekt gleißender Unergründlichkeit in etwas Erkennbares, aber darum nicht weniger Erstaunliches.

Nach Galilei konnten Astronomen für lange Zeit nur wenige neue Erkenntnisse über die Sonne gewinnen. Einige der Spekulationen waren wechselweise scharfsinnig und dann wieder völlig hanebüchen. Descartes hielt die Flecken für Schaum auf einem Urmeer. Im 17. Jahrhundert stellte der Universalgelehrte Athanasius Kircher die Sonnenoberfläche als fantastischen kochenden Ozean mit speienden Feuerseen dar. William Herschel, der Astronom des 18. und frühen 19. Jahrhunderts, der den Uranus entdeckte, schlug vor, bei den Sonnenflecken könnte es sich um Luken in eine dunklere Welt handeln, auf der Menschen unterhalb der strahlenden Außenhülle lebten. Doch fast niemand konnte sich auf wirkliches Beweismaterial stützen, sodass der Philosoph Auguste Comte 1835 zu dem Schluss gelangte, dass es mangels Untersuchung vor Ort immer unmöglich

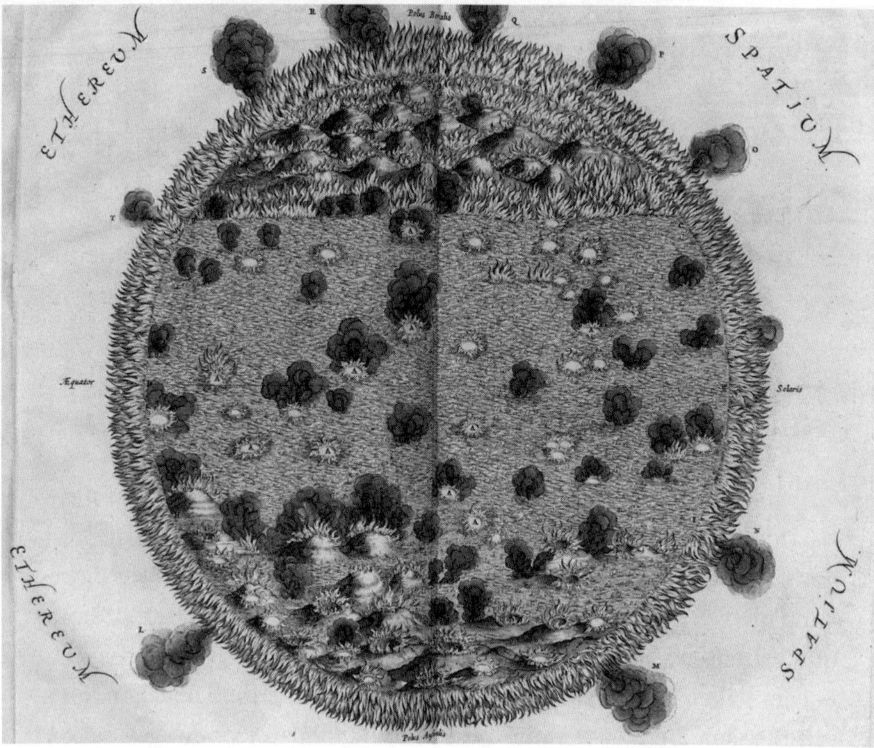

Schema Corporis Solaris *von Athanasius Kircher (1665).*

sein würde, die chemische Zusammensetzung der Sonne oder anderer Sterne zu erforschen. Doch er irrte. Die Sonne verrät uns, woraus sie besteht, wenn wir sie nur in der richtigen Weise zu betrachten wissen.

Als der Chemiker William Wollaston 1802 Sonnenlicht durch einen schmalen Schlitz in einem Metallstück und dann durch ein Prisma fallen ließ, entdeckte er mehrere feine schwarze vertikale Linien zwischen den bunten Farben des dadurch projizierten Sonnenregenbogens. Der Physiker Joseph Fraunhofer wiederholte das Experiment 1814 mit besserer Ausstattung und bewies, dass die scheinbare Kontinuität eines Regenbogens eine Täuschung ist: Es gibt winzige Lücken, verdunkelte oder schwarze Bögen, die mit bloßem Auge nicht zu erkennen sind. Fraunhofer hatte das Spektroskop erfunden, mit dessen Hilfe er im Sonnenspektrum schließlich mehr als fünfhundert

Lücken identifizierte, die heute Fraunhoferlinien genannt werden. Mittlerweile sind Zehntausende davon bekannt. Wie sich zeigt, strahlt die Sonne, unser universelles Licht, ihre Strahlen nicht über das gesamte sichtbare Spektrum hinweg aus.

Eine weitere Enthüllung folgte ein halbes Jahrhundert später, als Robert Bunsen und Gustav Kirchhoff diverse chemische Elemente erhitzten und das Licht, das sie ausstrahlten, durch ein Spektroskop beobachteten. Wenn beispielsweise Quecksilber verdampft, leuchtet das heiße Gas mit dem bloßen Auge betrachtet blau. Wenn man dieses Licht aber durch einen Schlitz und dann ein Prisma fallen lässt, erscheint es violett, grün und gelb. Bunsen und Kirchhoff begriffen, dass das Blau in Wahrheit der in unserem Auge durch Mischung dieser drei Farben hervorgerufene Eindruck ist. Sie erkannten nun, dass ein Spektroskop die ›wahren‹ Spektralfarben wiedergibt, die von einem beliebigen heißen Material ausgestrahlt werden. Sie experimentierten mit verschiedenen Elementen und entdeckten, dass jedes einen einzigartigen ›Fingerabdruck‹ besitzt. Natrium zum Beispiel strahlt ein eng beieinanderliegendes Paar goldener Linien ab. Bunsen und Kirchhoff wandten sich mit ihrem Spektroskop nun der Sonne zu und verglichen deren Muster schwarzer Linien mit den Mustern heller Linien Dutzender Elemente, darunter Wasserstoff, Sauerstoff, Eisen und Kalzium. Ende der 1860er-Jahre hatten sie alle Linien mit auf der Erde bekannten Elementen in Einklang bringen können, mit Ausnahme einer Serie im gelben Spektrum. Die rätselhaft gebliebenen Linien interpretierten sie als Signatur eines völlig unbekannten Elements und nannten es ›Helium‹ nach dem griechischen Sonnengott Helios. Viele glaubten, Helium existiere nur auf der Sonne, aber 1895 wurde es auch auf der Erde entdeckt, als der Chemiker William Ramsay Gas aus den Tiefen einer Uranmine isolierte und bei Prüfung mit einem Spektroskop seine Linien in Übereinstimmung mit den noch unerklärten Linien im gelben Spektrum der Sonne fand. So war schließlich die chemische Zusammensetzung der Sonne bekannt.

Helium entsteht als stabiles Endprodukt, wenn Uran zu Blei zerfällt. Eine Art Alchemie verwandelt das Ausgangsmaterial für Kernwaffen in den Stoff, aus dem die Sonne besteht, und das Element, das am besten gegen Radioaktivität abschirmt.

Die Antwort auf die Frage, was die Sonne scheinen ließ, ergab sich aus einer Kombination der Entdeckungen der Spektroskopie mit Fortschritten der theoretischen Physik. Albert Einsteins 1905 publizierte berühmte Formel $E = mc^2$ zeigte, dass Materie sich in Energie umwandeln konnte. Die Bedeutung dieser Einsicht erfassend, trug der Astronom Arthur Eddington 1920 die Idee vor, dass riesige Mengen Energie als Licht und Wärme freigesetzt werden, wenn sich ein Proton (der Kern eines Wasserstoffatoms) in der Sonne mit einem anderen verbindet und sich in Helium verwandelt. In den 1930er-Jahren zeigten der Physiker Hans Bethe und andere, dass sich der Prozess in Sternen wie der Sonne komplizierter darstellt, dass es sich aber im Großen und Ganzen um das handelt, was wir Fusion nennen. Es zeigt sich, dass die Sonne auf diese Weise in jeder Sekunde etwa 4,25 Millionen Tonnen ihrer Masse in Energie und Licht umwandelt. Das entspricht mehr als 90 Milliarden Megatonnen TNT, etwa fünfundsiebzig Milliarden B83, die stärkste Wasserstoffbombe, über die das US-Militär heute verfügt, oder sechs Billionen Hiroshima-Atombomben. Allerdings gibt es gewaltige Unterschiede zwischen der Sonne und einer Kernwaffe. Schon allein, dass die Sonne ihre Energie relativ langsam und konstant abgibt – ihr innerer Furor wird durch Tausende Kilometer Gas zwischen ihrem Kern – wo die Reaktionen ablaufen – und ihrer Oberfläche gebändigt.

In Wahrheit ist Fusion ein komplexer, mehrstufiger Prozess. Je näher sich die zwei Protonen kommen, desto mehr stoßen ihre positiven Ladungen einander ab. Nur durch einen Effekt, der als Tunneleffekt bezeichnet wird, können sie sich verbinden. Es ist, als hätten sie nicht genügend Energie, um die Tür zu öffnen und hindurchzugehen, würden aber manchmal schlicht durch die Wand teleportieren. Außerdem ist das Helium-2, das bei der Verbindung zweier Protonen entsteht, höchst instabil und zerfällt gewöhnlich wieder in zwei getrennte Protonen. In einem Fall von Zehntausend verwandelt sich jedoch eines der Protonen spontan in ein Neutron, wodurch das Atom zu Deuterium wird, ein stabiles Wasserstoffisotop. Deuterium und Wasserstoff können zu einer stabilen Form von Helium fusionieren, und bei diesem Vorgang wird die Energie freigesetzt, die Sterne ›antreibt‹.

Fast die gesamte Kernfusion der Sonne findet in ihrem Kern statt, der proportional etwa dem Kern eines Pfirsichs entspricht. Hier, unter großem Druck und enormer Schwerkraft, übersteigt die Temperatur 15 Millionen Grad Celsius und Atome existieren in der Form von Plasma – dem vierten Aggregatzustand, in dem Atome zu heiß sind, um noch fest, flüssig oder gasförmig zu sein. Die den Kern umschließende Kugel erhitzt sich beim Energietransfer durch mehrere Schichten hindurch an die Oberfläche der Sonne und in den Weltraum. Das geht jedoch nicht sonderlich schnell vor sich. Wasserstoff und Helium drängen sich im Kern so dicht, dass die bei der Fusion entstehenden Photonen nur winzige Strecken zurücklegen, bevor sie gegen andere Atome stoßen, von denen sie absorbiert und dann wieder emittiert werden. Dadurch entsteht eine Zufallsbewegung, in der Photonen durchaus zweihunderttausend Jahre benötigen können, bis sie die 500 000 Kilometer vom Kern bis zur Oberfläche zurückgelegt haben. Sobald sie einmal den leeren Raum erreicht haben, legen sie ungehindert dieselbe Strecke in weniger als zwei Sekunden zurück, und der Teil von ihnen, der sich auf den Weg zur Erde macht, durchquert die 150 Millionen Kilometer in acht Minuten und zwanzig Sekunden. Das heißt in der Konsequenz, dass das Licht, das wir von der Sonne zu sehen bekommen, auf eine Reaktion zurückgeht, die zur Zeit der Entstehung des anatomisch modernen Menschen stattfand.

Man könnte meinen, mit ›Plasma‹ reimt es sich schlecht, doch der Band They Might Be Giants gelingt es in »Why Does the Sun Really Shine?«: Ihre Lösung ist ›miasma‹.

Die Temperatur auf der sichtbaren Oberfläche der Sonne, der Photosphäre, liegt niedriger als vier Zehntausendstel der Kerntemperatur. Doch diese durchschnittlich 5500 Grad Celsius sind immer noch dreimal so heiß wie geschmolzene Lava oder der Schmelzpunkt von Eisen. Wie eine überhitzte Schale (oder Kugel) Suppe geht es dort ziemlich turbulent zu und die Bedingungen an der Oberfläche variieren deutlich. An einigen Orten drängen große Blasen heißen Plasmas in die Photosphäre, während an anderen ihr Aufstieg von starken Magnetfeldern verlangsamt oder blockiert wird. Sich langsam bewegende Materie ist kühler – bis zu 4000 Grad Celsius kalt – und das bedeutet auch dunkler. Bei diesen Zonen stärkeren Magnetismus auf der Oberfläche handelt es sich um die Sonnenflecken, die Galilei mit so viel Sorgfalt abzeichnete.

Sonnenwetter

Dass die Sonne das Wetter auf der Erde beeinflusst, ist bekannt. Weniger bekannt ist der Umstand, dass die Sonne selbst ein riesig dimensioniertes und brutales Wetter aufweist. Über der hellen, sichtbaren Sonnenoberfläche stoßen magnetische Feldlinien nach außen und wenden sich in Bögen weit größer als die Erde wieder auf die Oberfläche zurück. Stark geladenes Plasma folgt diesen Bögen und wenn sich eine solche Magnetlinie manchmal mit einer anderen verbindet oder sich ablöst, schnappt das Plasma zusammen oder bricht auseinander wie ein unter Spannung reißendes Seil, und das mit rasanter Geschwindigkeit (und schnell bedeutet auch heiß: Die Temperaturen können bis auf Millionen von Grad steigen). Diese Peitschen stark geladenen, sich schnell bewegenden Plasmas bilden die Korona der Sonne – die so heißt, weil sie während einer totalen Sonnenfinsternis aussieht wie die Spitzen einer Krone. Wenn die Sonnenwinde die Korona abkühlen, entflieht ein Teil der Materie ins All. Doch größtenteils fällt sie wieder auf die Oberfläche zurück. In anderen Worten, auf der Sonne regnet es – und zwar Tropfen leicht kühleren (aber immer noch ziemlich heißen) Plasmas von der Größe ganzer Länder, die hinabstürzen aus Höhen von mehr als 60 000 Kilometern und mit einer Geschwindigkeit von mehr als 200 000 Kilometern pro Stunde.

Auch Tornados gibt es auf der Sonne. Aufstobendes Plasma erzeugt Wirbel, in denen Magnetfelder sich zu Supertornados verzwirbeln und verdrehen, die von der Oberfläche bis in die obere Atmosphäre reichen. Noch ungeheurer sind Sonneneruptionen und koronale Massenauswürfe. Millionen von Grad heiße Plasmaeruptionen stoßen entlang von Magnetbögen Elektronen, Ionen und Atome (sowie elektromagnetische Strahlung vor allem außerhalb des sichtbaren Spektrums) mit nahezu Lichtgeschwindigkeit ins All hinaus. Koronale

Massenauswürfe hingegen spritzen Teilchen mit nur etwa zwei Prozent der Lichtgeschwindigkeit, aber immerhin noch Millionen von Kilometern pro Stunde, in den Weltraum; die dadurch ausgestoßene Masse übersteigt jedoch die von Sonneneruptionen beträchtlich. »Unermessliche klare Strahlen von Liebe, heiß und gewaltig, zuckende Gallerte der Liebe, Gischt und Saft der Raserei«, schrieb der Dichter Walt Whitman in einem völlig anderen Kontext. Wenn die äußeren Enden dieser Ausstöße einige Tage später an der Magnetosphäre der Erde lecken, rufen sie geomagnetische Stürme und ungewöhnlich starke Polarlichter an den Erdpolen hervor.

Diese Aktivitäten hängen letztlich mit Vorgängen tief im Inneren der Sonne und insbesondere an der Grenze zwischen ihren inneren und äußeren Schalen zusammen. Die innere Schale – ihr Kern und die Strahlungszone – rotiert fast so gleichförmig wie eine feste Kugel. Aber auf zwei Drittel des Wegs vom Mittelpunkt zur Oberfläche – innerhalb der Konvektionszone oberhalb einer dünnen, Tachocline genannten Schicht – geht es turbulenter zu. Hier benötigt Plasma in der Nähe des Äquators ungefähr fünfundzwanzig Tage für eine Rotation, während es an den Polen länger dauert. Durch diese Differenz entstehen Strudel und Meridionalströme – gigantische Transportbahnen magnetisierten Materials, das Richtung der höheren Breitengrade fließt, wo es absinkt und wieder zum Äquator zurückkehrt. Normalerweise beginnen diese Strömungen bei einer Breite von etwa 60 Grad abzutauchen und ihre Richtung umzukehren, manchmal laufen sie jedoch den ganzen Weg bis zu den Polen, bevor es dazu kommt. Wenn dies geschieht, vollzieht sich die Rückkehr langsamer und die Sonnenaktivität nimmt ab, mit der Folge, dass es weniger Sonnenflecken gibt. In einem Zyklus von elf Erdjahren ›atmet‹ bzw. pulsiert die Sonne – variiert ihren Ausstoß von Sonnenwinden, Röntgenstrahlen, ultraviolettem und sichtbarem Licht.

Die Sonne ist nicht die einzige Ursache für Polarlichter im Sonnensystem. Beim Jupitermond Io werden grüne, rote und blaue Polarlichter durch die Wechselwirkung mit der Magnetosphäre des gigantischen Planeten erzeugt und nicht durch unseren Stern.

Manchmal wird davon gesprochen, dass die Sonne Mutter und Vater hatte. Mama in dieser vereinfachten Darstellung war eine riesige, hauptsächlich aus Wasserstoff bestehende Molekülwolke, Papa eine Schockwelle von der Explosion eines Blauen Riesen sehr viel größer und dichter als unsere Sonne, aber winzig im Vergleich zu der Wolke. Die mütterliche Wolke enthielt neben Wasserstoff auch fast alle anderen Elemente in den Trümmern früherer Generationen von Sternen, inmitten einer Galaxie, die schon seit Milliarden von Jahren mit Supernovaexplosionen herumwirbelte und brauste. Nichts an den Umständen des Zusammentreffens zwischen der Wolke und dem Stern hatte etwas Unausweichliches oder Einzigartiges an sich, doch vor etwa 4,6 Milliarden Jahren befanden sie sich zufälligerweise nah genug beieinander, um sich durch ihre Schwerkraft gegenseitig anzuziehen, und es sonderte sich aus der Wolke ein neuer Körper heraus: eine dichte Wasserstoffballung, die wir Sonnennebel nennen. Diese Protosonne hatte ein Zehnmillionstel der Größe der ursprünglichen Wolke: vergleichsweise wie ein Apfel in einem Fußballstadion. Unzählige ähnliche Ereignisse lassen sich heute auf Bildern wie denen der Pillars of Creation im Adlernebel sehen.

»Sterne, wie Gedanken, haben nichts Zwangsläufiges. Aus der wirren Unordnung mag sich etwas bilden oder auch nicht, und durch den Raum treibende Punkte bewegen sich sehr leicht aneinander vorbei.« Amy Leach

Was das Ende der Sonne betrifft, so haben viele von uns schon eine allgemeine Vorstellung davon, dass sie eines Tages zu einem Roten Riesen wird, der die Erde verbrennt und dann schluckt. Keine mit Wolken bekränzten Türme und stattlichen Paläste mehr für dich, Kumpel. Die ganze Geschichte allerdings ist sogar noch großartiger und schöner. Sie verdient also mindestens ein großes musikalisches Thema. Ich stelle mir etwas jenseits des letzten Akkords von »Der Abschied« in Gustav

David Bedford versuchte sich mit *Star's End* (1974) daran, aber es ist kein Ohrenschmaus. Für die Hauptsequenz der Sonne könnte sich Brian Enos *Lux* (2012) als Ausgangspunkt anbieten. Oder alles umfassend *Sun Star* (1967) von John Coltrane.

Mahlers *Das Lied von der Erde* vor (das nach Benjamin Brittens Urteil der Atmosphäre selbst abgelesen war), etwas, das jüngere Werke von John Luther Adams wie das (vom Musikkritiker Alex Ross als »reizendste Apokalypse in der Musikgeschichte« beschriebene) *Become Ocean* oder sein *Sky with Four Suns* noch überbietet. Doch alles, was ich tatsächlich bieten kann, ist eine Zusammenfassung der zugrundeliegenden Physik – ein Abriss fürs Fernsehprogramm.

Wenn wir einmal einen Eingriff durch intelligente Wesen mit fantastischen Kräften (was etwas weit hergeholt scheint) und die Kollision mit einem anderen Stern (höchst unwahrscheinlich) außer Acht lassen, dann lässt sich die zukünftige Entwicklung der Sonne in fast jeder Hinsicht vorhersagen. In den Worten des Astronomen Martin Rees: »Selbst das kleinste Insekt ist deutlich komplexer als ein Stern«. Doch auch im ganz und gar Unvermeidlichen kann etwas Prächtiges liegen. Ereignisse in der Welt des Menschen lassen sich im Detail nicht vorhersagen, doch für das Schicksal unseres Planeten gilt das nicht, und vielleicht steckt etwas Wahres in der altnordischen Vorstellung, dass die Zukunft in Form von Schicksalsfäden determiniert ist, die bereits ausgewählt wurden und nur noch gesponnen werden.

Die Fusion, die der Sonne ihre Energie liefert, wird so lange weitergehen, bis die Brennstoffreserven aufgebraucht sind. Die Sonne besitzt ungefähr dreihundertdreißigtausend Mal die Masse der Erde und eine Millionen Mal ihr Volumen – ein Basketball verglichen mit einer Erbse. Zum gegenwärtigen Zeitpunkt hat sie ein Alter von etwa 4,6 Milliarden Jahren, das liegt fast auf halbem Wege dessen, was man als Hauptsequenz bezeichnet, in der sie Energie durch Fusion von Wasserstoff zu Helium produziert. Mit zwei Quadrilliarden Tonnen (eine Zwei gefolgt von siebenundzwanzig Nullen, also 2 000 000 000 000 000 000 000 000 000) verfügt sie über genügend Stoff, um noch Milliarden von Jahren weiterzubrennen. Über diesen Zeitraum wird sie ständig heißer und heller werden. In wenig mehr als einer Milliarde Jahren wird die Hitze ausreichen, um alle Ozeane der Erde verdampfen zu lassen, und die Durchschnittstemperatur auf unserem Planeten wird über 370 Grad Celsius erreichen – mehr als genug, um Pizza zu backen. »Ich glaube, wir

Das letzte komplexe vielzellige Leben auf der Erde in weniger als einer Milliarden Jahren in der Zukunft könnten Bärtierchen – die von Bakterien oder kleineren Bärtierchen leben – oder Ähnliches sein und/oder etwas wie die Würmer, die man an hydrothermalen Quellen am Meeresboden findet. Mikroben tief in der Erde könnten für weitere 2 bis 3 Milliarden Jahre fortbestehen.

sind unausrottbar, wie Fliegen oder Bettwanzen«, sagte einmal der Dichter Robert Frost, doch diese Bedingungen übersteigen noch das thermonukleare Armageddon, das er und seine Zeitgenossen fürchteten. Makroskopisches Leben auf der Erde, einschließlich menschlichen Lebens, wird zu diesem Zeitpunkt schon lange erloschen sein.

Doch selbst dann wird das Leben der Sonne als Hauptsequenzstern kaum mehr als halb vorbei sein: Für weitere vier Milliarden Jahre wird sie grob dieselbe Größe behalten und weißes Licht ausstrahlen, wie sie es auch heute tut. Erst etwa fünf Milliarden Jahre in der Zukunft wird der Wasserstoff in ihrem Kern aufgebraucht sein und die Sonne anfangen, sich aufzublähen. Dies wird zunächst nur langsam vor sich gehen, zur Verdopplung ihrer Größe wird sie etwa eine halbe Milliarde Jahre benötigen. Dann wird sich das Wachstum beschleunigen, bis sie zu einem Roten Riesen zweihundert Mal größer und zweitausend Mal heller als heute geworden ist. An diesem Punkt wird sie bereits den Merkur und die Venus geschluckt und verbrannt haben, während die Erde durch die Ausdehnung wahrscheinlich weiter nach außen gedrängt worden sein und weiterhin intakt (aber viel zu heiß für Leben) ihre Kreisbahnen ziehen wird. Möglicherweise wird der Saturnmond Titan, auf dessen Oberfläche heute aufgrund der Kälte flüssiges Methan durch Canyons fließt, so weit erwärmt worden sein, dass es für Leben, wie wir es kennen, erträglich wird, was ihn zu einem denkbaren Zufluchtsort für unsere fernen Nachfahren macht, so sie denn rechtzeitig der erhitzten Erden entkommen.

Die Sonne wird für ungefähr eine Milliarde Jahre ein Roter Riese bleiben. In diesem Zeitraum wird sie allmählich ein Drittel ihrer Masse verbrennen, bevor sich plötzlich das Helium in ihrem Kern in Form eines Helium-Blitzes entzündet, indem sich innerhalb weniger Minuten mehr als ein Drittel der übrig gebliebenen Masse in Kohlenstoff verwandelt. Dann schrumpft sie vom Zweihundertfachen auf das Zehnfache ihrer heutigen Größe und verbrennt Helium über einen Zeitraum von ungefähr Hundert Millionen Jahre. Wenn dann schließlich das gesamte Helium aufgebraucht ist, dehnt sie sich erneut aus, nur dieses Mal viel schneller als in dem Stadium, in dem sie noch einen Wasserstoffkern besaß. Der neue Riese wird auch nur etwa zwanzig Millionen Jahre Bestand haben. Danach entwickelt sich die Sonne zunehmend instabil. Über die folgenden paar Hunderttausend Jahre wird sie wohl viermal aufflackern wie eine abschmierende Glühbirne, nur jedes Mal ein bisschen heller, bevor sie endgültig verglimmt.

Die Sonne hat nicht genügend Masse, um sich in eine Supernova zu verwandeln, wenn sie explodiert, und nur ein Bruchteil davon wird ins All hinausgeschleudert. Der Rest wird zu einem extrem verdichteten Kern von der Größe der Erde zusammenschrumpfen – eine bis zum Äußersten zusammengepresste Kugel, die hauptsächlich aus Kohlenstoff und Sauerstoff besteht. Dieser Kern wird intensives ultraviolettes Licht ausstrahlen, das die durch die Explosion erzeugte expandierende Gasblase vornehmlich grün und rot leuchten lässt. Einige Zehntausend Jahre lang wird dieser Sonnenrest von einem Planetennebel umgeben sein, so schön wie die schönsten heute sichtbaren Wunder. Vielleicht lässt sich dieser Moment mit dem vorletzten Takt von Händels *Eternal Source of Light Divine* von 1713 vergleichen, wenn nach dem Ende des Duetts die Trompete auf ein dreigestrichenes D, den Grundton, hinaufgeht, eine in dem Stück bis zu diesem Punkt unerreichte Tonhöhe.

Einer der schönsten Nebel, der Ringnebel (M57), bildet einen runden Regenbogen mit einem himmelblauen Zentrum, umgeben von Grün, Orange und außen Rot. Planetennebel spielen eine bedeutende Rolle in der Entwicklung von Galaxien, indem sie von ihren Muttergestirnen aus Wasserstoff und Helium geformte schwere Elemente wie Kohlenstoff und Stickstoff in den interstellaren Raum hinausstoßen, wo sie Teil der nächsten Generation werden. Der Kohlenstoff in jedem Lebewesen auf der Erde stammt wahrscheinlich aus Nebeln wie diesen.

Danach zerstreut sich die Gasblase, und die Sonne bleibt, da keine weitere Fusion in ihrem Kern stattfindet, ein Weißer Zwerg von der Größe der Erde. Winzige Kontraktionen aufgrund ihrer eigenen Schwerkraft werden genügen, um noch viele Billiarden Jahre lang Licht auszustrahlen, bis sie schließlich zu einem Schwarzen Zwerg wird – ein Überbleibsel, das überhaupt keine Wärme oder Licht mehr emittiert. (Das mag sich dann, soweit die menschliche Einbildungskraft überhaupt hinreicht, vielleicht so anfühlen wie das Adagio von György Kurtágs Stück *Stele* von 1994.) Das wahrscheinlichste Schicksal des Schwarzen Zwergs, der einmal unsere Sonne gewesen sein wird, ist, dass er nach vielleicht 10^{19} Jahren (zusammen mit den verbleibenden, an ihn gebundenen Planeten) von der Galaxie in den intergalaktischen Raum ausgestoßen wird. Sollte dies nicht geschehen, mag er in vielleicht 10^{21} Jahren mit einem anderen Schwarzen Zwerg kollidieren und in einer Typ Ia Supernova-Explosion die Reste des Sonnensystems zerstören. Falls nichts davon geschieht, wird die schwarze Sonne weiter die Galaxie umkreisen und langsam in Richtung des Schwarzen Lochs in deren Zentrum fallen. Doch bevor sie in etwa 10^{100} Jahren dahin gelangt, wird das Schwarze Loch schon verdampft sein. In diesem Fall wird die Erde schließlich in einer Spiralbewegung in die Überreste der Sonne stürzen – falls sie nicht durch irgendeine unvorhersehbare Gravitationswechselwirkung aus dem Orbit unserer Sonne in die Tiefen eines kalten, leeren Universums gestoßen wird. Hier ist, als kostenlose Dreingabe, die Übersicht (zum Ausschneiden) zur Vergangenheit, Gegenwart und Zukunft der Sonne:

```
HS  HS  HS  HS  HS  HS*HS  HS  HS  HS
HS  HS  HS  HS  HS  HS  HS  HS  HS  HS
HS  HS  HS  HS  HS  HS  HS  HS  HS  HS
HS  HS  HS  HS  HS  HS  HS  HS  HS  HS
HS  HS  HS  HS  HS  HS^HS  HS  HS  HS
HS  HS  HS  HS  HS  HS  HSxHS  HS  HS
HS  HS  HS  HS  HS  HS  HS  HS  HS  HS
HS  HS  HS  HS  HS  HS  HS  HS  HS  HS
HS  HS  HS  HS  HS  HS  HS  HS  HS  HS
HS  HS  HS  HS  HS  HS  HS  HS  HS  HS
RR  RR  RR  RR  RR  RR  RR  RR  RR  RR
h  HKB  o
WZ  WZ  WZ  WZ  WZ  WZ  WZ  WZ  WZ  WZ
```

```
WZ WZ WZ WZ WZ WZ WZ WZ WZ WZ
WZ WZ WZ WZ WZ WZ WZ WZ WZ WZ
(Tausend Mal wiederholen)
SZ
```

*Jedes Paar Großbuchstaben repräsentiert 100 Millionen Jahre im Leben der Sonne. ›HS‹ steht für Hauptsequenz. Der Beginn des Lebens auf der Erde ist durch * zwischen 600 Millionen und 700 Millionen Jahren nach Bildung des Sonnensystems gekennzeichnet (etwa 4 Milliarden Jahre in der Vergangenheit). Das ^ steht für »Sie befinden sich hier«, und das x markiert das voraussichtliche Ende der Erde als für Leben, wie wir es kennen, bewohnbarer Planet. ›RR‹ steht für ›Roter Riese‹ und ›HKB‹ für Heliumkernbrand (auch wenn dies weniger als 100 Millionen Jahre dauert). Wenn die Schriftgröße von ›RR‹ im selben proportionalen Verhältnis zu ›HS‹ stünde wie ein Roter Riese zu einer Hauptsequenz, wäre jeder Buchstabe fast einen Meter hoch. Das ›h‹ ist der Helium-Blitz und das ›o‹ repräsentiert die Zehntausende Jahre, in denen die Sonne einen Planetennebel bildet. ›WZ‹ bedeutet ›Weißer Zwerg‹ und ›SZ‹ Schwarzer Zwerg.*

Dunkles Wunder: Neutrino

»Licht verrät uns viel«, schrieb im 19. Jahrhundert der Naturschriftsteller Richard Jefferies, »ich glaube aber, dass sich im Laufe der Zeit die Existenz noch feinerer und zarterer Medien zeigen wird, und durch diese mögen wir in die Schatten des Himmels blicken können.« Jenseits des Lichts gibt es zahlreiche Arten von Dunkelheit, von denen wir kaum etwas wissen.

Unsichtbares Licht wurde 1800 von William Herschel entdeckt. Er bemerkte, dass sich ein Thermometer erwärmt, wenn man es bei einem durch Prisma erzeugten Regenbogenspektrum jenseits des roten Lichts platziert, und schloss daraus richtig, dass dies durch »kalorische Strahlen«, oder was wir heute Infrarotlicht nennen, hervorgerufen wird.

Unter gewissen Bedingungen können auch Menschen infrarotes Licht wahrnehmen. Dies geschieht, wenn Paare infraroter Photonen gleichzeitig auf dasselbe Pigmentprotein im Auge treffen. Testpersonen berichten davon, Infrarotlicht von schwachem Laser zu sehen.

Und es zeigt sich, dass nur etwas über vierzig Prozent der auf die Erdoberfläche treffenden Photonen im für Menschen sichtbaren Spektrum liegen. Fast der gesamte Rest besteht aus Infrarot- und ultraviolettem Licht (über fünfzig bzw. weniger als fünf Prozent). Alle drei sind für das Leben auf der Erde von Bedeutung, vielleicht am wichtigsten infrarotes Licht, das den Planeten ausreichend warm hält für das Leben, wie wir es kennen. Manche Schlangen können infrarotes Licht – von ihrer Beute ausgestrahlte Wärme – wahrnehmen, während viele Vögel und Insekten bis in den ultravioletten Bereich des Spektrums sehen können. Das verleiht ihrer Farbwahrnehmung eine Fülle, die wir uns nur schwer vorstellen können, und erlaubt ihnen, Dinge wie beispielsweise Muster in Blütenblättern zu sehen, die für uns unsichtbar bleiben. Es strömt aus der Sonne aber noch etwas vollkommen anderes, noch Sonderbareres als Licht, und es bleibt uns vollständig verborgen.

Wie Photonen sind auch Neutrinos Elementarteilchen, die bei der Fusion im Kern der Sonne wie auch bei anderen Ereignissen im Universum entstehen. Anders als Photonen dringen Neutrinos aber ohne erkennbare Wirkung durch uns hindurch. Sie entfliehen der Sonne unmittelbar, ohne die Verzögerung, die die Photonen erfahren, und bewegen sich mit einer Geschwindigkeit nur minimal unterhalb der Lichtgeschwindigkeit. Billionen von ihnen schießen jede Sekunde durch uns hindurch. Selbst in der Nacht flitzen sie durch uns, nur dieses Mal von unten, nach Durchquerung der Erde. Für Neutrinos könnten wir ebenso gut Gespenster sein.

Von Neutrinos hat man schon geträumt, noch bevor sie entdeckt wurden. Als der Physiker Wolfgang Pauli 1930 die Energie- und Impulserhaltung bei der Transformation eines Protons in ein Neutron (dieses Phänomen nennt man Betazerfall) erklären wollte, sah er sich gezwungen, die Existenz eines völlig neuen, unsichtbaren und bis dato ungeahnten Teilchens zu postulieren. Zu seiner Zeit war das eine wilde Idee und Neutrinos selbst sind nicht weniger sonderbar.

Zum einen sind sie verblüffend klein – nur ein winziger Bruchteil der Masse des zweitleichtesten Elementarteilchens, dem Elektron. Zum anderen reagieren sie mit fast nichts mehr, sobald sie einmal entstanden sind. Man bräuchte beispielsweise durchschnittlich tausend Lichtjahre (9500 Billionen Kilometer) Blei, um ein Neutrino zu stoppen. Das gibt jedoch, wie gesagt, nur den Durchschnitt an, und sehr gelegentlich stößt ein Neutrino auch in einem viel weniger massiven und dichten Objekt mit einem Atom zusammen. Durch Nachweis dieser seltenen Ereignisse wissen wir mit Sicherheit, dass sie existieren.

Neutrinos wurden zum ersten Mal in den 1950er-Jahren beobachtet. Diese stammten nicht von der Sonne, sondern von den Explosionen von Supernovae – massereichen Sternen am Ende ihres Lebens – aus den Tiefen des Alls. Wenn eine typische Supernova explodiert, setzt sie eine Nonilliarde oder 10^{57} Neutrinos frei. Neutrinos von der Sonne wurden erst in den 1960er-Jahren nachgewiesen, als ein Physiker namens Ray Davis für den Aufbau eines ›Teleskops‹ aus Hunderttausend Gallonen klarer Flüssigkeit tief in einer alten Mine in South Dakota sorgte. Durchschnittlich sollte ein Neutrino pro Tag mit einem Chloratom in der Flüssigkeit wechselwirken und es in ein Argonatom umwandeln. Staunenswerterweise gelang es Davis, eine Methode zum Nachweis des Argons zu entwickeln. Neutrinos besitzen aber noch sonderbarere Eigenschaften als ihre geringe Größe und Flüchtigkeit. Eine davon ist ihre veränderliche Natur. Die Art, oder ›Flavour‹, eines Neutrinos bleibt nie fix, sondern oszilliert zwischen drei verschiedenen Zuständen, während es sich durch den Raum bewegt. Wenn ein Neutrino mit gewöhnlicher Materie wechselwirkt, verwandelt es sich in eins von drei verschiedenen Arten geladener Teilchen mit verschiedenen Eigenschaften, je nachdem, in welchem Zustand seiner Oszillation es sich gerade befindet. Ein weiteres Rätsel gibt die Frage auf, wie Neutrinos (im Unterschied zu Photonen) Masse haben können. Dem Standardmodell der Teilchenphysik zufolge müssten Teilchen in

Im Durchschnitt kommt es pro Galaxie einmal im Jahrhundert zu einer Supernova. Im beobachtbaren Universum explodieren jedes Jahr eine Milliarde, das sind dreißig pro Sekunde. Das Universum perlt wie Champagner.

einer ›linkshändigen‹ und einer ›rechtshändigen‹ Version existieren, wenn sie Masse haben sollen. Es sind aber nur ›linkshändige‹ Neutrinos beobachtet worden – ein Rätsel auf einer Stufe mit dem Koan über den Klang, den eine einzige Hand beim Klatschen erzeugt. Eine Lösung, wenn es denn eine gibt, könnte auch bei der Frage weiterhelfen, wieso es mehr Materie als Antimaterie im Universum gibt.

Dunkles Wunder: Schwarzes Loch

Eine weiterer dunkler Fleck am Rande unserer Erkenntnis bezieht sich auf die Natur Schwarzer Löcher. Diese berühmten Anti-Objekte kommen unter anderem dadurch in die (oder aus der) Welt, dass ein Stern ausreichender Masse – typischerweise mehr als fünfundzwanzig Mal so viel wie die Sonne – seinen Brennstoff aufbraucht und mangels nach außen drängender Fusionsenergie in sich zusammenfällt. Er explodiert dann in Form einer Supernova, wobei er in großen Mengen elektromagnetische Strahlung und Neutrinos in den Raum schleudert; zur gleichen Zeit stürzt der Kern nach innen, bis er zu einer Singularität wird: einer Region, in der Materie unendlich dicht und die Raumzeit unendlich gebogen ist. An diesem Punkt geraten die physikalischen Gesetze, wie wir sie kennen, in Schwierigkeiten. Die Allgemeine Relativitätstheorie sagt Schwarze Löcher vorher, die Quantenmechanik jedoch sagt eine sogenannte Hawking-Strahlung an ihrem Ereignishorizont (der Grenze zwischen dem Schwarzen Loch und dem Rest des Universums)

Eine vereinfachte Beschreibung der Hawking-Strahlung geht so: Jeder Kubikmillimeter Raum im Universum, gleich wie leer er auch scheint, enthält in Wirklichkeit ein Chaos fluktuierender Felder und ein Geflacker von Teilchen-Antiteilchen-Paaren wie Elektronen und Positronen, die in Existenz treten und wieder verschwinden. (Um es heideggerisch auszudrücken: Das Nichts etwast.) Normalerweise löschen sich Teilchen und Antiteilchen innerhalb eines Milliardstels einer Milliardstel Sekunde gegenseitig wieder aus. Doch nah dem Horizont eines Schwarzen Lochs kann es passieren, dass der eine Teil hineinfällt, bevor es zur Auslöschung kommt. In diesem Fall entkommt der andere Teil in Form von Hawking-Strahlung.

vorher – ein Phänomen, das der Allgemeinen Relativitätstheorie zu widersprechen scheint. Und überhaupt ist unklar, wie die beiden Theorien miteinander zu vereinbaren sind. Die Rätsel hören da noch nicht auf und haben Physiker zu erstaunlichen Hypothesen geführt. Einige haben vermutet, dass Schwarze Löcher dadurch zu einem Ende gelangen, dass sie sich in ihr genaues Gegenteil verkehren – ›Weiße Löcher‹, die explosionsartig die gesamte Materie, die sie jemals geschluckt haben, ins All ausstoßen. Andere haben verschiedentlich behauptet, dass unser Universum für Wesen in einem anderen Universum wie ein Schwarzes Loch aussehen könnte; dass ständig neue Universen in Schwarzen Löchern entstehen; und dass ein Schwarzes Hyperloch unser Universum hervorgebracht habe – was bedeuten würde, dass der Urknall ein von einem kollabierenden höherdimensionalen Stern erzeugtes Trugbild darstellte. Andere wiederum haben die einem Schwarzen Loch innewohnende Energie, die Position seines Ereignishorizonts und andere seiner Eigenschaften berechnet und sind darauf gekommen, dass Gravitation von infinitesimal dünnen, vibrierenden Strings hervorgerufen werde, die in zehn Dimensionen existierten, während unser Universum lediglich ein ›Hologramm‹ darstelle.

Einige Schwarze Löcher bringen auch die hellsten bekannten Objekte im Universum hervor. Sie drehen sich und krümmen dabei die Raumzeit um sie herum, wodurch ein Mahlstrom statt um einen Punkt um einen unendlich dünnen Ring herum entsteht. Das zieht die Masse in der Nähe befindlichen Gases, Staubs, Sterne und Planeten der sie umgebenden Galaxie an, versetzt sie in Drehung, beschleunigt sie und reißt sie auseinander. Und bei diesem Vorgang rufen sie gewaltige Magnetfelder und enorme Hitze hervor.

Die Magnetfelder schießen Teilchenstrahlen in einem rechten Winkel zur Rotationsebene mit nahezu Lichtgeschwindigkeit über Tausende und manchmal Millionen von Lichtjahren in den intergalaktischen Raum hinaus. Wenn das Schwarze Loch massereich genug ist, kann die Gravitationsscherung und -reibung in seiner Akkretionsscheibe mehr Hitze und Licht als alles andere im Universum produzieren. Dies nennt sich ›Quasar‹, und seine Strahlung deckt das gesamte elektromagnetische Spektrum von niederfrequenten Radiowellen und Mikrowellen über Infrarot-, ultraviolette und Röntgenstrahlung bis zu hochfrequenter Gammastrahlung ab.

Der hellste bekannte Quasar mit dem einprägsamen Namen S5 0014+81 strahlt dreihundert Billionen Mal heller als die Sonne oder mehr als zwanzigtausend Mal heller als alle Sterne der Milchstraße zusammengenommen. Im Zentrum des Quasars befindet sich ein Schwarzes Loch, das vierzig Milliarden Mal die Masse der Sonne und etwa zehntausend Mal mehr Masse als das Schwarze Loch im Zentrum unserer Galaxie besitzt. Eigentlich sollten wir ›besaß‹ sagen, denn S5 0014+81 befindet sich über zwölf Milliarden Lichtjahre entfernt, sodass die Teleskope ihn uns zeigen, wie er vor zwölf Milliarden Jahren aussah.

Zur Zeit der Niederschrift dieses Buches entspringen noch alle Abbildungen Schwarzer Löcher eher menschlichem Einfallsreichtum und menschlicher Einbildungskraft, als dass sie die Sache selbst wiedergeben würden. Die Darstellung im Film *Interstellar* von 2014, der mit Unterstützung des Physikers Kip Thorne entstand, zeigt eine Trichteröffnung oder Kugel der Abwesenheit, die das Licht der dahinter und seitlich befindlichen Sterne krümmt (dieses Phänomen wird Gravitationslinseneffekt genannt) und um ihren Äquator von einer leuchtenden Akkretionsscheibe aus Gas umgeben ist, welche sich (durch denselben Linseneffekt) in einen »Regenbogen aus Feuer« entlang seines Rands zu krümmen scheint. Dabei handelt es sich wahrscheinlich um eine relativ getreue Wiedergabe zumindest eines Teils dessen, was wir wirklich zu sehen bekämen, außer dass das Licht um ein sich drehendes Schwarzes Loch sehr viel heller auf der sich vom Betrachter fortdrehenden Seite erscheinen würde, sodass es im Ergebnis eher einem eingedrückten Halbmond als einem Halo ähneln würde. Thorne verzichtete bewusst auf diese Asymmetrie, weil er befürchtete, sie könnte die Kinozuschauer verwirren; sie lässt sich aber deutlich auf einem Bild erkennen, das der Schriftsteller und Dichter Jean-Pierre Luminet bereits 1978 anfertigte. Unter Verwendung des damals schon lange überholten Lochkartencomputers IBM 7040 gab es für Luminet

In der riesigen Galaxie Centaurus A (NGC 5128) zeigen lotrecht zu ihrer Ebene ausgeworfene Strahlen ein supermassereiches Schwarzes Loch in ihrem Zentrum an.

keine Möglichkeit, die Ergebnisse auf einem Bildschirm darzustellen, also zeichnete er die Daten per Hand ein, indem er mit Tusche einzelne Punkte auf ein fotografisches Negativ setzte.

Wenn Sie diese Worte lesen, haben Astronomen möglicherweise bereits die ersten wirklichen Bilder eines Schwarzen Lochs geschossen. Die technische Herausforderung ist gewaltig: Das nächstgelegene Schwarze Loch wird in einer hellen und kompakten astronomischen Radioquelle namens Sagittarius A* vermutet, die sich etwa 26 000 Lichtjahre entfernt im Zentrum unserer Galaxie befindet. Auf diese Distanz hat es etwa die Größe eines Bagels auf dem Mond und es wird ein Teleskop mit einer mehr als Tausend Mal besseren Auflösung als das Hubble-Weltraumteleskop nötig sein, um ein Bild zu produzieren. Zur Zeit der Drucklegung dieses Buchs war dies einer

Schwarzes Loch von Jean-Pierre Luminet (1978).

weltweiten Kooperation unter dem Namen Event Horizon Telescope gerade gelungen.

Mit Radioteleskopen von Hawaii bis Spanien und von Arizona und Chile bis zum Südpol hofft das Projekt, mit den zusammengeführten Daten ein einzelnes Teleskop mit einem Durchmesser gleich dem der Erde zu simulieren.

Noch weitere Techniken dürften unser Wissen über Schwarze Löcher deutlich erweitern und es uns damit auch erleichtern, sie zu visualisieren. 2016 verblüffte und erfreute ein Team von fast Tausend Wissenschaftlern zahlreiche Menschen durch Aufzeichnung eines ›Pieps‹, der nach gängiger Ansicht vom Zusammenstoß zweier Schwarzer Löcher in 1,3 Milliarden Lichtjahren Entfernung verursacht wurde. Das Laser-Interferometer-Gravitationswellen-Observatorium, kurz LIGO, – ein Apparat aus zwei fünftausend Kilometer voneinander entfernten Konstruktionen aus zwei im rechten Winkel zueinander angeordneten vier Kilometer langen Armen – verzeichnete im Vergleich beider Messanordnungen eine unterschiedliche Positionsangabe in der Größenordnung eines Zehntausendstels des Durchmessers eines Protons. Das entspräche der Messung einer Veränderung der Entfernung zum nächstgelegenen Stern um eine Haaresbreite. Durch diese Entdeckung bestätigte das Team die Existenz von

Gravitationswellen – ein Kräuseln in den Bogenlinien der Raumzeit, das sich mit Lichtgeschwindigkeit fortpflanzt und zum ersten Mal vor hundert Jahren von Einstein vorhergesagt wurde. Die Wissenschaftler erstellten auch eine Simulation der angenommenen Ursache des Pieps – eine Animation zweier Schwarzer Löcher, die sich immer enger und schneller umkreisen, bis sie plötzlich zu einem verschmelzen, wie Blasen, die im Wirbel über einem Abflussrohr aufeinandertreffen. In Zukunft dürften LIGO und Systeme, die auf denselben Prinzipien beruhen, eine noch präzisere und detailliertere Erforschung von Schwarzen Löchern, Neutronensternen und anderen ›dunklen‹ Phänomenen ermöglichen. Astronomen werden zunehmend nicht nur ins Universum blicken, sondern auch horchen.

Elektromagnetische Wellen können auch beobachtet werden, indem sie künstlich in Klangwellen umgewandelt werden. Die Astrophysikerin Wanda Díaz-Merced, die in ihren Zwanzigern erblindete, untersucht Energie und Licht, die von Gammablitzen, den gewaltigsten Ereignissen im Universum, freigesetzt werden, indem sie Lichtkurven und Datensätze in Klang umwandelt. Indem sie auf Variationen in Tonhöhe, -dauer und anderen Klangqualitäten horcht, entziffert sie Muster in blitzartigem interstellarem Licht.

Schwarze Löcher bilden nicht die einzige Dunkelheit am Rande unseres Wissens. Sollten gewisse Theorien recht behalten, zeichnen sich auch Dunkle Materie und Dunkle Energie an diesem Horizont ab. Zusammengenommen sollen beide mehr als 95 Prozent der gesamten Masse und Energie im Universum ausmachen und doch entziehen sie sich aktuell noch jedem direkten Nachweis. Dunkle Materie zeigt keinerlei Wechselwirkung mit irgendeinem Bereich des elektromagnetischen Spektrums und ist daher unsichtbar. Ihre Existenz wird aus Gravitationseffekten geschlossen – vor allem aus der Tatsache, dass sich Galaxien schneller bewegen und eine stärkere Krümmung durch den Gravitationslinseneffekt verursachen, als die gewöhnliche Materie in ihnen erklären könnte. In ähnlicher Weise wird auch die Existenz Dunkler Energie aus ihrer Wirkung geschlossen, sprich der Beschleunigung der Expansion des Universums. Eine zumindest bis vor Kurzem führende Hypothese über die Natur Dunkler Materie sah sie aus schwach wechselwirkenden massereichen Teilchen (WIMP) zusammengesetzt, die nur durch Schwerkraft und die schwache Kernkraft wirken. Diese Idee konnte die beobachtete Geschichte des Kosmos außerordentlich gut erklären. Doch dass bislang keine Spuren dieser Teilchen beobachtet werden konnten, hat Zweifel geweckt. Vielleicht handelt es sich bei Dunkler Materie, so ein Vorschlag, um eine Supraflüssigkeit: ein Bose-Einstein-Kondensat, das Quantenverschränkung erklären könnte (was Einstein »geisterhafte Fernwirkung« nannte), die, weil unmittelbar, schneller als Licht erscheint (auch wenn sie tatsächlich sinnvoller als außerhalb der Zeit existierend beschrieben werden könnte). Einige Physiker bezweifeln heute, dass Dunkle Materie und Dunkle Energie überhaupt existieren, und denken, dass stattdessen Theorien wie die Modifizierte Newton'sche Dynamik, in der die Schwerkraft nicht mehr über Distanz schwächer wird, die beobachteten Effekte erklären könnte. Zukünftige Forschung mag es erweisen. Für den Augenblick tappen wir vielleicht fast so im Dunkeln wie diejenigen, die vor Tausenden Jahren über die Natur des Lichts rätselten.

Viele andere Fragen harren einer Antwort. Was zum Beispiel liegt in der Dunkelheit hinter dem Rand des sichtbaren Universums? Gibt es dort eine unendliche Ausdehnung des Gleichen – immer weitere Galaxien, angeordnet in einem kosmischen Netz atemberaubender Schönheit? Oder ist das Universum, wie wir es kennen, letztlich in seinen Ausmaßen begrenzt, wenn auch wie die Oberfläche einer Kugel ohne Schranke? Und falls Letzteres, könnte dann unser Universum, von dem wir nur einen kleinen Teil überhaupt sehen können, eine Blase unter vielen sein?

»Den hohen Wald durchdringen Abendstrahlen, / die sich im dunklen Grün des Moses brechen.« Wang Wei

Henry Thoreau beschreibt einen Spaziergang an einem Novembertag, kurz bevor es dunkel wird, als die Sonne noch einmal durch die grauen Wolken bricht und sich das Land unter der Berührung »solchen Lichts, wie wir es uns noch einen Augenblick zuvor nicht haben vorstellen können«, in ein Paradies verwandelt. Für Thoreau wird der Moment noch glanzvoller durch den Umstand, dass sich in der Zukunft dieselben

Bedingungen an unzähligen Abenden wiederholen werden. Seine Empfindung lässt sich leicht nachvollziehen: Die Sonne mag im kosmologischen Zeitrahmen endlich sein, doch gemessen an der Menschheitsgeschichte wirkt sie endlos.

Begibt man sich mehr als zweihundert Meter unter die Meeresoberfläche, nimmt das Wasser, so heißt es, das tiefste Blau an, das man sich vorstellen kann. Der Tiefsee-Pionier William Beebe beschreibt es als »strahlend schwarz«.

An diesem Morgen Anfang Oktober, an dem ich dies schreibe, strahlt ungewöhnlich heller Sonnenschein herab. Es ist beinahe einen Monat her, dass ich, das letzte Mal von ähnlichem hellen Licht beschienen, meinen Vater, der dem Tode nah gewesen war, aus dem Krankenhaus ins Freie fuhr. Aus dem Vergessen, in dem er fast völlig verschwunden war, vorübergehend aufgetaucht bemerkte er, wie schön es war. Heute wieder fühlt es sich an wie das teuerste, wundervollste Geschenk. »Ich verstehe Zeit nicht«, schrieb Richard Jefferies. »Es ist jetzt Ewigkeit. Ich bin inmitten davon. Sie umgibt mich im Sonnenschein.« Der tiefe Himmel über mir muss das sichtbare Himmelsparadies sein, von dem der Kunstkritiker John Ruskin im 19. Jahrhundert sprach. Und hier stehe ich und sammle Kraft für die dunklen Monate, die kommen.

Für ein Lichtteilchen, oder Photon, gilt das buchstäblich. Die Zeit steht still, sodass Vergangenheit, Gegenwart und Zukunft alle in einen ewigen Augenblick zusammenstürzen.

»Die Hälfte unserer Tage verbringen wir im Schatten der Erde«, schrieb der Arzt Thomas Browne im 17. Jahrhundert, »und der Bruder des Todes fordert ein Drittel unseres Lebens.« Für uns Lebende ist Schlaf der Tod des Lebens eines jeden Tags, doch am folgenden Tag erwachen wir ganz nach dem Rhythmus, dem unsere Vorfahren seit der Erdfrühzeit folgten, zur täglichen Gnade des Morgenlichts. Licht der gütigen, alten Sonne bringt die Toten nicht zurück ins Leben (wenngleich der nahe Infrarotbereich ihres Spektrums bei der Wundheilung hilft und Schmerzen lindert). Eines Tages wird die Sonne selber sterben. Für den Augenblick scheint sie in Herrlichkeit und lässt uns das Licht in den Augen anderer wacher Seelen erblicken.

»Der unergründlich tiefe / Wald, worin alles abkommt / vom Wege.« Edward Thomas

2

Die Konzentration des universellen Lichts in leuchtenden Körpern

Leben

Die Welt, wenngleich erschaffen, wird doch fortlaufend erschaffen ... Dies ist noch der Morgen der Schöpfung.

John Muir

Leben ist ein sich selbst erhaltendes chemisches System, das in der Lage ist, Neuerungen zu integrieren und eine Darwin'sche Evolution zu durchlaufen.

Gerald Joyce

Es regnet denselben alten Regen, denselben alten Regen, den es auf die Dinosaurier regnete.

Nick Cope

Als die Lichter erlöschen, nehmen die letzten Zuschauer um eine runde Bühne herum Platz. Fließende Töne tropischen Vogelgesangs und aus der Ferne das Knurren seltsamer Tiere erfüllen das Theater. Am Rande der Bühne befinden sich, nach innen gerichtet, große Ventilatoren: Propeller in Eisenkäfigen so groß wie Autoreifen. Im Innern des Kreises legt eine Frau in einem langen schwarzen Mantel eine dünne Plastiktüte auf den Boden und formt daraus mit Schere und Klebband eine zweidimensionale Figur mit flachen Röhren als Armen und einem kleinen, quadratischen Sack als Kopf. Aus den Griffen der Tüte werden Beine und Füße, die die Frau mit zwei kleinen Münzen beschwert. Dann platziert sie die Plastikfigur in der Mitte des Kreises, und die Ventilatoren laufen an. Über die Tonanlage erklingt eine Flöte, die zweimal einen Tritonus auf- und abgleitet, bevor sie nach oben strebt und eine Oktave abfällt. Es handelt sich um den Auftakt von Debussys »Prélude à l‹après-midi d‹un faune«. Zögerlich und nur allmählich – während sich Harfen, Holzbläser und Streicher zur Flöte gesellen und die Musik durch Ais, E, Gis, Cis, B, D und zurück zu E gleitet, wo dann eine Oboe übernimmt und das Thema entwickelt, bevor sie es wieder an die Flöte übergibt – fängt die Tüte an, sich um seine beschwerten Füße herum im Wind der Ventilatoren zu drehen. Als die Flöte beim Cis ankommt, um das Eröffnungsthema zum vierten Mal zu wiederholen, und eine zweite Flöte ihr antwortet, hat sich die kleine Tüte erhoben und begonnen, sich hin und her zu bewegen. Bald springt und tanzt sie vor aller Augen wie ein quicklebendiges Menschlein. Im Lauf der folgenden Minuten nimmt die Musik an Fahrt auf und wird immer lebhafter, eine neue Melodie trägt das gesamte Orchester zu immer neuen Höhen, bevor sie sachte in wirbelnden Phrasen abfällt; gleichzeitig zupft die Frau, wie ein Magier sein Taschentuch, einen Plastiktütenmenschen nach dem anderen aus ihren Taschen und alle blähen sich auf und reihen sich ein in eine große Kolonne aufsteigender Figuren, die über ihrem Kopf tanzen und herumspielen. Das Spektakel hat etwas Komisches – ein paar alte Plastiktüten im Wind im Einklang mit Debussys hinreißender, spielerischer Klangwelt –, aber es ist zugleich bezaubernd und wundervoll.

Viele Schöpfungsmythen unterstellen einen übernatürlichen Akteur – wie einen Thaumaturgen oder Theaterdirektor, nur mit ungleich größerer Macht –, der Leben aus Grundstoffen modelliert. In China beispielsweise schuf die Göttin Nüwa die ersten Menschen aus gelber Erde und Lehm. Das englische Wort für Mensch (*human*) stammt vom indoeuropäischen Wort für Erdreich, von dem auch der ›Humus‹ herkommt. Auf Hebräisch ist *adam*, was Mensch bedeutet, mit *adamah*, ›Boden‹, verwandt: Der biblische Mensch ist aus Lehm gemacht – ein undifferenziertes Material, dem die Gottheit Leben einhaucht.

»Ich habe den Lehm fast nicht berührt und bin aus Lehm.« Antonio Porchia

Heutzutage können wir etwas spezifischer angeben, aus welchen Stoffen das Leben auf der Erde besteht. Wir können unseren Inhalt auflisten wie den einer Dosensuppe: Wir bestehen größtenteils (zu ungefähr 57 Prozent) aus Wasser, dazu Eiweiße, Kohlenhydrate (oder Zucker), Fette und Nukleinsäuren. Oder wir können unsere Grundzutaten nach der Quantität der enthaltenen Atome auflisten. Drei Arten Atome allein – Wasserstoff, Sauerstoff und Kohlenstoff – kommen für 93 Prozent unseres Körpers auf und weitere drei – Stickstoff, Kalzium und Phosphor – für weitere 6 Prozent. Letzteres gehört zu den ersten Elementen, die identifiziert werden konnten. 1685 beschrieb John Evelyn in seinem Tagebuch eine Demonstration mit Phosphor, das aus menschlichem Blut und Urin extrahiert worden war:

Die meisten Atome in unserem Körper – rund 62 Prozent – sind Wasserstoff. Sie machen aber, weil sie so viel kleiner sind als andere Atome, lediglich 10 Prozent unserer Masse aus. Ungefähr 24 Prozent unserer Atome sind Sauerstoff, kommen aber für 65 Prozent unserer Masse auf. 12 Prozent aller Atome in unserem Körper sind Kohlenstoffatome, die zusammen 18 Prozent unserer Masse ausmachen.

> Dr. Slayer zeigte uns ein Experiment von wunderlicher Natur. Zuerst goss er eine sehr kalte Flüssigkeit in ein Glas und gab eine

weitere, ihrer Erscheinung nach ebenfalls kalte und klare Flüssigkeit hinzu; zunächst produzierte sie eine weiße Wolke, dann Kochen; wirres Blitzen und wirkliche Feuerflammen vermischten sich mit der Flüssigkeit, die, ein wenig durchgeschüttelt, am Rand des Glases von perfekter Kugelform verschiedenste Sonnen und Sterne aus echtem Feuer arrangierte, die Sternen und Himmelskörpern gleichend in zahlreichen Konstellationen fixiert wild brannten, und das über einen langen Zeitraum. Es schien eine Theorie der Entstehung von Licht aus dem Chaos zu demonstrieren sowie der Fixierung und Konzentration des universellen Lichts in leuchtenden Körpern.

Der menschliche Körper besteht zu 99 Prozent aus den sechs Elementen Wasserstoff, Sauerstoff, Kohlenstoff, Stickstoff, Kalzium und Phosphor. Das restliche eine Prozent ist hauptsächlich Kalium, Schwefel, Natrium und Magnesium, während mehr als ein halbes Dutzend weiterer Elemente, darunter Eisen, Kupfer, Zink, Selen, Nickel, Mangan, Molybdän und Kobalt – nur in Spuren vorhanden sind. Doch wo kamen diese Elemente her?

Dass einige Elemente nur in minimalen Proportionen vorkommen, bedeutet nicht, dass sie unwichtig wären. Wir bestehen beispielsweise nur zu 0,0042 Prozent aus Eisen, doch ohne es würden wir auf der Stelle sterben.

Die Geschichte vom Stoff

Wenn man einen Apfelkuchen machen will, hat einmal der Astronom Carl Sagan gesagt, muss man erst das Universum erfinden. Dem lässt sich hinzufügen: Wenn man den Ursprung des Lebens auf der Erde verstehen will, muss man erst die Geschichte des Stoffs kennen. Aktuell können wir hinsichtlich dessen maximal bis auf den Urknall vor etwa 13,8 Milliarden Jahren

Der Urknall könnte tatsächlich auch ein Urstoß gewesen sein. »Unser Universum«, sagt der Physiker Carlo Rovelli, »könnte aus einem zuvor kontrahierten Universum entstanden sein, das durch eine Quantenphase lief, in der Raum und Zeit zu Wahrscheinlichkeiten aufgelöst waren.«

zurückgehen. Zu dieser Zeit besaß das Universum eine fast unvorstellbare Temperatur und Dichte. Quarks und andere Elementarteilchen wie Elektronen begannen sich innerhalb einer milliardstel Sekunde zu bilden, und nach ein paar Millionstel Sekunden fanden sich Quarks zu je dreien in Form von Protonen und Neutronen zusammen. Ungefähr drei Minuten später begannen sich in der sogenannten primordialen Nukleosynthese aus diesen Protonen und Neutronen die Kerne dessen zu bilden, was später Wasserstoff und Helium werden sollte. Mit weiterer Expansion und Abkühlung des Universums verlangsamte sich das Geschehen. 380 000 Jahre nach dem Urknall waren die meisten Elektronen in Bahnen um diese Kerne gebunden, Wasserstoff und Helium war entstanden. Und mit der Bindung der Elektronen in Atomen konnten sich Photonen frei bewegen. Dies war die Zeit des ersten Lichts, dessen Spur sich immer noch in der kosmischen Mikrowellenhintergrundstrahlung beobachten lässt.

Die Mikrowellenhintergrundstrahlung lässt sich in sehr geringen Temperaturunterschieden über den gesamten Weltraum feststellen. Es handelt sich um das älteste Licht im Universum: ein Echo – und eine Karte – der Verteilung der Materie und Energie rund 380 000 Jahre nach dem Urknall. Sie bildet ein kosmologisches Pendant zu dem, was der Psychologe William James über den Donner sagte: »Das Bewusstsein des Donners ist auch ein Bewusstsein der eben noch vorhandenen Stille.«

Millionen von Jahren später, als sich das Universum weiter abgekühlt hatte, begann dic Schwerkraft, aus Wolken molekularer Gase Sterne und Galaxien zusammenzuziehen. Mit der Zeit und bis heute haben sich schwerere Elemente wie Kohlenstoff, Wasserstoff, Stickstoff und Eisen durch die ständigen Umwandlungsprozesse in den Brennkolben sukzessiver Sternengenerationen gebildet. Im Drei-Alpha-Prozess, der in Hauptsequenz-Sternen abläuft, werden drei Heliumatome (die je zwei Protonen und zwei Neutronen besitzen) in ein Kohlenstoffatom (mit sechs Protonen und sechs Neutronen) umgewandelt, das dann unter Fusion mit einem weiteren Heliumatom zu Sauerstoff (acht Protonen

Die ältesten bekannten Sterne wie etwa HD 140283 (mit dem Spitznamen Methuselah-Stern) oder SM0313 sind rund 13,6 Milliarden Jahre alt.

und acht Neutronen) werden kann. In den explosiven Phasen gegen Ende der Lebensdauer eines Sterns schmiedet er Elemente von zunehmend größerer Atommasse bis hin zu Eisen (sechsundzwanzig Protonen und üblicherweise dreißig Neutronen).

Wenn ein Stern genügend Masse aufweist, führt sein Kollaps zu einem Rückstoß und einer Supernova genannten Explosion, die kurzzeitig eine gesamte Galaxie überstrahlt, indem sie innerhalb weniger Wochen oder Monate so viel Energie abgibt wie ein gewöhnlicher Stern – wie unsere Sonne in Milliarden von Jahren. In der kurzen Phase, bevor eine Supernova verblasst, übersteigen Druck und Temperaturen alles in der Existenz des Sterns bisher Dagewesene bei Weitem und produzieren Unmengen an Eisen wie auch noch massereichere Elemente, darunter mindestens eines – Jod (dreiundfünfzig Protonen) –, das für das Leben, wie wir es kennen, essenziell ist. Phosphor, ein weiteres für das Leben notwendiges Element, entsteht in besonders großen Supernovae, die Hypernovae genannt werden. Bor – ein von Pflanzen (und möglicherweise auch Tieren) benötigtes Element – entsteht, wenn kosmische Strahlung, die aus massiven Explosionen dieser Art stammende energiereichste bekannte Teilchenstrahlung im Universum, auf schwerere Elemente trifft und sie spaltet. Gold, das eher unter die Kategorie gut-zu-haben als unter lebensnotwendig fällt, entsteht wahrscheinlich in der gewaltigen Kollision von Neutronensternen, den nach Schwarzen Löchern dichtesten bekannten Objekten im Universum.

Wenn Supernovae und Hypernovae explodieren, schleudern sie die von ihnen produzierten Elemente in die interstellare Materie – ein »Nebel«, der hauptsächlich aus Wasserstoff und Helium, zu einem Teil von Hundert aber auch aus schwereren Atomen besteht.

Dieser Nebel ist sehr fein – nur etwa ein Atom pro Kubikzentimeter, weniger noch als in dem vollkommensten jemals auf der Erde hergestellten Vakuum –, aber doch hunderttausend Mal dichter als der Raum, der sich zwischen den Galaxien erstreckt. Und wo sich der Nebel relativ konzentriert in molekularen Wolken zusammenfindet, fangen seine Bestandteile an, mit ihrer Anziehungskraft gegenseitig

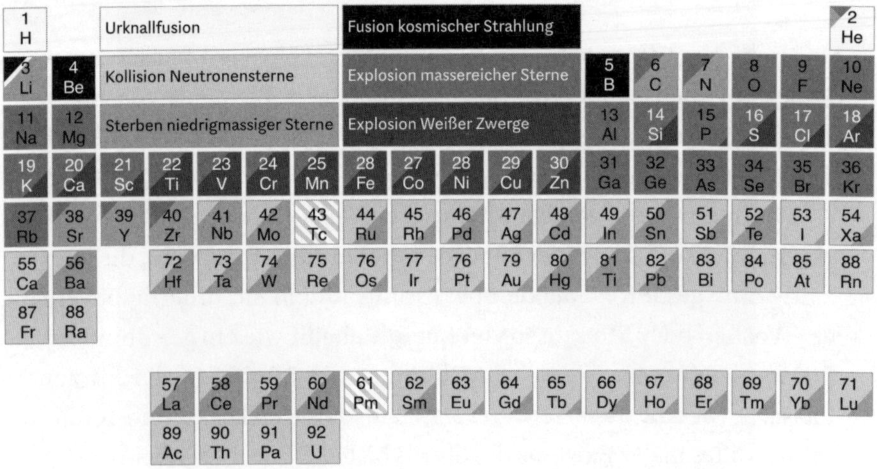

Die Elemente in unserem Sonnensystem entstanden aus kollabierenden, sich vereinigenden, rülpsenden und explodierenden Sternen.

aufeinander einzuwirken, und ziehen auf diese Weise manchmal so viel Masse zusammen, dass sie kollabieren und neue Sterne und Planeten entstehen.

Die Geschichte der Erde begann vor rund 4,6 Milliarden Jahren, als die 0,004 Prozent der Masse des Sonnensystems, die keinen Teil der Sonnenmasse bildeten, eine Staubscheibe um sie herum formten. Erstaunlicherweise konnten Astronomen kürzlich eine protoplanetarische Scheibe fotografieren, die vermutlich der unseres Sonnensystems zu jener Zeit ähnelt. HL Tauri, das ungefähr 450 Millionen Lichtjahre von der Erde entfernt liegt, hat ein Alter von nur etwa einer Million Jahren (zumindest in dem Zustand, in dem wir es beobachten), doch in seiner Scheibe scheinen sich bereits zahlreiche sich eben herausbildende Planeten zu tummeln. In einer solchen Scheibe formte sich also die Proto-Erde, von manchen auch Tellus genannt, aus den Trümmern zu einer Kugel von der Größe der Venus, das heißt etwas kleiner verglichen mit ihrer heutigen Größe.

Der heute gängigen Kollisionstheorie zufolge traf einige Zehnmillionen Jahre später Theia, ein marsgroßer, von Astronomen nach der griechischen Göttin und Mutter des Mondes benannter Planet, frontal

Eine protoplanetarische Scheibe um den Stern HL Tauri.

auf die Erde, statt sie bloß zu streifen. Der Einschlag eines Objekts von einem Zehntel der Masse der heutigen Erde setzte etwa Hundertmillionen Mal so viel Energie frei wie der Chicxulub-Einschlag, der die Dinosaurier auslöschte, und diese Energie genügte, um beide Planeten zum Schmelzen und Verschmelzen zu bringen. Man denke vielleicht an die Kopfschläge, die Robert De Niro als Jake LaMotta in *Wie ein wilder Stier* einsteckt, und dann noch ein paar obendrauf. Ein großer Brocken scherte ab und wurde zum Mond, während die verbleibende Masse aufgrund der Schwerkraft schnell wieder ihre Kugelform zurückgewann. Der Stoß hatte allerdings die Achse des Planeten auf einen Winkel von 23,5 Grad gekippt – was letztendlich für die Jahreszeiten, wie wir sie hier in den höheren Breitengraden kennen, verantwortlich ist.

All dies trug sich zu Anfang des ersten Äons der Erdgeschichte, dem Hadaikum, zu, das vor 4,54 Milliarden Jahren begann und vor 4 Milliarden Jahren endete. Die Bezeichnung, vielen vom Namen der griechischen Unterwelt und ihres Gottes Hades bekannt, leitet sich tatsächlich von einem Wort mit der Bedeutung ›das Ungesehene‹ ab, was die Sache gut trifft, da diese ungeheure Zeitspanne nachgerade keine sichtbaren Spuren hinterlassen hat. Ungesehen bedeutet allerdings nicht vollständig jenseits alles Erkennbaren; Forscher können durchaus plausible Szenarien für die entscheidenden Veränderungen, die damals stattgefunden haben müssen, entwerfen und auf Basis begründeter Schlussfolgerungen eine Unterteilung des Äons vornehmen, in diesem Fall mit Bezeichnungen wie dem Prokrusteikum und dem Prometheikum. Eine detaillierte Animation oder Präsentation als virtuelle Realität wäre mit Sicherheit mindestens so fesselnd wie Terrence Malicks *Voyage of Time* oder Werner Herzogs *In den Tiefen des Infernos*.

Zunächst umschloss noch eine dicke Wolke extrem heißen verdampften Gesteins die neu geformte Erde, kühlte sich aber nach ein paar Tausend Jahren ab und kondensierte. Und flugs 10 Millionen Jahre später war die Temperatur des Planeten selbst bereits so weit gefallen, dass sich an seiner Oberfläche eine feste Felskruste ausbilden konnte, die in weiten Teilen von Wasser bedeckt und von einer Atmosphäre aus vorwiegend Stickstoff und Kohlendioxid umschlossen wurde. Doch die Erde befand sich noch nicht aus der Schusslinie. In einer als Großes Bombardement bezeichneten Periode zwischen 4,1 und 3,8 Milliarden Jahren vor unserer Zeit wurde sie wahrscheinlich wiederholt von Planetesimalen verschiedener Größe getroffen: Tausende davon mit einem Durchmesser um die 20 Kilometer – winzig gegen Theia, aber deutlich größer als Chicxulub; und einige wenige mögen auch einen Durchmesser von 500 Kilometern oder mehr erreicht haben, womit sie riesige Gebiete auf der felsigen Erdoberfläche und auch den Ozean zu großen Teilen oder sogar vollständig verdampft haben konnten, sodass nichts als Salzschmelze davon übrig blieb. Wenn man durch die lichtundurchlässige Atmosphäre hätte hindurchsehen

»Schwankt schon die Erde, von unten ein Hall / Dröhnt dazu des Donners, es leuchten auf / Der Blitze Ringel in glühendem Weiß. / Der Staub dreht sich in Wirbeln der Luft / […] Durcheinander gerät / mit dem Himmel das Meer.« Aischylos, *Der gefesselte Prometheus*

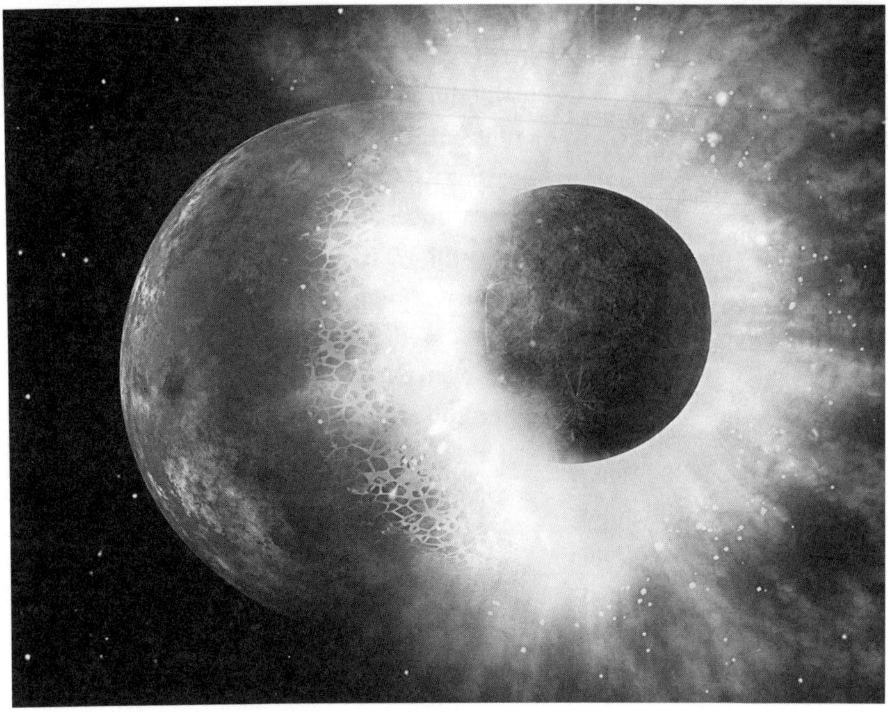

Der hypothetische angenommene Einschlag Theias auf der Erde.

können, würde die Erde vielleicht einen ähnlichen trostlosen Anblick geboten haben, wie ihn Mumin und seine Freunde in Tove Janssons *Komet in Mumintal* auf dem Meeresgrund vorfinden, nachdem der Ozean verdampft ist. Innerhalb weniger Tausend Jahre nach dem Einschlag dürfte sich die Atmosphäre wieder abgekühlt und unerdenklich heftige Regenstürze die Ozeane wieder aufgefüllt haben.

Die Sicht, die sich uns auf den Ursprung des Lebens bietet, ist so trüb wie der Himmel im Späthadaikum oder frühen Archaikum (dem auf das Hadaikum folgenden Äon). Doch eines ist sicher: Diesen Planeten vor vier Milliarden Jahren zu betreten, wäre eine Erfahrung gewesen. Die Erde drehte sich deutlich schneller als heute: Tag und Nacht wechselten sich alle fünf oder sechs Stunden ab. Die Sterne ließen sich aufgrund des ganzen Rauchs und Staubs in der Atmosphäre nur selten blicken, aber spektakuläre Sternschnuppen sausten regelmäßig über

Seit der Mond von der Erde abgeschert ist, hat er sich in seinen endlosen Kreisen um uns allmählich immer weiter entfernt. Gegenwärtig befindet er sich in einem Abstand von 384 400 Kilometern und entfernt sich um weitere 3,8 Zentimeter pro Jahr. Das heißt, seit der Apollo-Landung hat sich die Distanz um fast zwei Meter vergrößert. Verschwände der Mond plötzlich, würde sich eine große Menge Wasser, die er aktuell in Richtung des Äquators zieht, zu den Polen hin verteilen und die Erddrehung würde sehr viel ungleichmäßiger werden, mit drastischen Folgen für das regionale Klima.

den Himmel. Soweit Sonnenschein überhaupt durch den Smog hindurchkam, blieb er fahl. Der Mond hatte nur ein Drittel seiner heutigen Entfernung von der Erde und musste mit seinem im Auge des Betrachters fast dreifachen Durchmesser und seiner achtfach größer erscheinenden Oberfläche im Vergleich riesig ausgesehen haben.

Stellen wir uns vor, auf der Felsenküste einer Vulkaninsel jener Zeit zu stehen. Die siebzig Grad Celsius übersteigen die Temperaturen im heutigen Death Valley, bleiben aber hinter denen einer Sauna zurück. Die Atmosphäre besteht hauptsächlich aus Stickstoff und Kohlendioxid. Wir benötigen Kühlapparat und Atemgerät. In der Ferne sehen wir andere Inseln aus dem Meer aufragen, einige davon aktive Vulkane. Das Gestein zu unseren Füßen besteht aus dunkler Lava, Vulkanasche füllt die Ritzen. In der Nähe köcheln heiße Quellen. Das Meerwasser hat eine grünliche Färbung durch all das nichtoxidierte Eisen, das es enthält. Weiße Ablagerungen getrockneten Salzes auf den Lavafelsen zeigen an, wo kleine Gezeitentümpel verdunstet sind. Süßwasserteiche wenige Meter oberhalb des Strands werden immer wieder von kleinen Regenbächen aufgefüllt, die in Kaskaden den Hügel hinabfließen, bevor sie in der Hitze vertrocknen. Plötzlich erstrahlt die Landschaft, als eine blendend weiße Spur stumm am Himmel entlangzieht und kurz hinter dem Horizont ins Meer niedergeht. Ein Asteroid von vielleicht hundert Metern Durchmesser ist mit zwanzig Kilometern pro Stunde in die Atmosphäre

Bei der Saunaweltmeisterschaft in Finnland 2010, dem letzten Jahr der Ausrichtung dieses Wettbewerbs, ging es mit einer Temperatur von 110 Grad Celsius los. Alle dreißig Sekunden wurde ein halber Liter Wasser auf den Ofen gegossen. Sieger war, wer als Letztes ohne fremde Hilfe die Sauna verlassen konnte. Alkoholkonsum vor und während des Wettbewerbs war untersagt.

gestoßen und mehrere Kilometer entfernt in den Ozean gestürzt – einer von vielen solcher Einschläge jeden Tag. Die sich uns nähernde schmale dunkle Linie auf der Meeresoberfläche ist der dadurch ausgelöste Tsunami. Wenn wir schnell genug weiter nach oben gelangen und der Flut entkommen, erleben wir vielleicht noch den Anblick der kolossalen Gezeiten mit einem Tidenhub von hundert Metern und mehr unter der Anziehung eines kolossalen Mondes.

Wasser

»Wie alle tiefen Geheimnisse«, schrieb Nan Shepherd in den 1940er-Jahren in *The Living Mountain*, ihrer Meditation über die Cairngorms, ist Wasser »so einfach, dass es mir Angst einjagt. Es quillt aus dem Felsen hervor und fließt davon. Seit ungezählten Jahren ist es aus dem Felsen hervorgequollen und davongeflossen. Es tut nichts, ganz und gar nichts, als es selbst zu sein.« Shepherds Blick ist faszinierend, aber sie übersieht – zumindest in dieser Passage – eine zentrale Eigenschaft des Wassers. Denn obwohl Wasser, unserer Präsenz gegenüber gleichgültig, endlos zu fließen scheint, ist es doch auch in alles involviert.

Im Rückblick auf seine Kindheitstage am River Otter in Devon verglich Samuel Taylor Coleridge (1772–1834) die geistige Selbsterfahrung im Akt des Erinnerns mit der Bewegung von Ruderwanzen, wie sie über die Oberfläche eines Pools gleiten. Ein menschliches Gehirn schwimmt typischerweise in einer Blase mit Zerebrospinalflüssigkeit, die zu 99 Prozent aus Wasser besteht, und verhält sich so auftriebsneutral. Unsere Gedanken liegen wie Schiffer auf Wasser.

Die Eigenschaften des Wassers, die Insekten geradeso wie Menschen überhaupt erst möglich machen, entspringen der Anordnung der Atome in jedem Wassermolekül. Das deutlich größere

»Sieh […] wie das kleine Tier seinen Weg gegen die Strömung hinauf erringt mittels abwechselnder Stöße aktiver und passiver Bewegung, indem es sich das eine Mal gegen die Strömung erwehrt, ein anderes Mal ihr nachgibt, um wieder Kraft zu sammeln und den richtigen Punkt für einen weiteren Vorstoß zu finden.«

Sauerstoffatom trägt die zwei kleineren Wasserstoffatome wie Mickey Mouse seine Ohren und hat durch Übernahme je eines Elektrons negative Ladung, während die beiden Wasserstoffatome positiv geladen sind. Das Resultat ist ein Molekül mit negativem Pol und positiven Polen (Mickeys Kinn und Ohren), das sich daher gern mit anderen Wassermolekülen (Negativ mit Positiv) verbindet. Diese Verbindung zwischen Molekülen erzeugt Phänomene wie die Oberflächenspannung, die Wasserläufer über Wasser hält, und den Kapillareffekt, mit dem Pflanzen und Bäume ihren Saft den Stiel oder Stamm hinaufbefördern. Sie befördert auch den schnellen atmosphärischen Wasserkreislauf der Erde, weil sie Regentropfen zusammenhält, und sie lässt Eis so ungemein hart werden.

Nichtpolare flüchtige Moleküle wie Methan auf Titan oder Kohlendioxid auf der Venus können keine Tropfen bilden, sodass es dort keinen ›Regen‹ gibt, sondern nur einen ständigen trostlosen Nebel … wie England im Februar, nur charmanter.

Wassermoleküle gehen gerne Bindungen miteinander ein. Wenn sie aber mit Molekülen anderer Substanzen in einer Flüssigkeit vermengt werden, zeigen sie eine andere bemerkenswerte Eigenschaft: Sie sind ein ausgezeichnetes Lösemittel. Die negativen und positiven Enden jedes Moleküls heften sich an geladene Atome (Ionen) in anderen Molekülen. Dies geschieht sehr schnell mit vertrauten Substanzen wie Zucker und Salz, langfristig aber auch mit den meisten Arten von Gestein, das über Zeiträume, die Menschen endlos vorkommen, in winzigen Mengen abgetragen wird. Diese unerreichte Fähigkeit, andere Chemikalien zu lösen und zu transportieren, macht Wasser zum idealen Medium zur Entstehung und Entwicklung von Leben.

Der Ursprung des Wassers war zur Zeit Shepherds ein großes Rätsel und bis in die 1980er-Jahre hatten Astronomen kaum eine genaue Vorstellung, wie es entstanden und über das Universum verteilt ist. Heute wissen wir, dass es sich um ein in Hülle und Fülle vorhandenes Nebenprodukt der Sternentstehung handelt. Dieser Prozess wird von einem starken Ausstoß von Gas und Staub begleitet, und die dadurch hervorgerufenen Schockwellen verdichten und erwärmen die umliegende

»Wind und Meer. Alles andere ist einstweilig. Ein Flügelschlag und es ist fort.« Kathleenn Jamie

interstellare Materie, wodurch molekulares Wasser (zwei Teile Wasserstoff, ein Teil Sauerstoff) aus den atomaren Bestandteilen dieser Materie entsteht. Das neu entsprungene Wasser kann im Raum fast endlos fortbestehen oder in die Bildung eines neuen Sterns und seiner Planeten mit hineingerissen werden. Einige Forschungsergebnisse deuten darauf hin, dass fast die Hälfte des Wassers auf der Erde älter ist als das Sonnensystem. Die Hälfte der Moleküle in jedem Regentropfen könnte mehr Jahre auf dem Buckel haben als die Sonne.

In den letzten Jahrzehnten konnten Astronomen, wohin sie ihre Teleskope auch richteten, fast überall Spuren von Wasser entdecken. Eine Wasserwolke in der Umgebung eines Quasars in der extrem infrarot-leuchtstarken Galaxie APM 08279+5255 enthält etwa 140 Billionen Mal mehr Wasser (um ein massereiches Schwarzes Loch herum) als alle Ozeane der Erde zusammen. Der Orionnebel in unserer Galaxie produziert jeden Tag genügend Wasser, um den Erdozean sechzig Mal wieder aufzufüllen. Wasser gibt es auch in gigantischen Molekülwolken zwischen Sternen, in protoplanetarischen Staubscheiben um Sterne herum, und man vermutet es auch auf vielen der Milliarden Exoplaneten, also Planeten, die andere Sterne umkreisen. Wenngleich viele dieser Milliarden viel größer sind als die Erde, dürfte doch eine beträchtliche Zahl auch Erdgröße haben und zu großen Teilen oder vollständig von Wasser bedeckt sein, ob nun in gefrorenem Zustand oder in bewegten planetenumfassenden Ozeanen mit Dutzenden oder sogar Hunderten Kilometern Tiefe.

Auch in den äußeren Planeten unseres Sonnensystems und ihren Monden fehlt es nicht an Wasser. Jupiter, Saturn, Uranus und Neptun verfügen alle über beträchtliche Mengen Wasserdampf in ihrer Atmosphäre. Die Jupitermonde Europa und Callisto besitzen kilometerdicke Eispanzer über tiefen Ozeanen aus Wasser, das einen felsigen Kern umspült. Die Ringe des Saturn bestehen fast ausschließlich aus Bruchstücken von gefrorenem Wasser, das ewig kreist und Licht einfängt. Der Saturnmond Enceladus trägt ebenfalls einen Eismantel. Doch unter diesem Eis befindet sich ein Ozean, der von der Schwerkraft des gigantischen Planeten, die Reibung im Mondinneren verursacht, erhitzt wird, sodass Enceladus flüssiges Wasser durch Geysire, die durch seine Oberfläche brechen, ins All spritzt. Das Wasser fällt entweder zurück auf die Oberfläche oder entflieht in den E-Ring des Saturn. Miranda, der kleinste und innerste der fünf Uranusmonde, besteht hauptsächlich aus Wasser. Seine fünf Kilometer hohen Eisabbrüche sind die größten bekannten im ganzen Sonnensystem.

2015 flog die Cassini-Sonde durch die Wasserschwaden von Enceladus und zeigte, dass sie reich an molekularem Wasserstoff sind – was dafür spricht, dass das Meer unter der Mondoberfläche für mikrobielles Leben geeignet ist.

Die zerfurchten Landschaften Plutos und seines größten Mondes Charon, die sich wie ein swingendes Tanzpaar um einen gemeinsamen Mittelpunkt drehen, überraschten Astronomen, als sie sie 2015 das erste Mal zu Gesicht bekamen. Auf Pluto schwimmen steinharte Eisberge in relativ weichen, breiigen Stickstoffgletschern wie in Mandelsulz. (Weit unter der Oberfläche könnte sich ein flüssiger Ozean aus Salzwasser von einigen Hundert Kilometern Tiefe verstecken.) Im Gegensatz zu den mythischen Gestalten, nach denen Pluto und Charon benannt wurden, geben die beiden Himmelskörper einen Blick nicht auf den Tod frei (was implizieren würde, dass sie einst Leben beherbergt hätten), sondern auf Welten, auf denen Leben niemals dämmerte. Dies ist nicht der eingeschlossene Untod, den Achills Geist im Hades dem noch lebenden Odysseus beschreibt, oder die schreckliche Unterwelt in Philip Pullmans *Das Bernstein-Teleskop*. Hier gibt es nichts als puren Prozess: einfach und klar.

Auf den meisten inneren Gesteinsplaneten des Sonnensystems tritt Oberflächenwasser kaum auf – allerdings gibt es faszinierenderweise am Süd- und Nordpol des Merkurs Eis, das in schattigen Kratern von den Tagestemperaturen von über 400 Grad Celsius abgeschirmt ist. Die Venus könnte einst Wasser in großen Mengen besessen haben, doch praktisch alles ist vor langer Zeit schon durch einen unkontrollierten Treibhauseffekt abgedampft. Auch die nördliche Ebene des Mars war einstmals von einem riesigen Ozean bedeckt. Wenn Meteoriten einschlugen, schwappten Tsunamis von mehr als

120 Metern Höhe über seine Küsten. Doch dieser Ozean ist schon vor Milliarden von Jahren ins All verdampft. Soweit wir wissen, blieb lediglich Eis übrig. Die Eiskappen an den Marspolen, die zum ersten Mal 1666 von Giovanni Cassini entdeckt wurden, besitzen zusammen ein etwas größeres Volumen als die Eiskappe Grönlands. In höheren Breiten sitzen beträchtliche Mengen Eises auch direkt unter der Oberfläche. Außerdem gibt es verstreute Flecken von Oberflächeneis in den mittleren Regionen sowie ein kleines gefrorenes Meer vom Volumen der Nordsee in der Nähe des Äquators. Der Mars besitzt auch einige Gletscher, doch das 2015 entdeckte fließende Wasser scheint sich auf ein paar Rinnsale zähflüssiger Lake in Kraterwänden und Schluchten zu beschränken. Zum größten Teil besteht die Landschaft aus trockenen Kanälen, Felsschluchten und Kratern, Felsen und Staub. Die einzigen Seen sind Sand.

Von der Erde abgesehen besitzt in unserem Sonnensystem einzig Titan, der größte Saturnmond, noch größere Mengen Flüssigkeit auf seiner Oberfläche. Doch seine Seen und Meere bestehen aus Methan, Ethan und Propan, das bei lauen –179 Grad Celsius durchsickert und immer wieder mal mit dramatischer Blasenbildung hervorbricht.

Die Erde nimmt natürlich eine Sonderstellung im Sonnensystem ein, insofern sie – sieben Zehntel ihrer Oberfläche bei einer durchschnittlichen Tiefe von 4 Kilometern – mit flüssigem Wasser bedeckt ist. Im Hinblick auf seine lebensfreundlichen Bedingungen ist die Erde der Goldlöckchen-Planet, wohingegen die Venus zu heiß und der Mars zu klein ausfällt. Die Geschichte erschöpft sich aber nicht in dem Wasser auf ihrer Oberfläche. Sein Vorhandensein in den inneren und tieferen Bereichen des Planeten spielt ebenfalls eine entscheidende Rolle bei der Entstehung des Lebens.

Wenngleich Wasser teilweise auch mit Kometen und Asteroiden auf die Erde gekommen ist, befand es sich wahrscheinlich schon in und auf dem Material, aus dem sich unser Planet ursprünglich gebildet hat, und kam dann allmählich durch Vulkane an die Oberfläche. Doch ein Teil des Wassers, das uns umgibt, könnte auch einem kontinuierlich fortgesetzten Entstehungsprozess entstammen. Tief im Erdmantel bei 20 000 Atmosphärenüberdruck und Temperaturen von rund 1400 Grad Celsius reagiert, so wird angenommen, Siliziumdioxid mit flüssigem Wasserstoff zu Silanen und flüssigem Wasser, das dann bei Erdbeben freigesetzt wird.

Bei einem verlängerten Maltaaufenthalt im Jahr 1635 fand sich ein jesuitischer Priester und Gelehrter namens Athanasius Kircher vom Binnensee der Insel verzaubert und ganz besonders taten es ihm die Höhlen und langen natürlichen Verbindungsgänge an, die sich bis tief in den Fels hinein erstrecken. 1638, auf dem Rückweg nach Rom, legte er auf Sizilien einen Zwischenstopp ein und wurde dort Zeuge von Phänomenen, die zusammen mit seiner Erfahrung auf Malta seine Sichtweise für immer veränderten. Während sie durch die Straße von Messina segelten, stießen er und seine Gesellschaft auf einen Wasserstrudel, den Kircher als »riesigen Schlund« beschrieb, und beobachteten dann mit Erstaunen, wie der Ätna große, dichte Rauchwolken ausspie, die sich über die gesamte Insel legten. An Land gegangen, vernahmen sie einen Lärm wie »unzählige Streitwagen in stürmischer Fahrt« und wurden alsbald von einem »fürchterlichen Erdbeben« zu Boden geworfen. Mit »allgemeiner Zerstörung überall herum« setzte seine Gesellschaft ihren Weg per Schiff entlang der Küste fort, fand »nichts als Szenen des Schreckens« und sah die Vulkaninsel Stromboli unter einem Grollen, das trotz hundert Kilometern Entfernung noch deutlich zu hören war, Flammen in den Himmel stoßen. So fürchterlich diese Ereignisse auch waren – Tausende Menschen fanden bei der Katastrophe den Tod –, sie mehrten doch Kirchers Faszination für die »Wunder der unterirdischen Natur« und für die Frage, wie die Phänomene, die er auf Malta und Sizilien beobachtet hatte, miteinander zusammenhingen.

Kircher wurde zu einem Universalgelehrten – einem »Meister von Hundert Künsten«, der unter anderem die Idee eines Katzenklaviers entwickelte, das unterschiedliche Töne dadurch produzieren sollte, dass man an den Schwänzen verschiedener Katzen zog. Unter seine großen Errungenschaften fällt aber der *Mundus Subterraneus* (die Welt des Untergrunds), ein 1665 veröffentlichtes bizarres und schönes Werk, das neben vielem anderen auch eine Theorie über die Prozesse in den Tiefen der Erde vorstellt. Vulkanismus wurde nach Kirchers Vorstellung durch die Zirkulation mächtiger Feuer in den bis zum Erdkern reichenden »gehöhlten Räumen und verborgenen Gängen« verursacht. Vulkane waren die

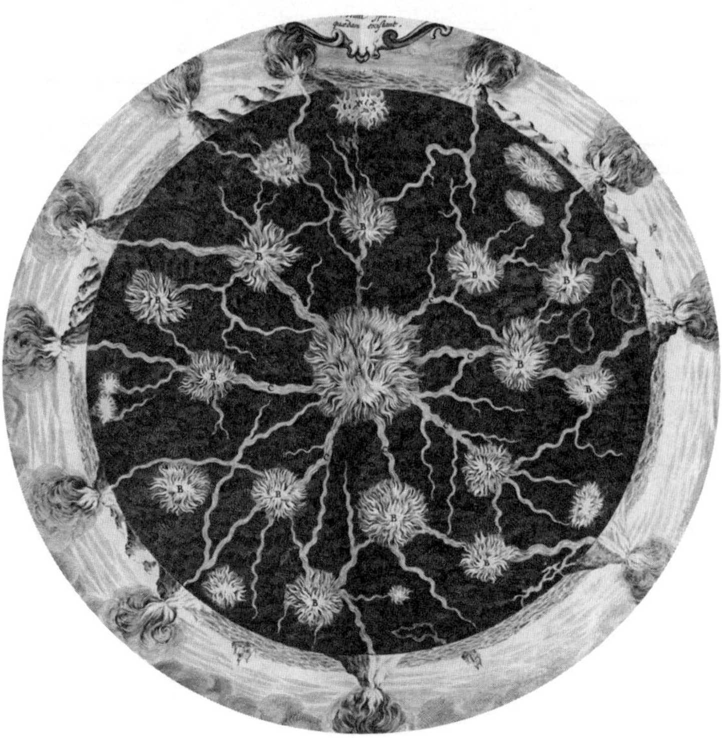

»Vulcanus hat seine Labore, Werkstätten und Essen in den tiefsten Eingeweiden der Natur«, Mundus Subterraneus *(1665).*

»Feuer erbrechenden Abluftlöcher oder Atemrohre der Natur«. Zusätzlich drückten die Gezeiten nach seiner Ansicht ungeheure Wassermassen durch diverse »verborgene und geheime Kanäle am Grunde des Ozeans« und stießen sie »gewaltsam in die innersten Eingeweide der Erde«. Irgendwo vor der norwegischen Küste, behauptete er, floss das Meer durch einen riesigen Mahlstrom ab und von dort durch die gesamte Erde, kühlte sie dabei und versorgte sie mit Nährstoffen, bevor es durch einen Unterweltausgang am Südpol wieder austrat.

Der Moskenstraumen, ein System von Wasserwirbeln und Strudeln im Lofoten-Archipel vor der norwegischen Küste taucht auf Olaus Magnus' *Carta Marina* von 1539 und in Edgar Allan Poes Erzählung »Hinab in den Maelström« von 1841 auf. Es gehört zu den stärksten solcher Systeme auf der Erde, erreicht aber nicht die Ausmaße, die Poe sich vorstellte. Und er lässt auch das Meer nicht abfließen, wie Kircher annahm.

»Die Gezeiten drücken ungeheure Wassermassen durch verborgene und geheime Kanäle am Grunde des Ozeans und stoßen sie gewaltsam in die innersten Eingeweide der Erde.« Mundus Subterraneus *(1665).*

Mehrfach vergleicht Kircher die Wasserbewegung der Erde mit der Blutzirkulation im Körper, wie sie von seinem Beinahe-Zeitgenossen, dem Arzt William Harvey, beschrieben wurde.

Wenngleich in vielen Details weit ab von der Wahrheit (Wasser schießt zum Beispiel nicht in riesigen Strömen tief durchs Erdinnere), wies Kirchers Vorstellung doch in die richtige Richtung. Vulkane entlang derselben Plattengrenze *sind* miteinander verbunden. Und wie Wissenschaftler in den vergangenen Jahrzehnten zeigen konnten, *wird* Wasser, in geologischen Zeiträumen, unter die Erdkruste in den Mantel transportiert. Eine Wassermasse zwischen einem und drei Ozeanen voll steckt zwischen dem Gestein in der Übergangszone zwischen

400 und 650 Kilometern (und vielleicht noch tiefer) unter der Oberfläche, wo der Druck hunderttausend Atmosphären und die Temperatur eintausend Grad Celsius übersteigt. Durch Subduktion, wenn sich eine Kontinentalplatte unter eine andere schiebt, dorthin getragen, lässt das Wasser das Gestein zähflüssiger werden – so wie Flüssigkeit eine Kuchenmischung. Wie wir später in diesem Kapitel sehen werden, hängt mit diesem Prozess auch die Entstehung und das Fortbestehen des Lebens auf der Erde zusammen.

Ein vor 90 Millionen Jahren von einem Vulkan in Brasilien ausgespuckter Diamant scheint in Gegenwart von Wasser in bis zu 1000 Kilometern Tiefe entstanden zu sein.

Man muss schon in der Tat sehr tief dringen, um zu einem Ort ohne Wasser zu gelangen. Selbst der Mond, der auf den ersten Blick knochentrocken erscheint (und in Wirklichkeit sogar viel trockener ist als ein Knochen, der nämlich zu 20 Prozent aus Wasser besteht), besitzt doch immerhin so viel Wasser nahe der Oberfläche, dass die NASA und andere nach Möglichkeiten forschen, wie es abgebaut werden könnte, um Sauerstoff und Wasserstoff als Treibstoff für zukünftige Missionen daraus zu gewinnen. Die von Wallace & Gromit bei der Grand-Day-Out-Expedition 1989 entnommenen Proben, die auf das Vorhandensein von Wenslaydale und anderen Käsesorten im Mondboden hindeuten, harren noch der Erklärung.

Dreitausend Kilometer unter der Erdoberfläche befindet sich der Kern: ein Meer flüssigen Metalls, das eine fast mondgroße, extrem verdichtete Kugel aus festem Eisen und Nickel umgibt, auf der ein Wald von Eisenkristallen mit bis zu hundert Kilometern Länge starrt.

Kohlenstoff

Wenn Wasser in einer ersten Annäherung das ideale Medium für Leben abgibt, dann *ist* Kohlenstoff Leben, wie wir es kennen. Ein fundamentaler Grund dafür liegt in der außergewöhnlichen Vielseitigkeit dieses Elements: Er zeichnet sich dadurch aus, dass sich seine Atome ebenso aneinander wie an andere Elemente binden, insbesondere an

Wasserstoff, Sauerstoff, Stickstoff und Schwefel, mit bis zu vier Bindungen auf einmal.

Wassereis nimmt immer dieselbe Kristallstruktur an, Kohlenstoffatome hingegen können sich innerhalb eines weiten Temperaturspektrums zu langen Ketten oder gekoppelten Ringen oder komplex verästelten Anordnungen oder zu fast jeder beliebigen anderen Form zusammenschließen und diese wiederum können die Grundlage für Moleküle mit den unterschiedlichsten Eigenschaften bilden. Wir kennen rund zehn Millionen Strukturen – von Diamantkristallen, einer der härtesten Substanzen überhaupt, bis zu denen des Grafit, die sich weich und fast schmierig anfühlen. Dabei handelt es sich nur um einen Bruchteil der theoretisch möglichen Kohlenstoffverbindungen. In Lebensformen bildet Kohlenstoff die Basis von Aminosäuren, Eiweißen, Kohlenhydraten und Fetten. Die Vielseitigkeit und Überleitungen, die Debussy in seinen Kompositionen erreichte, verblassen im Vergleich dazu.

Aller Kohlenstoff auf der Erde entstand vor Milliarden von Jahren im Innern von Sternen aus leichteren Elementen. Das ist seit Jahrzehnten bekannt. Erst in den letzten Jahren allerdings wurde erkannt, wie erstaunlich weit kohlenstoffreiche Moleküle im Kosmos verbreitet sind, die als Grundbausteine des Lebens fungieren könnten. Zum Beispiel wird davon ausgegangen, dass mehr als zwanzig Prozent des Kohlenstoffs im Weltraum in polyzyklischen aromatischen Kohlenwasserstoffen, kurz PAK, gebunden sind, die miteinander verbundene Ringe von sechs Kohlenstoffatomen aufweisen. PAK kommen verbreitet in interstellarem Staub vor und haben sich vermutlich schon kurz nach dem Urknall zu bilden begonnen. Gebiete in Galaxien wie der Milchstraße weisen hingegen Mengen an Ameisensäureethylester auf, ein auf Kohlenstoff basierendes Molekül, das Himbeeren und Rum ihren besonderen Duft verleiht. 2012 zeigten Forscher, dass PAK sich unter Bedingungen, wie man sie in neuen Sternen und Exoplaneten gegeben sieht, in noch komplexere Vorstufen von Aminosäuren und Nukleotiden umwandeln können – dem Rohmaterial von lebenswichtigen Molekülen wie Eiweißen und DNS. Ebenfalls 2012 identifizierten Forscher Glycolaldehyd in einem Doppelsternsystem vierhundert Lichtjahre von der Erde entfernt. Das Zuckermolekül Glycolaldehyd wird für den Aufbau von RNS, dem wahrscheinlichen Vorläufer der DNS, benötigt. 2014 vermeldeten Forscher den ersten Nachweis eines kohlenstoffreichen Moleküls mit verzweigter Struktur in der interstellaren Materie. Diese Entdeckung, schrieben sie, sei ein gutes Zeichen für das Vorhandensein von Aminosäuren im interstellaren Raum, für die eine verzweigte Struktur ein entscheidendes Merkmal darstellt. Und 2015 meldeten Wissenschaftler der NASA, dass Proben von Pyrimidin, einem in Meteoriten gefundenen ringförmigen Molekül aus Kohlenstoff und Stickstoff, sich unter Einwirkung hochenergetischer ultravioletter Strahlung in drei der Schlüsselkomponenten der DNS umwandeln.

Die Entstehung von Ordnung

Leben umfasst mehr als nur eine Reihe von Chemikalien, so bemerkenswert diese für sich genommen auch sein mögen. Wie die Grafik auf den folgenden Seiten zeigt, besitzen selbst einfachste Lebensformen wie Bakterienzellen eine irrsinnige Komplexität mit allerlei verworrenen Wechselwirkungen zwischen Millionen von Molekülen in unzähligen voneinander unabhängigen chemischen Reaktionen. Wie soll so etwas nur entstehen können, ohne dass irgendeine äußere organisierende Macht unterstützend eingriffe? Und damit der Rätsel nicht genug: Denn Leben scheint auf den ersten Blick dem zweiten Hauptsatz der Thermodynamik zu widersprechen – einem grundlegenden Theorem der Physik, demzufolge sich alles über die Zeit zu größerer Unordnung hin entwickelt: Kaffee wird kalt, Blumen verwelken, Träume zerschellen und Socken verschwinden, obwohl sie definitiv eben noch *hier* waren. Wie kann sich also Leben durch Fortpflanzung, Wachstum und Evolution endlos selbst erneuern?

»Der Prozess der Selbstorganisation scheint unserer intuitiven Erwartung hinsichtlich der Gesetze der Physik zu widersprechen, dass nämlich in allem durchschnittlich die Unordnung zunimmt.« David Deamer

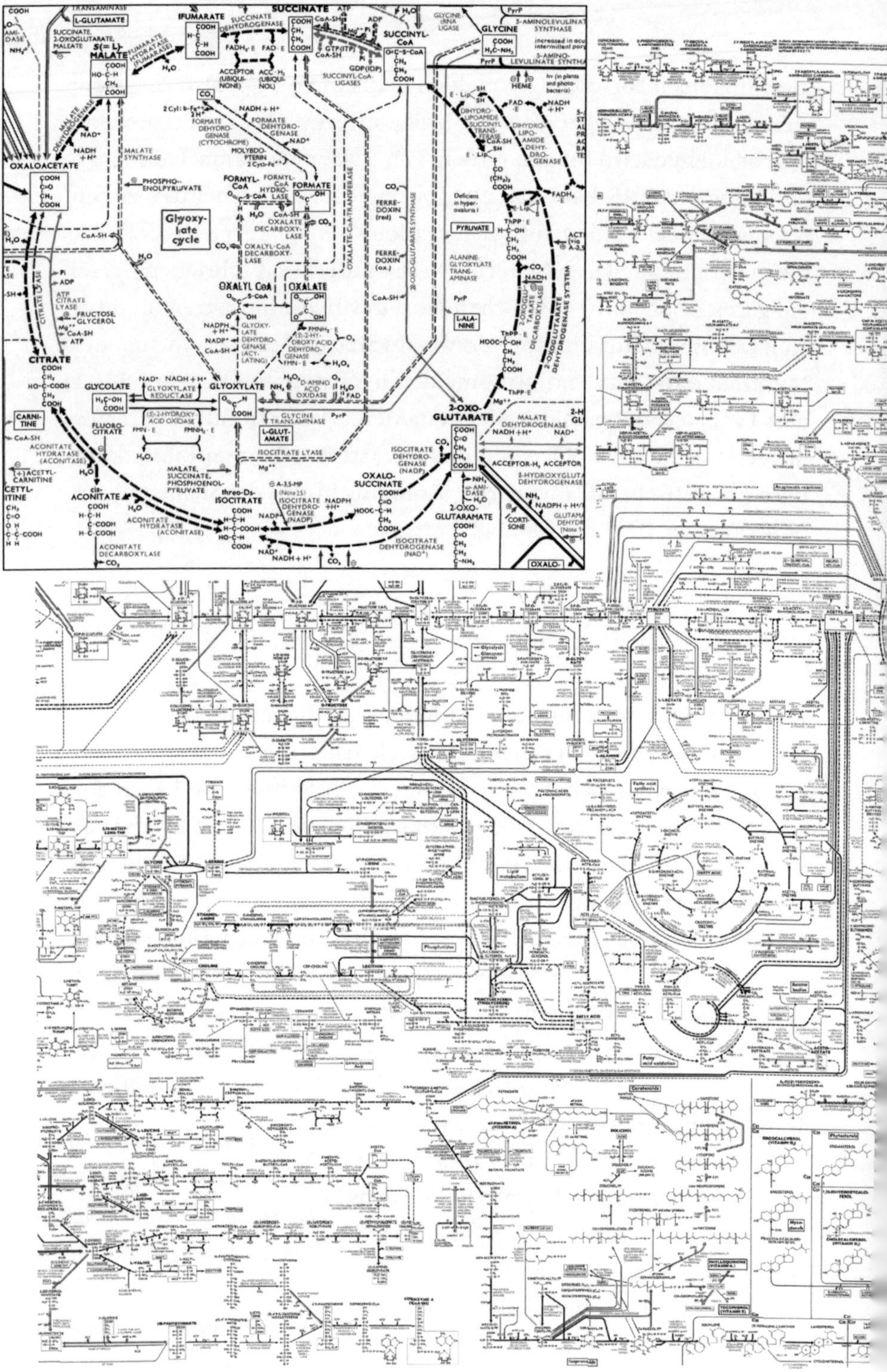

L-GLUTAMATE
FUMARATE
SUCCINATE
SUCCINATE DEHYDROGENASE
SUCCINYL-CoA
GLYCINE
5-AMINOLEVULINATE SYNTHASE
S(=L)-MALATE
FUMARATE HYDRATASE (FUMARASE)
ACCEPTOR (UBIQUINONE)
SUCCINYL-CoA-LIGASES
MALATE DEHYDROGENASE
FORMATE DEHYDROGENASE (CYTOCHROME)
MALATE SYNTHASE
HEME
DIHYDROLIPOAMIDE SUCCINYLTRANSFERASE
DIHYDROLIPOAMIDE DEHYDROGENASE
OXALOACETATE
PHOSPHOENOLPYRUVATE
FORMYL-CoA
FORMATE
Glyoxylate cycle
OXALYL-CoA DECARBOXYLASE
OXALATE DECARBOXYLASE
OXALATE-CoA-TRANSFERASE
FERREDOXIN (red)
FERREDOXIN (ox.)
2-OXO-GLUTARATE SYNTHASE
PYRUVATE
ALANINE-GLYOXYLATE TRANSAMINASE
L-ALANINE
OXALYL CoA
OXALATE
CITRATE LYASE
ATP CITRATE LYASE
FRUCTOSE, GLYCEROL
GLYOXYLATE DEHYDROGENASE (ACYLATING)
(S)-2-HYDROXY ACID DEHYDROGENASE
2-OXOGLUTARATE DECARBOXYLASE
2-OXOGLUTARATE DEHYDROGENASE SYSTEM
CITRATE
GLYCOLATE
GLYOXYLATE REDUCTASE
GLYOXYLATE
D-AMINO ACID OXIDASE
CARNITINE
FLUOROCITRATE
(S)-2-HYDROXY-ACID OXIDASE
GLYCINE TRANSAMINASE
L-GLUTAMATE
2-OXO-GLUTARATE
MALATE DEHYDROGENASE
ACONITATE HYDRATASE (ACONITASE)
ISOCITRATE LYASE
(+) ACETYLCARNITINE
MALATE, SUCCINATE, PHOSPHOENOLPYRUVATE
ISOCITRATE DEHYDROGENASE (NADP)
OXALOSUCCINATE
2-HYDROXYGLUTARATE DEHYDROGENASE
cis-ACONITATE
threo-Ds-ISOCITRATE
2-OXO-GLUTARAMATE
CORTISONE
ACONITATE DECARBOXYLASE
ISOCITRATE DEHYDROGENASE (NAD+)
OXALO-

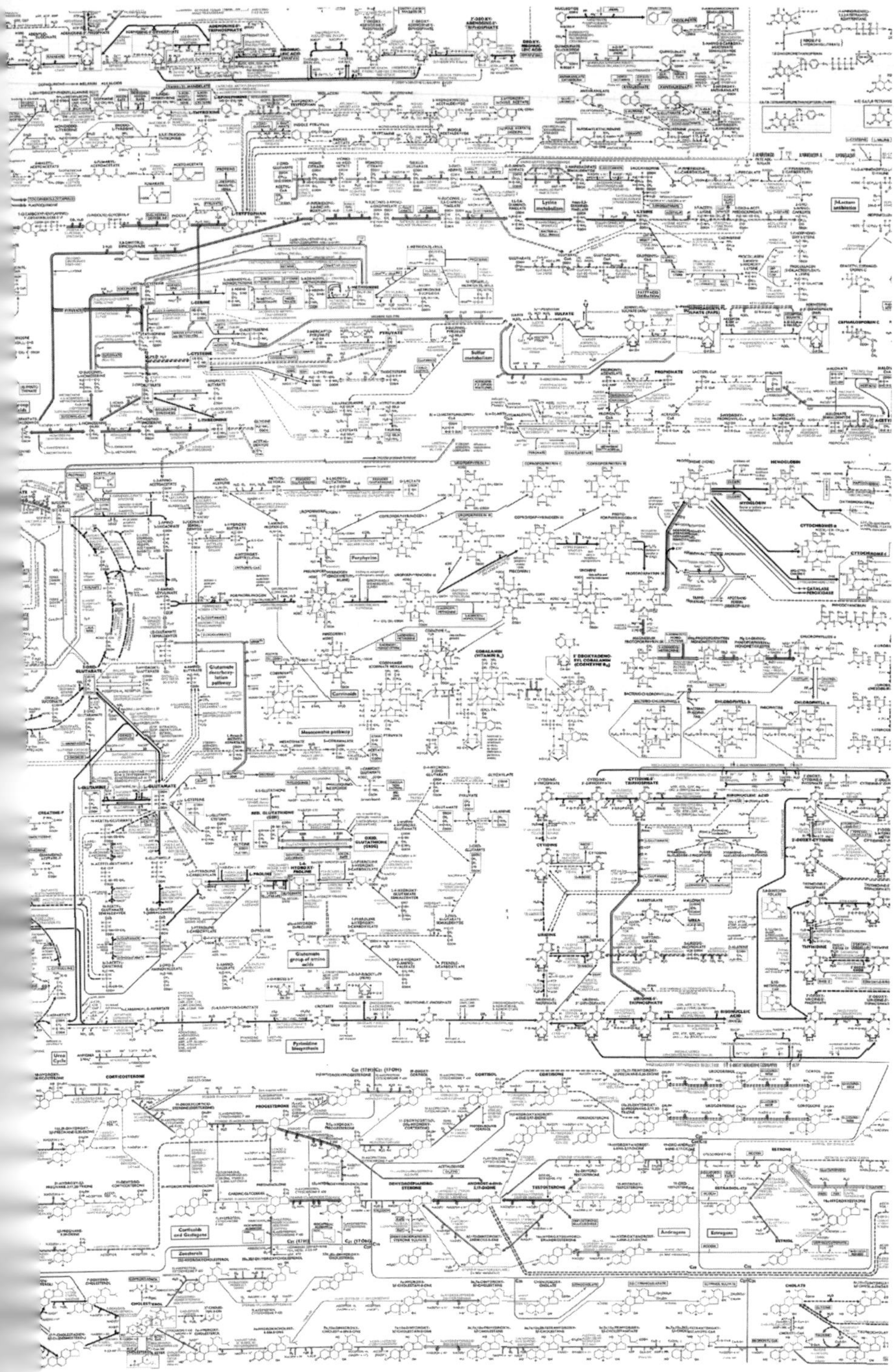

Wichtige Pfade in einer Zelle, mit Details des Citratzyklus.

Es existieren gute Antworten auf diese Fragen ... wenn man einmal von den Socken absieht. Bezüglich Komplexität und Ordnung verhält es sich so, dass unter den richtigen Umständen relativ einfache Teile durch Interaktion und Selbstorganisation Muster, Prozesse und Verhaltensweisen mit neuen und komplexen Eigenschaften hervorbringen, die aus den Teilen nicht unbedingt vorherzusagen waren. Und der scheinbare Widerspruch zum zweiten Hauptsatz der Thermodynamik erweist sich in Wahrheit als eine Form der Beförderung der Lebensaktivität. Neue, komplexere und geordnete Muster, Prozesse und Verhaltensweisen erhalten sich, indem sie zu dem Preis größerer Unordnung in der weiteren Umgebung in sich selbst ein wenig lokale Ordnung hervorbringen. Wie Steuerparadiese, nur in gut. Das nennt sich Emergenz.

Einige Forscher gehen davon aus, dass es eines Tages möglich sein wird, Emergenz als physikalisches Gesetz auszudrücken. Robert Hazen meint, es könnte in etwa so eine Form wie $C \geq \Sigma\, [n, i, \Delta E\, (t)]$ annehmen. In jedem Fall existiert Emergenz und sie besitzt, wie Frank Wilczek sich ausdrückt, den wundervollen Überschwang und die Produktivität eines physikalischen Gesetzes.

So ausgedrückt, klingt es nach einer einfachen Geschichte, doch die Natur der Emergenz ist in vielen Fällen tatsächlich noch kaum verstanden. Und wenn oder falls sie einmal besser erklärt werden sollte, dann wird sie für viele von uns, darauf würde ich wetten, wie große Musik ihre Faszination und Großartigkeit nicht einbüßen.

Muster und Komplexität tauchen in nichtlebenden Systemen in beinahe jeder beliebigen Größenordnung im Universum auf. Über Milliarden von Jahren tendieren Galaxien zu größerer Ordnung, wenn ihre Rotationsgeschwindigkeit zunimmt und ihre Bestandteile sich in eine drehende Scheibe einfügen. Auf der Erde bilden sich unter den richtigen Umständen innerhalb von Sekunden und Minuten Millionen von Schneeflocken, indem sich winzige sechsfachsymmetrische Eiskristalle aus Wasserdampf in der kalten Luft meist

Eiskristalle sind hexagonal, weil einzelne Moleküle die Form von Tetraedern haben. Wenn Wasser gefriert, rücken diese Tetraeder näher zusammen und kristallisieren zu einer hexagonalen Struktur.

Die sechseckigen Kristalle von Schneeflocken sind nur ein *Beispiel spontan entstehender Muster in der Natur. Daneben gibt es unter anderem gewundene, verzweigende, sternförmige, zellulare, konzentrische, farnartige, labyrinthartige, flechtenartige, nebelartige, phyllotaxische, polygonale, netzförmige, dreieckige, panaschierte, vaskulare und gestrichelte.*

um winzige Partikel wie Staub herum absetzen. Auch wenn es unserer Intuition widerspricht, das neu gebildete Eis besitzt eine höhere Temperatur als seine unmittelbare Umgebung, denn Gefrieren setzt Energie frei. Dem zweiten Hauptsatz der Thermodynamik folgend ›will‹ die Wärme sich so schnell wie möglich zerstreuen.

Neue Kristalle wachsen am schnellsten dort, wo die Wärme am besten abziehen kann, also tendenziell an den Ecken des Sechsecks. Dadurch kommt es zu einer positiven Rückkopplung: Die schneller wachsenden Stellen an einem Kristall werden spitzer, wodurch dann die Wärme von diesen Stellen noch besser abtransportiert wird, was sie wiederum schneller wachsen lässt. Kleinere Unregelmäßigkeiten in der Struktur sowie Änderungen in Feuchtigkeit und Temperatur der Luft, durch die die Schneeflocken fallen, führen zu ihrem fast unendlichen Formenreichtum.

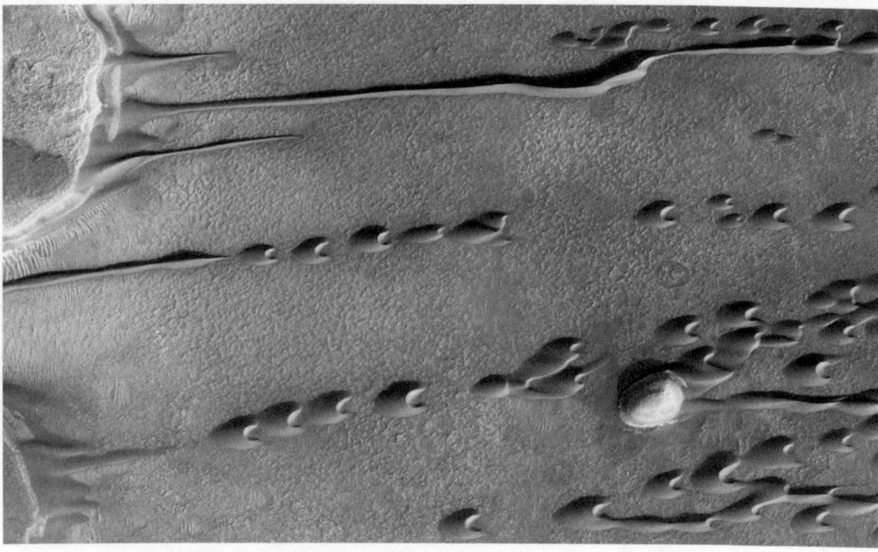

Sicheldünen in der Hellespontus-Region auf dem Mars. Jede hat einen Durchmesser von etwa sechzig Metern.

Frostmusterboden liefert ein weiteres Beispiel für Ordnung, die aus nichtlebenden Systemen hervorgeht. Erdboden, Schotter und Steine nehmen, typischerweise durch Frost-Tau-Zyklen, die Form von Polygonen, Kreisen und anderen faszinierenden Figuren an. Nicht weniger eindrucksvoll sind die variierenden, doch sich wiederholenden Formen von Sanddünen, die auf der Erde, auf dem Mars und, wie wir annehmen können, auch an anderen Orten im Universum unter der Einwirkung von Wind entstehen. Ihre unterschiedlichen Bezeichnungen deuten ihre Schönheit nur an: Domdüne, Sicheldüne, Querdüne, Längsdüne, Umkehrdüne, Sterndüne, Schattendüne, Bogen- oder Parabeldüne, Echodüne. Auf der Erde können Dünen erstaunliche Ausmaße erreichen. Viele in der Badain-Jaran-Wüste in China erreichen eine Höhe von 200 bis 300 Metern, die größte mehr als 460 Meter.

Robert Hazen, ein Mineraloge und Astrobiologe, der über die Ursprünge des Lebens forscht, benennt vier notwendige Bedingungen für die Entstehung einfacher und regulärer, dabei oft erstaunlicher

Muster in nichtlebenden Materialien wie zum Beispiel Sand. Zunächst ist eine Konzentration des Materials erforderlich, die Partikel müssen also in ausreichender Zahl vorhanden sein: Unter einer kritischen Schwelle entstehen keine Muster. Mit zunehmender Partikelkonzentration nimmt, jedoch nur bis zu einem bestimmten Punkt, auch die Komplexität zu. Zweitens muss Energie durch das System fließen: Sandkörner beispielsweise können an einem Strand oder einem Hindernis Linien bilden, allerdings bewegen sie sich nur, wenn die Wasserwellen eine Mindestgeschwindigkeit erreichen; zugleich gibt es für jedes System komplexer Muster ein Maximum an Energiezufuhr, die es noch toleriert. Drittens treten komplexe Muster meistens dann auf, wenn es einen Energiezyklus wie Frost/Tau, nass/trocken oder Tag/Nacht gibt. Und viertens müssen die Partikel miteinander wechselwirken können. Sandkörner tun dies sehr einfach dadurch, dass sie aneinander haften oder nicht. Die Bestandteile komplexerer Systeme hingegen weisen mehrere Arten der Verbindung und Wechselwirkung auf.

Doch die Anzahl der Verbindungsarten der Teile in einem emergenten System muss nicht sehr groß und die Komplexität ihrer Wechselwirkung nicht sehr hoch sein, damit es zu bemerkenswerten Phänomenen kommt. Das zeigt sich in aller Deutlichkeit in einem künstlichen Beispiel: in dem Computerprogramm *Spiel des Lebens*. Mit fünf einfachen Regeln für den Status von Kästchen in einem Raster generiert das *Spiel des Lebens* dynamische Muster, die sich in außerordentlicher Weise verhalten – ein sich selbst entfaltender Zaubertrick. ›Gleiter‹ bewegen sich stetig über den Schirm. ›Gleiter-Fresser‹ fressen alle ›Gleiter‹, die ihnen über den Weg laufen. ›Brüter‹ werden immer größer und vermehren sich immer schneller. Es gibt auch Muster, die eine universelle Turing-Maschine

Die Zellen des Rasters sind entweder lebendig (an) oder tot (aus). Eine lebende Zelle ohne lebende Nachbarzelle oder mit nur einer lebenden Nachbarzelle stirbt; eine lebende Zelle mit zwei oder drei lebenden Nachbarzellen bleibt am Leben; eine lebende Zelle mit vier oder mehr lebenden Nachbarn stirbt; eine tote Zelle mit drei lebenden Nachbarzellen wird lebendig; und in allen anderen Fällen bleibt eine tote Zelle tot.

Klangwellen erzeugen im Sand, der auf einer Chladni-Platte genannten ebenen Oberfläche verteilt ist, wunderschöne Muster.

und einen Universalkonstrukteur enthalten, die also Information ebenso gut wie jeder beliebige Computer verarbeiten und Kopien ihrer selbst oder jedes beliebigen anderen Musters erzeugen können.

Das *Spiel des Lebens* bedarf eines äußeren Akteurs, der den Computer baut, auf dem es läuft (oder das Brett und die Steine eines Go-Spiels, von dem es ursprünglich herkommt). Dieser Akteur muss auch die Regeln oder das Programm schreiben und starten. Wenn aber die materielle Welt, die uns umgibt, nicht durch einen externen

Akteur oder Programmierer gesteuert ist, dann müssen die Teile von sich aus zusammenkommen und in Wechselwirkung treten.

Für jemanden, dessen Denktradition einen äußeren Schöpfer annimmt, mag die Idee, dass die Natur sich bis hin zur Entstehung lebender Wesen selbst organisieren kann, verstörend sein oder unplausibel scheinen oder beides zugleich. Wer hingegen in einer Bildungstradition steht, die Muster und Prozess als in den Dingen selbst liegend ansieht, hat mit dieser Idee weniger Schwierigkeiten. (»Das Große Tao fließt überall, schrieb Laotse. »Es kleidet und nährt die zehntausend Dinge, beansprucht sie aber dennoch nicht als sein eigen.«) Wissenschaftler, die üblicherweise bis zum Beweis des Gegenteils die einfachst mögliche Erklärung bevorzugen, favorisieren einen selbstorganisatorischen Ursprung des Lebens. Im Folgenden einige Schlaglichter auf die Erzählungen und Hypothesen, die sie über die vergangenen Jahrzehnte entwickelt und getestet haben, um die Entstehung des Lebens auf der Erde zu erforschen und zu verstehen.

»Das Studium der Nichtgleichgewichtsthermodynamik scheint uns zu dem Schluss zu führen, dass […] die Entstehung des Lebens auf einem Planeten wie der jungen Erde voller Energiequellen wie Sonnenlicht und vulkanischer Aktivität, die die Dinge immer wieder aus dem Gleichgewicht bringen, nicht nach einem extrem unwahrscheinlichen Ereignis aussieht, sondern geradezu unvermeidlich erscheint.« Philip Ball

Erste Lebenszeichen

Fangen wir mit dem Wann an. Bis vor Kurzem wurde im Allgemeinen davon ausgegangen, dass das Leben auf der Erde nicht früher als vor 3,5 Milliarden Jahren begonnen hat, also bereits rund 500 Millionen Jahre im Archaikum, das auf das Hadaikum folgte. In den letzten zehn Jahren deuteten jedoch mit Leben assoziierte chemische Signaturen auf ein früheres Datum hin – zwischen 3,8 und 4,2 Milliarden Jahre vor unserer Zeit. Sollte sich diese früheste Einschätzung bewahrheiten, hieße das, dass Leben ziemlich schnell entstand – und vielleicht wieder entstand –, nachdem Ereignisse wie das Große Bombardement die Planetenoberfläche für Leben untauglich gemacht

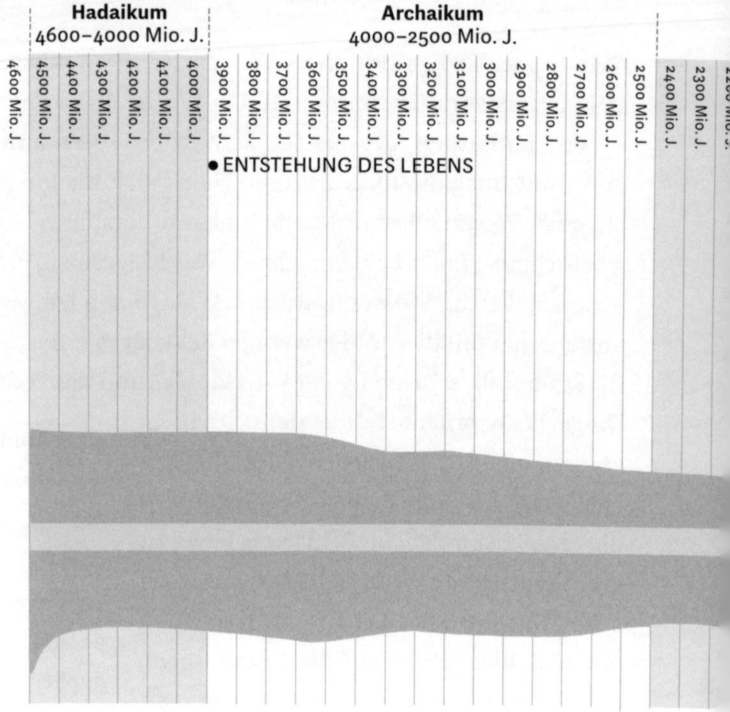

haben dürften. Und damit eröffnet sich die faszinierende Möglichkeit, dass unter den richtigen Umständen die Entstehung von (einfachem) Leben fast unumgänglich ist.

Alle Lebewesen auf der Erde beruhen auf derselben Chemie und können auf einen einzigen Urahn, einen letzten universellen gemeinsamen Ahnen (LUGA), zurückgeführt werden, der Schätzungen zufolge vor 3,5 bis 3,8 Milliarden Jahren lebte. Doch bei LUGA dürfte es sich bereits um einen recht komplexen Organismus – so etwas wie ein modernes Bakterium – gehandelt haben, der sich aus einfacheren Anfängen entwickelt haben muss. Außerdem muss LUGA (oder woraus er hervorgegangen ist) keineswegs allein gewesen sein. Leben könnte, statt nur ein einziges Mal zu entstehen, mehrere Ursprünge und viele Formen gehabt haben, die sich über Millionen von Jahren in verschiedener Gestalt immer wieder herausgebildet und entwickelt haben, bevor schließlich der gemeinsame Urahn all dessen, was

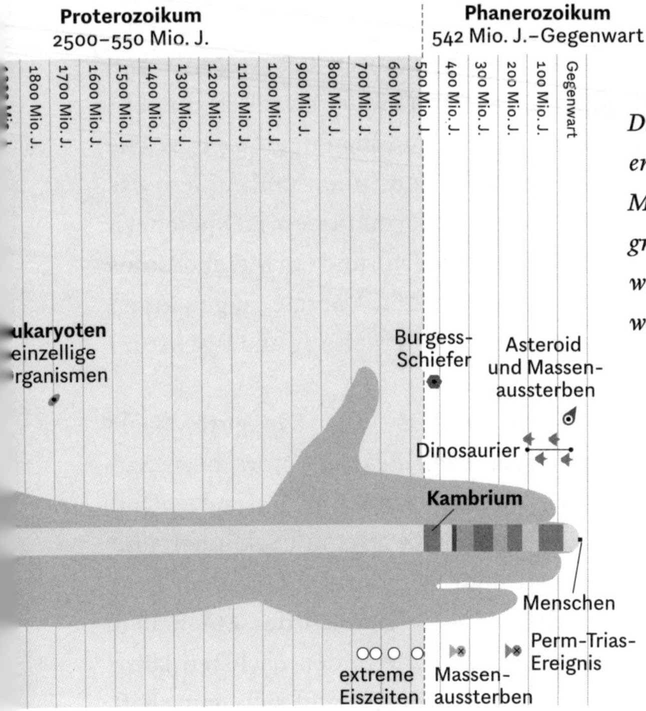

Die ersten mehrzelligen Formen entstanden vor etwa 1,6 Milliarden Jahren, doch die ersten großen und komplexen Vielzeller wie Tiere entwickelten sich erst vor weniger als 600 Millionen Jahren.

wir heute vor uns sehen, daraus hervorging, während alles andere im ersten Massenaussterben verschwand.

Zweitens das Was. Die Antwort auf diese Frage hängt davon ab, was man überhaupt mit Leben bezeichnet.

Aus den vielen brauchbaren Definitionen, die ich gefunden habe, greife ich einmal die des Forschers Gerald Joyce heraus: »Leben ist ein sich selbst erhaltendes chemisches System, das in der Lage ist, Neuerungen zu integrieren und eine Darwin'sche Evolution zu durchlaufen.« Ob man nun diese Definition übernimmt oder ablehnt, Wissenschaftler sind sich

Am reduktionistischen Ende des Spektrums haben wir den Physiologen und Nobelpreisträger Albert Szent-Györgyi: »Leben ist nichts als ein Elektron auf der Suche nach einem Ruheplatz«, und den Geologen und Chemiker Michael Russell: »Der ›Zweck‹ des Lebens ist es, Kohlendioxid zu hydrieren.« Der Physiker Sean Carroll bemerkt: »Jeder Organismus … wirkt darauf hin, die Entropie des Universums zu erhöhen.« *Kurzgesagt*, ein beliebter YouTube-Kanal sieht im Leben »eine Offenheit zur Schaffung neuer Muster«.

zumindest darin einig, dass alle uns bekannten Lebewesen – und vielleicht überhaupt alle, die wir uns als lebendig vorstellen können – wenigstens drei Eigenschaften gemeinsam haben: eine physische Grenze zwischen Innen und Außen; das Vermögen, Informationen zu speichern (und zu verändern); und ein Metabolismus bzw. die Fähigkeit, Energie zu gewinnen und sie zu Selbsterhaltung und Wachstum einzusetzen.

Auf die Gefahr hin, wie die Spanische Inquisition zu wirken, listen einige Darstellungen sechs wesentliche Eigenschaften auf, die allem Leben auf der Erde gemeinsam sind: (1) Abschottung – eine zellartike Struktur, die das Innen vom Außen trennt; (2) Erbmaterial – RNS, DNS oder Entsprechendes, um Form und Funktion zu spezifizieren; (3) Katalysatoren, um diese Stoffwechselreaktionen zu beschleunigen und zu kanalisieren; (4) freie Zufuhr an Energie für die Biochemie des Stoffwechsels – die Bildung neuer Proteine, DNS etc.; (5) ständige Zufuhr reaktiven Kohlenstoffs zur Synthese neuer organischer Stoffe; (6) Ausstoß von Abfallstoffen.

Drittens das Wie. Die gute Nachricht: Die gegenwärtig erforschten Szenarien werden immer umfassender. Und jedes von ihnen wartet mit Schönheit und zahlreichen Wundern auf. Zudem liegt es durchaus im Bereich des Möglichen, dass Experimente in den nächsten Jahre zu einer tragfähigen und sich dauerhaft durchsetzenden Erklärung der Ursprünge des Lebens auf der Erde führen werden. Dabei sollte zugleich nicht vergessen werden, dass Leben nur als Teil eines umfassenderen Systems und in Wechselwirkung damit bestehen kann.

Schauen wir uns einmal genauer das Rätsel an, wie es ursprünglich zu der Abgrenzung zwischen Innen und Außen lebender Systeme kommen konnten. Zellen bestehen innen vornehmlich aus Wasser und auch außen sind die meisten von ihnen von Wasser umgeben. Das ist durchaus funktional, da Wasser ein ausgezeichnetes Medium zum Transport anderer Moleküle darstellt. Aber es wirft auch Probleme auf, da es als gutes Lösungsmittel die für ein komplexes System benötigten Elemente leicht absorbieren und fortschwemmen kann. Es würde nicht sonderlich weit führen, wenn das System bei jedem Regen gleich in alle Himmelsrichtungen auseinanderliefe. Die Lösung des Lebens für dieses Problem bestand in der Entwicklung von Zellen, die von Membranen aus einer sogenannten Doppellipidschicht umgeben sind. Alle bekannten Zellen besitzen diese Membranen. Doppellipidschichten ähneln ein wenig Seifenblasen – nicht zuletzt darin, dass sie sich von selbst aneinanderheften –, allerdings weisen sie eine größere Stabilität auf und können über winzige Schleusen verfügen, durch die Material in die Zelle hinein und aus ihr heraus gelangen kann. Forscher haben die Moleküle, die zur Herstellung von Doppellipidschichten benötigt werden, auch in der Art von kohlenstoffhaltigen Meteoriten gefunden, die während des Hadaikums in rauen Mengen auf die Erde fielen. Verbindungen aus Meteoriten, die erst in jüngerer Zeit aus dem Himmel fielen (aber trotz ihrer späten Ankunft bei uns ein ähnlich hohes Alter aufweisen), setzen sich unter Bedingungen, wie sie auf der frühen Erde vorherrschten, spontan zu Doppelschichten zusammen. Möglicherweise liegt darin, nachdem sie sich zu Vesikeln oder winzigen Containern geformt hatten, der Ursprung der ersten Zellmembranen für einen gemeinsamen Vorfahren aller Lebewesen. Und wenn das tatsächlich stimmt, dann verdankt die Hülle jeder einzelnen der Dutzenden Billionen Zellen in unserem Körper ihre Struktur Materialien, die in Steinen vom Firmament fallen.

Der Biochemiker Pier Luigi Luisi und seine Kollegen haben gezeigt, dass Fettvesikel wachsen können, indem sie allmählich neue Fettmoleküle aus einer Lösung einbauen, und dass sie autokatalytisch sind, das heißt, dass sie als Schablonen wirken, die die Bildung weiterer Vesikel anstoßen, und sich in einer Art Selbstreplikation teilen. Luisi hat als Ursprung des Lebens das Szenario einer ›Fettwelt‹ vorgeschlagen, in der sich auf der Erde in großen Mengen präbiotische Fette bildeten und sich selbständig zu zellartigen Vesikeln organisierten, die ein frühes informationstragendes Molekül in sich aufnahmen.

Eine Freundin von mir erzählte mir, wie sie sich einmal auf einer Landstraße in Irland bei starkem Wind auf dem Fahrrad abstrampelte und schon der völligen Erschöpfung nahe war, als ein vorbeikommender Autofahrer ihre Not bemerkte und anhielt, um zu fragen, ob alles in Ordnung sei. Meine Freundin dankte ihm und erklärte, dass ihr nur der Wind zu schaffen mache. Der Fahrer hielt kurz inne, blickte in beide Richtungen und sagte dann mit einem Augenzwinkern: »Wieso fahren Sie dann nicht einfach in die andere Richtung?« Ich fürchte, manche Leser werden die folgenden Absätze etwas schwergängig finden, aber ich möchte dennoch dazu ermutigen, weiter in die Pedale zu treten, es wird sich im Rückblick als lohnend erweisen, nicht umgekehrt zu sein ...

Die Frage, wie sich die Fähigkeit zur Speicherung und Nutzung von Informationen hat entwickeln können, stellt vermutlich eine größere Herausforderung dar als die Frage nach der Entstehung der Zellmembran. In allem, was heute kreucht und fleucht, trägt dafür DNS, oder Desoxyribonukleinsäure, die Verantwortung. Doch DNS – die berühmte Doppelhelix – stellt ein gewaltiges und gewaltig komplexes Molekül dar und muss aus etwas Einfacherem hervorgegangen sein.

Die meisten Forscher glauben, dass sich DNS innerhalb eines Systems entwickelt hat, das RNS, oder Ribonukleinsäure, zur Speicherung genetischer Informationen und als Katalysator benutzte. RNS mit seiner einfachen Helix ist deutlich kleiner als DNS und weist eine viel kürzere Kette von Nukleotiden auf – den Molekülbausteinen, aus denen sich sowohl RNS als auch DNS zusammensetzen. RNS besitzt auch eine geringere Stabilität als DNS, kann aber ebenfalls Informationen speichern und transportieren: In allen heute lebenden Zellen spielt sie beim Kodieren, Dekodieren, Regulieren sowie bei der Expression von Genen eine Rolle. Vor der »DNS-Welt« – einer Welt, in der alles Leben DNS zur Speicherung genetischer Informationen verwendet – gab es die »RNS-Welt«, in der kurze RNS-Ketten alle für das Proto-Leben erforderlichen Transfers chemischer Gruppen und Informationen katalysierten.

Der Vorfahre des letzten universellen gemeinsamen Ahnen des Lebens heute könnte durchaus auf RNS basiert haben, aber wie RNS selbst entstanden ist, stellt Wissenschaftler seit Jahrzehnten vor Rätsel. 1999 schrieben Gerald Joyce und Leslie Orgel, zwei führende Kapazitäten auf diesem Feld, dass eine spontane Entstehung von Nukleotiden »nahezu einem Wunder« gleichgekommen wäre. Doch 2009 zeigte der Chemiker John

Einige Viren nutzen heute immer noch RNS als Erbmaterial. Sie könnten Hinweise darauf liefern, wie eine »RNS-Welt« ausgesehen haben mochte.

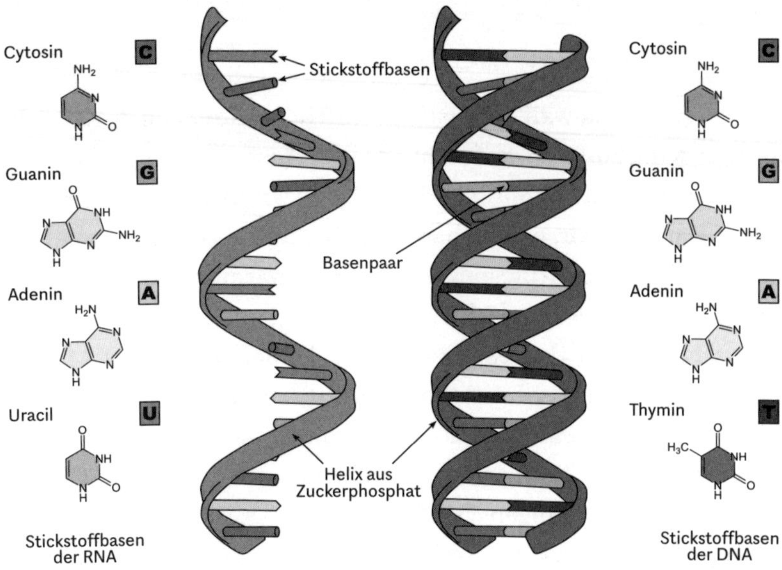

RNS und DNS.

Sutherland, wie es auch ohne ein solches zugegangen sein könnte. Ein Nukleotid besteht aus zwei Teilen – einem Zucker und einer Base –, und wie bei zwei getrennten Metallringen scheint es nicht weniger als die Kunst eines Magiers zu erfordern, um beide ineinandergreifen zu lassen. Quer denkend, mischte Sutherland die Ausgangsstoffe für den Zucker und die Base in einer anderen Reihenfolge, sodass sich zunächst ein ›Halbzucker‹ und eine ›Halbbase‹ entwickelten, wie zwei Halbringe. Als er dann einen weiteren ›Halbzucker‹ und eine ›Halbbase‹ hinzufügte, entstand ein als Ribocytidinphosphat bezeichnetes RNS-Nukleotid. Ein zweites Nukleotid entstand durch Bestrahlung des Gemischs mit ultraviolettem Licht. Als ich Sutherland 2015 besuchte, hatten er und seine Kollegen gerade zeigen können, dass RNS auf Basis von Cyaniden, Schwefelwasserstoff und ultraviolettem Licht sogar aus noch einfacheren Materialien hervorgegangen sein könnte.

Aber auch wenn die Frage nach dem Wie der RNS-Entstehung geklärt ist, bleibt die nach dem Wo weiterhin offen. Der Biophysiker David Deamer hat Vulkangestein unter Einwirkung von fließendem Wasser und Luft vorgeschlagen.

Diese Umgebung dürfte in etwa so ausgesehen haben wie heute einige Orte auf Hawaii oder Island, wo Thermalquellen durch einen stetigen Kreislauf von Befeuchtung und Austrocknung gehen, und besonders wie der vorzeitliche Strand, den wir uns an früherer Stelle dieses Kapitels vorgestellt haben. Seine auflandigen Tümpel, die einer sehr anderen Atmosphäre ausgesetzt waren als wir heute, dürften ein komplexes Gemisch verdünnter organischer Verbindungen unterschiedlichen Ursprungs, darunter kohlenstoffhaltige Meteoriten, sowie noch andere Verbindungen enthalten haben, die vulkanischen Ursprungs waren oder atmosphärischen Reaktionen auf der Erde entstammten. Aufgrund der fluktuierenden Umgebung durchliefen diese Verbindungen ebenfalls einen stetigen Zyklus, in dem sie trockneten und sich konzentrierten und sich dann bei erneuter Nässung wieder verdünnten. Während der Trockenphase setzte sich das verdünnte Gemisch als dünner Film auf einer mineralischen Oberfläche ab. Unter diesen Bedingungen reagierten die Verbindungen miteinander, woraufhin es zur Einkapselung der Reaktionsprodukte in sich selbst zusammensetzenden Membranen kommen konnte. Auf diese Weise dürfte eine riesige Zahl sogenannter Protozellen – Vorgänger der ersten lebenden Zellen – überall auf der jungen Erde entstanden sein.

Mit den meisten Protozellen in diesem Szenario sei nichts weiter geschehen. Einige von ihnen aber hätten ein Gemisch enthalten, das durch äußere Zufuhr von Energie, Aminosäuren und Nukleotiden an Komplexität zugenommen habe. Alle diese kleinen Moleküle seien in die Protozelle hineintransportiert und mittels Energie zu langen Ketten (Eiweißen und Nukleinsäuren) verbunden worden. Leben habe begonnen, als es einer (oder einigen) der Protozellen vermutlich mittels RNS gelungen sei, nicht nur zu wachsen, sondern auch einen Kreislauf katalytischer Funktionen und genetischer Informationen in Gang zu setzen.

Das klingt so weit überzeugend, allerdings hat das Ganze einen Haken. Manche Forscher halten dem nämlich entgegen, dass unter solchen Umständen die durch Sonnenlicht und vulkanische Aktivität verfügbare Energie für die Entstehung erst von Protozellen und dann von komplexeren Formen nicht ausreicht. Eine vom Chemiker Michael Russell aufgestellte und von dem Evolutionsbiochemiker Nick Lane und anderen vertretene Gegenhypothese geht davon aus, dass Leben an alkalischen hydrothermalen Schloten am Meeresboden entstanden ist. Diese bizarren Gebilde unterscheiden sich deutlich von den kochend heißen ›Schwarzen Rauchern‹, an denen heute Yeti-Krabben und Bartwürmer der Art *Riftia pachyptila* leben. Alkalische Hydrothermalschlote haben keinen vulkanischen Ursprung, sondern entstehen durch chemische Reaktionen zwischen Meerwasser und Gestein, das durch die Bewegung der Kontinentalplatten (mit der Geschwindigkeit, mit der ein Zehnagel wächst) neu freigelegt wurde. Diese Reaktion produziert mit Methan und Wasserstoff angereichertes Wasser und dehnt und erhitzt das Gestein, sodass Risse und Bruchstellen entstehen. Dies ermöglicht wiederum dem Meerwasser, tiefer in den Fels einzudringen. An heutigen alkalischen Hydrothermalfeldern wie ›Lost City‹ im mittleren Atlantik werden dadurch gewundene und schroffe Kalksteintürme aus dem Boden gepresst. Die Türme sind mit unzähligen winzigen Hohlräumen durchsetzt, die zufällig ungefähr die Größe von Bakterienzellen haben und durch die hindurch bei einer Temperatur zwischen 40 und 90 Grad Celsius Methan und Wasserstoff in die darüber befindliche Wassersäule perlen. Diesem Szenario zufolge ist Leben in Hohlräumen wie diesen entstanden.

Russel, Lane und andere führen an, dass einzig die Hypothese von den alkalischen Hydrothermalschloten als Ursprung das Metabolismus-Problem löst: das Rätsel, wie Protoleben genügend Energie gewinnen konnte, damit sich seine Struktur

Jüngere Forschungsergebnisse stützen die Hypothese, dass spontan auftretende chemische Reaktionen unter den chemischen Bedingungen der jungen Erde die Grundlagen für die Entwicklung des Lebens bereitstellten – mit anderen Worten, dass der Metabolismus in seiner Entwicklung weiter zurückreicht als das Leben selbst. Markus Ralser und andere haben entdeckt, dass eine Version des Citratzyklus (eine Reihe chemischer Reaktionen, mit denen alle aerobischen Organismen Energie gewinnen) auch ohne als Enzyme bezeichnete Zellproteine ablaufen kann.

zusammenfügen und weiterentwickeln konnte. Reiner Wasserstoff, der wie bei einem Alkalischlot als Gas aus dem Boden sprudelt, ist »eine Gratisverköstigung, für die man auch noch bezahlt wird«. Die Unterschiede in Temperatur und Säuregrad entlang der Turmwände wirken als eine schwache, aber riesige Batterie. Die Schlote bilden also eine Umgebung, die die Entstehung größerer Komplexität fördert, indem sie einen steten Strom freier Energie zur Verfügung stellt, die für die energiehungrigen Reaktionen zur Erzeugung komplexer Polymere wie Eiweißen, Fetten, RNS und DNS notwendig sind. Der letzte universelle gemeinsame Ahne allen heutigen Lebens auf der Erde setzte durch Ausnutzung des Elektronen- und Protonengefälles entlang dieser Schlotwände den Maßstab für alle zukünftigen Organismen, die entlang ihrer Zellwände die Chemie der Oxidation und Reduktion rekapitulieren, die wir heute in warmen Alkalischloten vorfinden. Sollte diese Hypothese stimmen, dann tragen wir alle eine Erinnerung an eine ›Lost City‹ am urzeitlichen Meeresgrund mit uns herum.

»Feuer und Wasser verbünden sich wonnig in gegenseitigem Dienste.«

Athanasius Kircher damals im 17. Jahrhundert sah in seiner Vorstellung Wasser und Feuer durch das Innerste der Erde jagen und Turbulenzen und Wandel durch sie verursacht. Wir wissen heute, dass dies eine verzerrte, aber doch nicht vollkommen fehlgeleitete Idee der Wirklichkeit war. Seit Mitte des 20. Jahrhunderts gilt als gesichert, dass Hitze aus dem Erdkern die Tektonik antreibt: die Bewegung der Kontinentalplatten an der Oberfläche, Zirkulation und Rücklauf von Gestein und Wasser über Jahrmilliarden. Geothermische Aktivität an alkalischen Schloten und heißen Rauchern bilden nur einen kleinen Teil dieser viel größeren Kreisläufe. Doch seitdem ist eine noch viel erstaunlichere Wirklichkeit sichtbar geworden.

Leben – darin sind sich Geowissenschaftler heute im Allgemeinen einig – übt eine vorteilhaft mildernde Wirkung auf das planetarische System aus. Sein Einfluss erstreckt sich bis in die obere Atmosphäre, wo es eine Ozonschicht geschaffen hat, die hochenergetische ultraviolette Strahlung abblockt und dadurch ermöglicht, dass sich Pflanzen und alles, was von ihnen abhängt, über die Kontinente verbreiten können. Über Milliarden von Jahren hat Leben nicht nur die Atmosphäre und die äußere Erdkruste, sondern auch Regionen tief im Innern des Planeten verändert, indem es Kohlenstoff aus dem Erdmantel extrahiert und in der Form von Sedimentgestein auf der Oberfläche aufgehäuft sowie riesige Mengen Stickstoff aus der Luft, in Ammoniak abgesondert, in den Kristallen des Mantelgesteins abgelagert hat. Durch seinen Einfluss auf den chemischen Zustand der Atmosphäre hat Leben auch das damit in Kontakt kommende Gestein verändert und Erdkruste und -mantel mit Sauerstoff angereichert. Dadurch ändern sich die Materialeigenschaften des Gesteins – wie es unter Einwirkung verschiedener Kräfte und Bedingungen sich biegt und bricht, sich quetscht, sich faltet und schmilzt. Die durch die Biosphäre der Erde produzierten Tonmineralien weichen die Erdkruste auf und schmieren die Plattentektonik, die andernfalls durch die Reibung zum Stillstand gekommen wäre. Leben ist kein unbedeutender Nachkömmling einer bereits voll funktionierenden Erde, sondern hat sich zu einem zentralen Bestandteil ihrer Prozesse entwickelt.

Stupende Erfindungen: Wunder der Zelle

Über die ersten 1,7 Milliarden Jahre bestand Leben ausschließlich aus Mikroben – die Vorgänger heutiger Bakterien und Archaeen. Bereits früh von diesen relativ einfachen Geschöpfen eingeführte Innovationen treiben jede Zelle in unserem Körper und in allen anderen Lebewesen an. Doch erst seit Kurzem beginnen wir, sie in ihrer Realität wirklich zu erkennen und zu schätzen.

Nach fast zwei Milliarden Jahren rein mikrobischen Lebens auf der Erde verschluckte ein Archaeon ein Bakterium, ohne es zu verdauen, wodurch größere und komplexere Zellen, die Eukaryonten, entstanden, aus denen später Pflanzen, Tiere und Pilze hervorgingen.

Unsere ersten flüchtigen Blicke fielen im 17. Jahrhundert auf diese unsichtbare winzige Welt. In den 1670er-Jahren benutzte der Mikroskopiker Antonie van Leeuwenhoek winzige Linsen – Glastropfen oder -kügelchen –, die alles um das 275- bis 500-fache vergrößerten, um »animacules« zu beobachten, die selbst in unverdächtigstem Wasser in Unmengen vorkommen (aber auch in weniger unverdächtigem wie der Spucke alter Männer, die ihre Zähne nie putzen). Diese Animacules kennen wir heute als Protisten und Bakterien. Van Leeuwenhoeks Zeitgenosse Robert Hooke verfügte über schlechtere Mikroskope, aber über bessere Ausdrucksmittel, zumindest im Englischen. Er veröffentlichte in seiner *Micrographia* von 1665 Bilder von Wundern, die man sich nie ausgemalt hatte: winzige »Zellen« im Kork (benannt nach ihrer angeblichen Ähnlichkeit mit den Zellen, in denen Mönche in Klöstern lebten); die Augen einer Fliege, die in der Vergrößerung ihre monströse Facettenhaftigkeit offenbarten; und Körperpanzer und Mundpartien eines Flohs in ihrer ganzen Fremdartigkeit. »Natur«, schrieb Hooke, »funktioniert nicht bloß mechanisch, sondern durch so ausgezeichnete und [...] stupende Erfindungen, dass es alle Vernunft in der Welt nicht vermöchte, [noch raffiniertere] zu finden.«

In den vergangenen Jahrzehnten haben Forscher entdeckt, dass sich die mechanischen Vorgänge der Natur auf einem noch sehr viel kleineren Maßstab abspielen, als van Leeuwenhoek und Hooke es sich vorgestellt hatten. Denn auf Nanoebene (im Maßstab von Nanometern – dem Milliardstel eines Meters) setzt sich Leben aus Molekularen Maschinen zusammen. Und ›Maschine‹ ist hier keine Metapher: Bei diesen Entitäten handelt es sich tatsächlich um Gefüge beweglicher Teile, die andere Moleküle so zuverlässig modifizieren wie ein Uhrwerk. Diese Maschinen unterscheiden sich von den uns vertrauten darin, dass sie zu ständiger Selbstmontage, Reparatur und Demontage fähig sind und dabei sehr viel zuverlässiger arbeiten als alles, was Menschen produzieren, denn sie haben im Wesentlichen unverändert Jahrmilliarden überdauert. Ich finde sie wirklich und wahrhaft überwältigend: für unsere Generation ein so großes Wunder wie die Entdeckungen von van Leeuwenhoek und Hooke für die ihre. Hier zwei Beispiel:

Das erste ist das Ribosom: eine winzige ›Fabrik‹, die alle für das Leben notwendigen Proteine produziert. (Es gibt ungefähr fünfundzwanzigtausend verschiedene Arten von Eiweiß im menschlichen Körper. Die meisten Eiweißmoleküle überdauern nur ein paar Tage, sodass sie ständig ersetzt werden müssen.) Ribosome sind derart grundlegend, dass man sich schwer ausmalen kann, wie Zellen jemals ohne sie ausgekommen sein konnten. Sie finden sich in jeder einzelnen Zelle jedes Lebewesens, und in allen haben sie dieselbe Grundstruktur. Ihr aktives Zentrum und ihr Zentralkern bestehen vollständig aus RNS, das heißt Ribosomen könnten weiterentwickelte Relikte oder Anpassungen aus der RNS-Welt sein. Am Grunde unseres materiellen Daseins in der Welt liegen ihre ungezählten Prozesse, lautlos wie Träume.

Verglichen mit Molekülen wie Wasser und einfachen Zuckern besitzen Ribosomen mit ihren etwa einer Millionen Atomen eine enorme Größe; doch verglichen mit Zellen sind sie verschwindend klein: Eine durchschnittliche menschliche Zelle kann viele Millionen davon enthalten. Jedes Ribosom, das aus großen und kleinen Untereinheiten wie die Teile einer Roboterpresse besteht, liest Informationen, die es über Boten-RNS von der DNS im Zellkern erhält, ein wenig als würde es Blindenschrift lesen, und wählt auf dieser Grundlage dann Aminosäuren aus und heftet sie zu neuen Proteinen zusammen. Dies geschieht mit einer Rate von vierzig Proteinen pro Sekunde und mit einer Fehlerrate von weniger als einem Zehntausendstel – deutlich besser als Menschen mit ihren Maschinen in der Hochqualitätsfertigung erreichen. Das alles auf einem Raum von zwanzig bis dreißig Nanometern Durchmesser.

Der Physiker Neil Gershenfeld nennt Ribosomen die ursprünglichen Digitalerzeuger, mit vier Milliarden Jahren Vorsprung vor den 3D-Druckern und bei Weitem leistungsfähiger und verlässlicher als diese. Bei einem 3D-Drucker wird das Design durch ein Computerprogramm festgelegt, das digital ist. Aber das Material, mit dem er arbeitet, Granulat beispielsweise, besitzt keine selbstorganisierenden Eigenschaften: Es ist einfach irgendwie breiig. Im Falle des Ribosoms hingegen haben die zwanzig Aminosäuren, mit denen es ›druckt‹, regelmäßige und sich wiederholende Formen – eine brauchbare

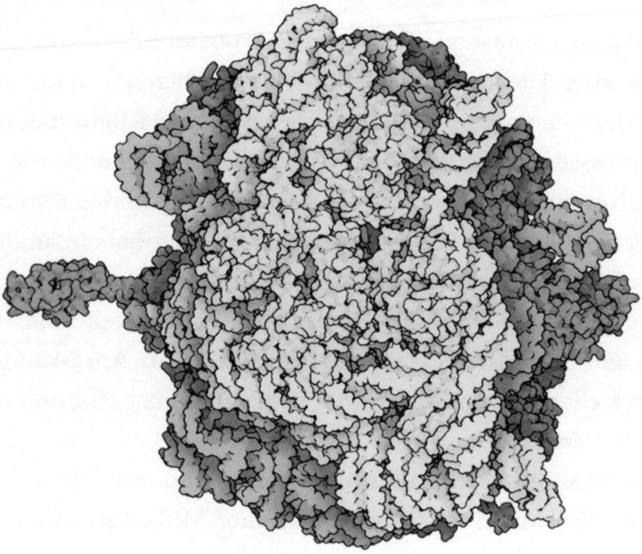

Das Ribosom produziert in allen Lebewesen alle für das Leben notwendigen Proteine und ist vermutlich sogar älter als Leben, wie wir es kennen.

Analogie wären Legosteine –, was die Verarbeitung replizierbar und präzise macht, obwohl zugleich eine riesige Zahl an Konfigurationen möglich ist. Zu einem gewissen Grad steckt der ›Code‹ auch im Material selbst, weil die Form der Teile nur eine begrenzte Zahl an möglichen Konfigurationen zulässt.

Woher wissen Moleküle in einer Zelle, wohin sie sich bewegen sollen? Es gibt einen alten Witz über zwei Männer, die an einem kalten Tag ihre Pause im Freien machen.

Einer schüttet heißen Tee aus einer Thermoskanne in zwei Tassen. »Weißt du«, sagt er, »diese Kanne ist unglaublich. Im Winter hält sie den Tee heiß, aber im Sommer, wenn ich Eistee einfülle, hält es ihn kalt. Was ich mich frage, ist: Woher weiß sie das?«

Bei Zellen und den Molekülen in ihnen verhält es sich wie bei der Thermoskanne und dem Tee. Sie ›wissen‹ überhaupt nichts. Die Flüssigkeit in einer Zelle, Cytoplasma genannt, besteht hauptsächlich aus

Wasser, und in einer einfachen Bakterienzelle schwimmen viele Moleküle und große Molekülverbände frei umher. Bei Temperaturen über dem absoluten Nullpunkt vibrieren alle Moleküle, denn genau diese Vibration ist Wärme. Bei Raumtemperatur bewegt sich ein mittelgroßes Protein, das im wässrigen Medium einer Zelle schwimmt, in einer zufälligen Rüttelbewegung um fünf Meter pro Sekunde – der Geschwindigkeit eines einigermaßen schnellen Läufers. Unbehindert im Weltraum würde das Protein eine Strecke entsprechend seiner eigenen Länge in ungefähr einer Nanosekunde (einer Milliardstel Sekunde) zurücklegen. Im Innern einer Zelle hingegen, wo Wassermoleküle von allen Seiten auf es eindreschen, benötigt es tausend Mal so lange (eine Millionstel Sekunde) für dieselbe Distanz. Zellen sind allerdings selbst winzig. Ein Bakterium wie *Escherichia coli* zum Beispiel hat eine Länge von rund zwei Tausendstel Millimetern und einen Durchmesser von weniger als einem Tausendstel Millimeter. Und deshalb reicht die Geschwindigkeit zufälliger Bewegung aus, um Aminosäuren und Proteine im Innern überallhin zu transportieren, wo sie benötigt werden, indem sie einfach wild durch die Gegend rempeln, bis sie am richtigen Ort anlangen. In einer typischen Bakterienzelle, die, wenn überhaupt, nur wenige interne Barrieren aufweist, wird jedes Molekül binnen Sekunden beinahe jedem anderen Molekül begegnen.

Eukaryontische Zellen – die mit einem einzigen Kern, in dem ihre gesamte DNS gespeichert ist – fallen komplexer und gewöhnlich deutlich größer aus als Bakterien und Archaeen (prokaryontische Zellen, die keinen solchen Zellkern aufweisen). Manchmal arbeiten diese Eukaryonten auch zusammen, um dann zum Beispiel unsereins entstehen und fortbestehen zu lassen. Im Unterschied zu

Moleküle in der uns umgebenden Luft ruckeln viel schneller als bei gleicher Temperatur im Wasser. Wenn wir auf die Größe von Molekülen schrumpften, sagt der Physiker Peter Hoffmann, würden wir von einem Molekülsturm bombardiert werden, gegen den ein Hurrikan wie eine sanfte Brise erschiene. Doch dieser hohen Geschwindigkeit zum Trotz kommen die einzelnen Moleküle in der Raumluft um uns herum nicht sonderlich weit, weil sie unablässig mit anderen Molekülen zusammenstoßen, die sich in alle verschiedenen Richtungen bewegen.

Molekulare Maschinen sind kleiner als die Wellenlänge sichtbaren Lichts und können daher nicht direkt beobachtet werden. Ihre Struktur und Funktion lässt sich mit anderen Mitteln bestimmen, darunter Röntgen-Kristallografie. Forscher erstellen die Animationen auf Grundlage dieser Ergebnisse.

Bakterien und Archaeen besitzen Eukaryonten alle interne Kompartimente und andere Besonderheiten wie etwa Mikrotubuli, die als Zuggleise für Motorproteine, Kinesine genannt, fungieren, um wichtige Fuhren durch die Zelle zu transportieren. Wenn man online nach Animationen sucht, sieht man die Motorproteine sich auf langen Beinen mit übergroßen Füßen wie trottelige Cartoonfiguren umherbewegen. Nicht weniger faszinierend ist, dass sie die Energie für ihren Marsch aus dem zufälligen Bombardement durch Wassermoleküle gewinnen und somit dem Chaos nützliche Arbeit abtrotzen. Doch Kinesin ist durchaus noch nicht die wundersamste Molekulare Maschine, der ich neben Ribosomen begegnet bin. In jeder Faser unseres Daseins steckt eine noch verblüffendere Vorrichtung, die mir als zweites Beispiel für Molekulare Maschinen dienen soll.

Die Sonne ist 10^{21} Mal so groß wie ein Mensch, sie gibt nur 2,8 erg pro Sekunde und Kubikzentimeter ab, ein Mensch hingegen 100000 erg. (Erg ist eine Energie-Einheit und entspricht 10^{-7} Joules.)

»Leben ist eine reine Flamme«, schrieb Thomas Browne Mitte des 17. Jahrhunderts, »und wir leben von einer unsichtbaren Sonne in uns.« Das klingt nach Dichtung, ist tatsächlich aber eine Untertreibung der Wahrheit. Mensch sein, und es bleiben, erfordert etwa zwei Milliwatt Energie pro Gramm Körpermasse, also um die 130 Watt für einen durchschnittlichen Erwachsenen. Alles, was wir denken, tun und sind, hat einen Energieverbrauch von wenig mehr als einer klassischen Glühbirne. Das klingt nicht eben nach viel, doch pro Gewichtseinheit betrachtet liegt das etwa bei einem Zehntausendfachen der Sonne. Wie ist das möglich?

Die kurze Antwort ist Zellatmung: ein Stoffwechselprozess, bei dem Organismen Glukose mit Sauerstoff verbinden, um Energie freizusetzen (mit Kohlendioxid und Wasser als Abprodukte). Doch bei der kurzen Antwort fällt eine Menge unter den Teppich. Etwa, dass Zellen diese Energie nicht direkt vollständig verbrauchen, sondern sie mittels eines Moleküls namens Adenosintriphosphat, oder ATP, dorthin transportieren, wo sie benötigt wird, zum Beispiel von Ribosomen.

Eine einzelne Zelle mit Energie zu versorgen, erfordert große Mengen ATP. Und eine komplexe mehrzellige Lebensform wie ein Mensch – die auch ohne ihren bakteriellen Anhang schon aus rund 37 Billionen Zellen besteht – benötigt deutlich mehr. Und um das Ganze vollständig zu machen, enthält jede Zelle Millionen von winzigen bohnenförmigen Organellen oder Organen, die als Mitochondrien bezeichnet werden. Insgesamt haben wir in unserem Körper mehr als eine Billiarde (Tausend Billionen) Mitochondrien mit einer vereinigten Gesamtfläche von etwa 14 000 Quadratmetern oder zwei Fußballfeldern. Gemeinsam pumpen sie mittels Energie, die aus Zuckern gewonnen wurde, jede Sekunde mehr als eine Milliarde Billiarden oder 10^{24} Protonen durch ihre Membranen. Jedes Proton (was dem Kern eines Wasserstoffatoms wie denen im Zentrum der Sonne entspricht) trägt eine positive Ladung. Wenn sie durch die Membran der Mitochondrien gepumpt werden, erzeugt das eine Differenz ihrer Konzentration auf beiden Seiten und damit eine Differenz der elektrischen Ladung von 150 bis 200 Millivolt. Das klingt nach wenig, aber weil die Membran so dünn ist (ungefähr sechs Nanometer), ergeben sich daraus 30 Millionen Volt pro Meter, was proportional einem Blitz entspricht. Dieses Spannungsgefälle tragen wir alle wie unsere Vorfahren seit den ersten Tagen des Lebens in uns.

Mitochondrien stammen von Bakterien aus der Gruppe der Alphaproteobakterien ab, die vor rund 2,5 Milliarden Jahren von Archaeen geschluckt wurden und diese mit einer zusätzlichen Energiequelle ausstatteten. So entstanden eukaryontische Zellen, die in Tieren, Pflanzen und Pilzen zu finden sind.

Und damit kommen wir zu der zweiten wundersamen Molekularen Maschine. Die Membran jedes Mitochondriums ist mit Tausenden Einheiten ATP-Synthase bestückt, die, wie ihr Name andeutet, ATP produzieren. Jede davon wirkt wie eine winzige Wasserturbine. Hinter der Außenmembran aufgestaute Protonen fließen wie Wasser,

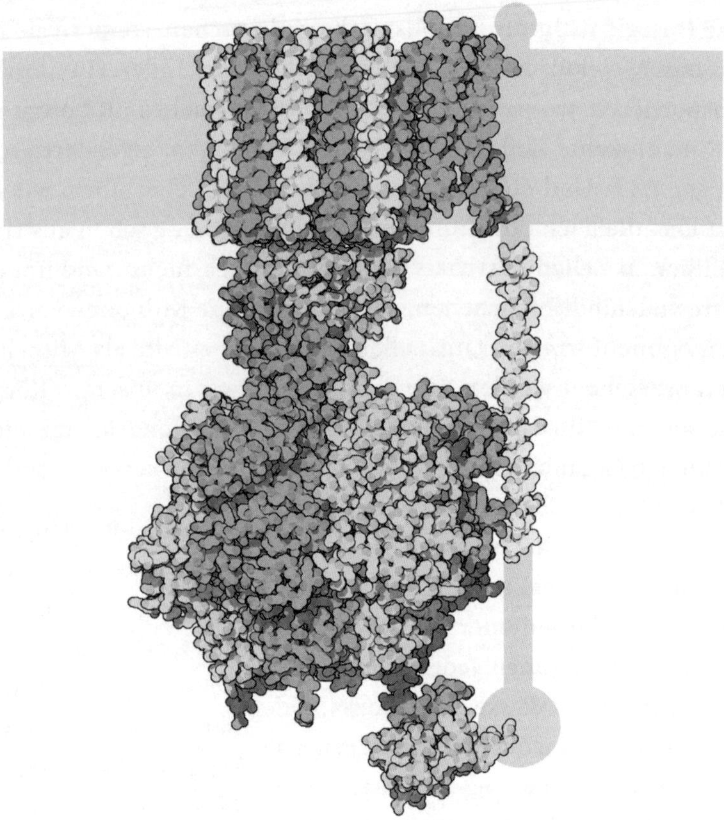

ATP-Synthase: Präzise Nano-Ingenieurkunst der Spitzenklasse. »Je mehr wir darüber lernen«, sagt Nick Lane, »desto fantastischer wird es.«

das den Berg hinabstürzt, und treiben ein Rotorgefüge an, das genau wie ein Motor funktioniert. Dieses ist durch eine Achse mit einem zweiten Rotorgefüge verbunden, das als katalytischer Kopf fungiert und durch Zusammenpressen von Phosphat (P) und Adenosindiphosphat (ADP) das ATP produziert. Das zweite Rotorengefüge besteht aus neun oder mehr Untereinheiten, von denen sechs wie die Segmente einer Orange angeordnet sind und die Phosphatmoleküle umklammern, während sie sich drehen. Im Normalbetrieb rotiert das gesamte

Gefüge mit mehreren Hundert Umdrehungen pro Sekunde. Üblicherweise produziert es drei ATP mit jeder kompletten Umdrehung.

Versteckt in den Büros der Mitochondrienbiologie in Cambridge gibt es ein vergrößertes Modell der ATP-Synthase aus Legosteinen. Mit einem Meter Höhe und zahlreichen Details handelt es sich doch nur um eine Spielerei – um Kinder zu unterstützen und um unwissenden Erwachsenen wie mir ein oberflächliches Gefühl für eine der verblüffendsten Maschinen, die das Leben hervorgebracht hat, zu vermitteln. Und dennoch hat es mich geradezu umgehauen, als ich es das erste Mal zu Gesicht bekam. Ich stand fast sprachlos davor, während es mir jener Mann erklärte, der vielleicht mehr als jeder andere dazu beigetragen hat, die Struktur dieser außerordentlichen Molekülmaschine zu erhellen. John Walker, für seine Arbeit mit dem Nobelpreis ausgezeichnet, zeigte sich geradezu übertrieben großzügig mit der Zeit, die er mir widmete, und trotz aller Auszeichnungen direkt und bescheiden. Für ihn zählt nach wie vor am meisten die Arbeit und die Verwunderung, die ihn ergreift. »Dies hier herauszubekommen«, erzählte er mir mit ruhiger Stimme, »war eine ziemliche Anstrengung.«

Es ist fast unglaublich, doch die Umdrehungen lassen sich beobachten, indem man einen winzigen Nanopartikel aus Gold an die rotierenden Teile der ATP-Synthase heftet. Tatsächlich wurde ihre Existenz durch solche Beobachtungen bestätigt.

Leben selbst

In der Einleitung dieses Buchs habe ich über einen Flecken Sonnenlicht an der Küchendecke geschrieben. Das Licht war durch die Zweige eines sich im Wind wiegenden Baums gefallen, was zu Wellenbewegungen im Lichtfleck geführt hatte. Der Baum und der Mensch, der die vom Baum geworfenen scheckigen Schatten wahrnimmt, besitzen einen gemeinsamen Ursprung. Es gibt Unterschiede. Der Baum beispielsweise ›ernährt‹ sich von Licht und bedient sich dabei erstaunlicher Tricks wie der Ausnutzung von Quanteneffekten, um die Effizienz zu steigern. Doch Baum und Mensch haben die gleiche Biochemie und teilen viele grundlegende Mechanismen, die unermüdlich ihre Arbeit verrichten, wie Ribosomen und ATP-Synthase.

Vor zwei, drei Jahren lud mich ein Freund ein, mit ihm zusammen einen kleinen Fluss in Zentral-Wales hinabzuwandern. Der Llyfnant, erzählte er mir, sei der einzige noch wirklich wilde Fluss in diesem großartigen Land und wir würden abseits der Wege in einen der letzten verbliebenen Teile atlantischen Regenwalds in Großbritannien eindringen. Wenige Menschen wagten sich dorthin. Als wir ein paar Tage später auf einer Asphaltstraße entlang des Flusses einem kommunalen Müllwagen hinterherliefen oder genau genommen dem »Halte Wales sauber«-Aufkleber auf seiner Stoßstange, fragte ich mich, an welcher Stelle der Plan schiefgegangen war. Doch allmählich begannen sich Form und Anmutung des Tals zu verändern. Der Laster verlor sich in der Ferne und überließ uns die Geräusche des Flusses und des Winds in den Bäumen. Wie wir also weiterwanderten, bog der Fluss von der Straße in eine Schlucht ab und das Unterholz zwischen uns und dem Fluss wurde zunehmend dichter und üppiger. Lebermoos, Flechten und epiphytische Farne breiteten sich über Felsflächen und die Winkel und Äste der Bäume aus. Mein Freund bemerkte erfreut, dass sich über uns keine Eichen, sondern Steinlinden, *Tilia cordata*, erhoben. Diese, erklärte er, seien die Bäume der alten Waldungen – ein Beleg dafür, dass dieser Ort über Hunderte Jahre und sogar seit vorhistorischer Zeit ungestört hatte gedeihen können.

Wir begaben uns rutschend und fallend den Abhang hinunter, landeten aber weich auf Moos und reicher Erde, bis wir mit ein wenig Kraxeln den Fluss an einer Stelle erreichten, an der er sich zwischen größeren Felsen über eine Steinschwelle und durch einen steilen Kanal in ein vier oder fünf Meter tiefer liegendes Becken ergoss. Dann sprang, ohne Vorwarnung, ein Lachs aus dem Becken am Fuß des Wasserfalls heraus, stieß nach oben, als wolle er eine Stütze in der Luft selbst finden, und fiel dann wieder zurück in den Abwärtsstrom des dichten Schlauchs stürzenden Wassers. Er versuchte es erneut und scheiterte wieder und wieder und als es ihm schließlich doch gelang, ins höhere Becken zu springen, jubelte ich ihm zu. Mir wurde bewusst, dass ich mich an diesem Ort vollkommen glücklich und zu Hause fühlte. In dieser Nacht, wie in vielen Nächten seither, träumte ich vom wilden Wald. Er ist ein realer Ort, aber auch ein inneres Bild, eine Art Resonanz der Seele.

Die Sonne kam heraus und ich blickte auf den Ring an meinem Finger. Ein vertrauter Sachverhalt trat mir ins Bewusstsein, aber mehr als Gefühl denn als Idee: dass sich all die Materie in mir und um mich herum, einschließlich des Golds in diesem Ring, *wirklich* vor Milliarden von Jahren in Sternen und Supernovae gebildet hatte – und dass sie, wenn wir weise und großzügig genug sind, weiterhin in unzähligen wunderschönen Formen spielen wird, wenn ich schon lange nicht mehr bin.

3

Drei Milliarden Schläge
Herz

Wundern ist wie eine Systole des Herzens.
ALBERTUS MAGNUS

Dank sei unsres Herzens Schlag, durch den wir leben.
WILLIAM WORDSWORTH

Für das Herz ist Leben einfach: Es schlägt,
solange es kann. Dann stoppt es.
KARL OVE KNAUSGÅRD

Zuerst kommt Hören. Fünf Monate nach der Empfängnis, wenn der menschliche Fötus etwa halb so groß ist wie am Ende der Schwangerschaft, haben Trommelfell und Gehörknöchelchen schon nahezu die Ausmaße, die sie im Erwachsenenalter erreichen. Die Hörnerven sind ausgereift und können Signale übertragen, und auch die Temporallappen des Gehirns, die Klang verarbeiten, funktionieren bereits. Der Fötus kann tiefe Töne hören und einer der ersten, den er vernimmt, ist das Blut der Mutter, wie es mit jedem Schlag ihres Herzens durch die Aorta gepumpt wird. Mit sechs oder sieben Monaten kann ein Fötus, wenn auch nur gedämpft, fast den gesamten Tonumfang der mütterlichen Stimme hören. Bestimmte Klänge und Klangmuster, ob gesprochen oder gesungen, können ihn zur Bewegung oder zum Stillhalten anregen, und manchmal fangen Mutter und Baby an, miteinander ›zu reden‹, indem der Fötus sich zu bestimmten Tönen, insbesondere zu Gesang, bewegt und die Mutter dies spürt und diese Töne wiederholt.

Menschen sind nicht die einzigen Tiere, die schon vor der Geburt die Stimme der Mutter wahrnehmen. Australische Rotrücken-Staffelschwänze zum Beispiel lernen den Ruf ihrer Mutter, noch bevor sie schlüpfen.

Ultraschall lässt einen winzigen Herzschlag aus der Gebärmutter zum ersten Ton werden, den die Eltern von ihrem Baby zu hören bekommen. Als ich es als werdender Vater zum ersten Mal hörte, empfand ich die hohe Frequenz – gut über hundert Schläge pro Minute – als zugleich aufregend und beängstigend. Als die Pflegerin meine Besorgnis bemerkte, erklärte sie mir, dass dieses Tempo für ein Baby in diesem Entwicklungsstadium völlig normal sei. Ich beruhigte mich etwas, hörte aber ehrfürchtig weiter zu.

Nimmt man andere Herzfrequenzen aus dem Tierreich zum Vergleich, kann der Herzschlag eines menschlichen Babys weder als besonders schnell noch als besonders langsam gelten. Kolibriherzen kommen leicht über tausend Schläge pro Minute. Das Herz einer Muschel schlägt im Ruhezustand zweimal pro Minute und beschleunigt sich bei Partystimmung auf zwanzig Schläge. Nichtsdestotrotz gehört der rasche Herzschlag eines Fötus, Babys oder

Kleinkinds – der Rhythmus eines gerade beginnenden Lebens – zu dem Erhabendsten, was ich kenne: schön, doch zugleich verstörend in seiner Unerbittlichkeit.

Bei Stress, Freude oder Erregung sind wir uns häufig des schlagenden Herzens in uns bewusst – oder stellen uns dies jedenfalls vor. Kein anderes Organ nehmen wir in dieser Weise wahr: Das Zerren und Drehen der Eingeweide ist damit nicht zu vergleichen. Das trägt zu dem Gefühl bei, dass das Herz für vieles zentral ist, was in unserem Leben am meisten zählt. Und diese Empfindung geht offensichtlich weit zurück. Im alten Ägypten sah man im Herzen, *Ib*, die wichtigste Manifestation der Seele. Und noch über dem Glück stand *Awt-ib*, »Weite des Herzens«. Nach dem Tod wurde als einziges wichtiges Organ das Herz in einer Mumie belassen, damit es gegen eine Feder von Maat, der Göttin der Wahrheit, Harmonie und Gerechtigkeit, gewogen würde, um zu urteilen, wie gut der Mensch in seinem Leben gewesen war. Auch heute steht in verschiedenen Traditionen das Herz im Mittelpunkt dessen, was uns am meisten Wert verleiht. In Laghunyasa, einer Meditation in der hinduistischen Tradition, wird Shiva, das höchste Wesen, Schöpfer, Beschützer und Beweger des Universums, als in einem Herzen residierend dargestellt. In der wirbelnden Meditation der Sufis drehen sich Derwische mit dem Schlag des Herzens von rechts nach links, um die Umarmung der gesamten Menschheit zum Ausdruck zu bringen. Und in der romantischen Tradition Europas empfinden viele eine tiefe Wahrheit in John Keats Erklärung: »Sicher bin ich mir nur der Heiligkeit von des Herzens Neigungen und der Wahrheit der Fantasie.« Neuere Forschungen deuten darauf hin, dass Menschen, die sich ihres eigenen Herzschlags bewusst sind, die Emotionen anderer besser wahrnehmen können.

»Rubatose: Das beunruhigende Gewahrwerden des eigenen Herzschlags, dessen zartes muskuläres Pochen sich weniger wie ein Metronom anfühlt als wie ein nervöses Lied, das das Herz sich selbst klopft, so wie sich Menschen, wenn sie durch völlige Dunkelheit laufen, zum Singen oder Summen genötigt fühlen, wie um die Außenwelt beiläufig darauf aufmerksam zu machen: Ich bin hier, ich bin hier, ich bin hier.« *The Dictionary of Obscure Sorrows*

Auch das Bemühen darum, in düsteren Zeiten ein Gefühl für Anstand zu bewahren, lässt ein Bewusstsein dieser Zusammenhänge erkennen. Aus Sorge, dass Distanz und abstrakte Sprache den US-Präsidenten gegen das ganze Ausmaß eines Atomschlags blind machen könnten, schlug der Anwalt Roger Fisher in den 1960er-Jahren vor, die Abschusscodes sollten nicht in einem Aktenkoffer in der Hand eines jungen Offiziers aufbewahrt werden, der sich in ständiger Gegenwart des Präsidenten aufhielt. Vielmehr sollten sie dem Offizier in einer Kapsel unterhalb des Herzens implantiert werden, sodass der Präsident, wenn er entschied, dass es notwendig wäre, Abermillionen Menschen umzubringen, sich die Codes eigenhändig würde beschaffen müssen, indem er mit einem Fleischermesser das Herz des jungen Mannes herausschnitte. Laut Fisher reagierten Freunde im Führungsstab des Pentagon, als er ihnen diesen Vorschlag unterbreitete, mit »Mein Gott, das ist grauenvoll. [...] Gut möglich, dass [der Präsident] nie den Knopf drückt.« Das Herz kann jedoch auch in ein System heimtückischer Kontrolle und Unterdrückung involviert und integriert werden. In Dave Eggers satirischem Roman *Der Circle* von 2013 trägt die Protagonistin Mae Holland eine ›SeeChange‹-Kamera – Teil eines neuen universellen Überwachungssystems – in einem schmucken Anhänger, der auf ihrem Brustbein direkt über dem Herz sitzt. Im wahren Leben befinden sich soziometrische Plaketten, die Angestellten um den Hals hängen und alle ihre Bewegungen und Interaktionen überwachen sollen, bereits bei mehreren Unternehmen in der Entwicklung.

»Geheimnisse sind Lügen; teilen ist helfen; alles Private ist Diebstahl.« Dave Eggers

Die Entdeckung des Herzens

Für die meiste Zeit in der Geschichte wussten die Menschen nicht, wofür das Herz gut ist und wie es funktioniert. Das mag uns, die wir unsere Bildung in modernen Industriegesellschaften erhalten haben, seltsam erscheinen, aber genau besehen ist eigentlich nichts Offensichtliches daran, dass die Hauptfunktion des Herzens darin besteht,

Blut durch den Körper zu pumpen. Dass das Blut zirkuliert, drängt sich dem bloßen Auge auch nicht deutlicher auf, als dass die Erde um die Sonne kreist. Arterien und Venen scheinen sich im Gewebe des Körpers zu verlaufen, und die Kapillargefäße, von denen wir heute wissen, dass sich erst mit ihnen zusammen der Kreislauf, durch den unser Blut fließt, vollendet, sind so fein, dass sie ohne Mikroskop unsichtbar bleiben.

Dem römischen Arzt Galen, der im 2. Jahrhundert n. Chr. lebte und dessen Ideen die europäische Medizin mehr als fünfzehn Jahrhunderte lang dominierten, imponierte die Größe und zentrale Lage der Leber im menschlichen Körperbau mehr, dass er diese statt des Herzens ins Zentrum des leiblichen Lebens stellte. Er klassifizierte Blut als eine der vier Körpersäfte neben Gelber Galle, Schwarzer Galle und Schleim. Er nahm an, dass in den Gedärmen verdaute Nahrung durch die Pfortader in die Leber gelangte, wo sie in Blut umgewandelt und mit ›Naturgeistern‹ versehen würde. Die Hauptadern trügen dieses Gebräu dann langsam ins Körpergewebe, das diese Geister aufzehrte, bevor es zu neuerlicher Nährstoffanreicherung in denselben Venen zurücktransportiert würde. Gleichzeitig flösse ein Teil des Bluts von der Leber in die rechte Seite des Herzens, wo es mit Luft aus den Lungen zusammenträfe. Bei dieser Begegnung entstünde eine Art Feuer, das die dem lebendigen Leib eigentümliche Wärme erklärte. Doch das Blut würde durch dieses Feuer nicht verzehrt, sondern vielmehr verfeinert und produzierte, indem es irgendwie durch das Septum (die Trennwand in der Herzmitte) in die Kammer auf der linken Seite gelangte, ›Lebensgeister‹, die dann durch die Arterien flössen, um die Bewegung im Körper und das Denken im Gehirn zu beschleunigen.

Galen lag mit seiner Vorstellung vom Herzen gründlich daneben und ist von der medizinischen Wissenschaft seit Langem widerlegt worden. Doch seine Lehre von den vier Körpersäften führt – in Form der daraus abgeleiteten Temperamentenlehre – ein bemerkenswertes Nachleben. Sie versteckt sich hinter Typologien wie dem

Die vier Temperamente sind: sanguinisch (extrovertiert und aktiv); cholerisch (reizbar und leicht verärgert); melancholisch (analytisch und weise) und phlegmatisch (ruhig).

Myers-Briggs-Typenindikator, der verschiedene Persönlichkeitstypen unterscheidet und bis mindestens ins späte 20. Jahrhundert breite Verwendung fand. Sie perpetuiert sich sogar in der Denkweise von Wissenschaftlern einer imaginierten Zukunft. In Kim Stanley Robinsons Science-Fiction-Roman *Roter Mars* von 1993, der Chronik einer Planetenbesiedlung im 21. Jahrhundert, entdeckt der Psychologe Michel Deval zu seiner Überraschung, dass sie sich ausgezeichnet zur Analyse der verschiedenen Persönlichkeiten der ersten Kolonisten eignet. Vielleicht liegt der bleibende Reiz von Galens Doktrin darin, dass sie bequem das Mysterium des leiblichen Daseins aufzulösen und Zweifel und Unsicherheiten zu beseitigen scheint – was besonders willkommen ist, wenn man sich mit Krankheiten oder Ängsten konfrontiert sieht. Moderne Medizin hingegen hat bestenfalls Komplexität und Unsicherheit zu bieten. Der menschliche Körper, sagt der Mediziner Atul Gawande, kann »beängstigend kompliziert, unbegreiflich, schwer zu verstehen« sein, und manchmal spendet diese Erkenntnis eben weniger Trost, als falsche Hoffnung es tut.

Einige der größten Fortschritte hin zu einem modernen Verständnis des Herzens gehen auf Leonardo da Vinci zurück. Im frühen 16. Jahrhundert gewann er Einsichten in den Aufbau des Herzens, die in mancher Hinsicht noch bis ins späte 20. Jahrhundert unübertroffen waren. Zwischen 1508 und 1513, sechs Jahre vor seinem Tod, führte Leonardo detaillierte Studien über die innere Anatomie des menschlichen Körpers durch – das Skelett, Muskeln, Sehnen und Nerven, das Fortpflanzungssystem und die zentralen Organe, insbesondere das Herz. Als Militäringenieur und in höchstem Maße befähigter Künstler besaß er Kenntnisse über Hebel und Flüssigkeitsströme und über die subtilen Bewegungen von Lebewesen, die

In einer Stellenbewerbung bei Ludovico Sforza, dem Herzog von Mailand, damals in den 1480er-Jahren, fasste Leonardo seine Fähigkeiten unter anderem wie folgt zusammen: »Ich werde Kanonen, Mörser und leichte Artillerie von schöner und funktionaler Konstruktion herstellen, die durchaus außergewöhnlich sind. Wo die Bombardierung fehlschlagen könnte, würde ich Katapulte, Mangonelen und andere Maschinen von staunenswerter Wirksamkeit ersinnen, die sich nicht in allgemeinem Gebrauch befinden.«

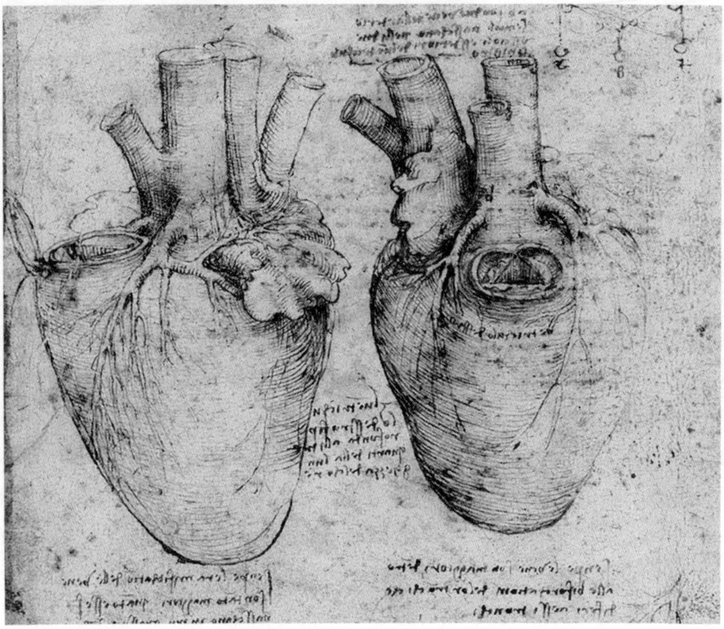

er in seine Untersuchungen einbringen konnte. Er fertigte anatomische Zeichnungen an, die an Detailreichtum und Genauigkeit wenn überhaupt nur selten übertroffen wurden, von ihrer Schönheit ganz zu schweigen. Vielleicht suchte er nun, nachdem er Jahrzehnte zuvor das Erhabene in der äußeren Erscheinung einzufangen versucht hatte, nach einer Schönheit, die in Ursula Le Guins Worten nicht nur gerade bis in die Haut, sondern bis ins Leben reichte.

Durch seine Arbeit mit vornehmlich Ochsen- und Schweineherzen, erst später dann auch mit Menschenherzen, erkannte Leonardo, dass es sich bei dem Organ in erster Linie um einen Muskel handelt. Er sah, dass es vier Räume besitzt, wo Galen nur von zweien gesprochen hatte, und dass die oberen beiden, die Vorhöfe, sich gleichzeitig zusammenziehen, gefolgt von einer simultanen Kontraktion der unteren beiden, der Herzkammern. Er bemerkte, dass der Puls am Handgelenk dem Rhythmus des Herzschlags folgt, und er versuchte, das Herzzeitvolumen (die Blutmenge, die pro Minute das Herz verlässt) zu berechnen. Er verstand, dass die Herzklappen Einbahnstraßenstrukturen darstellen, was im Widerspruch zu Galens Überzeugung steht, dass das Blut sich in kontinuierlichem Hin- und Rückfluss befindet. Er kam auch zu der Einsicht, dass turbulente Bewegung im Blut das Öffnen und Schließen der Herzklappen unterstützt – ein Zusammenhang, der erst im späten 20. Jahrhundert wieder ganz begriffen wurde. Er entdeckte und zeichnete Bronchialarterien; zudem beschrieb er das Moderatorband (auch Leonardo-Bündel) und identifizierte es korrekt als eine Muskelbrücke zwischen den Wänden der rechten Herzkammer, die eine Überdehnung verhindert. Seine Einsichten sind so zahlreich und tief, dass man nicht glauben mag, er sollte nicht erkannt haben, dass das Herz Blut durch den Körper pumpt. Eine eindeutige Aussage in diese Richtung findet sich in den erhaltenen Aufzeichnungen allerdings nicht. In jedem Fall veröffentlichte Leonardo seine Arbeit über das Herz nicht. So blieb es seinen Zeitgenossen verborgen und fast fünfhundert Jahre lang in der Versenkung, bis seine Skizzen und Notizen endlich von Experten in Augenschein genommen wurden. So mussten sich seine Nachfolger durchschlagen, ohne von seinen Entdeckungen profitieren zu können.

In *Sieben Bücher über den menschlichen Körper* von 1543 übertrug der Anatom Andreas Vesalius die Standards der schönen Künste und des sich rasant entwickelnden Gebiets evidenzbasierter Kartografie auf seine neuen Landkarten der Innenwelt. Vesalius, der zum Anatomieprofessor an der Universität Padua berufen wurde, studierte mit großem Fleiß die von ihm sezierten Leichen und konnte so zahlreiche Fehler Galens korrigieren, wie etwa die Vorstellung, dass die großen Blutgefäße von der Leber entspringen. Dennoch gelang es ihm nicht, das Gewicht der Tradition ganz abzuschütteln; so übernahm er etwa Galens Vorstellung, durch Venen und Arterien flössen verschiedene Arten von Blut. Vasalius' Skepsis und sein Vertrauen auf direkte Beobachtung ermutigten jedoch auch andere dazu, Galens Autorität infrage zu stellen.

Den entscheidenden Bruch mit Galens Lehren über das Herz vollzog dann William Harvey, der in den ersten Jahren des 17. Jahrhunderts in Padua Medizin studierte, wo er von Lehrern in direkter

Lehrtradition Vesalius' unterrichtet wurde. Harvey unternahm einige gewagte, wenngleich schauerliche Experimente. Er durchtrennte die Aorten von Hunden und maß das Blut, das aus ihren noch pochenden Herzen spritzte. Es war offensichtlich, dass die Menge Blut, die das Herz in wenigen Minuten, geschweige denn einer Stunde oder einem Tag, herauspumpte, unmöglich von der Leber produziert sein konnte. Im Laufe eines Tages musste es sich um Tonnen handeln. Dies ließ sich einzig daraus erklären, so schloss Harvey 1628, dass sich das Blut in einem geschlossenen Kreislauf bewegte.

Das Herz eines durchschnittlichen Erwachsenen pumpt bei jedem Schlag etwa 70 Milliliter (das sind etwa 70 Gramm) Blut. Bei 70 Schlägen pro Minute sind das fast 5 Liter Blut pro Minute oder mehr als 7000 Liter – 7 Tonnen – jeden Tag.

Harvey ist für diese Einsicht als der Galilei der Medizin gerühmt worden. Doch seine Theorie blieb in manchen Hinsichten noch vage, hielt an einigen Aspekten von Galens Lehren fest und bewahrte auch mystische Elemente. Harvey wusste zum Beispiel nichts über die Existenz oder Natur des Sauerstoffs und so konnte er schreiben, dass Blut »dampfförmig, voller Geist« sei, der sich nach Galen'schen Prinzipien erwärmte und abkühlte. Er teilte auch die von seinem Freund, dem Arzt und hermetischen Philosophen Robert Fludd, verfochtene Ansicht, dass Kreisbewegung Ausdruck göttlichen Willens sei. In *Utruisque Cosmi*, seiner zwischen 1617 und 1621 erschienenen verschlungenen Geschichte des Makro- und Mikrokosmos, hatte Fludd geschrieben, dass sich der göttliche Geist, als Gott ihn im Anfang zur Erschaffung der Welt in die Luft blies, in einem Kreis bewegte und dass die Sonne in Nachahmung dessen in einer Kreisbahn über den Himmel zog. Und wie in der Höhe, so auch hienieden: Die Sonne verteilte göttlichen Wind in kreisenden Luftbewegungen über die Erde, wo er, als »Luftsalpeter« oder »Quintessenz« durch die Lungen in den menschlichen Körper aufgenommen, ins Herz gelangte, das es dann in einem weiteren Zirkel weiterverteilte.

René Descartes war ein früher und einflussreicher Verfechter von Harveys Theorie der Blutzirkulation. Er hob die mechanischen

Aspekte der Theorie hervor, indem er das Herz mit einer Pumpe und einer Uhr verglich. Das mag heute übermäßig vereinfacht klingen und dennoch steckt viel Wahrheit in beiden Vergleichen. In der Tat schlägt ein ruhiges, gesundes Herz so regelmäßig, dass es Galilei zu einer seiner genialsten Ideen inspiriert haben soll. Jahrzehnte, bevor Harvey den Blutkreislauf entdeckte, habe der junge Galilei von einem Kirchengewölbe hängende Kronleuchter in ihrer Schwingbewegung beobachtet und mittels der damals üblichen Zeitnahme anhand des Pulses herausgefunden, dass die Frequenz nicht davon abhing, ob die Schwingung über einen kleinen oder einen großen Winkel erfolgte. Dies habe ihm die Idee eingegeben, den Mechanismus eines Uhrwerks mittels eines Pendels zu regulieren. Und 1637 – gegen Ende seines Lebens, als er unter Hausarrest stand, weil er behauptet hatte, die Erde bewege sich um die Sonne – skizzierte er einen Entwurf für eine solche Uhr. Er konnte seine Idee nicht mehr realisieren, aber 1656, vierzehn Jahre nach seinem Tod, baute dann Christiaan Huygens eine solche Pendeluhr. Der neue Apparat reduzierte die Ungenauigkeit von fünfzehn Minuten auf fünfzehn Sekunden pro Tag.

Für Descartes war der Körper eine Maschine, ein materielles Objekt, das Instruktionen von einem immateriellen Geist und einer immateriellen Seele mittels der Zirbeldrüse empfing, einer Struktur im Gehirnzentrum, die wie eine Art 17.-Jahrhundert-WiFi-Receiver funktionierte. Dieses Modell vertreten heute nicht einmal diejenigen, die von einer scharfen Trennung zwischen Körper und Seele ausgehen, aber das bedeutet nicht, dass der Körper und seine Organe, das Herz eingeschlossen, keine Mechanismen sind.

Bei der Zirbeldrüse, die beim Menschen Melatonin zur Modulierung circadianer Zyklen (Tagesbiorhythmus) produziert, handelt es sich in Wirklichkeit um einen verkümmerten Photorezeptor. Bei unseren fernen evolutionären Vorfahren war es mit einem lichtsensitiven Organ verbunden, das als Scheitelauge bezeichnet wird. Die Lederschildkröte, mit der wir einen gemeinsamen Vorfahren haben, der vor Hunderten Millionen Jahren lebte, besitzt eine ›Luke‹ in ihrem Schädel – ein ungewöhnlich dünner Bereich des Knochens –, durch die hindurch darauffallendes Licht direkt auf ihre Zirbeldrüse einwirkt. Dadurch kann das Gehirn der Schildkröte die Tageslänge errechnen, was ihr bei der Navigation hilft.

Vielmehr handelt es sich um Mechanismen von unendlich feinerer und ausgefeilterer Natur, als es sich Descartes jemals erträumte. Und was es auch immer sonst mit ihnen auf sich haben mag – das Reich der Wunder wird größer, wenn wir sie eben als solche betrachten.

Eine kurze Reise durch das Herz

Ballen Sie Ihre rechte Hand zur Faust und halten Sie sie etwa eine Daumenlänge unterhalb des Schlüsselbeins gegen die Brust, so erhalten Sie einen ungefähren Eindruck von der Größe Ihres Herzens und seiner Lage auf der anderen Seite des Brustkorbs. Pressen Sie nun die Finger mit so viel Kraft zusammen, wie man zum Eindrücken eines Tennisballs benötigt, und entspannen Sie sie dann wieder, so ähnelt diese Bewegung einem einzelnen Herzschlag (wovon ich, während ich hier schreibe, etwa fünfzig pro Minute habe). Ein gesundes Herz schlägt unermüdlich ungefähr hunderttausend Mal am Tag und um die drei Milliarden Mal in einem achtzigjährigen Leben. Der Herzmuskel ermüdet nicht, weil er außerordentlich viel Myoglobin (eine kurzfristige Quelle gespeicherten Sauerstoffs für aerobe Atmung) und Glykogen (gespeicherte Energie) enthält. Es besitzt auch besonders lange Mitochondrien, die, wie wir im zweiten Kapitel gesehen haben, in den Zellen als Kraftwerke fungieren und etwa zehnmal so viele in jeder Zelle wie andere Muskeln.

»Unsere Tage zu zählen, lehre uns! Dann gewinnen wir ein weises Herz.« Psalm 90:12

Hören Sie nun auf ihr Herz – oder das eines anderen Menschen – mittels eines Stethoskops. Der Doppelton wird manchmal als ›tock tock‹ beschrieben. Das erste ›Tock‹ entsteht während der Systole genannten aktiven Phase des Herzschlags, wenn Blut aus den zwei Herzkammern gepresst wird, dadurch, dass sich zwei große Klappen, die Mitralklappe und die Trikuspidalklappe, gleichzeitig schließen. Das zweite ›Tock‹ entsteht, wenn sich die zwei anderen Klappen, die Pulmonalklappe und die Aortenklappe, schließen, um einen Rückfluss

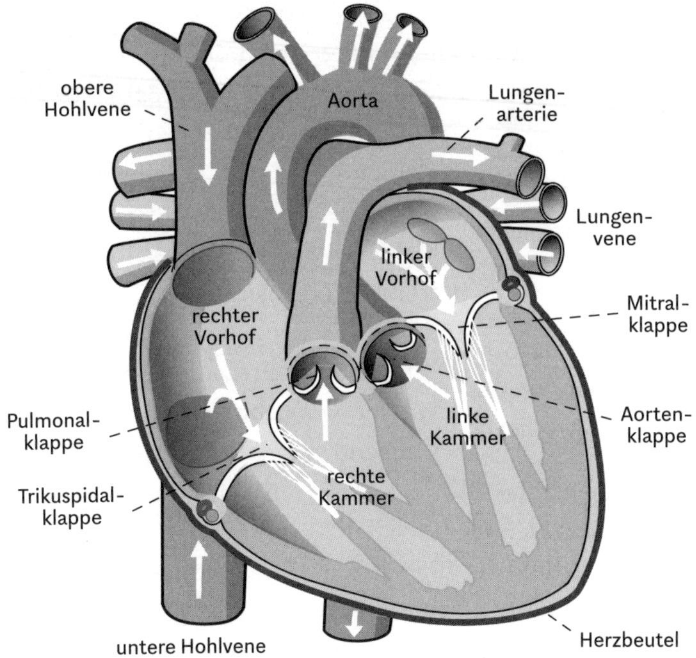

zu verhindern, während sich die Kammern wieder füllen. Diese weichen Schlagklänge sind mit dem Tippen eines behandschuhten Fingers auf einen lederbezogenen Schreibtisch verglichen worden. Eine solche Beschreibung ist nicht schlecht, hat aber ihre Grenzen. Denn wir haben es hier mit so intimen, ursprünglichen Klängen zu tun, die in ihren subtilen Details bei jedem Individuum einzigartig sind. ›Tock tock‹ ist weder Trochäus noch Jambus, sondern ein unablässig wiederholtes »Ich bin«.

Blut zirkuliert im Körper gleichzeitig durch Kreisläufe unterschiedlicher Größe. Im Herzen vereinigen sich diese Kreisläufe zu einer Endlosschleife wie ein ungleichseitiges Unendlichkeitssymbol oder Möbiusband. Die größere Seite des Herzens, die sich – mit Ausnahme eines Zehntausendstels der Bevölkerung – links befindet, versorgt den Körperkreislauf, indem sie neu mit Sauerstoff

Auch wenn wir es mit dem Ohr nicht hören, so besitzt doch jedes menschliche Herz seinen einzigartigen Schlag. Ein Elektrokardiogramm kann als eindeutiger biometrischer Marker dienen.

angereichertes Blut durch die Arterien in das Gewebe überall im Körper pumpt. Dort angekommen, gibt das Blut Sauerstoff ab, um die Zellatmung anzutreiben, und nimmt Kohlendioxid und Wasser auf, bevor es durch die Venen zum Herzen, diesmal zur kleineren Seite, zurückkehrt. Diese Seite treibt den Lungenkreislauf an, der das Blut durch die winzigen Gefäße in den Lungenwänden führt, wo Kohlendioxid und Wasser abgegeben (ausgeatmet) werden, während frischer Sauerstoff aufgenommen wird, bevor das Blut zur größeren Seite des Herzes zurückkehrt, das es von Neuem durch den Körper pumpt. Ständig befinden sich etwa 12 Prozent des Bluts in den Herzkammern, 70 Prozent im Körperkreislauf und 18 Prozent im Lungenkreislauf.

Die Details sind komplex, doch in den Grundzügen ist Atmung eine einfache Geschichte: Glukose (Zucker) plus Sauerstoff produziert Energie (gespeichert als Adenosintriphosphat), mit Kohlendioxid und Wasser als Abfallprodukte.

Eines der Wunder des Herzens, sagt der Kardiologe Vivek Muthurangu, ist schlicht die Kraft und Effizienz, mit der es sich zusammenzieht. Eine isolierte Herzmuskelzelle oder Kardiomyozyte kontrahiert bei jeder Zuckung nur zu etwa fünfzehn Prozent, doch die Kombination vieler dieser Zellen führt zu einer viel größeren Gesamtkontraktion im Herzvolumen. Die Grundprinzipien dahinter geben keine großen Rätsel auf: Muskelbündel winden sich in einer Weise um das Herz, dass ihre Drehbewegung ein zusätzliches Quetschen verursacht, wenn sich die Kammern zusammenziehen. Anscheinend verhalten sich die Mikro- und Makrostrukturen des Muskels auf komplexere und raffiniertere Weise, als man zuvor dachte. Muskellagen können beispielsweise Kanten bilden, wenn sie sich zusammenziehen, und auf diese Weise die Windung größerer Strukturen, zu denen sie gehören, verstärken. Die Details, wie das alles funktioniert, harren noch einer genauen Erklärung.

Einzelne isolierte Herzmuskelzellen zucken spontan, und ohne ein koordinierendes, starkes Signal von außen kommen die rund zwei Milliarden dieser Zellen, die in den Herzwänden sitzen, notwendig aus dem Rhythmus. Wenn dies geschieht, beginnt das Herz zu flimmern, es verfällt in chaotische, unrhythmische Krämpfe und hört auf zu pumpen. Der Herzschlag, der uns am Leben hält, wird durch einen natürlichen Taktgeber namens Sinusknoten angetrieben. Dabei handelt es sich um eine Gruppe weniger Tausend Spezialzellen in der Herzwand über dem rechten Vorhof. Um einen Schlag zu initiieren, kontrahiert der Knoten und erzeugt einen elektrischen Impuls: ein Signal, das er dann durch das Herzgewebe entlädt. Dieses Signal erreicht zunächst die Vorhöfe und bewirkt, dass sie sich zusammenziehen. Es gelangt auch zu einem zweiten Knoten, dem Atrioventrikularknoten, der es aufhält, bis sich die Vorhöfe vollständig zusammengezogen haben. Sobald dies geschehen und das Blut in die Herzkammern gepresst ist, leitet dieser zweite Knoten das Signal an die Kammern weiter, sodass nun wiederum diese sich zusammenziehen.

Herzflimmern lässt jedes Jahr Hunderttausende Menschen vorzeitig aus dem Leben scheiden, oft plötzlich und ohne Vorwarnung. Viele davon haben außerdem keine Vorgeschichte mit Herzerkrankungen. Mit guter Organisation und Ausbildung lassen sich viele Leben retten. In den Niederlanden oder Norwegen überlebt man einen solchen Anfall außerhalb eines Krankenhauses zwei- bis dreimal häufiger als in England.

Der Sinusknoten erzeugt ein hinreichend starkes Signal, um diesen Vorgang auszulösen, weil seine Zellen alle genau zur selben Zeit feuern. Hier haben wir ein Beispiel für Synchronie, ein Phänomen, das in den unterschiedlichsten lebenden und nichtlebenden Systemen vorkommt. In allen Fällen finden wir Einzeloszillatoren durch physikalische, chemische oder wie im Fall des Herzens elektrochemische Prozesse so aneinander gekoppelt, dass eine gegenseitige Beeinflussung in ausreichend kurzen Zeiträumen ermöglicht wird. In nichtlebenden Systemen kann Synchronie durch diverse Kräfte verursacht werden, von winzigen Vibrationen (die erklären, dass sich häufig Pendeluhren und mechanische Metronome synchronisieren, wenn sie auf einer gemeinsamen Tischoberfläche platziert werden)

Sich selbst überlassen, feuert der Sinusknoten üblicherweise rund hundert Mal pro Minute. Das parasympathische Nervensystem verlangsamt ihn; das sympathische Nervensystem beschleunigt ihn.

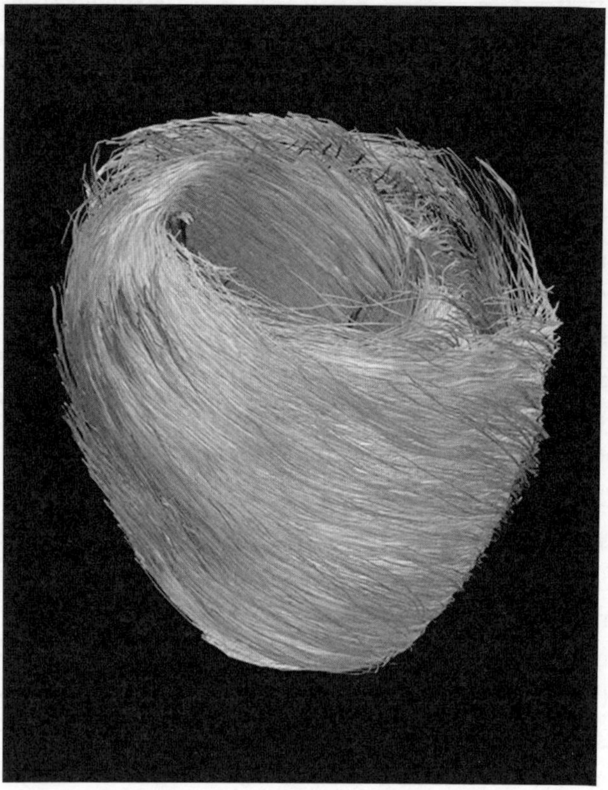

MRT von Herzmuskelfasern.

bis hin zu Schwerkraft im Weltraum (was bestimmte Planetenbahnen erklärt). Im Reich des Lebens wird als eines der bemerkenswertesten Beispiele neben dem Herzen das gleichzeitige Aufleuchten von Glühwürmchen entlang von Flussufern in südostasiatischen Tropennächten angeführt, das sich über Kilometer erstrecken kann. Der Mathematiker Steven Strogatz schreibt, er erlebte dies als »derart schön und sonderbar, dass es nur als religiös beschrieben werden kann. [...] [E]twas wundersam Erschreckendes, das uns ursprünglich [berührt]«. So eine spontan entstehende Ordnung, sagt er, kann uns wie das Geheimnis des Universums erscheinen.

Ich ergehe mich gern darin, Quallen zu betrachten, und zwar über längere Zeiträume, als viele Menschen noch als gesund erachten würden. Besonders die Bizarren mag ich. Würfelquallen zum Beispiel, die vor allem in den seichten Gewässern des tropischen Indopazifiks anzutreffen sind, besitzen Augen komplett mit Netzhaut, Hornhaut und Linse, die menschlich wirken, wenn man von der Trifurkation absieht, die ihnen, wie durch Mutation unter radioaktiver Strahlung entstanden, erlaubt, in alle drei Richtungen zugleich zu blicken.

Vielleicht starren sie ja, so hirnlos sie auch sind, zurück. Unterdessen kreisen an einem weit entfernten Ort, in marinen Seen auf den pilzförmigen Inseln Palaus, goldene Quallen dickflüssig wie Eintopf in einer endlosen Pilgerfahrt ins Ungewisse. Draußen, in der offenen See, bewegen sich leuchtende Atolla-Quallen in pulsierender Bewegung durch Tiefen, in die das Sonnenlicht nicht vordringt: fliegende Untertassen mit roten Schnurrhaaren.

In all diesen Bizarrheiten entdecke ich Schönheit. Doch sogar die schnödesten Quallen faszinieren mich einfach durch die Art, wie sie sich bewegen – durch pulsierenden Rückstoß gerade so wie ihre Vorfahren im Kambrium vor mehr als fünfhundert Millionen Jahren, wenn nicht gar noch früher. In diesen Kreaturen erblicken wir eine der frühesten Formen der Tierbewegung. Die Stoßbewegung von Quallen ist wahrscheinlich sogar älter als das Feuer. Die Verbrennung von Kohlenstoff und anderen Materialien in Anwesenheit von Sauerstoff begann auf der Erde vermutlich nicht früher als vor 470 Millionen Jahren im Ordovizium. 2012 befestigten Wissenschaftler der Harvard-Universität Herzmuskelzellen eines Säugetiers an einem Silikonsubstrat und schufen damit einen quallenförmigen Cyborg, dessen Stoßbewegung sich nur unmerklich von der einer echten Qualle unterschied. So viel steht fest: Der letzte gemeinsame Vorfahre von Qualle und Mensch dürfte über 540 Millionen Jahren gelebt haben, doch an den quer gestreiften Muskelfasern ähneln wir uns bis ins Detail. Noch bevor es das Herz selber gab, existierte bereits sein Schlag oder Puls.

Auch entspricht das Signalsystem in menschlichen Neuronen dem des neuronalen Netzes von Quallen (die kein Gehirn besitzen). Und wie Menschen, so kennen auch Quallen den Schlaf.

Wenn wir das Herz Luft atmender Lebewesen, wie wir selbst welche sind, angemessen würdigen wollen, müssen wir auch über die Lungen Bescheid wissen. Denn das Herz, unser muskulösestes Organ, dient als Verbindung zwischen der Lunge (dem ätherischsten Organ) und all den Zellen in unserem Körper. Bei jedem Atemzug dringt die Luft durch 2400 Kilometer verästelter Röhrchen in 500 Millionen winzige Bläschen in der Lunge, bevor wir dann wieder ausatmen. Die Oberfläche dieser Bläschen, die auch Alveolen genannt werden (nicht zu verwechseln mit Allioli, einer Knoblauchcreme), sind dicht mit Blutgefäßen besetzt, die Sauerstoff aus der Luft aufnehmen und Kohlendioxid und Wasser an sie abgeben. Die gesamte Oberfläche misst rund siebzig Quadratmeter bei einem Erwachsenen – was angeblich der gesamten Blattoberfläche einer fünfzehn bis zwanzig Jahre alten Eiche entspricht. Und in […] gewisser Hinsicht bilden die Lungen das Negativ eines Baums: Die Alveolen – gehöhlt, wo die Blätter massiv sind – absorbieren Sauerstoff und setzen Kohlendioxid frei, während die Blätter bei der Fotosynthese das Umgekehrte tun. Unsere Lungen umarmen den Himmel und ziehen ihn in unsere trampelnden Gestelle ein.

Der Biologe David George Haskell vergleicht den täglichen Zu- und Abfluss von Wasser in einem Baum mit dem Schlagen eines Herzens: »Den ganzen Sommer lang pocht im Wald der Wasser-Blut-Herzschlag der Zweige. […] Systole und Diastole schwellen und ziehen zurück, das Ultraschallbrummen des Waldes.«

Die meisten auf Sauerstoff angewiesenen Lebewesen auf der Erde sind winzig und kommen auch prächtig ohne Herz und Lunge aus. In atmenden Bakterien und Einzellern wie Amöben dringt Sauerstoff einfach durch die Zellwand hindurch und gelangt durch zufällige Bewegung dorthin, wo er benötigt wird. Einige Vielzeller wie Plattwürmer, die keine Lungen, Herzen oder Gedärme besitzen, erlauben ebenfalls Sauerstoff und Nährstoffen, in und durch ihre Körper zu diffundieren. Selbst recht große Tiere wie Frösche nehmen einen Teil des benötigten Sauerstoffs durch die Haut auf. Ab einer gewissen Körpergröße gelangt der Sauerstoff jedoch durch zufällige Bewegung oder Diffusion allein nicht schnell genug zu den innersten Zellen. Es liegen einfach zu viele Zellen dazwischen. Schwämme, die

Ausmaße größer als ein Mensch erreichen können, lösen dieses Problem, indem sie sich um ein Netzwerk von Röhren herum aufbauen, die mittels Wasserströmen Sauerstoff, [...] ährstoffe und Abfälle durch sie hindurchtransportieren. Nahezu alle Insekten absorbieren einen Großteil des benötigten Sauerstoffs direkt durch kleine Tunnel, die Luft in ihren Körper leiten. Sie atmen, indem sie ihren ganzen Leib leicht ausdehnen und wieder zusammenziehen, wodurch Luft durch diese Löcher eingezogen und wieder ausgestoßen wird. Einige, wie beispielsweise Grashüpfer, besitzen auch röhrenförmige Herzen, die sich vom Kopf bis zum Hinterleib ziehen und in Form von Peristaltik, einer winzigen, sie ihrer Länge nach durchlaufenden La-Ola-Welle, kontrahieren. Doch diese Organe pumpen Hämolymphe durch den Körper, eine Flüssigkeit, die zwar Ionen, Kohlenwasserstoffe, Fette, Glycerin, Aminosäuren und Hormone, aber keinen Sauerstoff enthält.

Blut ist ein ganz besonderer Saft

Sauerstoff ist ein sehr reaktionsfreudiges Gas (so bei Feuer) und kann viel Schaden im Körpergewebe anrichten. Es empfiehlt sich also eine Schutzvorrichtung, die es davon abhält, auf dem Weg zu seinem Bestimmungsort mit beliebigen Teilen des Körpers zu reagieren. Aus diesem Grund haben Tiere eine Substanz entwickelt, die Mephistopheles in Goethes *Faust* einen »ganz besonderen Saft« nennt: eine Flüssigkeit mit Spezialzellen, die eingeatmeten Sauerstoff binden und nur auf bestimmte Signale hin wieder freigeben, so zum Beispiel in der saureren Umgebung, die durch höhere Kohlendioxidkonzentration entsteht. In Wirbeltieren wie uns handelt es sich selbstredend um die roten Blutkörperchen. Zu jedem Zeitpunkt zirkulieren mehr als zwanzig Billionen davon durch unseren Körper (was, wenn man von den in uns lebenden Bakterien absieht, gut die Hälfte aller unserer Zellen ausmacht) und benötigen etwa eine Minute für einen Umlauf.

Sich diese Gesamtheit von 20 Billionen Blutzellen auszumalen, übersteigt fast die menschliche Vorstellungskraft. Doch ein zoomender Blick auf einen kleinen Ausschnitt zahlt sich aus. »Die direkte Beobachtung von Phänomenen hat eine unbeschreiblich verstörende und anregende Wirkung auf unseren trägen Geist«, schrieb im 19. Jahrhundert der Anatom Santiago Ramón y Cajal, »eine gewisse erregende und wiederbelebende Qualität, die selbst in den treusten Abbildungen und Beschreibungen der Wirklichkeit gänzlich fehlt oder kaum in Erscheinung tritt.« Bei der Erinnerung an sein erstes Jahr als Medizinstudent Anfang der 1870er-Jahre, als er zum ersten Mal die Blutzirkulation durch ein Mikroskop beobachtete, gerät Ramón y Cajal in Verzückung:

> Während des erhabenen Schauspiels fühlte ich mich, als würde ich Zeuge einer Offenbarung. Verzaubert davon, die roten und weißen Blutkörperchen wie von der Strömung mitgerissene Kiesel sich bewegen zu sehen; zu sehen, wie die roten Korpuskel, nachdem sie durch die dünnsten Kapillare geschlüpft waren, dank ihrer elastischen Eigenschaften wie eine Feder plötzlich ihre Gestalt zurückgewannen [...], erschien es mir, als hätte sich ein Schleier vor meiner Seele gelüftet.

Mit nur 7,5 Millionstel Metern Durchmesser gehören rote Blutkörperchen, die auch Erythrozyten heißen, zu unseren kleinsten Zellen. Faszinierenderweise verbringt der Malariaparasit – ein komplexes Protozoon – Teile seines Lebenszyklus als Trittbrettfahrer in diesem winzigen Raum, bevor er Quartier in der Leber bezieht, wo er sich reproduziert. Und wie der junge Ramón y Cajal beobachtete, sind die Kapillaren, durch die sich die Zellen bewegen, enger als die Zellen selbst, sodass sie sich hindurchquetschen müssen. Dadurch wird die Abgabe von Sauerstoff und die Aufnahme von Kohlendioxid und Wasser gefördert, bevor sie wie eine zusammengeknüllte Falt-Frisbee wieder in ihre ursprüngliche Form zurückspringen. Forscher haben kürzlich entdeckt, dass rote Blutkörperchen, durch ATP

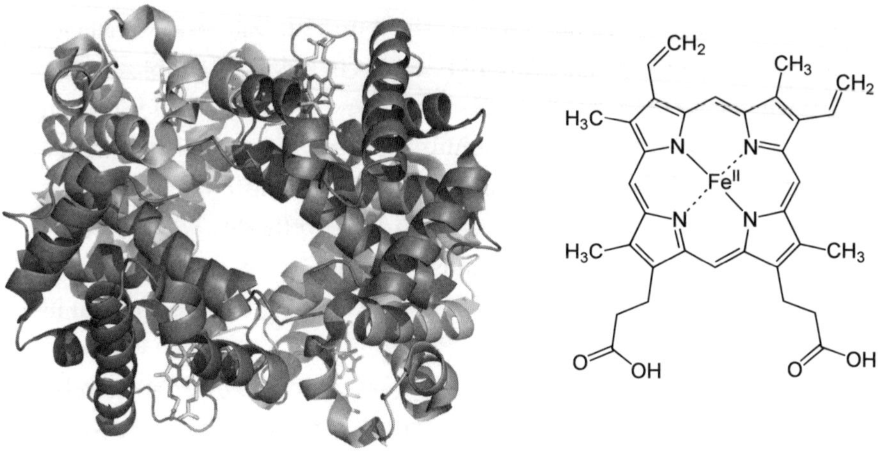

Schematische Darstellung des Hämoglobins
und seiner vier Häm-Gruppen.

mit Energie versorgt, unablässig vibrieren wie eine fest gespannte Trommel. Dadurch können die Zellen besser ihre charakteristische flach-ovale oder scheibenförmige Gestalt aufrechterhalten. Die Frequenz dieser Vibration, die im Bereich von Millionen pro Sekunde liegt, gibt Hinweise darauf, wie gesund eine Zelle ist.

Jedes gesunde rote Blutkörperchen enthält ungefähr 280 Millionen Hämoglobinmoleküle und jedes dieser Moleküle transportiert vier Sauerstoffmoleküle in ›Spezialkäfigen‹. In manchen zweidimensionalen Darstellungen sieht Hämoglobin mit seinen etwa zehntausend Atomen aus wie ein aus Bettfedern gefertigter Korb – oder ein Vogelnest aus Fusilli. In Wirklichkeit besteht es aus vier identischen, in Tetraederform aneinandergehefteten Untereinheiten, die jede aus helikalen Aminosäuren und nichthelikalen Streifen gewoben ist. Jede Untereinheit trägt eine Häm-Gruppe: Ein Gitter, so regelmäßig wie eine Schneeflocke, aber mit quadratischer und pentagonaler Anordnung der Atome. Und im Zentrum jeder Häm-Gruppe befindet sich, wie die Punkteanordnung der Fünf auf einem Würfel, ein Quincunx: vier Stickstoffatome um ein einzelnes Eisenatom.

An dieser Stelle wird der Sauerstoff gebunden. Das gesamte riesige Molekül verschiebt seine Anschlüsse wie ein kolossal komplexer Zauberwürfel, wenn das winzige Sauerstoffmolekül dort andockt, und kehrt zu seinen früheren Anschlüssen zurück, wenn es den Sauerstoff wieder freigibt. (Rote Blutkörperchen schaffen auch Kohlendioxid fort, das sich aber an eine andere Stelle des Hämoglobins heftet.) Die Verbindung von Sauerstoff und Eisen im Hämoglobin ist für die rote Farbe des Bluts verantwortlich. Unsere Maschine läuft auf Rost.

Der Herzschlag bringt nicht nur Sauerstoff ins Körpergewebe und führt Kohlendioxid und Wasser ab, sondern es trägt auch im Verdauungstrakt aufgenommene Nährstoffe ins Gewebe und transportiert Abfälle zur Beseitigung in die Nieren. Es bewegt Hormone und Stammzellen dorthin, wo sie gebraucht werden, schafft Gerinnungsfaktoren zu Wundstellen und führt viele verschiedene Proteine mit sich, deren Bedeutung wir bislang nur teilweise verstehen. Darüber hinaus reguliert es Säuregrad und Temperatur des Körpers. Doch von all dem, was sich durch den Blutkreislauf bewegt, ist nichts so bemerkenswert wie das adaptive Immunsystem. Bestehend aus einer Unzahl weißer Blutkörperchen, verhält es sich, obwohl es weder über Nerven noch über einen Zentralprozessor verfügt, wie ein gigantisches dezentrales Gehirn, das nach Bedrohungen Ausschau hält, das untersucht und lernt, zur Tat schreitet und Erinnerungen unser ganzes Leben lang wachhalten kann. Manche seiner weißen Blutkörperchen mischen wie Zufallszahlengeneratoren ständig ihr genetisches Material und produzieren neue Zellen, die potenziell eine beinahe endlose Vielfalt möglicher Krankheitserreger identifizieren können. Für diese Fähigkeit, die man somatische Hypermutation nennt, braucht man kein mathematisches Genie. Sie hat sich zum ersten Mal vor mehr als 400 Millionen Jahren bei Kiefermäulern entwickelt.

Wirbellose bescheiden sich nicht damit. Pfeilschwanzkrebse und Kraken haben dank Hämozyanin, das Sauerstoff an Kupfer bindet, blaues Blut. Das ›Blut‹ der Ringel- oder Gliederwürmer ist grün, das von Armfüßern und Priapswürmern violett-pink.

Ein Herz machen

Es dauert nur sechsunddreißig Wochen, bis sich aus einer durch Sperma befruchteten menschlichen Eizelle Billionen von Zellen Hunderter verschiedener Arten entwickelt haben, die durch ihr Zusammenwirken einen Menschen entstehen lassen. Wie gelingt das diesen wenigen Tausend Genen und Proteinen in diesen Zellen nur, wo doch keine davon über irgendein Konzept von der Struktur und Funktion der Organe oder des menschlichen Körpers verfügt? Dieser Vorgang erstaunt gerade die am meisten, die ihn am besten verstehen. »Während wir mehr über die Embryonalentwicklung lernen«, sagt der Experimentalanatom Jamie A. Davies, »hat unsere kollektive Bewunderung nur zugenommen.« Yoshiki Sasai, ein Pionier in der Verwendung von Stammzellen, um Augen und andere dem Herz an Komplexität vergleichbare Organe wachsen zu lassen, äußert sich ähnlich: Angesichts des Prozesses der Selbstorganisation empfinde er »tiefe Ehrfurcht vor dem Leben«.

Nichtsdestotrotz lassen sich ein paar Grundprinzipien schnell erkennen. Zunächst stellt man fest, sagt Davies, dass keine der Komponenten allein – die DNS, die RNS oder die Proteine – eine Art Gesamtleitung der Embryonalentwicklung innehat. Proteine werden in einer bestimmten Zelle produziert, weil aktive Gene genau angeben, dass sie produziert werden sollen. Aber diese Gene wiederum sind nur deshalb aktiv, weil bestimmte bereits in der Zelle vorhandene Proteine sie dazu veranlassen. In diesem Sinne befinden sich die ›Kontrollhebel‹ überall und nirgends. Ein weiterer wichtiger Aspekt ist, dass sich viele große und komplexe Proteine – Hämoglobin liefert hier ein gutes Beispiel – nach denselben Grundprinzipien zusammenfügen wie anorganische Kristalle, bei denen ›Information‹ und Struktur zwei Seiten derselben Medaille bilden. Wie bei Kristallen sind die Resultate verlässlich, reproduzierbar und starr, dabei aber um ein Vielfaches komplexer. Und in größeren Maßstäben, also etwa bei der Form und Anordnung der Zellen, kommen auch noch andere Faktoren ins Spiel. Forscher fangen erst an, die Bedeutung von beispielsweise Bioelektrizität zu erfassen, bei der bestehende Zellen Signale senden, um die Positionierung und

Andere wichtige Gene in der Embryonalentwicklung haben Namen wie Sonntagsfahrer (nach einer Mutation, die Moleküle bei ihrer Reise durch Nervenzellen auf Irrfahrt schickt); Ken und Barbie (nach einer Mutation, bei der die äußeren Genitalien fehlen); und Britische Bahn (nach einem Gen, das die Expression eines anderen Gens mit der Bezeichnung Immer früh unterdrückt). Eine Mutation eines Gens mit der Bezeichnung Billiges Date lässt das Tier besonders sensibel auf Alkohol reagieren.

Struktur neuer Zellen zu steuern. Darüber hinaus muss sich die Gesamtgestalt einer neuen Zelle an die räumlichen Gegebenheiten des Ortes anpassen, den sie in einem Gewebe erhalten soll. Mit alldem soll nicht gesagt sein, dass Gene unbedeutend wären. Gleichwohl zeigt sich bei der Entwicklung des Herzens manch erstaunliche genetische Kontinuität über evolutionäre Zeiträume. Zum Beispiel teilen sich Menschen, Fische und Fruchtfliegen ein bestimmtes, für den Herzaufbau wesentliches Gen (dem schelmisch die Bezeichnung Tinman-Gen verliehen wurde – nach dem Blechmann in *Der Zauberer von Oz*, der kein Herz besitzt).

Achtzehn Tage nach der Empfängnis ähnelt ein menschlicher Embryo einer winzigen Marmeladenstulle: einer Scheibe mit drei unterschiedenen Zellschichten. Bald beginnt es, sich zu drei verschachtelten Zylindern zusammenzurollen; doch bevor dies geschieht, fügen sich einige der Zellen in der mittleren Schicht um die Ränder der Scheibe langsam zu einer mondsichelförmigen Röhre zusammen. Sowie sich die Scheibe zu ringeln beginnt, fügt sich der Halbmond vor dem sich bildenden Körper zusammen. Dies ist die Vorstufe des Herzens. Am zweiundzwanzigsten Tag sind die beiden Röhren miteinander verschmolzen, die Wand zwischen ihnen verschwindet in etwa so, wie die Wand zwischen zwei aneinanderliegenden Seifenblasen verschwinden kann. Nach achtundzwanzig Tagen fängt die Röhre an zu schlagen – der erste bewegliche Teil unseres Körpers und auch der

Wenn es anfängt zu schlagen, liegt die Herzfrequenz des Embryoherzens bei 75-80 Schlägen pro Minute (Bpm) – ähnlich wie das der Mutter. Danach beschleunigt es sich bis zu 165-185 Bpm in der siebten Woche und verlangsamt sich dann wieder auf rund 150 Bpm in der fünfzehnten Woche. Bei der Geburt liegt die Frequenz typischerweise bei 145 Bpm. Die durchschnittliche Herzfrequenz eines Erwachsenen ist 60–100 Bpm.

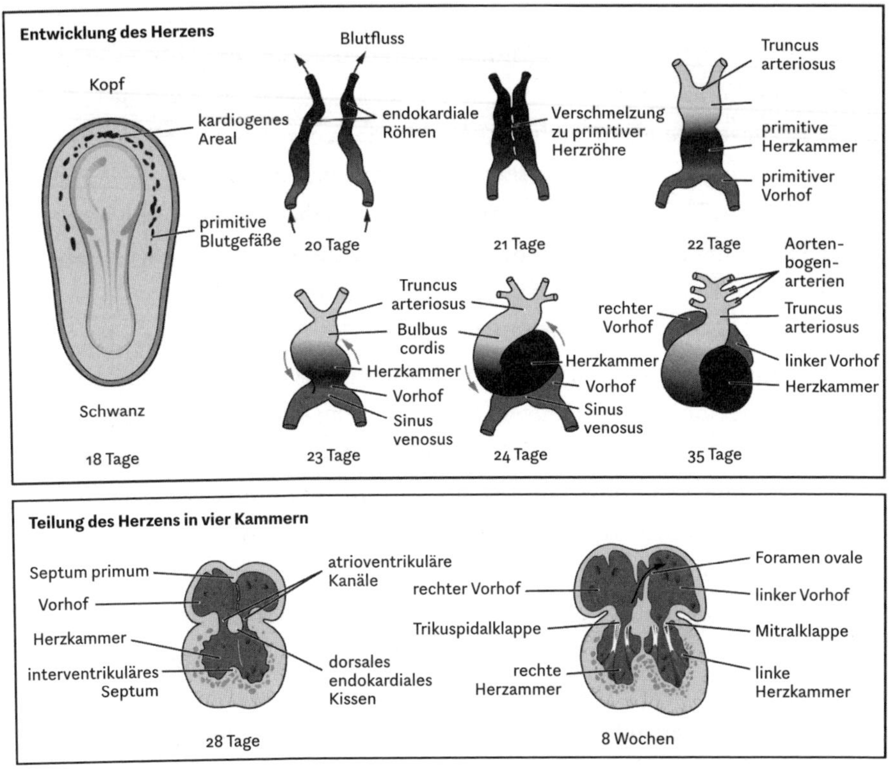

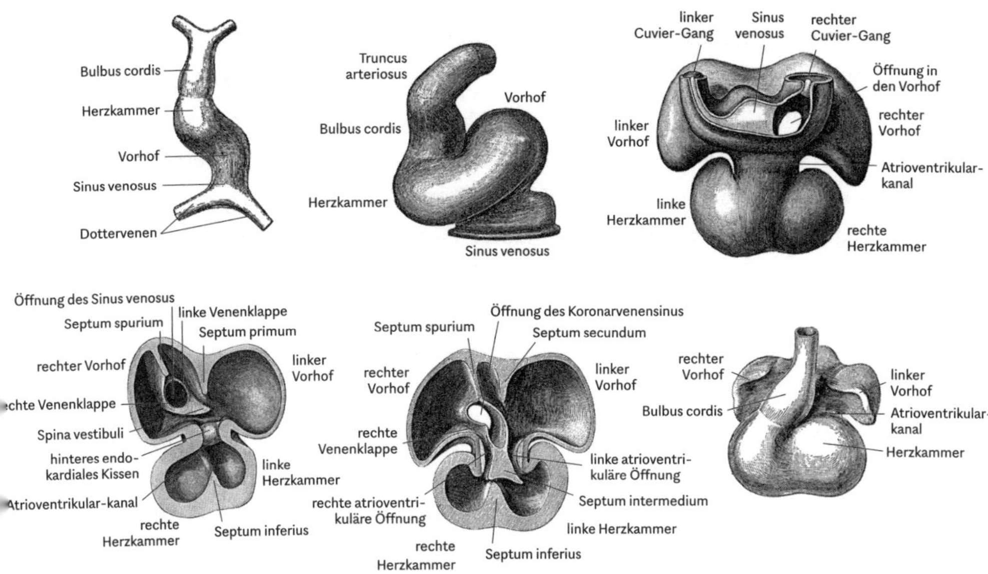

Zwei Abbildungen von Entwicklungsstadien des Herzens.

letzte –, indem sie neu gebildete Blutkörperchen durch neu gebildete Blutgefäße pumpt.

In diesem Stadium sieht das Embryoherz aus wie das Herz eines ausgewachsenen Fischs, indem das Blut in das ›Schwanz‹-Ende hineinfließt und aus dem ›Kopf‹-Ende wieder hinausgepumpt wird, wenn sich das Herz zusammenzieht, und dabei in einem einzigen Kreislauf durch den Körper fließt, so wie es bei Fischen der Fall ist.

Ein einfacher Blutkreislauf genügt für einen menschlichen Fötus, der Sauerstoff durch die Nabelschnur von der Mutter erhält. Er würde aber den Tod bedeuten, finge das menschliche Baby an, Luft zu atmen. Der Grund dafür hängt mit Druck zusammen. Die Kiemen eines Fischs entnehmen den Sauerstoff direkt dem Wasser, das dieselbe Dichte aufweist wie das Blut in seinem Körper. Dasselbe gilt für einen Fötus in seiner Flüssigkeit. An Land müssen wir den Sauerstoff hingegen der Luft entnehmen, die eine viel geringere Dichte aufweist. Besäßen wir nur einen einfachen Kreislauf, dann wäre der für eine Zirkulation des Bluts überall durch unseren Körper notwendige Druck zu hoch für die dünnwandigen Kapillargefäße in den Luftkammern unserer Lunge. Er würde Blut in diese Kammern drücken und wir würden ertrinken. Aus diesem Grund mussten Landtiere zwei Kreisläufe entwickeln, mit geringerem Druck im Lungenkreislauf. Zunächst behalfen sie sich mit drei Herzhöhlen, was wir heute noch bei Amphibien beobachten können. Etwa um die Zeit der ersten Archosauria (die gemeinsamen Vorfahren von Dinosauriern und Vögeln) entwickelten sie eine vierte Herzhöhle. Herzen mit vier Höhlen erwiesen sich als ausreichend, um alle Arten von Tieren, vom flinken Zaunkönig bis zum mächtigen Blauwal, mit Energie zu versorgen. Von diesem Punkt an hat sich die Grundarchitektur des Herzens kaum noch verändert.

Mit vier Wochen fängt die einfache Herzröhre des menschlichen Embryos an, sich ein wenig zu beulen und zu verdrehen, wie wenn man eine leere Socke von beiden Enden her andrückt. Das Beulen erzeugt eine Reihe von Höhlen und vor allem einen einfachen Vorhof und eine

Das geschieht, wenn eine pulmonalvenöse Hypertonie nicht behandelt wird.

einfache Herzkammer. Dann beginnt die Teilung in linke und rechte Seite, indem Raumteiler wie Gleittüren mitten durch die Höhlen wachsen. Die Kammer ist vollständig in zwei geteilt, dasselbe gilt für den Ausflusstrakt, der die aufsteigende Aorta und die Pulmonalarterie (Lungenschlagader) bilden wird. Im Vorhof wächst die Scheidewand von der Decke herab, bildet aber, kurz bevor sie den Boden erreicht, oben zwischen dem rechten und linken Vorhof eine ovale Öffnung heraus, die Foramen genannt wird. Eine zweite Scheidewand wächst gleich neben der ersten ebenfalls von oben nach unten und lässt unten eine Öffnung. Aufgrund des Durchgangs kann das Blut von einer Seite des Herzens auf die anderen fließen, sodass dieses weiterhin wie ein Fischherz mit zwei Höhlen funktionieren kann.

Wenn das Baby dann zur Welt kommt und seinen ersten Atemzug tut, dehnt sich seine Lunge aus und der Druck in ihrem Inneren fällt ab. Dadurch wird Blut in das Netz aus Kapillargefäßen um die sich weitenden Räume in der Lunge gezogen und eine Welle mit Sauerstoff angereicherten Bluts strömt durch die Lungenvenen in den linken Vorhof. Der Druckzuwachs in diesem Vorhof presst die zweite Scheidewand gegen die erste und schließt dadurch dauerhaft die Klappe zwischen beiden. Im Verlauf der folgenden Monate vereinigen sich die Scheidewände, auch wenn Spuren der ursprünglichen Öffnungen bleiben und bei einigen Individuen, die es nicht so glücklich getroffen haben, die Abdichtung nicht lückenlos schließt – ein Herzfehler, der als Ventrikelseptumdefekt oder »Loch im Herzen« bezeichnet wird. Doch wenn alles glattläuft, dann haben wir ein voll funktionstüchtiges Herz mit vier Höhlen, eingestellt wie ein Uhrwerk, wenn wir das erste Mal Luft schnuppern.

Unser Herz und das Blut, das es durch unseren Körper pumpt, folgen unterschiedlich langen Rhythmen, verteilt über die gesamte Zeitskala unserer Existenz. Am einen Extrem vibrieren die roten Blutkörperchen millionenfach jede Sekunde, am anderen bilden sie einen Grundbaustein des kontinuierlichen Kreislaufs von Geburt und Tod. Nachdem sie im Knochenmark gebildet wurden, stoßen sie vor Eintritt in den Blutstrom ihren Zellkern ab und bleiben daher gewöhnlich nur etwa 120 Tage in Funktion, bevor sie zerfallen und folglich ausgesondert und durch neue ersetzt werden. Mit Billionen davon gleichzeitig im Körper schlägt die Rührtrommel der Schöpfung und Zersetzung etwa 2,5 Millionen Mal pro Sekunde oder Hunderte Milliarden Mal am Tag. Darüber hinaus produziert unser Körper täglich viele Hunderte Milliarden neuer Blutplättchen (die mittels Verklumpung und Gerinnung Blutungen durch Blutgefäßverletzungen stoppen) und etwa zehn Milliarden weißer Blutkörperchen (Immunzellen), nicht ohne eine entsprechende Anzahl auch zu zerstören.

Am anderen Ende der Zeitskala unseres Lebens bleiben einige Immunzellen in unserem Blut über weite Strecken oder sogar unser ganzes Leben lang erhalten. Auch die meisten Zellen in unserem Herzen bleiben von der Geburt bis zum Tod im Einsatz. Tatsächlich herrschte sogar die Überzeugung vor, dass die Zellteilung im Herzen kurz nach unserer Geburt zum Stillstand käme und dass wir mit den Herzzellen lebten und stürben, mit denen wir geboren wurden. Innerhalb des vergangenen Jahrzehnts hat sich jedoch die Erkenntnis durchgesetzt, dass dies so nicht ganz stimmt. Während das Herz unablässig pumpt, werden ständig einige seiner Zellen ersetzt. Der Umschlag geht sehr langsam vor sich – bis zu einem Alter von zwanzig Jahren mit etwa einem Prozent des Herzens pro Jahr und danach immer langsamer –, aber es genügt für eine Transformation. Diese Entdeckung könnte für die Entwicklung von Therapien zur Beschleunigung der Regeneration von Bedeutung sein. Dennoch bleibt es dabei: Unser Herz ist zum größten Teil stabil, dauerhaft und unglaublich robust, auch wenn der Körper um es herum durch permanenten Wandel wirbelt.

Der Rhythmus des täglichen Lebens liegt zwischen diesen Extremen von Millionen Malen pro Sekunde und weniger als einmal im Leben. Und bei all unserem analytischen und technologischen Können, ganz zu schweigen von unserer Fähigkeit zur Entfremdung, gelingt es uns doch nie, diesem Herzschlag zu entkommen.

In den 1990er-Jahren entdeckten Forscher im Gehirn von Makaken ›Spiegelneuronen‹, die Signale sendeten, wenn die Affen das Verhalten von Artgenossen sahen und/oder nachahmten. Die Begeisterung war riesig. Der Neurowissenschaftler V. S. Ramachandran sah darin die Grundlage der »außerordentlichen menschlichen Fähigkeit zu Empathie«, wenngleich die Neuronen in Affen- und nicht in Menschengehirnen entdeckt worden waren, und nannte sie »Gandhineuronen«, weil sie die Grenzen zwischen den Menschen einrissen. Der Hype ist weitgehend abgeflaut, aber wir wissen, dass Menschen, wie viele andere Säugetiere (insbesondere Elefanten, Wale und Delfine), eine starke Tendenz zur Anteilnahme und Verbundenheit zeigen. Und wir wissen ebenfalls, dass sich dies, obwohl es unbewusst oder bewusst im Gehirn manifest sein mag, auch im Herzen ausdrückt. David Humes Musikvergleich – dass Menschen gegenseitige Resonanz zeigen wie gleich lange Saiten unter gleicher Spannung – erweist sich als nahezu buchstäblich wahr.

»Wie bei Saiten, die gleich gespannt sind, die Bewegung der einen den übrigen sich mitteilt, so gehen alle Leidenschaften sehr leicht von der einen Person zur andern und erzeugen in jedem Menschen übereinstimmende Bewegungen.« David Hume

Jedes Jahr in der Nacht der Sommersonnenwende laufen Dorfbewohner im spanischen San Pedro Manrique einer alten Tradition folgend sieben Meter barfuß über rot glühende Kohlen. 2010 überwachten Forscher die Herzfrequenz der Kohlengänger und beobachteten, dass diese gegen den Höhepunkt des Laufs bis auf zweihundert Schläge pro Minute ansteigen konnte – theoretisch genug, um einen Herzinfarkt zu verursachen –, obwohl die betreffenden Personen nach außen hin ruhig blieben und keine schädlichen Folgen zeigten. Die Forscher überwachten auch die Herzfrequenz der Freunde und Verwandten der Kohlengänger sowie die fremder Besucher. Dabei zeigte sich, dass diese im Verlauf des Spektakels fast dasselbe Muster wie die Herzfrequenzen der Kohlengänger aufwiesen, also fast synchron anstiegen und wieder abfielen. Je enger dabei die sozialen Beziehung zwischen einem

Kohlengänger und einer außenstehenden Person, desto stärker synchronisierten sich ihre Herzfrequenzen: Die eines Ehepartners oder Lebenspartners lagen näher an denen eines Kohlengängers als die eines Freundes, und die eines Freundes näher als die von Fremden. Diese Korrelation war so stark, dass die Forscher allein durch Vergleich der Herzmuster eines Kohlengängers und eines Zuschauers treffsicher die Stärke ihrer sozialen Bindung voraussagen konnten.

Am anderen Ende des Spektrums korrelieren gesellschaftliche Isolation, Ängste und Depression häufig mit Herzerkrankungen und Herzversagen. Die Unordnung und ökonomischen Verwerfungen nach dem Zusammenbruch der Sowjetunion führten zu einem deutlichen Anstieg dieser Leiden. In Großbritannien sehen sich Alleinlebende heute einem doppelt so hohen Risiko schwerer Herzerkrankungen ausgesetzt: Man kann tatsächlich an einem einsamen Herzen sterben.

Es liegt im Bereich des Möglichen, dass eines Tages Menschen oder posthumane Wesen ohne Herzschlag leben werden. Künstliche Herzen, die das Blut in einem ruhigen und gleichmäßigen Fluss durch den Körper pumpen, haben sich zumindest über kurze Strecken bereits als funktionsfähig erwiesen. Dass wir damit auch langfristig leben könnten, erscheint weniger wahrscheinlich: Das Kreislaufsystem hat sich über Hunderte Millionen Jahre Hand in Hand mit dem Anschwellen und Abfallen des Blutstroms entwickelt und allerlei kaum merkliche, aber wichtige Effekte könnten davon abhängen. Aber wenn es denn möglich sein sollte, uns mit einem kontinuierlichen Blutfluss zu versehen, würden wir dann den Herzschlag vermissen? Würde seine Abwesenheit, selbst wenn er gewöhnlich von Tausend anderen Geräuschen überlagert wird, uns das Gefühl geben, dass etwas tief in uns abgestorben ist? Vielleicht entwickeln Designer ja dann eine Simulation von Herzschlag und Vibration, so wie sie das teuer klingende Einschnappen einer Autotür oder das haptische Feedback eines Handys entwerfen.

Bereits existierende Eingriffe können Erstaunliches leisten – haben aber unvermeidlich auch Schwächen. In seinem Gedicht ›The Halving‹ beschreibt Robin Robertson eine Operation, mit der eine von Geburt fehlerhafte Aortenklappe seines Herzens ersetzt werden sollte. Robertson beschreibt, wie, als er nach dem Eingriff wieder zu sich kam, Delirium und Schmerz durch »eine Schwärze« abgelöst wurden: eine Beeinträchtigung des Gemütszustands und Wahrnehmungsvermögens, die von manchen auch ›Pumpenkopf‹ genannt wird. In *Adventures in Human Being* erklärt der Arzt und Schriftsteller Gavin Francis, dass bis zu einem Drittel der Patienten, deren Blut wegen eines operationsbedingten Herzstillstands durch eine Herzlungenmaschine gepumpt wurde, dieses Symptom entwickeln. Manche werden gewalttätig, andere schweigsam und wieder andere enthemmt und vulgär. Die Ursache dafür ist nicht bekannt. Möglicherweise stören winzige, durch den Eingriff von den Arterien abgelöste Fettpartikel oder in das Blut eingebrachte Blasen den Blutfluss im Gehirn. Es mag auch durch eine Entzündung im Gehirn infolge des Traumas einer aufgestemmten Brust und auseinandergekeilter Rippen hervorgerufen werden. Es könnte auch eine Nebenwirkung der Abkühlung des Bluts durch die Herzlungenmaschine sein. Doch es könnte laut Francis auch noch einen anderen Grund geben: Selbst die modernsten Maschinen können nicht den natürlichen Puls des Herzens nachahmen, und möglicherweise ist der innere Rhythmus des Herzens für unser Wohlbefinden essenziell.

Der Rhythmus des Lebens

Musik zeichnet sich unter anderem dadurch aus – und vielleicht liegt darin ihre wichtigste Eigenschaft –, dass sie Menschen miteinander verbindet. Es hat, so dürfen wir annehmen, mit Vokalmusik, Gesang und rhythmischen Bewegungen des Körpers vom Taktschlagen bis zu entwickelten Tänzen angefangen. Ton und Rhythmus vibrieren durch den Körper, insbesondere im Brustkorb, wo Herz und Lunge sitzen, und ganz besonders beim Singen. Harmonische Intervalle schwingen zusammen, entweder als Obertöne in einer einzelnen Stimme oder als Akkord bei gemeinsamem polyphonen Singen. In solchen Momenten kann es sich anfühlen, als stießen wir ins Wesentliche des Daseins

»In jedem Lied gibt es Distanz […]. In allen Liedern geht es implizit und häufig auch explizit um Reisen […]. Indem das Lied miteinander geteilt wird, wird auch die Abwesenheit miteinander geteilt und dadurch weniger akut, weniger einsam, weniger still. Und diese Verminderung der ursprünglichen Abwesenheit [,] wird kollektiv als etwas Triumphales erlebt.« John Berger

vor. Mit Musik können wir aus der Distanz berühren und berührt werden.

Im frühen 17. Jahrhundert benutzte Robert Fludd das Bild einer kosmischen Leier oder eines göttlichen Monochords, um damit die pythagoreische Idee eines gemäß den mathematischen Verhältnissen harmonischer Intervalle geschaffenen Universums zu beschreiben. Heutzutage schauen Psychologen, Musikwissenschaftler und andere zuerst einmal nach Entdeckungen, die in Bereichen wie Neurowissenschaft und Physiologie gemacht werden. Wenn zum Beispiel zwei Töne eine Oktave bilden, gibt eine Gruppe von Hörnerven doppelt so schnelle Signale ab wie eine andere. Signale der langsameren Gruppe haben dieselbe vorhersehbare Beziehung zu den Signalen der schnelleren Gruppe, und Neuronen, die für beide empfänglich sind, erhalten ein vorhersehbares und leicht zu interpretierendes, sich wiederholendes Muster. Die Grundlage der von uns wahrgenommenen Harmonie könnte also in der erfolgreichen Vorhersage in einer frühen Phase der Wahrnehmung liegen, wodurch Belohnungsschaltkreise im Gehirn aktiviert werden. Das mag alles stimmen, und doch ist das nicht alles. Frank Wilczek, dessen Harmonietheorie ich eben dargestellt habe, weist auch darauf hin, dass die Gleichungen für Atome und Licht praktisch dieselben sind, die auch für Musikinstrumente und Töne maßgeblich sind.

Eine Untersuchung von Hunderten Musikaufnahmen aus der ganzen Welt fand sechs universelle rhythmische Eigenschaften unter achtzehn musikalischen Merkmalen. Dazu gehören ein gleichmäßiger Taktschlag, zwei- oder dreitaktige Rhythmen (wie in Märschen und Walzern), eine Präferenz für zweitaktige Rhythmen, regelmäßige schwache und starke Beats, eine begrenzte Zahl von Taktmustern pro Lied und die Verwendung dieser Muster zum Aufbau von Motiven oder Riffs.

Doch wie es sich auch immer mit Tonhöhen, Harmonie und Klangfarbe verhalten mag, Rhythmus ist bei jeder oder zumindest fast jeder Art von Musik, an der sich Menschen erfreuen, essenziell. Er bildet den Rahmen, in dem sich

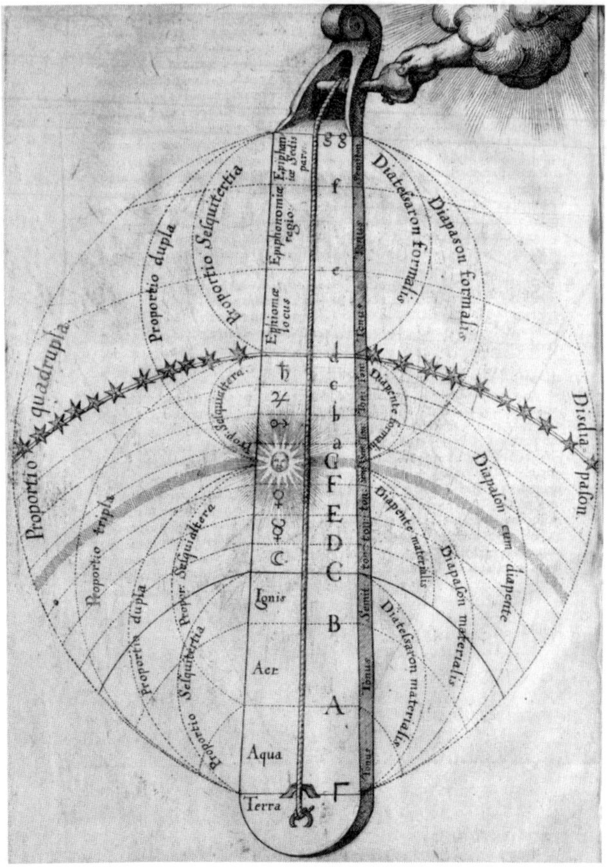

The Divine Monochord (Das göttliche Monochord) von Robert Fludd (1617).

höherfrequente Vibrationen derselben Note oder die mehrfachen, sich überlagernden Töne einer Harmonie in einem musikalischen Narrativ entfalten. Rhythmus ist über unterschiedliche Traditionen hinweg wesentlich und universell – ob es sich um ein Streichquartett von Beethoven oder Schubert, in Nachtclubs gepumpte Tanzhymnen oder die Lieder zentralafrikanischer Pygmäen handelt. Musik kann fast nur aus Rhythmus bestehen, wie in Steve Reichs »Clapping Music«

Die Klangfarbe – der Charakter oder die Qualität eines musikalischen Klangs – ist vom Schriftsteller und Journalisten Tim Falconer treffend als sein Duft oder Terroir beschrieben worden.

oder mit Zusatz von Klangfarbe sein Stück »Drummings«. Selbst eine Aufführung von John Cages »4′33″« enthält Rhythmen wie Atemgeräusche und, bei sehr aufmerksamen Zuhörern, den eigenen Herzschlag.

Neben dem Herzschlag haben auch andere Körperrhythmen Einfluss auf Musik. Regelmäßige Bewegungen beim Tanzen, Laufen und Gehen können offensichtlich eine wichtige Rolle spielen. Doch Musik trennt sich nie vollständig vom Herzschlag ab. Musikalische Tempi decken im Allgemeinen dasselbe Spektrum ab wie unsere Herzfrequenz, selbst wenn sie gelegentlich auch in die Extreme unterhalb von dreißig Schlägen pro Minute (*larghissimo*) und oberhalb von zweihundert Schlägen pro Minute (*prestissimo*) fallen.

Synkopierung: »eine Störung oder Unterbrechung des regelmäßigen Rhythmus«; eine »Setzung rhythmischer Betonungen oder Akzente, wo sie normalerweise nicht vorkommen«. ›Synkope‹, der medizinische Ausdruck für Ohnmacht, stammt von derselben Wurzel mit der Bedeutung ›ausstreichen‹ oder ›abschneiden‹.

Wiederholung und damit Vorhersagbarkeit stellen entscheidende Züge nahezu jeder Art von Musik dar, doch wir erfreuen uns auch an Variationen und Veränderungen, die die Grenzen der Muster verschieben, solange es mit dieser Verschiebung nicht übertrieben wird. Das zeigt sich klar in der Synkopierung. Eine Untersuchung, bei der die Teilnehmer Funk-Schlagzeugbreaks mit unterschiedlichem Grad an Synkopierung zu hören bekamen und dann bewerten sollten, wie ihnen die Breaks gefielen und in welchem Maße sie sie zur Bewegung animierten, kam zu dem Ergebnis, dass Synkopierung »ein wichtiger struktureller Faktor in körperlichen und affektiven Reaktionen auf Groove« darstellt. Das klingt nach einer gestelzten Formulierung für das Offensichtlichste: Groove gibt Menschen Schwung und ein gutes Gefühl. Doch die Forscher wollten auf einen ernst zu nehmenden Punkt hinaus: Ein mittlerer Grad an Synkopierung macht uns am meisten Lust auf Bewegung und bereitet uns das meiste Vergnügen. Synkopen erregen uns, indem sie uns zu Beschleunigung antreiben – in »Boogie Wonderland« von Earth, Wind & Fire beispielsweise mit unnachgiebigen 132 Schlägen pro Minute –, während sie zugleich auf den Grundbeat bezogen bleiben, sodass wir uns an etwas festhalten können. Nicht weniger wichtig scheint die Anforderung, dass die Beats weder zu einfach noch zu unregelmäßig und schwer vorherzusehen sein dürfen. In Stevie Wonders »Superstition«, das mehrere harmonische Linien übereinander synkopiert, ist der Beat im Großen glatt und vorhersehbar, im Detail aber verwickelt und unberechenbar: Es kommt hier zu einem Effekt ›kontrollierter Freiheit‹, der höchst anregend wirkt.

Ein zu einfacher und zu rhythmischer Herzschlag kann ein Warnzeichen für eine Herzinsuffizienz sein.

Im Fluss

Manchmal bringt Musik die Rettung, aber es gibt auch Situationen, in denen sie nicht genügt. Wir brauchen eine möglichst direkte Verbindung mit Rhythmen, die größer sind als der Mensch. Was mir unter anderem geholfen hat, nicht zu verzagen, waren Spaziergänge und Läufe in Wildnis und bei Nässe – Orte, die nur von wenigen Menschen aufgesucht werden und wo daher das Land an sich selbst lebendiger ist und das Abseitige in den Vordergrund rücken kann. Bewegt man sich über unebenen Boden, fordert es Herz und Lungen, birgt jeder Schritt die Gefahr, zu stolpern und zu fallen, doch gleichzeitig entsteht ein Verbundenheitsgefühl – ein Gespräch zwischen Körper und Land ohne bewussten Eingriff durch den Verstand. Mit jedem Aufsetzen eines Fußes läuft eine Vibration das Bein hinauf: ein meist regelmäßiger, gemeinsamer Beat mit dem Land, der teilweise aber auch mit der Schrittlänge, der Art des Gesteins oder Bodens und der Steigung variiert.

Dann verfliegt meine eigene Version von Pumpenkopf – ein mit Übelkeit verbundener, entkörperlichter Zustand, der davon herrührt, dass ich zu viel Zeit vor dem Bildschirm mit der Manipulation von Zeichen oder mit dem Nachdenken über das Geschehen der sogenannten ›Welt‹ zubringe – und trotz der Anstrengung entsteht eine innere Ruhe.

Wenn wir atmen, verbindet unsere Lunge die Welt direkt mit dem Herzen. Manche

»Jede Landschaft hat ihre eigene, besondere Seele« Christian Morgenstern

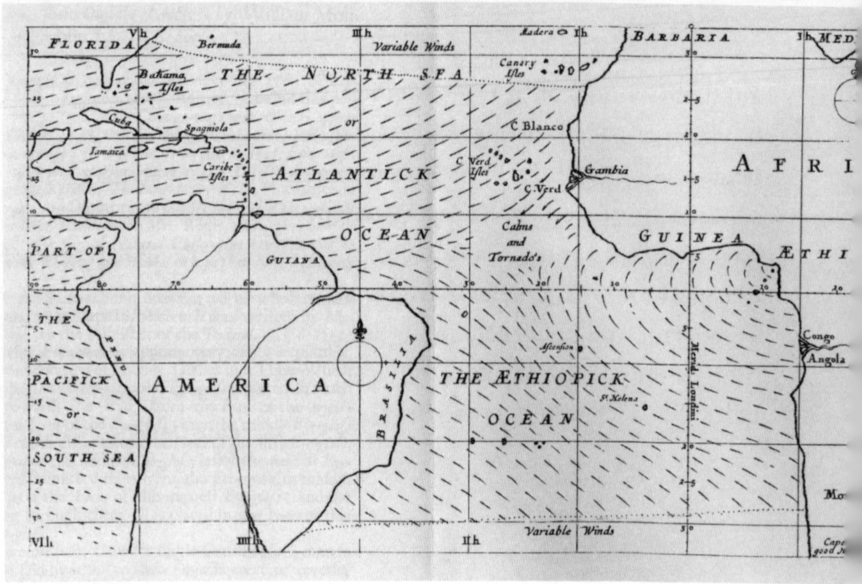

Winde – darunter Föhn, Levante, Santa-Ana-Winde, Sharav und Scirocco – bringen Unruhe entweder unmittelbar vor oder bei ihrer Ankunft. Aber ich habe auch andere, freundliche kennengelernt. Vor fast zwanzig Jahren half ich bei der Atlantiküberquerung mit einem kleinen Segelboot im Winter. Von den Bermudas östlich Richtung der Azoren hatten wir tagelang stetigen Wind und das Boot glitt glatt durch das Wasser wie ein nasses Stück Seife durch die Hände. Der Wind blies auch bei Nacht und so unter den Sternen vorangetragen zu werden, fühlte sich an wie vollkommene Freiheit. Noch Jahre später blies dieser Wind in meinen schönsten Träumen.

Ein solches Erlebnis hatte ich erst ein Jahrzehnt später wieder, als ich auf die Philippinen reiste, um den Anwalt Antonio Oposa zu treffen, der sich für die Rettung der Überreste einst herrlicher Regenwälder und Korallenriffe einsetzte, damit zukünftige Generationen zumindest Ansatzpunkte

»Vorsicht: Achte auf diesen zärtlichen Zephyr, diese milde Brise; es ist der Blick des Todes, der uns ständig anstarrt, verzaubert aus der Ferne – eine Vorwarnung des starken Sturms, der kommt und uns fortträgt in seinem Busen wie Stäubchen im Wind.« Francisco González-Crussi.

»[…] deine Stimme des Windes, die randvoll die Gesamtheit der Bewegung anfüllt; deine Stimme der Farben, der ewigen Lichter der Meere.« Juan Ramón Jiménez

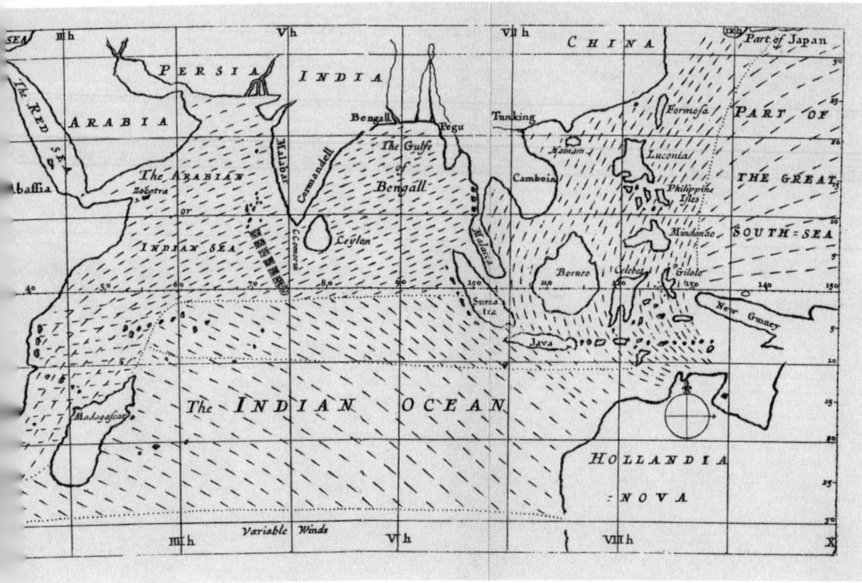

für einen Wiederaufbau haben. Eine Nacht war ich in einem Urlaubsdomizil von Oposas Eltern untergebracht. Dieses Haus an der Küste einer kleinen Insel fernab von den Städten war am Dachvorsprung offen. Die ganze Nacht blies eine stetige Brise von der See her hindurch, vertrieb die Hitze und Feuchtigkeit des Tages und brachte Träume wie aus der Kindheit von einem Boot, das kurz davor steht, zu einer große Reise auszulaufen. Auch heute, viele Jahre später, spüre ich den Anklang einer solchen Traumbrise selbst in dem Städtchen, in dem ich wohne. Von Zeit zu Zeit und besonders in wärmeren Frühlingsnächten trägt die Luft hier den Duft des Bodens und der Wälder und selbst der mehr als 80 Kilometer entfernten See. Alles atmet. Ich fühle mich im Einklang mit meinem Herzschlag und nicht mehr, als müsste ich ersticken.

In den 1990er-Jahren gewann Oposa einen Rechtsstreit vor dem Höchsten Gericht der Philippinen um das Recht von Kindern und zukünftigen Generationen, dass ihnen der Regenwald intakt überlassen wird. Der Fall wurde international gefeiert.

›Petrichor‹ (vom Griechischen *petra*: Stein, und *ichor*: göttliche Flüssigkeit) bezeichnet den Geruch in der Luft, bevor oder während Regen auf heißen, trockenen, steinigen Grund fällt. Entsprechend könnten wir von ›chomichor‹ (*choma*: Erdboden) und ›dasichor‹ (*dasos*: Wandgebiet) sprechen.

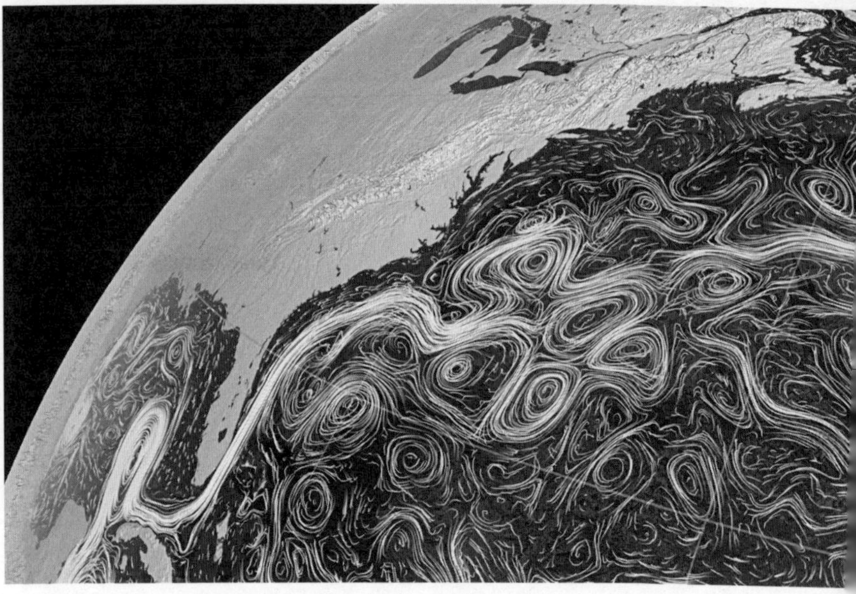

Robert Fludd und andere Mystiker haben behauptet, der menschliche Körper enthalte in seinem Mikrokosmos alle Eigenheiten der Welt im Großen, des Makrokosmos. Man muss das nicht wörtlich für wahr halten, um Ähnlichkeiten und Resonanzen zwischen verschiedenen Größenordnungen zu erkennen. Bei seiner Untersuchung des Herzens entdeckte Leonardo da Vinci, dass sich das Blut in Wirbeln durch die Sinus Valsalvae der Aorta bewegt, und fand mithilfe selbst entworfener durchsichtiger Glasmodelle heraus, dass die Turbulenzen ein einwandfreies Funktionieren der Aortenklappe befördern. Dabei konnte er sich auf frühere Beobachtungen über die Effekte von Turbulenzen in Flüssen stützen. Heute können wir solche Strömungen in ungleich größerem Maßstab bewundern. Natur »arbeitet fortwährend in Kreisen«, schrieb Isaac Newton. Eine von seinem Zeitgenossen Edmund Halley 1686 angefertigte Karte der Passatwinde zeigt, wie buchstäblich er damit recht hatte. Heute verstehen wir solche Prozesse sehr viel detaillierter. Es gibt beispielsweise Wirbel und Strudel in windgetriebenen Strömungen auf der Meeresoberfläche, die in wundervollen dynamischen Karten wie der Perpetual Ocean-Visualisierung der NASA für unser Auge sichtbar werden.

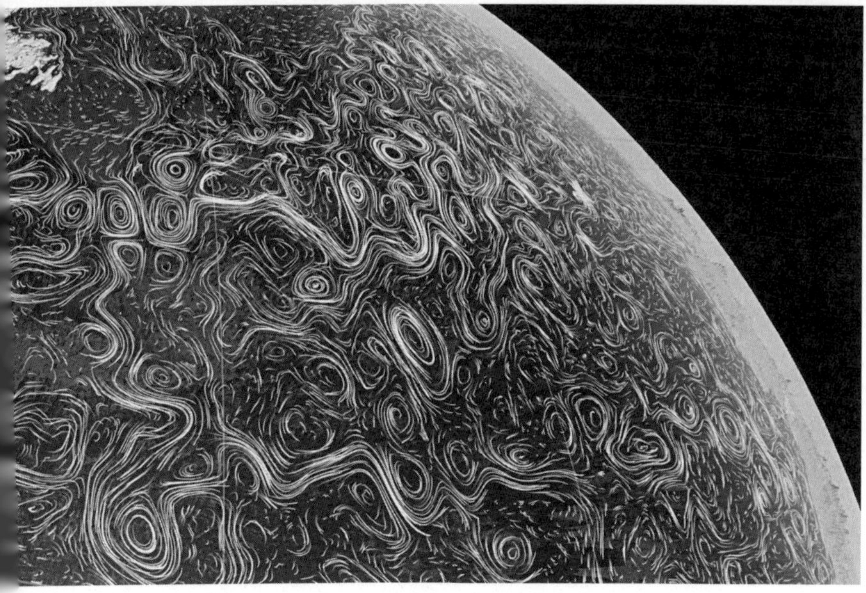

Strömungen in den Ozeanen unterscheiden sich in vielen Hinsichten von der Zirkulation des Bluts in unserem Körper. Aber es bestehen auch Übereinstimmungen. Die Formen einiger Oberflächenströmungen ähneln den Strömungen, die Leonardo beobachtete, und die Vermischung und Bewegung des Meerwassers ist essenziell für das Fortbestehen des Reichtums an Leben. Solche Ströme, die wir an der Oberfläche sehen können – von den rauchringförmigen, die der Agulhasstrom vor Südafrika Richtung Westen treibt, bis zu den Wellen des Kuroshio vor Japan, der sich in die Weiten des Pazifiks erstreckt –, sind mit anderen, weniger gut sichtbaren verbunden. An manchen Orten unseres Planeten sinkt sauerstoffreiches Wasser auf den Boden des Ozeans hinab und bewegt sich in einem Zyklus von tausend Jahren oder so um die Erde, bevor es wieder an die Oberfläche tritt. Zurzeit wird der größte Teil der zusätzlichen Temperatur, die die Erderwärmung bringt, von den Ozeanen aufgenommen. Die Folgen (die möglicherweise durch den schnellen Sauerstoffentzug, zu dem es in einigen Regionen bereits zu kommen scheint, ihre Schatten vorauswerfen) lassen sich schwer vorhersagen, dürften aber zerstörerisch wirken. Solange jener kleine mächtige Beat in uns fortbesteht, können wir Zeugen und Akteure der kommenden Veränderungen sein.

4

Ein Hyperobjekt im Kopf
Gehirn

Das Gehirn ist eine Welt aus zahlreichen unerforschten
Kontinenten und großen Gebieten unbekannten Terrains.
Santiago Ramón y Cajal

Es fällt mir ein, dass kein Traum, mag er noch
so absurd und albern sein, im Weltall verloren geht.
Bruno Schultz

Als ob das Meer sich teilte
Und sehn ließ noch ein Meer –
Emily Dickinson

Als ich Freunde und Bekannte fragte, ob sie nicht Empfehlungen für wundervolle Dinge hätten, die gut zu erreichen und frei oder kostengünstig zugänglich wären, nannten mehrere von ihnen die großen Vogelschwärme, die sich im Watt ihre Nahrung suchen und in Scharen ans Land fliegen, wenn die Flut heranströmt. Der Schriftsteller Robert Macfarlane erwähnte besonders den Knutt, eine Spezies der Strandläufer aus der Familie der Schnepfenvögel. Ihr Wintergefieder ist silbergrau von oben und weiß von unten und wenn sie ins Sonnenlicht fliegen, scheinen sie hell aufzuleuchten wie Schnee- oder Eisflecken. Auf einmal wendet der ganze Schwarm und verschwindet, als wäre er von unserer Dimension in eine andere geglitten. Und dann wendet er erneut und befindet sich wieder sichtbar inmitten unserer Welt. »Es ist absolut faszinierend anzuschauen.«

Kurz vor Morgengrauen zur Frühlings-Tagundnachtgleiche fand ich mich also im RSPB Snettisham wieder, einem Naturschutzgebiet an der Stirn der schädelförmigen Küstenlinie Norfolks, von wo aus man ›the Wash‹, eine große, seichte Bucht an der Ostküste Englands, überblickt. Bei Flut kommen hier Knutte und andere Vögel in großer Zahl an Land und rasten neben einer Lagune, wo während des Zweiten Weltkriegs Kies für den Bau von Flugpisten abgebaut wurde. Es bedurfte keiner großen Überzeugungskraft, um mich an diesen Ort zu bringen: Ein Schwarm Tausender Stare, der sich über den Himmel rollt und sich verformt wie ein einzelner Organismus (was sich zur Abschreckung und Verwirrung von Raubvögeln entwickelt haben mag), gehört zu dem Schönsten, was ich kenne. Das Wunder wird noch größer, wenn man erfährt, dass diese Bewegung von derselben Mathematik beschrieben wird, die auch die Bewegung von Helium in supraflüssigem Zustand beschreibt, in dem das Gas fast bis auf den absoluten Nullpunkt abgekühlt wird und sich die Atome alle im selben Quantenzustand befinden. Es könnte sogar sein, dass sich Dunkle Materie, eines der großen Rätsel der Kosmologie, in ähnlicher Weise verhält. Gleich der Musik erscheint auch ein solcher Schwarm, um es in den Worten Thomas Brownes zu sagen, als »eine vorbildliche und hieroglyphische Abschattung der ganzen Welt«.

Die erste Überraschung brachte, dass das Meer derart schnell über das Watt heranschoss. Es war die höchste Flut dieser Saison – die gemeinsame Ausrichtung von Sonne und Mond liefert dieses bisschen Extra an gekrümmter Raumzeit – und die Wasserfläche trieb sich wie das Hochwasser eines Flusses über sich selbst purzelnd nach vorn. In diesem Biest lauerte Gefahr, man vernahm es, bevor man es sah; doch draußen im Watt, fast schon zum Greifen nah, erhoben sich die Vögel so munter in die Lüfte, wie eines Harfenspielers Finger tanzen, nur um sich ein Stück näher zur Küste gleich wieder niederzusetzen und des heranschnellenden Wassers zu harren. Sie wiederholten dieses Schauspiel mehrere Male, bis schließlich kein Streifen Watt mehr übrig blieb, auf dem sie hätten landen können. Erst dann flogen sie über die Sandbank hinweg, auf der ich stand, zur Lagune hinüber.

Und da kam die zweite Überraschung: das klimpernde Geräusch Hunderter und Tausender Knutte, wie sie Trupp um Trupp knapp über meinen Kopf stoben. Mir fehlen die Wort, um diesen Klang treffend zu beschreiben. Er hatte Ähnlichkeit mit dem Brüllen eines

Flugzeugpropellers abzüglich der Motorengeräusche. Und auch mit einem Schwirrholz – einem dieser zu den Aerophonen gehörenden antiken Musikinstrumente, die in einigen Traditionen sakrale Bedeutung tragen. Zugleich unterschied er sich auch deutlich davon. Er war laut, aber erkennbar aus vielen kleineren Geräuschen zusammengesetzt – das Flattern einzelner Flügelpaare, deren Klänge im Abstand von Sekundenbruchteilen ans Ohr gelangen und vielleicht minimal unterschiedliche Klangfarben und Mikrotöne aufweisen. Als Ganzes genommen wirkte der Lärm gigantisch und aufwühlend, und doch hatte er eine gewisse Sanftheit. Ein wenig später erhaschte ich auch das Aufblitzen, Verschwinden und Wiederaufblitzen der in der Sonne wendenden Knutte. Auch das war prächtig, doch der Klang ihres Flugs berührte mich tiefer und länger als ihr Anblick.

Der kleinste zeitliche Abstand, den wir zwischen zwei Klängen wahrnehmen können, liegt bei einem Zehn- bis Dreißigmillionstel einer Sekunde.

Wunder spüren

In *Wonder, the Rainbow, and the Aesthetics of Rare Experiences* schreibt der Wissenschaftler Philip Fisher, dass Wundern eine Beziehung zur sichtbaren Welt darstellt, denn »nur das Visuelle zeigt uns unmittelbar das gesamte Objekt und alle seine Details auf einmal«. Auf den ersten Blick scheint das zu stimmen. Doch wenn wir darüber nachdenken und uns Beispiele vergegenwärtigen, erweist sich die Wahrheit als größer und komplexer. Es stimmt wohl, dass das Sehvermögen der reichste Sinn des Menschen ist und uns hoch detaillierte und feingliedrige Eindrücke liefert. Doch er ist entgegen dem Anschein weder einheitlich noch unmittelbar (und noch nicht einmal der schnellste unserer Sinne). Sehen mag mühelos und direkt erscheinen, nimmt aber zur Verarbeitung ein Drittel des Kortex in Beschlag. Und was wir sehen, wird auch dadurch beeinflusst, was wir durch andere Sinne hören, erfühlen oder spüren, wie auch durch unsere Stimmung, unsere Erinnerungen und unser Vorwissen. In diesem Sinne nehmen wir

Objekte nicht einfach so wahr, wie sie sind. Wir nehmen sie so wahr, wie wir sind.

Für mich war das Wunder an jenem Tag an der Küste von Snettisham so sehr Aurakel wie Mirakel. Licht mag sich Millionen Mal schneller fortbewegen als Schall, aber weil für Klänge die Verarbeitungswege im Gehirn kürzer sind als für Bilder, hören wir, bevor wir sehen. Diese Unmittelbarkeit (bei der also nicht noch ein Drittes dazwischentritt) kann ein Gefühl von Immanenz (›innerhalb bleiben‹) hervorrufen und mag der Grund dafür sein, dass sakrale Orte häufig mit ungewöhnlichen Klängen und Resonanzen einhergehen. Die alten Völker hatten ein gutes Gespür dafür: Prähistorische Felszeichnungen finden sich oft genau dort, wo das Echo am stärksten ist. Wenn Flintstein von der Art, aus der sie Werkzeuge herzustellen pflegten, in einer hallenden Umgebung wie einer Höhle oder nahe einer Felswand geschlagen wird, kann dadurch ein hoher Flatterton wie von einem vorüberfliegenden Vogel entstehen. Der Musikwissenschaftler Ian Cross und der Anthropologe Ezra Zubrow, beide Rationalisten bis ins Mark, beschreiben die Wirkung bei einem Selbstversuch als »ziemlich unheimlich, [als ob es] ein reales, aber unsichtbares Wesen erweckt [hätte]«.

Wenn wir hören, dringt der Klang über das Trommelfell und drei kleine Knöchelchen an die Hörschnecke, wo verschiedene Frequenzen an unterschiedlichen Punkten entlang einer Membran in ihrer schneckenförmigen Windung Widerhall finden. Die Vibration der Membran bürstet über winzige Härchen, die über Nerven mit dem Gehirn verbunden sind, wo die Signalverarbeitung stattfindet. Dieses System kann erstaunlich sensitiv sein. Unter den richtigen Umständen hören wir Vibrationen von weniger als dem Durchmesser eines Wasserstoffatoms.

Im Alltag stehen unserer bewussten Aufmerksamkeit fünf Sinne zu Gebote: Wir sehen, was wir sehen, hören, was wir hören, spüren, was wir berühren, schmecken, was wir schmecken, und riechen, was wir riechen. (Dabei können wir uns ab und an sehr lebendig fühlen; manchmal versetzt uns der schlichte Akt des Bemerkens in einen

Zustand nahe dem, was der Zen-Gelehrte D. T. Suzuki Erleuchtung nannte – ein Gefühl »wie gewöhnliche Alltagserfahrung, nur fünf Zentimeter über dem Boden schwebend«.) Doch darin erschöpfen sich unsere Zugänge zur Welt noch nicht. Nach manchen Zählungen besitzen wir bis zu zwanzig davon, einschließlich des somatosensorischen Systems, das Temperatur und Schmerz registriert, wie auch Jucken und Kitzeln sowie Propriozeption, die uns Informationen über die Position und Bewegung unseres Kopfes und unserer Gliedmaßen liefert. (Sie befähigt uns zum Beispiel, bei geschlossenen Augen den Finger an die Nasenspitze zu führen.)

Und zentral für meine wundervolle Erfahrung an jenem Morgen in Snettisham war ein Sinn, an den wir selten denken. Wie ich nach oben blickte und meinen Kopf zum Lauschen zur Seite legte und ihn den vorbeifliegenden Knutten folgend schnell drehte, registrierte mein vestibuläres System die Bewegung und sich verändernde Ausrichtung meines Kopfes. Die von ihm binnen einer Zehntelsekunde gesammelten und verarbeiteten Informationen übermittelten meinem Gehirn, wie sich meine Augen bewegen mussten, um dem raschen Vogelflug folgen und ihn im Fokus halten zu können, während es gleichzeitig die Richtung der Schwerkraft überwachte, damit ich mich aufrecht halten konnte.

In zwei Fingerbreite Abstand von der Schädelseite, neben der Gehörschnecke, sitzen im rechten Winkel zueinander angeordnet wie drei einander berührende Seiten eines Würfels drei Ringe. Hierbei handelt es sich um die röhrenförmigen Bogengänge, in deren Innerem mit jeder Kopfbewegung eine Flüssigkeit gegen winzige, an der Innenfläche sitzende Härchen spült. In die Röhrenseiten eingelassene Nerven registrieren die Bewegung dieser Härchen und ermöglichen uns dadurch, Drehung und Beschleunigung zu erfassen. Und an der Basis dieser Röhren, wo die Kanäle aufeinandertreffen, befinden sich zwei Otolithen: Steinchen aus Kalziumkarbonat, die auf kleinen Sinneshärchen mit ohrläppchenförmigen Kapseln sitzen. Der Druck, den die Steine unter dem Einfluss der Schwerkraft auf die Haare ausüben, verrät uns, welche Richtung unten ist. Zusammen bilden die Kanäle und Otolithen unser körpereigenes Kreiselinstrument, Beschleunigungsmesser und Treibanker. In ›Dauerbetrieb‹ liefern sie uns ständig Daten zur Position unseres Kopfes und zum Ausmaß der Positionsänderung relativ zur Erde. Sie ›hören‹, wo wir uns befinden und wohin wir gehen. Ohne sie könnte ich mich nicht voll und ganz dem Flug der Knutten oder auch vielem anderen widmen, denn wenn sie nicht richtig funktionieren, wird mir übel, falle ich um, oder beides zugleich.

Das vestibuläre System reicht in der Evolution weit zurück. Es entwickelte sich in einigen unserer ältesten tierischen Vorfahren noch vor dem akustischen und visuellen System, und zwar Hand in Hand mit dem netzförmigen Kern im Hirnstamm, einem weiteren evolutionär sehr alten System, das heute Impulse durch das ganze Gehirn sendet, um uns wach und wachsam zu halten. Zusammen mit dem netzförmigen Aktivierungssystem verfügt es über breit gefächerte Verbindungen zum Rest des Gehirns und hat damit Anteil an einem großen Spektrum an Gehirnfunktionen von den höchst automatisierten Reflexen bis zu den höchsten Stufen des Bewusstseins. Es ermöglicht uns, uns als einheitliche, selbstbewusste und ausgeglichene Wesen durch die Welt zu bewegen und uns auf sie zu beziehen – indem es mir beispielsweise hilft, überhaupt erst zu wissen, wo die Knutten fliegen, dann ihrem Flug zu folgen und mich an der Erfahrung zu erfreuen. Es ist außerdem für niedrige Frequenzen und Infraschall unter der Schwelle von etwa zwanzig Hertz, die von der Hörschnecke noch registriert werden können, empfänglich. Daher wird das vestibuläre System manchmal auch das Ohr des Körpers genannt. Im Naturschutz tätige Wissenschaftler, die über viele Jahre mit Elefanten arbeiten, berichten, dass sie manchmal *einfach wissen*, wenn Tiere, die sich über Stunden, Tage oder gar Wochen nicht haben sehen lassen, im Begriff sind, wieder aufzutauchen – und sie können die Rückkehr der Tiere mit fast hundertprozentiger Trefferquote

Quallen, mit denen wir einen gemeinsamen Vorfahren zuletzt vor über 540 Millionen Jahren hatten, verfügen analog zu unseren Otolithen im Innenohr über Statozysten.

vorhersagen. Man vermutet den Grund darin, dass die Wissenschaftler mit ihrem vestibulären System tiefe Töne der sich nähernden Elefanten ›hören‹, ohne sich dessen bewusst zu sein.

Das Rätsel des Gehirns

Das wunderschöne Stück Ingenieurskunst, das das vestibuläre Systems darstellt, ist unseren Blicken entzogen. Seine Funktionsweise lässt sich aber zumindest in groben Zügen recht leicht verstehen. Im Gegensatz dazu wirkt die ungeheure Komplexität des Gehirns geradezu entmutigend. Trotz gewaltiger Fortschritte über die rund einhundertundzwanzig Jahre, seit Santiago Ramón y Cajal und andere gezeigt haben, dass wir es dabei mit einem Netzwerk aus Neuronen zu tun haben, bleibt vieles am Gehirn nur ansatzweise verstanden oder schlechterdings rätselhaft. Laut dem Psychologen und Neurowissenschaftler Gary Marcus harren viele für seine Komplexität verantwortliche Organisationsprinzipien noch der Entdeckung, ganz zu schweigen von einer guten Theorie darüber, wie es denn tatsächlich funktioniert.

Eine Billiarde entspricht offenbar ungefähr der Zahl der Ameisen, die zu einer gegebenen Zeit auf der Erde leben, wobei ihre Gesamtmasse mehr oder weniger der Gesamtmasse aller Menschen entspricht.

Häufig (wahrscheinlich zu häufig) heißt es, dass das menschliche Gehirn das komplexeste Objekt des Universums nach dem Universum selbst ist. Die Aussage geht so leicht über die Lippen, dass die ganze Reichweite dieser Behauptung leicht übersehen werden kann. Doch hin und wieder findet ein Detail Erwähnung, das die Sache evident macht. Es gibt etwa eine Billiarde – 1 000 000 000 000 000 – Verbindungen im Gehirn eines Menschen. Diese Zahl allein kann einem den Atem rauben. Noch atemberaubender aber ist: In jeder solche Verbindungen herstellenden Synapse sorgen mindestens Hunderte verschiedene Proteine selbstorganisiert für die Regulierung von Fusion, Recycling und Bewegung der synaptischen Vesikel, die an der Freisetzung von Neurotransmittern zwischen einem Reservepool, einer aktiven Zone und einer Axonterminale der Zellmembran beteiligt sind – und das jedes Mal, wenn ein Signal abgegeben wird, was Hunderte Male pro Sekunde geschehen kann. Für die Erstellung einer 2016 veröffentlichten Abbildung der großräumigen Organisation dieser Proteine benötigten die Forscher länger als ein Jahr, und dabei stellt sie lediglich eine Momentaufnahme eines ständig mit fast unvorstellbarer Geschwindigkeit ablaufenden Prozesses dar. Beim Lesen eines kurzen Berichts über das Bild musste ich an den vom Literaturtheoretiker Timothy Morton geprägten Begriff ›Hyperobjekt‹ denken. Er bezeichnet damit Dinge so weit außerhalb der gewöhnlichen Kategorien von Raum und Zeit, dass sie sich der Wahrnehmung und dem Verständnis entziehen. Morton hatte so etwas wie Klimawandel, Massenaussterben und radioaktives Plutonium im Sinn. Aber das Gehirn entzieht sich hinsichtlich Zeit, Raum und Dimensionalität ebenfalls unserer Wahrnehmung und daher denke ich, dass wir es mit gutem Recht als Hyperobjekt im Kopf bezeichnen können.

Das menschliche Gehirn ist an mehr Wundern – und Horror – beteiligt, als sich in Worte fassen lässt. Doch bei aller Komplexität lassen sich dennoch einige zugleich wahre und einfache Aussagen darüber treffen. Schließlich handelt es sich am Ende auch nur um ein Körperorgan – einen Klumpen Gewebe von der Größe und dem Gewicht einer Kokosnuss und von der Konsistenz von Götterspeise oder weicher Butter, der nach dem Tod verwest. In »Going home« sang Leonard Cohen von einem Alter Ego (oder einer Bühnenfigur oder einem wahren Selbst), das weiß, dass es nichts als das kurze Elaborat auf einer Mattscheibe darstellt. Wir müssen nicht denken, dass Cohen (oder sonst ein Mensch) *nur* das wäre, aber es ist *eines* der Dinge, die wir sind. Und in diesem Sinne stelle ich im Weiteren sieben Beobachtungen über das Gehirn vor. Jeder davon lasse ich eine – manchmal knappe, manchmal etwas längere – Erläuterung der Grundlagen folgen, auf denen die Beobachtung fußt. Doch alle diese Erklärungen bleiben im Vergleich zu dem, was darüber bekannt ist, skizzenhaft (und dürften sich schon bald als veraltet erweisen). Ich hoffe dennoch, dass sie Ausgangspunkte für Neugier und Verwunderung bieten.

1. Das Gehirn interagiert, prognostiziert und kreiert

»Die Schädeldecke ist der Schutzhelm eines Raumfahrers«, schrieb Vladimir Nabokov. Doch eingesperrt in diese harte Knochenschale und nach außen hin als träger Klumpen erscheinend, stellt das Gehirn mit einem Anteil von zwanzig Prozent unseres gesamten Energieverbrauchs bei lediglich zwei Prozent der Gesamtmasse in Wirklichkeit das aktivste Organ des Körpers dar. Es verzehrt so viel Energie, weil es unser regstes und am stärksten nach außen gerichtetes Organ ist, das innerhalb von Tausendstelsekunden auf Veränderungen in der Umgebung reagiert und gleichzeitig zahlreiche Vorgänge im Körper überwacht und kontrolliert.

»Das menschliche Gehirn ist das öffentlichste Organ auf dem Antlitz der Erde, aufgeschlossen für alles, Botschaften aussendend an alles.« Lewis Thomas

»Das Geschäft des Gehirns«, schreibt der Neurowissenschaftler Antonio Damasio, »ist die direkte Repräsentation des Organismus und die indirekte Repräsentation all dessen, womit der Organismus interagiert.« Sinneseindrücke gehen in es hinein, Handlungen werden von ihm aus initiiert und das Gehirn unterscheidet beides und regelt ihre Wechselwirkung. »Irgendwo zwischendrin sitzt die Intelligenz«, sagt Larry Abbott (genau, ein weiterer Neurowissenschaftler); »da wird gehandelt.«

Doch statt nur auf äußere Ereignisse zu reagieren, stimulieren sich Neuronennetzwerke ständig selbst. Ob wir schlafen oder wachen, die zwei Hirnhälften generieren unablässig hochfrequente elektrische Schwingungen. Die Verarbeitung äußerer Stimuli – Daten von außerhalb

Das Gehirn ist entscheidend, aber es ist nicht alles. Der Computerwissenschaftler Ben Medlock weist darauf hin, dass jede der Billionen Zellen im menschlichen Körper Teil einer Netzwerkmaschinerie mit so vielen Komponenten wie ein Jumbojet ist und dass ihre Vorfahren sich in Auseinandersetzung mit der Natur vor über Milliarden von Jahren entwickelten. Lange bevor wir bewusste, denkende Wesen waren, sammelten unsere Zellen schon Daten aus der Umwelt und formten uns in ihrem Zusammenspiel zu strapazierfähigen, selbsterhaltenden Akteuren. Wir denken mit unserem ganzen Leib, nicht nur mit dem Gehirn.

unseres Kopfes – macht nur einen kleinen Anteil der insgesamt vom Gehirn konsumierten Energie aus: vielleicht weniger als fünf Prozent. »Das Nervensystem agiert vorwiegend als autonome Einheit, die ihre eigenen Denkmuster erzeugt«, sagt der Kognitionspsychologe Stanislas Dehaene.

Die Tätigkeit von Neuronennetzwerken scheint unter anderem darin zu bestehen, auf der Grundlage vergangener Erfahrung Prognosen darüber zu erstellen, was als Nächstes geschieht. Angesichts neuer Informationen aktualisieren und korrigieren sie diese Vorhersagen dann. Wenn wir beispielsweise den Eindruck haben, etwas zu sehen – sei es eine Limone oder einen Lemming –, sendet der visuelle Kortex um ein Vielfaches mehr an Informationen an den Thalamus (ein Informationskreuz im Zentrum des Gehirns), als von den Augen kommt. Die meiste Zeit benutzt unser Gehirn – in den Worten des Neurowissenschaftlers Karl Friston eine »Mehrebenen-Wahrscheinlichkeitsvorhersagemaschine« – Informationen von den Augen, um ein Bild von etwas, dessen Dasein es bereits annimmt, nur zu aktualisieren. In diesem Sinne entwirft das Gehirn zuerst eine Welt: Es erinnert, träumt und stellt sich vor, bevor es sieht.

Santiago Ramón y Cajal gebrauchte ein ähnliches Bild: »Man könnte sagen, das [Gehirn] ist wie ein Garten mit unzähligen Bäumen bepflanzt [...], die dank intelligenter Kultivierung ihre Äste vermehren und ihre Wurzeln tiefer schlagen, Früchte und Blüten von immer größerer Vielfalt und Qualität hervorbringen können.«

2. Die großartige Architektur des Gehirns lässt sich leicht verstehen

Zumindest in groben Zügen lässt sie sich leicht verstehen. Wie der Neurowissenschaftler Christof Koch angeregt hat, können wir uns das Gehirn bildlich vorstellen, indem wir es mit einem Wald vergleichen – allerdings nicht mit jedem beliebigen Wald. Es gibt, sagt Koch, so viele Neuronen in unserem Gehirn wie Bäume im Amazonasbecken, und auch ihre Vielfalt an Formen – ihre spezifischen Wurzeln, Äste und Blätter, Kletter- und Schlingpflanzen – ist vergleichbar. Stellen wir uns nun vor, mit einem kleinen Flugzeug für Stunden über den Amazonas zu fliegen, dann bekommen wir, so Koch, einen Eindruck von der Großartigkeit und Diversität, die sich in dem rosagrauen Klumpen Glibber zwischen unseren Ohren verbirgt.

Der Vergleich ist schön und auch treffend, solange wir ihn nicht als exakt oder buchstäblich missverstehen. Die Zahlen stimmen zum Beispiel nicht ganz. Eine gute Schätzung der Anzahl von Bäumen im Amazonas kommt auf 390 Milliarden, mehr als vier Mal so viel, wie es Neuronen im menschlichen Gehirn gibt, die gegenwärtig auf 86 Milliarden veranschlagt werden. Das ist immer noch eine ungeheure Zahl, nicht weit von der Anzahl der Sterne in der Milchstraße. Übertragen auf Bäume würde das eine Waldfläche von etwa 1,2 Millionen Quadratkilometer, fast doppelt so groß wie Frankreich, ergeben. Was die Vielfalt betrifft, so geht man von etwa sechzehntausend verschiedenen Baumarten im Amazonas aus, während die Anzahl verschiedener Arten von Neuronen im menschlichen Gehirn bei wenigstens mehreren Hundert und vielleicht mehr als tausend liegt. Ein typisches Neuron besitzt um die fünfzehntausend Dornenfortsätze, die jeder ein Hort von Aktivität, Formung und Umformung darstellt – grob vergleichbar mit der Anzahl von Ästen und Zweigen eines großen Baums.

Wenn also auch nicht ganz von den Ausmaßen des Amazonas, so ähnelt das Gehirn doch einem Wald von ungeheuren Dimensionen – weit größer, als selbst Cosimo Piovasco, der flinke Aristokrat aus Italo Calvinos Roman *Der Baron auf den Bäumen* in einem ganzen Leben erforschen könnte. Wir müssen uns die Bäume und ihre Wurzeln in diesem Wald in den Himmel gestapelt (im Großhirn mindestens sechsfach) und sich über den Horizont erstreckend vorstellen: eine Piranesi'sche

Die zahlreichen Arten von Neuronen lassen sich in drei Kategorien einteilen: Sensorische Neuronen tragen Informationen von den Sinnesorganen zum Gehirn; motorische Neuronen schicken Kommandos an Muskeln und Organe; und Interneuronen leiten Informationen zwischen benachbarten Neuronen oder über größere Distanzen zwischen verschiedenen Gehirnregionen weiter.

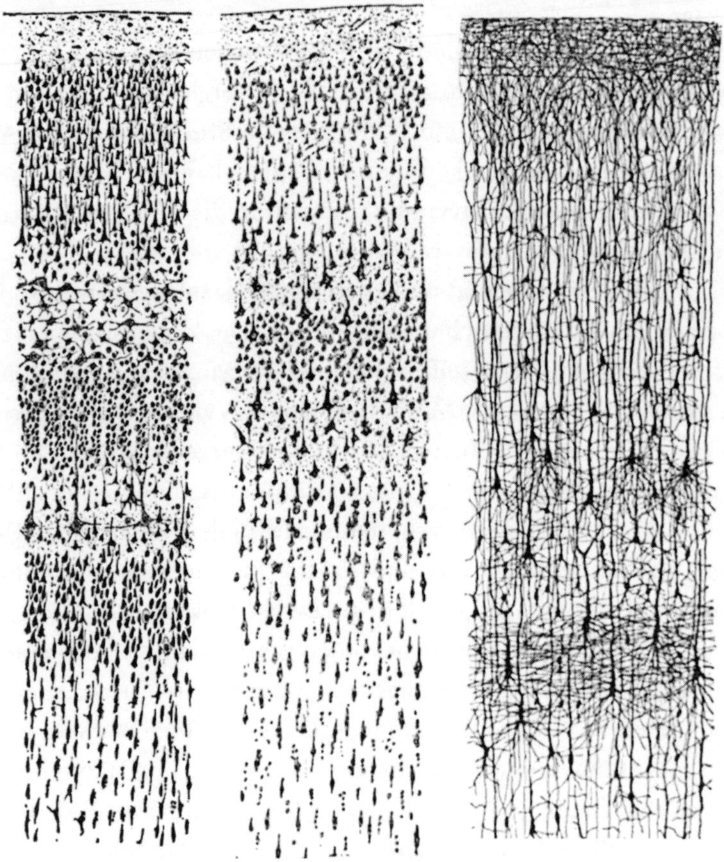

oder Escher'sche Version eines Wistmans Wood, eines Black-a-Tor Copse oder anderer britischer Hochland-Eichenwälder. In diesen Dickichten erstrecken sich die Axone einiger Neuronen wie unmöglich lange Wurzeln oder Ranken, durch die sie den elektrischen Impuls vom Zentrum der Zelle forttragen. Wenn beispielsweise der zentrale Zellkörper einer Pyramidenzelle in der Großhirnrinde bis auf die Ausmaße eines erwachsenen Menschen vergrößert würde, dann wäre sein Axon ein wenige Zentimeter dickes Kabel von mehr als einem Kilometer Länge.

Zu den Unterschieden zwischen Gehirn und Wald gehört natürlich ihre Form der Kommunikation. Bäume ›reden‹ miteinander mittels chemischer Nachrichten, Vibration und anderen Signalen in einer Art waldweitem Internet oder Wood Wide Web, wie es auch genannt wurde. Doch keine dieser Kommunikationsarten kann es, soweit wir wissen, mit der Geschwindigkeit der elektrochemischen Signalübermittlung in und zwischen den Neuronen des Gehirns aufnehmen. Es dauert bis zu einer Stunde, bis in einem Baum die chemischen Stoffe, die seine Blätter vor Angriffen schützen sollen, an ihrem Bestimmungsort ankommen. In einem Neuron hingegen werden Signale in Tausendstelsekunden von den astähnlichen Dendriten zum Zellkörper übermittelt, wo sie dann verarbeitet werden. Das Resultat dieser Verarbeitung wird mit einer ebensolchen Geschwindigkeit über die Axone zu den Synapsen gesandt, die mit den Dendriten anderer Neuronen kommunizieren. Weil die gesamte Prozedur lediglich wenige Tausendstelsekunden in Anspruch nimmt, können Neuronen mehrere Hundert solcher Aktionspotenziale pro Sekunde aussenden, wobei sie Informationen in genau getakteten Impulssequenzen kodieren. Gewöhnlich senden Neuronen Signale jedoch als Teil von Netzwerken aus, deren Neuronenzahl in die Millionen geht, sodass Potenzialwellen durch diese Netzwerke schwappen, wie Windstöße und Stürme durch die Bäume gehen – wobei diese ›Winde‹ allerdings nicht über oder um die Zellen herumfegen, sondern sich durch sie hindurchbewegen, und einige Neuronen direkt mit anderen sehr weit entfernten Neuronen verbunden sind.

Wenn man aus der Nahaufnahme individueller Zellen auf das ganze Gewebe herauszoomt, so wie es sich einem Chirurg darbietet, dann sieht das Gehirn auf eine andere Weise atemberaubend aus. Durch die ›Brille‹ des Gehirnchirurgen Henry Marsh blickend beschreibt der Schriftsteller Karl Ove Knausgård die Landschaft, die sich vor ihm auftut:

> Ich fühlte mich, als stünde ich auf dem Gipfel eines Berges und blickte über eine mit langen, mäandernden Flüssen bedeckte Ebene. Am Horizont erhoben sich Berge, dazwischen Täler, und durch eines dieser Täler zog sich ein riesiger weißer Gletscher.

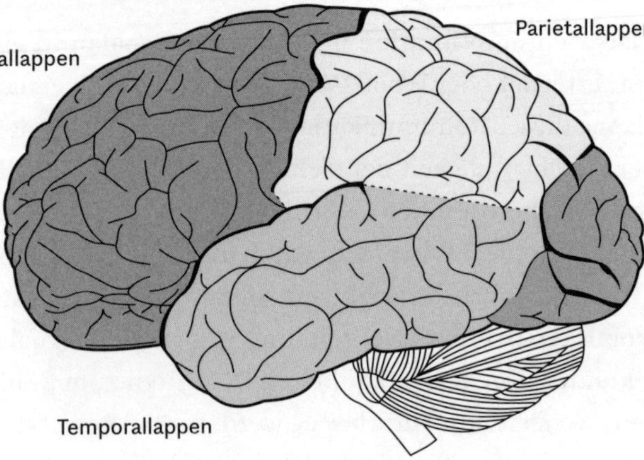

Die Hirnrinde

Alles glitzerte und glänzte. Es war, als wäre ich in eine andere Welt versetzt worden, in einen anderen Teil des Universums. Ein Fluss war violett, die anderen dunkelrot, und die Landschaft, durch die sie sich ihren Weg bahnten, voller fremdartiger Farben. Doch der Gletscher hielt meinen Blick am längsten gefangen. Er lag wie eine Ebene über dem Tal, stechend weiß wie Schnee in den Bergen an einem sonnigen Tag. Plötzlich quoll eine Welle von Rot auf und wusch über die weiße Fläche. Nie habe ich etwas so Schönes gesehen, und als ich mich aufrichtete, um dem Arzt Platz zu machen, lagen für einen Augenblick Tränen in meinen Augen.

Entfernen wir das Vergrößerungsglas und blicken auf das Gehirn im Maßstab der Alltagsobjekte, wie sie sich dem bloßen Auge darstellen, dann ist nichts mehr davon zu sehen. Jetzt können wir allerdings die Gesamtarchitektur und -organisation des Gehirns bewundern.

Zunächst gibt es hier die Großhirnrinde – die gekräuselte Kuppel oder fantastische Blase, die von Abt Normal in *Frankenstein Junior* bis zu den Marsianerschädeln in *Mars Attacks!* zu einer Karikatursynekdoche für das ganze Gehirn geworden ist. Die Hirnrinde (der Kortex)

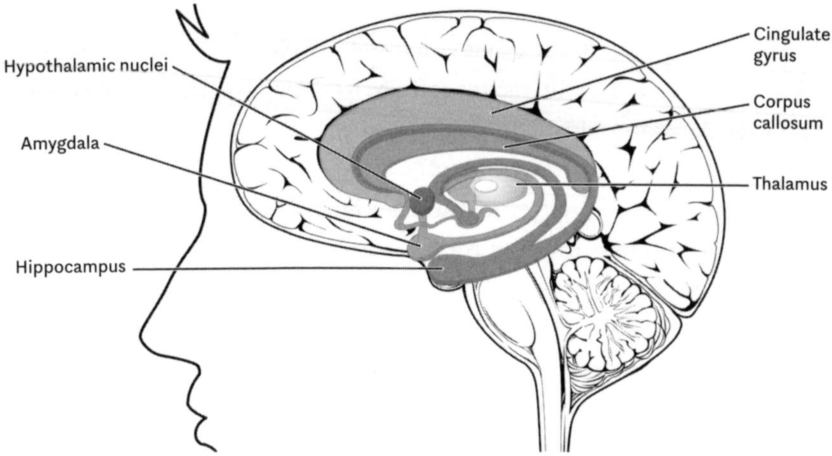

Das limbische System

ähnelt einem zusammengeknüllten Laken mit einer tiefen Furche (der Längsfurche), die die Hemisphären trennt, welche unten gleichwohl mit einem dicken weißen Band, dem Balken, verbunden sind. Dreht man es in der Hand, wie man einen kleinen Globus drehen würde, erkennt man, dass sich das Labyrinth der Windungen (Gyri) und Gräben (Sulci) in jeder Hemisphäre in vier Regionen oder Lappen mit unterschiedlicher funktionaler Spezialisierung einteilen lässt. Grob gesagt sind die Frontallappen (die hinter der Stirn liegen) für logisches Denken und Entscheidungsfindung sowie Planung und bewusste Bewegungen zuständig. Die Parietallappen unter dem Scheitel kümmern sich hauptsächlich um somatosensorische und haptische Informationen aus dem Körper. Die Temporallappen unter den Schläfen verarbeiten Hören und Sprechen und spielen eine wichtige Rolle beim Erinnern und bei der räumlichen Orientierung. Die Okzipitallappen am Hinterhaupt sind für das Sehen verantwortlich.

Ausgefaltet und geglättet würde der Kortex über 2000 Quadratzentimeter oder die Fläche eines Autoreifens einnehmen. Seine sechs Schichten sind zusammen 2-4 Millimeter dick, etwa halb so dick wie ein iPhone.

Doch das Gehirn umfasst weit mehr als nur die Hirnrinde. Vier Fünftel seiner Neuronen sitzen in anderen, nicht weniger essenziellen

Partien. Unter dem Kortex und von ihm teilweise durch die Hirnventrikel (mit Hirnwasserflüssigkeit gefüllte Kammern) getrennt, befindet sich eine Anordnung von Höckern, Knoten und Netzen, die zusammen das limbische System bilden.

Dieses System spielt eine entscheidende Rolle bei der Bildung von Erinnerungen und der Ausformung von Empfindungen. Im Querschnitt von der linken zur rechten Seite des Kopfes betrachtet, sieht das limbische System ein wenig so aus, wie wenn man Zeigefinger und Daumen in einer Weise krümmt, dass sich ihre Spitzen fast berühren, mit dem Gyrus cinguli als Zeigefinger oben und dem Hippocampus (wo sich die Erinnerungen bilden) als Daumen darunter. Die mandelgroße Amygdala (die an der Entstehung von Furcht und Aggression beteiligt ist) befindet sich dort, wo die beiden sich treffen würden.

Im Zentrum dieser Anordnung sitzt der Thalamus (Latein für ›Kammer‹). Er besteht aus zwei walnussgroßen Höckern, die Informationen aus den Sinnesorganen zu Lappen in der Hirnrinde weiterleiten und aus diesen Regionen zurückkommende Informationen aufnehmen und integrieren. Um den Thalamus herum liegen die Basalganglien, die an der Kontrolle bewusster Bewegung beteiligt sind. In unmittelbarer Nachbarschaft befindet sich auch das Mittelhirn – bei Menschen eine relativ kleine Region, die allerdings eine grundlegende Rolle spielt: Es enthält den retikulären Kern, der (wie im Zusammenhang mit dem vestibulären System erwähnt) Informationen von Augen und Ohren weiterleitet und an grundlegenden Verhaltensweisen wie Schlafen, Erwachen und Laufen beteiligt ist.

Es enthält auch Neuronengruppen, die Dopamin produzieren, das als Neurotransmitter im Belohnungssystem des Gehirns zum Einsatz kommt.

Unter dem limbischen System liegt das Rautenhirn, das bei Lichte betrachtet so sonderbar aussieht wie eine Fórcola, die kontraintuitiv geformte Rudergabel einer venezianischen Gondel. Es besteht aus drei Strukturen am Ende des Rückenmarks. Der untere Teil, das verlängerte Mark (Medulla oblongata), kontrolliert unwillkürliche

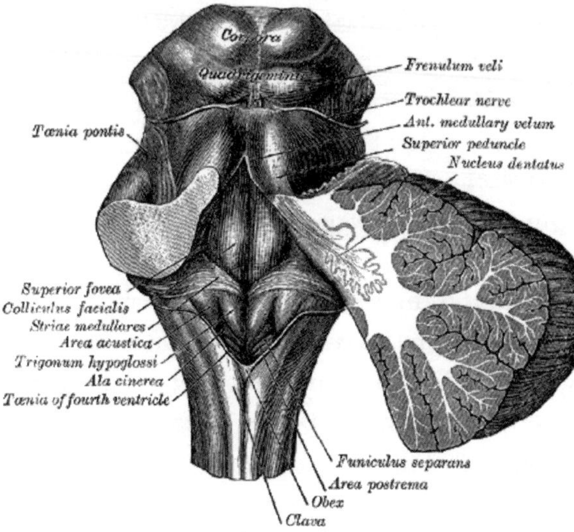

Rautenhirn mit Kleinhirn im Querschnitt.

Funktionen wie Atmen und Herzfrequenz und spielt auch beim Wachzustand eine Rolle. Darüber liegt der Pons (Brücke), der Signale zwischen verschiedenen Teilen des Gehirns weiterleitet. Die dritte Komponente ist das Cerebellum (Kleinhirn), das wie ein zweites, noch nicht zur vollen Größe herangereiftes Gehirn am Hinterkopf direkt unterhalb des Okzipitallappens sitzt. Seine zwei fetten, fleischigen Flügel spannen sich über etwa zehn Zentimeter. Die Falten auf seiner Oberfläche ähneln dem Rachen eines Blauwals, doch im Querschnitt sieht es eher aus wie ein Blumenkohl.

Das Kleinhirn spielt bei der Gleichgewichtskontrolle, der Bewegungskoordination und dem Erlernen neuer motorischer Fähigkeiten eine Rolle. Obwohl es lediglich zehn Prozent des gesamten Hirnvolumens ausmacht, enthält das Kleinhirn fast viermal so viele Neuronen wie die Hirnrinde (wenngleich einfacher organisiert) und mehr Neuronen als das gesamte restliche Gehirn. Damit dürfte es zusammenhängen, dass Computer einen menschlichen Weltmeister beim Schach oder Go schlagen, aber mit einem Ball nicht so gut umgehen können wie ein Fünfjähriger oder ein Hund. Diese ganze Bewegung erfordert eine ungeheure Hirnleistung.

3. Im Gehirn geht es um Bewegung und Kartierung

Wenn wir behaupten, in seiner Hauptfunktion befähige uns das Gehirn, durch die Gegend zu laufen, dann mag manch einer denken, dass wir es mit der Vereinfachung nun aber endgültig übertreiben. Doch der Neurowissenschaftler Daniel Wolpert ist da nicht zimperlich: »Bewegung verstehen heißt, das ganze Gehirn verstehen«. Allein durch Bewegung können wir mit der Welt interagieren, ob wir nun nach Nahrung suchen oder einen Kellner auf uns aufmerksam machen. In der Tat ist jede Art von Kommunikation, einschließlich Gestik, Sprache, Zeichensprache und Schreiben, über das motorische System vermittelt. »Wenn wir Gedächtnis, Verstehen, Verarbeitung von Sinneseindrücken studieren«, sagt Wolpert, »erkennen wir, dass sie aus einem Grund da sind, und dieser Grund ist Handeln.«

Abgesehen von einigen wichtigen Ausnahmen – etwa Tiere mit spezialisierten Abwehrmechanismen oder Korallen, bei denen die Nahrung ganz von selbst vorbeispaziert – gilt: Tiere, die sich nicht bewegen, werden es nicht lange machen. Damit sie sich orientieren können, enthält und erstellt das Gehirn Karten sowohl des Körpers als auch der Außenwelt. In diesem Zusammenhang von ›Karten‹ zu sprechen, ist gar nicht sonderlich metaphorisch. In den 1920er-Jahren entdeckte der Gehirnchirurg Wilder Penfield, dass Patienten bei Stimulation einer bestimmten Partie des somatosensorischen Kortex zum Beispiel von einem Kribbeln in der rechten Hand berichteten. Wenn er die Elektrode am somatosensorischen Areal einen Zentimeter nach oben bewegte, kam es zu haptischen Empfindungen im Unterarm oder Ellbogen. Etwas Ähnliches geschah am motorischen Kortex. Bei der Stimulation eines Bereichs kam es zu Muskelzuckungen oder kleinen Bewegungen auf der gegenüberliegenden Körperseite. Und wenn er die Elektrode dann

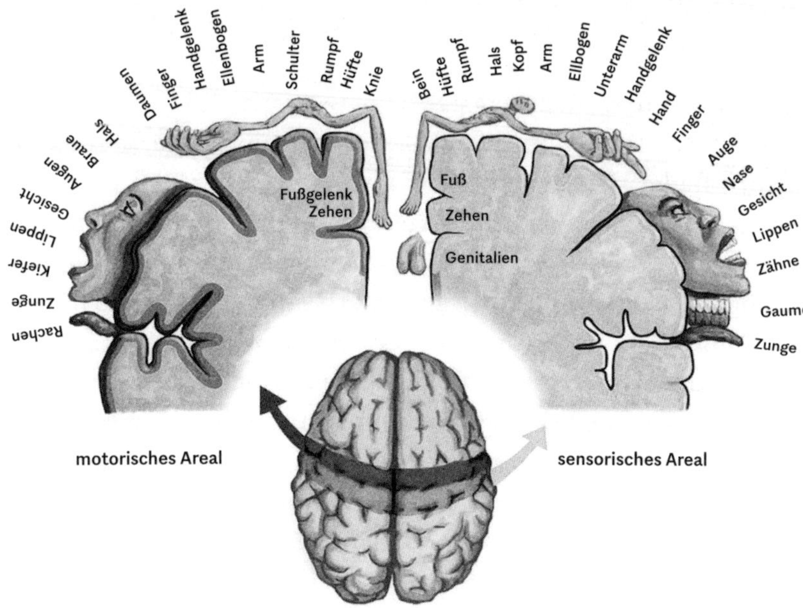

Die Repräsentation des Körpers im somatosensorischen und motorischen Kortex.

zu einem angrenzenden Gebiet des Kortex verschob, verursachte das entsprechend Bewegung in einem angrenzenden Körperteil. Penfield fand heraus, dass die übergreifende Organisation dieser Karten trotz geringfügiger individueller Unterschiede im Grunde bei allen gleich ausfällt: Der Körper wird auf der Oberfläche des Gehirns in außerordentlich geordneter Weise repräsentiert, indem benachbarte Körperteile exakt auf benachbarte Bereiche des Gehirns projiziert werden. (Diese Gebiete können auch bei Verlust des entsprechenden Körperteils noch aktiv bleiben: Das spielt bei Phantomschmerz eine Rolle.)

Etwas einer Karte sehr Ähnliches entsteht auch, wenn das Gehirn Informationen aus den Augen verarbeitet. Das Muster von hell und dunkel, das auf Netzhautzellen trifft, bleibt in den Ganglienzellen (einzelnen Strähnen in dem dicken Kabel des Sehnervs) bis hin zu einer Region des Okzipitallappens erhalten. Die exakte Anordnung dieser Zellen wird dort reproduziert, sodass in dieser Region in Form elektrischer Aktivität ein komplettes Abbild jenes optischen Bilds von der Rückwand des Auges entsteht.

Doch das wohl verblüffendste Beispiel für die Kartierung im Gehirn findet sich in den sogenannten Ortszellen und Gitterzellen. Eine Kombination von Ortszellen, die zum ersten Mal in den 1970er-Jahren im Hippocampus von Ratten entdeckt wurden, sendet Signale, wenn ein Tier sich an einem bestimmten Ort und in eine bestimmte Richtung gewandt befindet. Und wenn das Tier denselben Ort erneut aufsucht, sendet wieder dieselbe Kombination von Ortszellen Signale; wenn es hingegen an einen anderen Ort kommt, wird eine andere Kombination aktiv. Gitterzellen, die erst in jüngerer Zeit in einem Gebiet mit der Bezeichnung ›entorhinaler Kortex‹ entdeckt wurden, unterscheiden sich von Ortszellen darin, dass ihre Aktivität nicht von einem spezifischen Ort, an dem sich das Tier befindet, abhängt, sondern davon, wohin sich das Tier auf einem Gitternetz bewegt, das vom Gehirn auf die Außenwelt projiziert wird. Stellen wir uns den Boden vor uns vor wie mit einem Gitter aus Dreiecken ausgelegt. Eine bestimmte Gitterzelle gibt Signale, wann immer wir die Ecke eines dieser Dreiecke erreichen. Verschieben wir das Gitter ein wenig, dann wird eine andere Zelle Signale abgeben, wann immer wir die Ecken der Dreiecke des neuen Gitters erreichen, und so weiter.

Ortszellen und Gitterzellen deuten auf eine tiefe evolutionäre Verknüpfung zwischen Kartierung und Gedächtnis hin, wobei die Kartierung früher entstanden ist. »Jedes Tier, das sich zur Nahrungssuche bewegen muss, sorgt sich in erste Linie um das ›Wo‹«, sagt der Neurowissenschaftler Hugo Spiers. Als unsere Vorfahren ihren Intellekt entwickelten, wurde Spiers zufolge der Hippocampus, in dem diese ›Wos‹ gespeichert werden, in einen Allzweckmechanismus für die Verankerung wichtiger Ereignisse im Gedächtnis umgewandelt.

4. Gehirne ändern sich ständig

Mit dem bloßen Auge betrachtet wirkt ein Gehirn reglos, aber im Innern geht eine nahezu unablässige Wandlung vor sich. Neuronen,

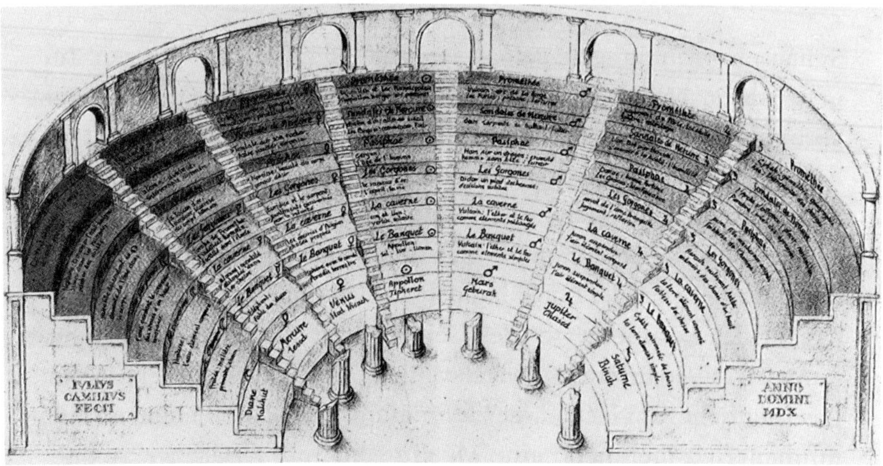

Das Gedächtnistheater (oder Gedächtnispalast) – eine Technik zum Ablegen und schnellen Abrufen von Erinnerungen durch ihr Ablegen in einer Nische eines imaginären Ortes – ist eng damit verknüpft, wie unser Gehirn entstanden ist.

Axone, Dendriten und Synapsen durchlaufen entsprechend ihrer elektrischen und chemischen ›Erfahrung‹ einen permanenten Anpassungsprozess, sei es beim Lernen, sei es zur Erhaltung ihrer Fähigkeit, auf unterschiedliche Reize unterschiedlich zu reagieren, sei es zur Stabilisierung des Gehirns. Die Zustände aller dieser Komponenten befinden sich unter ständigem Einfluss einerseits von Wellen chemischer Stoffe aus dem Hirnstamm, die beispielsweise unseren Wachheitsgrad festlegen, und andererseits von Hormonen aus dem Körper, die unseren Antrieb ausrichten helfen.

Wenn wir lernen, verändert sich die Verbindungsstärke zwischen Neuronen. Bestätigung führt mit der Zeit dazu, dass sich neue Pfade bilden, während alte verschwinden. Der Neurowissenschaftler David Eagleman beschreibt das Gehirn als riesiges, dynamisches Netzwerk: Es ist nicht »fest verdrahtet«, sondern »dynamisch verdrahtet«.

Und obwohl das Gehirn sich nicht fortbewegt, ändert sich seine Architektur über die Spanne eines ganzes Lebens grundlegend. In der frühen Entwicklung kommt es zu einer massiven Zunahme an

Synapsenverbindungen, gefolgt von schnellen Verbesserungen. Im ersten Monat nach der Geburt verzwanzigfacht sich die Zahl der Verbindungen von etwa fünfzig Billionen auf eine Billiarde. Weitere neue Verbindungen entstehen mindestens in den ersten drei Jahren. Mit der Gehirnentwicklung des Kindes werden wenig genutzte Pfade gestutzt, zu Spitzenzeiten bis zu hunderttausend Synapsenverbindungen pro Sekunde. Dabei handelt es sich um einen wesentlichen Aspekt des Lernprozesses des Gehirns, indem es seine Fähigkeit durch Herausredigieren von irrelevantem ›Geschwätz‹ steigert. Wenn das kindliche Gehirn später zu einem erwachsenen Gehirn reift, ummantelt zunehmend eine Myelin genannte fettige weiße Substanz die Axone vieler Neuronen. Dieser Myelinmantel isoliert sie und verbessert ihre Signalsendefunktion. Im hohen Alter kommt es zu Rückbildung und Schrumpfung.

Eine Form der Veränderung des Gehirns, die in den vergangenen Jahren am meisten öffentliche Aufmerksamkeit erfahren hat, ist neuronale Plastizität und insbesondere die Fähigkeit des Gehirns, sich anzupassen, sich von Verletzungen zu erholen und Wirkungen des Alters abzuschwächen. Ein außergewöhnliches Beispiel für Anpassung ist der Fall einer jungen Frau in China, die mit Schwindelgefühlen ins Krankenhaus eingewiesen wurde. Dort stellte man fest, dass sie kein Kleinhirn besaß, sprich der gesamte untere hintere Teil ihres Gehirns fehlte. Nichtsdestotrotz hatte sie vierundzwanzig Jahre lang ein normales Leben geführt, wenn man von leichten motorischen Schwächen und geringfügigen Sprachproblemen wie einer etwas undeutlichen Aussprache absieht. Ein dramatischer Fall von Traumabewältigung ereignete sich in den Vereinigten Staaten, wo einem jungen Mädchen eine ganze Hirnhälfte entfernt wurde, um sie vor einer Krebserkrankung zu retten, und sie seitdem ein normales Leben führt. In beiden Fällen übernahmen andere Bereiche des Gehirns die wesentlichen Funktionen von den nicht (mehr) vorhandenen Gehirnteilen.

Doch auch wenn wir von solchen Extremfällen absehen, kann fast jeder in seinem täglichen Leben einiges tun, um die Fähigkeiten seines Gehirns auszubauen und sich auf dessen irgendwann eintretenden

Abbau einzustellen. Einfache Tätigkeiten wie tägliches Spaziergehen fördern die Neurogenese, die Bildung neuer Neuronen aus Stammzellen beim Erwachsenen. Und ein besseres Funktionieren des Gehirns wird auch einfach dadurch gewahrt, dass man sozial aktiv bleibt. Eine Studie an älteren Nonnen in den Vereinigten Staaten ergab, dass zwar bei fast einem Drittel von ihnen das Gehirn physische Anzeichen voll entwickelten Alzheimers aufwies, aber nur wenige von ihnen Symptome zeigten. Verantwortung und die Entwicklung neuer Fertigkeiten schien sie zu schützen. Und selbst als Bereiche ihres Gehirns degenerierten, sprangen andere Bereiche ein und ließen sie weiterhin normal funktionieren.

Die neuronale Plastizität wird auch im Verhältnis zu Technologie deutlich. Mithilfe von Werkzeugen wächst der Geist über das Gehirn hinaus, auf dem er basiert, und das prägt wiederum das Gehirn. »Wir formen unsere Werkzeuge«, schrieb der Medientheoretiker Marshall McLuhan, »und danach formen sie uns.« Feuer ist eines der ersten und wichtigsten Beispiele. Durch Kochen eröffneten sich die frühen Menschen Zugang zu mehr Nährstoffen, als ihren Vorfahren zur Verfügung gestanden hatten, und das ermöglichte die Entwicklung deutlich größerer Gehirne. Doch Werkzeuge gibt es in unterschiedlichsten Formen. Man denke beispielsweise an den einfachen Stock eines Blinden. Mit der Zeit organisieren sich sein Gehirn und sein Geist neu, projizieren die Tastempfindung auf das Stockende und behandeln es wie einen Teil des Körpers. Dieser Mensch verwandelt Berührung in Sicht. »Geistverändernde Technologie klingt futuristisch«, sagt der Kognitive Archäologe Lambros Malafouris, »doch Menschen haben sie seit ihrer frühesten Entwicklung eingesetzt.« Mit seiner proteischen Natur bleibt der menschliche Geist immer ein unvollendetes Projekt. Selbst wenn (zurzeit angeblich von Facebook, Elon Musk und anderen entwickelte) Schnittstellen, die Gedanken direkt zwischen Gehirn und Maschine oder zwischen zwei Gehirnen übertragen, einlösen, was der Hype verspricht, bilden sie doch nur

»Denn der Zauberer wird sich in alle Dinge verwandeln, / Was auf der Erde lebt, in Wasser und loderndes Feuer.« Beschreibung Proteus' in der Odyssee

die nächste Erweiterung unseres Geistes.

5. Nicht nur die Gehirne von Menschen sind erstaunlich

Die Evolution hat Gehirne in verblüffender Vielfalt hervorgebracht. Manche davon sind ganz anders organisiert als das menschliche und nichtsdestotrotz fähig und intelligent. Und manche, die dem unseren in vielerlei Hinsicht ähneln, wie die Gehirne von Elefanten, Delfinen und Walen, werden stark unterschätzt.

Zunächst einmal sind Gehirne nicht die einzigen Strukturen, die denken; wir müssen uns nur bei der Definition von ›denken‹ ein wenig offener zeigen. Viele Organismen erinnern und verarbeiten Informationen über die Welt um sie herum ganz ohne ein Gehirn und sogar überhaupt ohne Neuronen. Einzellige Schleimpilze arbeiten zusammen, um zu erinnern, Entscheidungen zu treffen und Veränderung zu antizipieren. Sie können ihre Bewegung verlangsamen, wenn sie eine Trockenphase erwarten, und klebrige Stellen vermeiden, an denen sie bereits gewesen sind – hier handelt es sich um ein externalisiertes räumliches Gedächtnis, das den Organismus daran gemahnt, noch unerforschte Gegenden aufzusuchen. Andere Geschöpfe wie Meeresschnecken prägen in ihrer Körpergestalt ohne jegliche mentale Repräsentation in ihren einfachen Gehirnen komplexe Formen der hyperbolischen Geometrie aus, die von Mathematikern erst im 19. Jahrhundert entdeckt wurden.

Auch in nichttierischen Wesen wie Pflanzen geht viel mehr vor sich, als sich dem beiläufigen Blick erschließt. Obwohl sie über nichts verfügen, was wir als Nervensystem durchgehen lassen würden, produzieren Pflanzen dieselben Stoffe – wie Serotonin, Dopamin und Glutamat –, die uns als Neurotransmitter dienen und unseren Stimmungen und Emotionen zugrunde liegen. Pflanzen besitzen auch Signalsysteme, die ziemlich genauso funktionieren wie die von Menschen oder anderen Tieren. Sie fühlen, erinnern (möglicherweise mittels

Prionen, die berüchtigten, mit Rinderwahn in Verbindung gebrachten Proteine) und lernen. Wir erkennen Stoffe mittels Riechen und Schmecken; Pflanzen erspüren und reagieren auf Stoffe in der Luft, im Boden und auf ihrer Oberfläche. Wurzeln, die auf ein Hindernis oder Giftstoffe zuwachsen, ändern manchmal die Richtung, *bevor* sie damit in Kontakt kommen. 2016 wurde entdeckt, dass Pflanzen möglicherweise unter der Erde ›sehen‹, indem sie Licht von der Oberfläche den ganzen Weg bis zu ihren Wurzelspitzen leiten. Blätter drehen sich nach dem Stand der Sonne. Wenn Pflanzen von Insekten oder Pflanzenfressern angegriffen werden, stoßen sie Stressstoffe aus, die umliegende Blätter und benachbarte Pflanzen ihre chemische Abwehr aktivieren lassen und insektentötende Wespen herbeirufen. Mindestens eine insektenfressende Pflanze, die Venusfliegenfalle, kann zählen, wie oft ein im Todeskampf befindliches Insekt seine Reizhärchen berührt, wobei sie bis mindestens sechzig Berührungen registrieren kann und die Information zur Anregung ihrer Verdauung nutzt.

Das Erkenntnisvermögen von Pflanzen kann uns zum Staunen bringen, doch Tiergehirne umso mehr. Das Gehirn einer Honigbiene hat etwa eine Million Neuronen und nur die Masse eines Körnchens Zucker, doch Bienen erkennen Muster, Gerüche und Farben auf Blumen, erinnern sich an ihre Position und mehr. Der berühmte Schwänzeltanz übermittelt Richtung, Entfernung und Reichhaltigkeit des von einer Biene ausfindig gemachten Nektars an andere Mitglieder ihres Stocks. Weniger bekannt ist, dass andere Bienen den Tanz unterbrechen, wenn sie an derselben Blume auf Unannehmlichkeiten wie etwa einen Räuber gestoßen sind. Bienengehirne haben mit dem Gehirn von Menschen mehr gemein, als man erwartet. Sie enthalten beispielsweise dieselben ›Nervenkitzel‹-Hormone, die uns nach Neuem suchen und daraus Befriedigung ziehen lassen. Nikotinartige

»Es ist kaum eine Übertreibung, wenn man sagt, dass die in dieser Weise [mit Empfindungsvermögen] ausgerüstete Spitze des Würzelchens, welche das Vermögen, die Bewegungen der benachbarten Teile zu leiten, hat, gleich dem Gehirn eines der niederen Tiere wirkt; das Gehirn […] erhält Eindrücke von den Sinnesorganen und leitet die verschiedenen Bewegungen.« Charles Darwin

Pestizide mögen Bienen verletzen oder töten, aber zuerst regen sie die Belohnungszentren in ihren Gehirnen an, wie es Nikotin bei den Gehirnen menschlicher Nikotinabhängiger macht.

Das Gehirn eines Kraken leistet noch Erstaunlicheres. Der letzte gemeinsame Vorfahr von Kraken und Menschen – wahrscheinlich eine wurmartige Kreatur mit wenigen Hundert oder Tausend Neuronen – lebte vor mehr als 550 Millionen Jahren. Seitdem sind wir gänzlich unabhängigen Entwicklungspfaden gefolgt, mit dem Resultat, dass unsere Gehirne auf völlig unterschiedlichen Organisationsprinzipien beruhen. Das Gehirn eines Kraken befindet sich nicht in seinem hodensackförmigen ›Kopf‹ (in dem tatsächlich seine Gedärme sitzen), sondern ist teilweise (zu einem Drittel) um seinen Ösophagus, die Speiseröhre, gewickelt, während sich die restlichen zwei Drittel auf seine acht Arme verteilen. Wenn der Pianist Igor Levit eine Bach-Partita spielt und dabei jede Hand scheinbar in völliger Autonomie über die Klaviatur tanzt, ist das beeindruckend. Doch ein Krake kann acht verschiedene Dinge gleichzeitig tun, wobei jeder Arm, wenngleich von seinem Zentralgehirn koordiniert, buchstäblich für sich selbst denkt.

Ein Krakengehirn hat nur ungefähr fünfhundert Millionen Neuronen, ein Zwanzigstel des menschlichen Gehirns, doch Kraken lernen schnell und viel. Noch mehr staunt man, wenn man erfährt, dass sie nach dem Tod ihrer Eltern ausschlüpfen und sich alles durch eigene Beobachtung, durch Versuch und Irrtum selbst beibringen müssen. Sie können Probleme lösen, an denen Hunde und Kleinkinder scheitern: zum Beispiel Türchen, hinter denen Nahrung versteckt ist, anhand von Symbolen erkennen, selbst nachdem die Türchen vertauscht wurden. In der freien Natur ist es schon vorgekommen, dass sie auf Fischerboote geklettert und Luken aufgestemmt haben, um Krebse zu stibitzen. In Gefangenschaft konnten sie aus sicher geglaubten Aquarien entkommen und auf der Suche nach Nahrung über freie Flächen zu benachbarten Becken schlurfen. Einige Kraken können individuelle Menschen wiedererkennen: Bei Experimenten wurden Leute in exakt dasselbe Outfit gekleidet und trotzdem waren die Kraken noch in der Lage, zwischen Menschen, die sie mochten, und solchen, die sie nicht mochten, zu unterscheiden und sich ihnen gegenüber entsprechend zu verhalten. Offensichtlich lässt sich eine Kreatur, die sich durch Änderung der Farbe und Textur seiner Haut seiner Umgebung anpassen und mit anderen Individuen seiner Art kommunizieren kann, nicht von menschlichen Tarnversuchen ins Boxhorn jagen.

Auch Vögel beweisen bemerkenswerte geistige Fähigkeiten mit ihren Gehirnen, die so viel kleiner und sehr verschieden von den unseren sind. Manche Papageien können hundert oder mehr Wörter verstehen und korrekt verwenden, doch die schlausten aller Vögel sind vermutlich Mitglieder der Familie der Rabenvögel, auch Corviden genannt. Sie besitzen die Fähigkeit, in mehrstufigen kausalen Schlüssen zu denken, sowie Flexibilität, Vorstellungskraft und Voraussicht und wenden diese Fähigkeiten in der Herstellung von Werkzeugen, geistigen Zeitreisen und komplexem sozialen Denken an. In japanischen Städten zum Beispiel werfen Krähen hartschalige Nüsse auf Fußgängerüberwege, da sie begriffen haben, dass dort regelmäßig Autos verkehren, die die Nüsse für sie knacken, der Verkehr aber ebenso regelmäßig stoppt, um Fußgänger die Straße überqueren zu lassen, was den Krähen erlaubt, die Nüsse gefahrlos wieder einzusammeln. Raben können eine Idee davon haben, ausspioniert zu werden, und sich weigern, mit anderen Vögeln zu kooperieren, von denen sie in der Vergangenheit betrogen wurden. Und doch besitzen Corviden, wie andere Vögel auch, keinen Neokortex – den Bereich im Gehirn von Menschen und anderen Säugetieren, der lange Zeit als wesentlich für höhere geistige Funktionen angesehen wurde. Nach ihrer Abspaltung von den Säugetieren vor mehr als 300 Millionen Jahren haben Vogelgehirne dicht gepackte Neuronentrauben entwickelt, die als Nuclei bezeichnet werden und stattdessen die schwere Arbeit leisten.

Wenige andere Vogelfamilien können es an Schläue mit den Rabenvögeln aufnehmen und doch vollbringen die Gehirne vieler anderer Arten Leistungen, die für uns außer Reichweite liegen. Der Philosoph und Autor Charles Foster führt an, dass Mauersegler sich bei der

Bienenjagd die stachellosen Drohnen herauspicken und das mit bloßem Auge bei einer Geschwindigkeit von fünfundfünfzig Kilometern pro Stunde. Beim Nachdenken über dieses und andere Phänomene eines Mauerseglerlebens bei Hochgeschwindigkeit und großen Distanzen kommt Foster zu dem Schluss: »Wunder funktionieren durch den Grad der Auflösung« (sind also eine Frage des Ausschnitts und Fokus). Im Vergleich »sind wir bestenfalls Schnecken«.

Der untere Kehlkopf bzw. das Stimmorgan von Vögeln. Auch Syrinx genannt nach der Nymphe, die von ihren Schwestern in Schilfrohr verwandelt wurde, um sie vor Pan, dem Fruchtbarkeitsgott, zu verstecken, der dann ein Musikinstrument aus ihr fertigte.

Das Gehirn von Singvögeln übertrifft das unsere in einer anderen Hinsicht. Stare und Nachtigallen können rund sechzig verschiedene Lieder sehr viel getreuer und schneller singen oder imitieren, als wir es können oder auch nur hören würden. Zaunkönige sind in der Lage, über einhundert verschiedene Töne innerhalb von acht Sekunden zu singen. Spottdrosseln können Hunderte Vogellieder und andere Geräusche nachahmen und zwanzig davon innerhalb von einer Minute singen. Das gelingt ihnen mittels eines ausgefeilten Systems von sieben Muskelpaaren im Stimmkopf, in dem zwei Membranen unabhängig voneinander vibrieren können, dadurch gleichzeitig zwei unterschiedliche, nicht harmonisch aufeinander bezogene Töne erzeugen und mittels Variation von Volumen und Frequenz einige der akustisch komplexesten Klänge in der Natur hervorbringen. Die Steuerung geschieht in speziellen Arealen ihrer winzigen Gehirne.

Viele von uns sind mit der Vorstellung vertraut, dass das menschliche Gehirn, obwohl es dieselbe Architektur aufweist wie das anderer Säugetiere, eine außerordentlich gut entwickelte Hirnrinde besitzt und sich daraus unsere überlegene Intelligenz erklärt. So konnte beispielsweise vor Kurzem eine Studie zeigen, dass das Gehirn von Afrikanischen Steppenelefanten rund 257 Milliarden Neuronen aufweist, also fast dreimal so viele wie ein Menschengehirn, aber fast 98 Prozent davon dem Kleinhirn angehören und nur 5,6 Milliarden der Hirnrinde. Beim Menschen enthält die Hirnrinde hingegen rund 16 Milliarden Neuronen, die zudem dichter gedrängt sitzen als bei einem Elefanten, was vermutlich ihr Zusammenwirken beschleunigt. Ähnlich wird auch das größere Gehirn von Delfinen und Walen (das Gehirn eines Pottwals beispielsweise ist sechsmal größer als das eines Menschen) häufig auf die Notwendigkeit größerer Rechenkapazität zur Kontrolle sehr viel größerer Körper zurückgeführt und nicht als Anzeichen überlegener geistiger Fähigkeiten angesehen.

In Wahrheit verhält es sich etwas komplizierter. Elefanten besitzen einen relativ größeren und entwickelteren Hippocampus, ein mit der Erinnerungsbildung verbundener Teil des Gehirns. Und während Wale und Delfine tatsächlich nur fünf statt unseren sechs Schichten in der Hirnrinde aufweisen, spielen die bei ihnen reichlich vorhandenen Gliazellen möglicherweise eine wichtige Rolle bei Wahrnehmungsprozessen. Um es auf den Punkt zu bringen: Die Gehirne anderer Säugetiere leisten manches, was uns versperrt bleibt, und können manches nicht, was unser Gehirn leistet. Ein Elefantengehirn steuert einen Rüssel, der eine Mauer einreißen, ebenso aber auch eine Aprikose pflücken kann, ohne sie im Geringsten einzudrücken. Es kann Signale in Gang setzen und verarbeiten, mittels deren der Elefant mit seinen Artgenossen über ein Spektrum von zehn Oktaven kommuniziert (die meisten Menschen kommen auf ungefähr drei). Es kann gefährliche Konflikte mit anderen Elefanten bewältigen und fast immer vermeiden. Das Gehirn eines Pottwals befähigt ihn zu Tauchgängen von mehr als einem Kilometer Tiefe, indem es das Pumpen und die Verteilung von Blut und Sauerstoff übernimmt, während der Wal für bis zu zwei Stunden den Atem anhält. Auf diese Weise kann er Riesenkalmare in absoluter Finsternis jagen. Das Walgehirn widmet gewaltige Ressourcen der Erzeugung, Erkennung und Analyse von Klängen sowohl aus großer Nähe als auch aus Hunderten Kilometern Entfernung. Dies erlaubt den Tieren, über Tausende Kilometer über den offenen Ozean zu schwimmen und dennoch über Jahrzehnte mit der Familie und Freunden Kontakt zu halten.

Bei Schwertwalen und anderen Delfinarten sind der limbische

und der paralimbische Kortex, die Emotionen verarbeiten, deutlich stärker entwickelt als beim Menschen. Daraus könnten sich ihre extrem starken Familienbande und ihre fast unheimliche Fähigkeit zum Erkennen menschlicher Intentionen erklären. Doch in der Verspieltheit, dem Mitgefühl und der Duldsamkeit, die diese Tiere Menschen gegenüber manchmal an den Tag legen, erschöpfen sich die Leistungen ihres Gehirns noch lange nicht. Seit Jahrzehnten suchen Menschen nach Wegen, mit Großen Tümmlern zu kommunizieren, und in dieser Zeit haben Delfine nicht nur gelernt, mittels diversen Zeichen unseren Anweisungen zu folgen, sondern auch, uns einige ihrer Gedanken mitzuteilen. Wir hingegen tappen immer noch weitgehend im Dunkeln, was die Entschlüsselung ihrer Kommunikation untereinander angeht. Erst 2016 veröffentlichten Forscher Belege dafür, dass Delfine sich unter anderem über die Lösung schwieriger Probleme wie das Öffnen eines Nahrungsmittelkanisters austauschen. Bei Elefanten gehört zu den vielen bemerkenswerten Eigenschaften ihrer Intelligenz die ausgeprägte Tendenz zu Sanftmut (wenn sie nicht durch Menschen traumatisiert wurden) – eine Weisheit, die Menschen häufig fehlt. Wir sollten also die Gehirnleistung nichtmenschlicher Tiere nicht unterschätzen. Wie der Verhaltensökologe Peter Tyack sagt, kommt man selten zu aussagekräftigen Ergebnissen, wenn man versucht, verschiedene Spezies anhand eines zum Messen menschlicher Intelligenz entworfenen linearen Maßstabs einzuordnen. Wie der Radiologe und Dichter Amit Majmudar bemerkt, werden andere Tiere durch ihr Gehirn in der einen oder anderen Weise dazu befähigt, »routinemäßig Übermenschliches« zu leisten. »Sie überflügeln

Schwertwale können Robben, die schwerer sind als ein erwachsener Mann, in Sekundenschnelle töten, und das tun sie auch. Doch von Feindseligkeit wilder Schwertwale gegenüber Menschen ist kein einziger Fall bekannt. Delfine sind dabei beobachtet worden, wie sie von ihrem überschwänglichen Verhalten abließen, um in Stille ein Boot mit einem Toten an Bord zu begleiten. In einem anderen Fall wandten sich Delfine von ihrer Nahrung ab, um eine Frau, die sich im Meer das Leben zu nehmen versuchte, zu umkreisen und zu stützen.

uns in dieser oder jener Wahrnehmung oder körperlichen Fähigkeit, und doch messen wir dem keinen Wert bei. Es ist allein unsere Art der Überlegenheit (im Grunde genommen im Werkzeuggebrauch), die wir törichterweise zum Maßstab ›wirklicher‹ Überlegenheit erheben.«

Werkzeuggebrauch wird durch zwei Fähigkeiten begünstigt: Unsere flinken Hände und Sprache. Was Letztere betrifft, gibt es im menschlichen Gehirn im Unterschied zu allen anderen Primaten eine direkte Verbindung zwischen dem Bereich des motorischen Kortex, der mit willkürlichen Bewegungen zu tun hat, und dem Hirnbereich, der bei der motorischen Kontrolle des Kehlkopfs eine Rolle spielt. Dazu kommt es durch die Anpassung lediglich zweier Basenpaare in FOX2P, einem Gen, das wir mit Affen und sogar Mäusen teilen.

Und wie wir Gefühle verarbeiten und ausdrücken, hat, solange wir noch menschlich sind, mindestens ebenso große Bedeutung wie unsere Art der Objektmanipulation in der Welt. In *Beyond Words: What Animals Think and Feel* dokumentiert Carl Safina das Leben von Elefanten, Wölfen und Schwertwalen (sowie das von Menschen, die sie vor dem Aussterben zu bewahren versuchen) und führt überzeugende Belege dafür an, dass diese Geschöpfe im Großen und Ganzen dasselbe Spektrum an Emotionen erleben wie Menschen. »Angst, Aggression, Wohlgefühl, Ängstlichkeit und Freude entstehen bei Mensch und Tier in denselben Gehirnstrukturen und durch dieselben chemischen Prozesse, welche jeweils ein und denselben Ursprung haben. Es handelt sich um gemeinsame Gefühle in einer Welt, in der wir gemeinsam leben.«

6. Die Wissenschaft vom Gehirn hat in kurzer Zeit große Fortschritte gemacht

Zur Freude aller Schulkinder erachteten die alten Ägypter das Gehirn als nutzlos für das Leben nach dem Tod und zogen es den frisch Verstorbenen mit einem Haken aus der Nase, um es dann fortzuschmeißen und den übrigen Leichnam in eine Mumie zu verwandeln. Angesichts dieser nicht gerade vielversprechenden Anfänge hat die wissenschaftliche Erforschung des Gehirns bemerkenswerte Fortschritte zu verzeichnen.

Der im 5. Jahrhundert vor Christus geborene griechische Arzt Hippokrates war unseren Aufzeichnungen zufolge zumindest in der westlichen Kultur der Erste, der Denken, Emotionen und Empfindungen im Gehirn verortete. Verglichen mit den Überzeugungen der Ägypter war dies schon ein Schritt in die richtige Richtung, doch für lange Zeit nach ihm wurde dieser Erkenntnis nur wenig Richtiges hinzugefügt. Aristoteles, eine Generation nach Hippokrates, hielt das Gehirn für ein Organ zur Kühlung des Bluts. Und Galen, der rund vier Jahrhunderte später lebte, ignorierte das feste Gehirngewebe und erklärte stattdessen die drei mit Flüssigkeit gefüllten Hohlräume darin für Vorstellungen, Vernunft und Gedächtnis verantwortlich. Über fünfzehnhundert Jahre lang wiederholten christliche und muslimische Ärzte im Großen und Ganzen nur, was Galen gelehrt hatte. Anfang der 1490er-Jahre stellte Leonardo da Vinci diese Hohlräume als drei hinter den Augen aufgereihte Blasen dar. Seine Skizze hat nicht die geringste Ähnlichkeit damit, wie die Hirnventrikel in Wirklichkeit aussehen. Und obwohl Leonardo zuvor bereits das Innere und Äußere des Schädelknochens mit einer solchen Sorgfalt gezeichnet hatte, dass bei Letzterem sogar die Eindrücke der Venen und Arterien auf dem Knochen in feinsten Details zu erkennen sind, deutet nichts darauf hin, dass er das Gehirn mit derselben Aufmerksamkeit studierte hätte wie später das Herz.

René Descartes hing im frühen 17. Jahrhundert im Wesentlichen immer noch Galens Konzeption des Gehirns an und behauptete, es kontrolliere die Körperbewegungen, indem es Flüssigkeit von den Ventrikeln durch die Nerven in andere Organe und Extremitäten pumpe. Seine hydraulische Vorstellung ähnelt dem mechanischen Steampunk-Elefanten von Les Machines de l'île in Nantes. Descartes erkannte allerdings, dass es zwei wichtige geistige Fähigkeiten gibt, die über das hinausgehen, was eine solche Maschine zu leisten imstande ist – eine unendliche Vielfalt an Gedanken hervorbringen sowie davon berichten zu können. Die Lösung dafür fand er in der Seele, eine Art

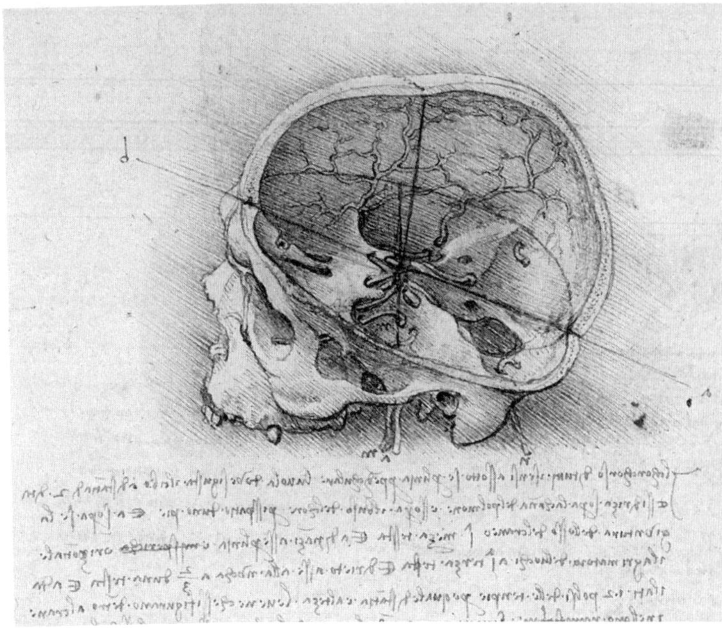

geheime Zutat, die von jenseits der materiellen Welt mittels der Zirbeldrüse intervenierte.

Der wichtigste Durchbruch gelang Thomas Willis, einem in Oxford lebenden und arbeitenden Arzt aus derselben Generation wie Descartes. Zu Willis' Zeit wurden Autopsien üblicherweise durch Aufbrechen der Schädeldecke vorgenommen, wodurch das Gehirn häufig beschädigt und deformiert wurde, ungefähr so, wie ein harter Schlag auf ein weich gekochtes Ei, dessen Inhalt vermanscht und beim Frühstück auf unser Hemd spritzt. Willis und seine Mitarbeiter entschieden sich für eine andere Herangehensweise. Sie kamen von unten und hoben das Gehirn als Ganzes aus dem Schädel. Dadurch sahen sie es nicht mehr als klebrige Masse, die am Innern des Schädels haftete, sondern als eigenständiges, in unterscheidbare Bereiche differenziertes Organ.

Bei genauerer Untersuchung entdeckte Willis, dass sich die zwei Halsschlagadern, die Blut durch den Hals führen, vor Eintritt in das Gehirn selbst an der Gehirnbasis zu einem Kreislauf vereinigen. In einem weniger grausamen, aber dennoch nicht weniger

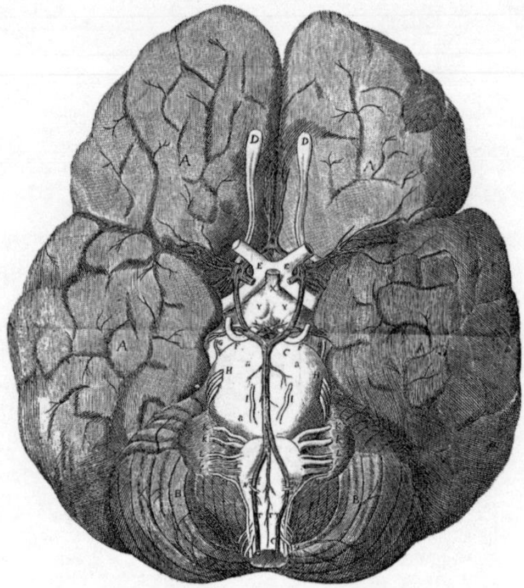

»Schädel öffnen wurde für mich zur Sucht.«
Das Gehirn von unten gesehen. Thomas Willis, 1664.

aufschlussreichen Experiment, als es William Harvey vierzig Jahre zuvor an den Herzen von Hunden durchgeführt hatte, schnitt Willis den Hals eines Spaniels auf und schnürte eine der Arterien ab. »Der Hund wurde davon nicht affiziert«, schrieb er, »sondern machte quicklebendig und lebhaft weiter, und war auch so weit davon entfernt, was man ihm tat, übel zu nehmen, dass er sich binnen einer Viertelstunde losmachte und dem Doktor [Willis] zu Patientenbesuchen in der Stadt folgte.«

Er hatte die heute als Willis-Kreislauf bekannte Struktur entdeckt, die die Blutversorgung des gesamten Gehirns sichert, selbst wenn ein Teil des Kreislaufs Schaden nimmt. Kleinere von dem Kreislauf abzweigende Arterien verteilen sich über das Gehirn »wie die serpentinenartigen Kanäle eines Destillierapparats« und tragen, jedenfalls in Willis' Vorstellung, ein »chemisches Elixier« tierischer Geister ins Gehirn hinein. Als er aber Farbstoff in diese Arterien injizierte, stellte Willis fest, dass nichts davon in den Ventrikeln landete. Die Schlussfolgerung war klar: Die Ventrikel hatten nichts mit dem Geist zu tun,

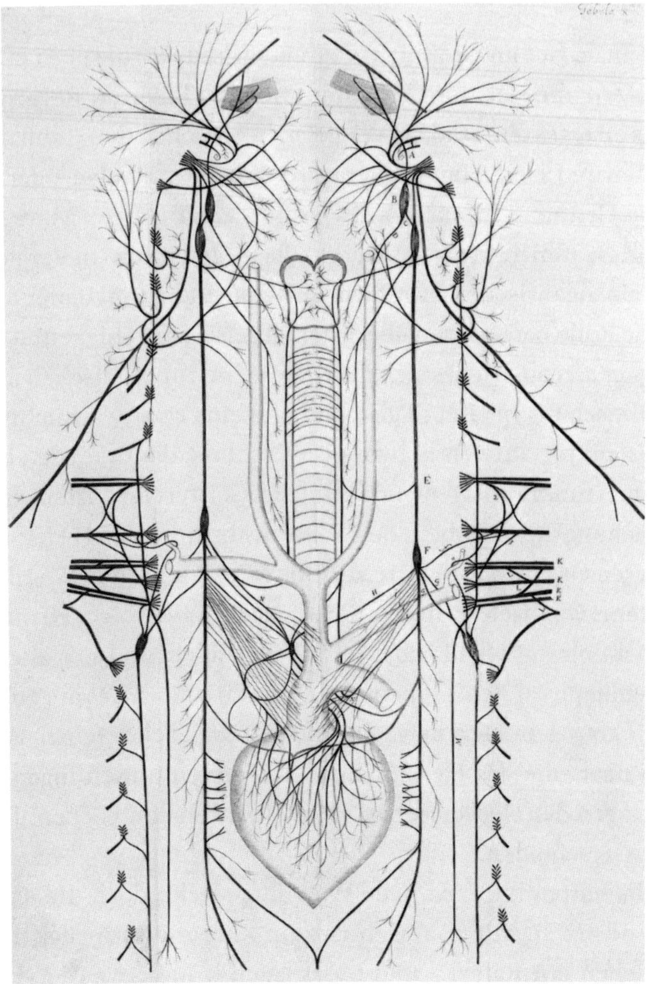

Willis' Nerven-Karte.

sondern stellten lediglich »eine Verwicklung der Hirnfaltungen« dar. Galen und die ihm nachfolgenden Generationen hatten Hintergrund und Vordergrund verwechselt.

Willis gab sein Interesse an den Ventrikeln auf und entdeckte, als er weiter den Arterien folgte, dass jeder größere Teil des Gehirns von eigenen Gefäßen versorgt wurde, was darauf hindeutete, dass die verschiedenen Segmente des Gehirns verschiedene Funktionen besaßen.

Er fand auch, tief im Großhirn vergraben, graue Strukturen mit Streifenmustern, die sich vom Hirnstamm in die höheren Regionen des Gehirns erstreckten. Und bei Vergleichen zwischen den Gehirnen von Menschen und Tieren fand er heraus, dass die von Fischen oder Kühen dieselbe Grundarchitektur aufwiesen – verlängertes Mark, Kleinhirn und Großhirn. Willis bemerkte, dass Menschen im Vergleich zu Tieren ein gigantisches Großhirn besitzen, und nahm daher an, dass dies eine Rolle bei unseren überlegenen geistigen Fähigkeiten spielte.

Aber er sah auch, dass sich die Kleinhirne von Menschen und Tieren praktisch bis ins Detail gleichen und eine relativ schlichte Oberflächenstruktur aufweisen, woraus er schloss, dass sie wie einfache Maschinen funktionierten und als solche ›Geister‹ erzeugten, die ohne Überwachung durch höhere Bewusstseinsinstanzen zum Herzen und zu anderen Organen wanderten. Willis vollzog auch den Weg des Nervensystems vom Gehirn in den Körper nach. Er verfolgte Hirnnerven, die sich durch seitliche Löcher im Schädel fädeln und sich zur Zunge, zum Kehlkopf, zu den Lippen, den Zähnen und den Wangen erstrecken. Er ging dem Nervus Vagus und seinem Fächer feiner Verzweigungen nach, die das Herz und das Zwerchfell umschlingen. Seine Abbildungen der Nerven sehen aus wie Karten von Bächen, Flüssen und Wasserscheiden.

Willis hatte eine ganz neue Welt aufgedeckt, doch die ›Geister‹, die irgendwie Signale vom Gehirn zum Körper und zurück übertrugen, blieben ein Rätsel – und boten auch keine bessere Erklärung als die hydraulischen Kräfte, von denen Descartes gesprochen hatte. Im Rückblick finden wir Spuren der wahren Natur dieser Geister in einer antiken Heilmethode wieder. Bereits im 1. Jahrhundert n. Chr. verwendete ein Arzt des römischen Kaisers Claudius einen Torpedorochen – eine Gattung von Zitterrochen, die Elektroschocks von 200 Volt produzieren kann – zur Linderung von Kopfschmerzen. Doch niemand konnte erklären, warum dies funktionierte. Erst gegen Ende der 1700er-Jahre, mehr als hundert Jahre nach Willis' Tod,

»Die Geister, die das Cerebellum bewohnen, lassen unbeobachtet und im Stillen ihre Natur wirken, ohne dass wir von ihnen wüssten oder uns um sie bekümmerten.« Thomas Willis

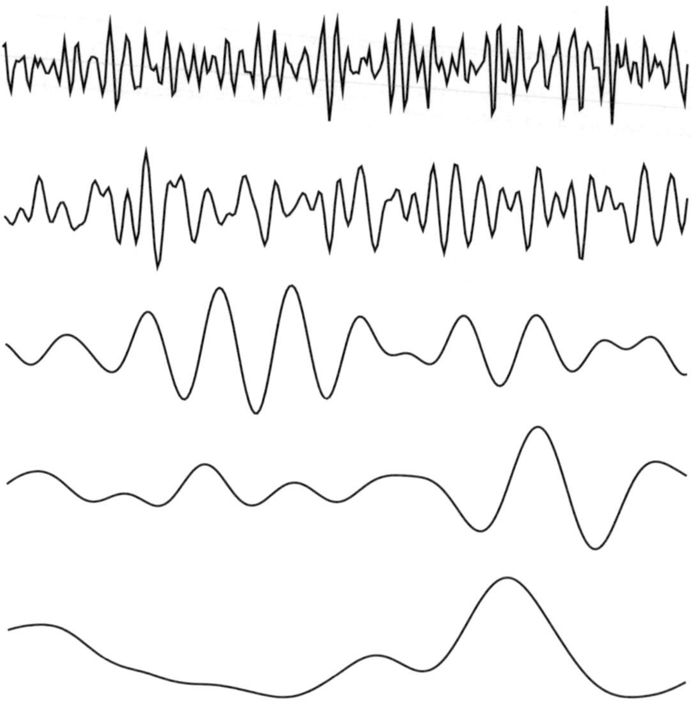

Die tiefstfrequenten Hirnwellen, die Deltawellen im Spektrum zwischen 1 bis 4 Hz, sind mit tiefem, traumlosen Schlaf verbunden. Thetawellen zwischen 4 und 8 Hz sind mit leichtem Schlaf oder Meditation verbunden. (Die zuerst entdeckten) Alphawellen bei 8 bis 13 Hz werden im entspannten Wachzustand gemessen. Betawellen zwischen 13 und 30 Hz treten im normalem Wachzustand auf. Gammawellen zwischen 30 und 70 Hz (bis in den unteren Tonbereich von Instrumenten wie dem Cello hinein) hängen mit dem Hervorbringen von Sprache, Ideen und der Verarbeitung von Erinnerungen zusammen. »Während wir unserem Tagewerk nachgehen«, schreibt Marcus du Sautoy, »verhält sich das Gehirn wie ein Orchester bei der Aufführung einer Symphonie: Es wechselt zwischen schnellen und langsamen Rhythmen, mit dem gelegentlichen Scherzo, wenn wir auf neue Ideen kommen oder mit neuen Situationen konfrontiert sind.«

entwickelten Wissenschaftler eine Vorstellung von Elektrizität als eigenständigem Naturphänomen. Unabhängig voneinander zeigten Luigi Galvani und Alessandro Volta dann, dass das Nervensystem auf der Grundlage elektrischer Aktivität funktioniert, indem sie die abgetrennten Gliedmaßen eines Froschs mittels äußerlich zugeführtem Strom zur Bewegung anregten. (Andere ließen menschliche Leichen mittels Elektrizität zittern und sich auf dem Tisch aufrichten, was den Zuschauern Schauder über den Rücken jagte und Mary Shelley zu *Frankenstein* inspirierte.) In der zweiten Hälfte des 19. Jahrhunderts konnte Emil du Bois-Reymond zeigen, dass Nerven und Muskeln selbst elektrische Impulse generieren. Es dauerte nur wenige Jahrzehnte, bis Forscher winzige elektrische Ströme in direkt mit Elektroden verbundenen Tiergehirnen messen konnten, und 1924 zeichnete Hans Berger das erste Elektroenzephalogramm, kurz EEG, eines Menschengehirns durch Sensoren auf der Außenseite des Schädels auf.

Die von Berger aufgezeichneten ›Hirnwellen‹ entstehen durch synchrone Aktivität einer großen Zahl von Neuronen in verschiedenen Teilen des Gehirns. Es wurde später entdeckt, dass sie über ein ganzes Spektrum von Frequenzen in Erscheinung treten.

Doch die moderne Neurowissenschaft wurde tatsächlich schon eine Generation früher, mit der Arbeit Santiago Ramón y Cajals, aus der Taufe gehoben. Zwar war er nicht der Erste, der auf die große Bedeutung der kurz zuvor entdeckten Neuronen für die Funktionsweise des Gehirns hinwies. Doch Cajal studierte sie unter Einsatz eines von Camillo Golgi (der sich den Nobelpreis 1906 mit ihm teilte) entwickelten Färbeverfahrens in nie gekanntem Detail und hielt seine Funde in Zeichnungen fest, die Leonardos besten anatomischen Arbeiten in Feinheit nicht nachstehen. Ramón y Cajal zeigte, dass Neuronen sehr viel komplexer und vielfältiger sind als alle anderen Zellarten. Er entdeckte außerdem, dass einzelne

1880 skizzierte Du Bois-Reymond sieben »Welträtsel«, die den zeitgenössischen wissenschaftlichen Verstand überstiegen. Drei davon, meinte er, würden nie gelöst werden: die letzte Natur von Materie und Kraft; der Ursprung der Bewegung; und der Ursprung einfacher Empfindungen.

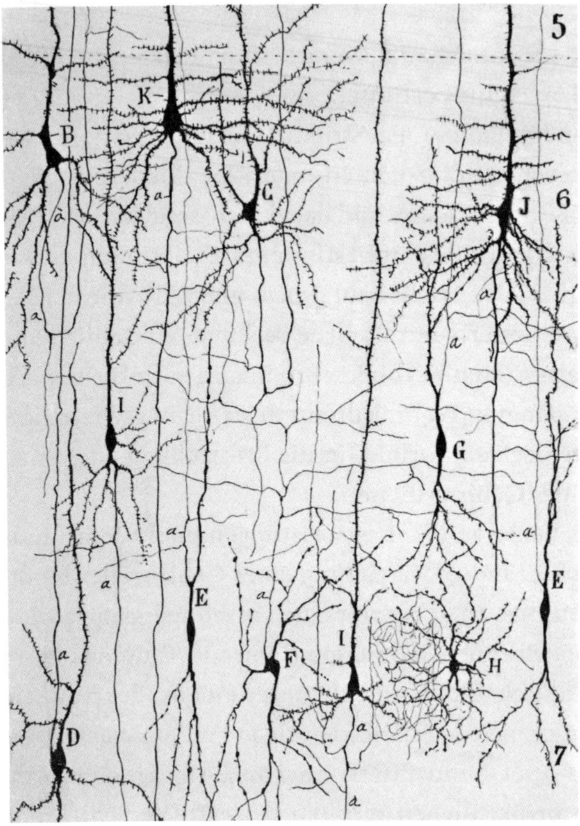

Zeichnung Ramón y Cajals.

Neuronen in Insekten so komplex sind wie beim Menschen und manchmal sogar noch komplexer, aber dass sich manche Neuronen beim Menschen über relativ lange Entfernungen miteinander verbinden.

Dies deutete darauf hin, dass geistige Fähigkeiten nicht auf besonderen Eigenschaften der Zellen selbst, sondern auf der Weise ihrer Verknüpfung basieren. Aus diesem ›konnektionistischen‹ Ansatz entwickelte sich die Neuronenlehre und eine

Die Neuronenlehre: (1) Das Neuron ist die grundlegende strukturelle und funktionale Einheit des Nervensystems; (2) Neuronen sind diskrete Zellen und gehen nicht in andere Zellen über; (3) ein Neuron besteht aus drei Teilen: Dendriten, Axon und Zellkörper; (4) Informationen laufen in eine Richtung durch Neuronen: von den Dendriten über den Zellkörper zum Axon.

Erklärung der Informationsverarbeitung im Gehirn, die auch heute noch die Forschung bestimmt.

Während Ramón y Cajal Struktur und Organisationsweise der Neuronen erforschte, untersuchten andere die Gliederung des Gehirns in einem größeren Maßstab und dabei insbesondere, wie verschiedene Areale der Hirnrinde mit bestimmten Funktionen verknüpft sind. Aufbauend auf der Arbeit Paul Brocas und Carl Wernickes, die Mitte des 19. Jahrhunderts mit Sprache verbundene Gehirnregionen identifiziert hatten, fand Korbinian Brodmann mittels einer als Nissl-Färbung bezeichneten Technik dreiundvierzig umgrenzte Regionen, die auch heute noch als Vorbild für die Erforschung umgrenzter Funktionsareale des Gehirns dienen.

Zu den bemerkenswerten Leistungen im 20. Jahrhundert gehört die erste vollständige Kartierung eines Gehirns, das heißt jedes einzelnen Neurons. 1970 begann eine Forschungsgruppe unter der Leitung Sidney Brenners damit, ein Gehirn in Tausende extrem dünne Scheiben zu schneiden und sie unter einem Elektronenmikroskop zu fotografieren. Jede Scheibe wurde mit einem Wassertropfen unter Flüssigkeit gesetzt und mittels einer an die Spitze eines Zahnstochers geklebten menschlichen Wimper bewegt. Die Schichten waren so dünn, dass man sie kaum mit bloßem Auge sah, und so fragil, dass eine zufällige Berührung mit der Wimper sie zerstörte. Daher rührten die Forscher sachte das sie umgebende Wasser, um sie an die richtige Position zu bewegen. Vierzehn Jahre derselben Routine später veröffentlichten sie in einem 446-seitigen Aufsatz in der ältesten und renommiertesten wissenschaftlichen Zeitschrift der Welt, dem *Philosophical Transactions of the Royal Society*, einen kompletten Schaltplan. Es gab daran nur einen Haken: Das fragliche Gehirn gehörte nicht einem Menschen, nicht einmal einer Maus, sondern entstammte einem Wurm von weniger als einem Millimeter Länge. *C. elegans*, der mit Vorliebe im Wasserfilm zwischen Erdpartikeln und verrottender Vegetation lebt, besitzt gerade einmal 302 Neuronen (weniger als 0,0000004 Prozent der Anzahl in einem menschlichen Gehirn) und neuntausend Synapsen (weniger als 0,00000001

Prozent). Für den Schaltplan eines menschlichen Gehirns bräuchte man bei dieser Geschwindigkeit Millionen von Jahren und Milliarden von Seiten.

Ab den 1980er- und 1990er-Jahren trugen neue, nichtinvasive Technologien ihren Teil dazu bei, die Neurowissenschaften zu revolutionieren. Zu den aufschlussreichsten davon gehört die funktionelle Magnetresonanztomografie, kurz fMRT, die mittels starker Magnete Änderungen des Blutflusses im Gehirn von Probanden misst, die unterschiedlichen Reizen ausgesetzt sind: Bildern, Klängen, Gedanken. Aktivierte Gehirnregionen können auf einem Schirm als leuchtende Farbkleckse dargestellt werden. Doch fMRT unterliegt bedeutenden Einschränkungen. Es gibt eine zeitliche Verzögerung, und verschiedene neuronale Ereignisse, die im Abstand einer oder mehrerer Sekunden eintreten, können sich überlagern, wenn das erregte Areal auf dem Schirm erscheint. Das erweist sich als echtes Hindernis, wenn man ein Organ studiert, das im Millisekundenbereich arbeitet. Außerdem zeigt fMRT auch nicht, was die Gehirnzellen tatsächlich tun. Die Technik registriert Aktivität erst in einem Maßstab von Hunderttausenden von Neuronen, sodass ein als aktiv gekennzeichnetes Areal gegebenenfalls eine ganze Reihe neuronaler Prozesse repräsentieren kann. Angesichts dieser fehlenden Präzision ist ganz erstaunlich, was damit erreicht worden ist.

Zu den Gehirnvisualisierungstechnologien gehören Magnetresonanztomografie (MRT), funktionelle MRT, Diffusions-MRT, Magnetoenzephalografie (MEG), Elektroenzephalografie (EEG) und Positronen-Emissions-Tomografie (PET).

Ein Beispiel aus jüngerer Zeit liefert ein Atlas, der zeigt, wie sich Wortbedeutungen wie eine bunte ›Steppdecke‹ über verschiedene Hirnregionen ausbreiten. Die Forscher fanden heraus, dass keine Region genau einem Wort oder einem Begriff entspricht, sondern dass ein gegebener Ort mit mehreren miteinander verwandten Wörtern verknüpft ist und umgekehrt jedes Einzelwort viele verschiedene Orte im Gehirn aufleuchten lässt. Zusammen ergeben sie ein Netzwerk, das die Bedeutungen der Wörter, die wir benutzen, repräsentiert.

Auf Grundlage derselben Daten wollen die Forscher Atlanten erstellen, die zeigen, wie das Gehirn Informationen wie zum Beispiel die Erzählstruktur speichert.

In den ersten Jahrzehnten des 21. Jahrhunderts wurden große Anstrengungen unternommen, die Struktur des Gehirns in allen erdenklichen Größenmaßstäben zu kartieren, in der Hoffnung, dem Gehirn dadurch weitere Geheimnisse zu entlocken. Eine Inspirationsquelle findet dieser Ansatz in früheren als erfolgreich angesehenen, groß angelegten Kartierungsprojekten. Nach einem Jahrzehnt internationaler Zusammenarbeit veröffentlichte das Humangenomprojekt im Jahr 2000 eine erste grobe Sequenzierung aller Gene im menschlichen Körper. US-Präsident Bill Clinton nannte es »die erstaunlichste Karte, die die Menschheit je erstellt hat«, und mit ungeheurem Potenzial für das Wohlergehen der Menschen. Diese Errungenschaft inspirierte andere groß angelegte Projekte wie die Kartierung des menschlichen Proteoms (die Gesamtheit der durch ein Genom exprimierter Proteine). Forscher begannen auch ein ähnliches Unterfangen für das Gehirn zu fordern. Schließlich hatte es in den zweiundzwanzig Jahren, seit der ›Geist‹ des Wurms *C. elegans* vermessen worden war, zahlreiche Fortschritte im Verständnis des Gehirns und bei den Bildgebungsverfahren gegeben. Warum sollte man nicht alle neuronalen Verbindungen – das ›Konnektom‹ – zuerst bei relativ einfachen Tieren wie der Fruchtfliege, dem Zebrafisch und der Maus und schließlich dann auch beim Menschen kartieren? Der Neuronenlehre folgend wurde in Analogie zu den Schaltplänen einer elektronischen Maschine oder eines Computers das Prinzip aufgestellt, dass Funktion und Verhalten aus der Art der Verkabelung der Komponenten folgen. (Viele Forscher glauben, dass falsche ›Verkabelung‹ im Gehirn für Störungen wie Autismus und Schizophrenie verantwortlich ist. Sie hoffen, dass bessere Karten dabei helfen können, diese und andere Krankheiten

Die Verantwortlichkeit der Proteine in unseren Zellen und unserem Gewebe reicht von Reparatur und Instandhaltung unseres Körpers bis zur Produktion von Signalstoffen. Das Gehirn verfügt über rund dreihundert einzigartige Proteine; die Hoden über nahezu tausend.

wie Alzheimer und Parkinson besser zu verstehen und zu behandeln.)

Neue Technologien konnten erstaunliche Ergebnisse liefern. Eine davon ist Brainbow: Mittels vier einer Qualle entnommenen fluoreszierenden Proteinen haben Wissenschaftler eine Palette von rund hundert verschiedenen Farben erzeugt, mit denen sie individuelle Neuronen in einem Mäusegehirn in beispielloser Detailgenauigkeit markieren konnten. Im Jahr 2007 veröffentlichte Bilder wirkten bizarr leuchtend wie die Gemälde Paul Klees, mit mehrfarbigen Klecksen wie Blätter eines psychedelischen Baums, die durch einen violetten Sternenraum fallen. Und wenn sich die praktischen Anwendungen von Brainbow auch in Grenzen halten mögen, so hat die Schönheit dieser Bilder möglicherweise immerhin mehr Aufmerksamkeit und Unterstützung für die Forschung generiert.

Während ich dieses Buch schreibe, gibt es über ein Dutzend großer öffentlicher und privater Projekte zu Gehirnkarten, -atlanten und -datenbanken mit einem Gesamtbudget von Milliarden von Dollar. Besonders hervorzuheben sind die BRAIN-Initiative der US-amerikanischen National Institutes of Health, die beginnend im Jahr 2013 über einen Zeitraum von zehn Jahren sämtliche Neuronen im menschlichen Gehirn kartieren will, sowie das Human Brain Project der EU, ein Zehnjahresprogramm, das von der Überzeugung ausgegangen war, innerhalb von ein oder zwei Jahrzehnten wäre eine Simulation des menschlichen Gehirns mit Supercomputern möglich, das mittlerweile aber mit Schwierigkeiten zu kämpfen hat. Sebastian Seung vom Princeton Neuroscience Institute inspirierte Zehntausende »Bürgerwissenschaftler«, sich bei EyeWire zu beteiligen, einem Online-Spiel, in dem sie bei der Kartierung von Neuronen in der Retina einer Maus mithelfen. Mit BrainStan, einem 2013 veröffentlichten Atlas des sich entwickelnden Menschengehirns, fanden Forscher, finanziert vom US-amerikanischen National Institute of Mental Health, heraus, dass in der Gehirnentwicklung eines Fötus 95 Prozent der Gene aktiv sind – bedeutend mehr als im ausgewachsenen Gehirn – und bestätigten die Relevanz von Gehirnarealen, die als bedeutsam für die Entstehung von Autismus

»Und eine Maus ist Wunders genug, um Sextillionen von Ungläubigen wanken zu machen.« Walt Whitman

angesehen werden. 2014 veröffentlichten Forscher vom Allen Institute for Brain Science, an dem bereits seit zehn Jahren an Kartierungsprojekten gearbeitet worden war, einen detaillierten Atlas des Gehirns einer Maus, in dem sie in einem mittleren Maßstab Verbindungen zwischen 295 Hirnregionen verzeichneten. Eine beeindruckende Arbeit, aber noch weit entfernt von einem vollständigen Bild. Und ein Mäusegehirn hat mit seinen einundsiebzig Millionen Neuronen nicht einmal ein Tausendstel der Größe eines menschlichen Gehirns. Nichtsdestotrotz wirft solch penible Arbeit allmählich erstaunliche Ergebnisse ab; jedenfalls deutet eine im nächsten Abschnitt dieses Kapitels beschriebene bemerkenswerte Entdeckung aus dem Jahr 2017 darauf hin.

Einige Forscher hoffen, dass es mit einer vollständigen Karte des menschlichen Gehirns möglich wird, das Wesen einer Person aufzuzeichnen, zu speichern und ›wiederzugeben‹, was praktisch die Unsterblichkeit bedeutet. Das scheint weit hergeholt, doch nehmen wir den Fall von Anna Bågenholm, die bei einem Skiunfall 1999 in zufrierendes Wasser stürzte und unter dem Eis eingeschlossen wurde. Ihr Herz setzte für über zwei Stunden aus, und ihre Körpertemperatur sank auf etwa 13,7 Grad Celsius. Nach allen üblichen Definitionen war sie tot. Doch weil ihr Gehirn noch vor dem Herzstillstand abgekühlt war und daher sehr viel weniger Sauerstoff benötigte als gewöhnlich, blieb es weitgehend unbeschadet. Nachdem Ärzte ihr Herz wieder in Gang gesetzt hatten, konnte sie daher mit der Zeit vollständig genesen. Wenn das Gehirn eine solche Stasis überstehen kann, wieso soll es dann, so ein gängiges Argument, nicht möglich sein, es eines Tages wiederzubeleben oder seine wesentliche Architektur sogar auf ein anderes Medium zu übertragen?

Andere Forscher zeigen sich den Möglichkeiten der Gehirnkartierung gegenüber skeptischer, jedenfalls für die nähere Zukunft, und verweisen auf das Humangenomprojekt. So erstaunlich sie für sich genommen auch ist, so erweist sich die Karte doch lediglich als Trippelschritt in Richtung einer wirklichen Erfassung dessen, was uns zu Menschen macht. Das

Das ist Energetik: Ein internationales Konsortium versucht nun, das Epigenom zu kartieren, und keiner kann sagen, wann es damit fertig wird.

Projekt hat rund zwanzigtausend Gene identifiziert, aber jetzt wissen wir, dass es in unserer DNS mindestens mehrere Hunderttausend Schalter gibt, die in komplexer Wechselwirkung stehen und in verschiedenen Stadien Gene an- und ausschalten, was für die Entwicklung und das Funktionieren des Körpers grundlegende Bedeutung hat. Es spricht viel dafür, dass die Organisation des Gehirns nicht weniger komplex ausfällt. Die prominente Neurowissenschaftlerin Eve Marder mahnt zur Zurückhaltung: »Wenn wir das Gehirn verstehen wollen, ist das Konnektom absolut unerlässlich und völlig unzureichend.«

Gleichzeitig werfen neue Techniken Licht auf Bereiche, an die man vor wenigen Jahren nicht einmal zu denken wagte. Im Fall der sogenannten Optogenetik, einem von Gero Miesenböck, Karl Deisseroth und anderen Neurowissenschaftlern Anfang der 2000er-Jahre entwickelten Ansatz, stimmt das ganz buchstäblich. Optogenetik ermöglicht die Entwicklung von Neuronen im Gehirn eines lebenden Tiers, die mittels eines Lasers an- und ausgeschaltet werden können und bei Aktivität aufleuchten.

Francis Crick war 1953 einer der Mitentdecker der DNS. Von 1979 bis zu seinem Tod im Jahr 2002 bemühte er sich darum, unser Verständnis der neuronalen Grundlage des Bewusstseins zu erweitern.

Die Ursprünge der Optogenetik sind so bemerkenswert wie seine potenziellen Anwendungen. Über die Zukunft der Neurowissenschaft spekulierend, fragte sich Francis Crick 1979, ob nicht ein Gerät entwickelt werden könnte, mit dem sich einige Neuronen an- und ausschalten ließen, während andere davon nicht betroffen wären. »Es ist denkbar«, schrieb er, »dass [...] Biologen einen besonderen Zelltyp designen, sodass er auf Licht reagiert.« Und wie sich zeigte, war ein Kandidat dafür bereits entdeckt worden. Anfang der 1970er-Jahre hatte der Biochemiker Dieter Oesterhelt ein mikrobielles Opsin beschrieben – ein lichtempfindliches Protein in einem Bakterium, das in salzhaltigen Seen in Afrika gedeiht, indem es Licht in Energie umwandelt. Zunächst hatte niemand auch nur an die Möglichkeit gedacht, dass Gene dieses Bakteriums zur Produktion des Proteins in Säugetiergehirnen eingesetzt werden könnten. Faszinierenderweise ist es aber genau das, was

Miesenböck, Deisseroth und ihre Mitarbeiter am Ende wirklich taten.

Christof Koch hat Optogenetik den vierten großen Durchbruch in der Neurowissenschaft genannt – nach der Färbung von Zelltypen durch Golgi und Ramón y Cajal im späten 19. Jahrhundert, der Anwendung von Mikroelektroden ab den 1950er-Jahren und der Einführung von fMRT in den 1990er-Jahren. Koch zufolge wird es durch Optogenetik möglich, »auf sehr filigrane, bewusste und zielgerichtete Weise ins Netzwerk des Gehirns einzugreifen«. Dadurch können wir das Gehirn auf der Ebene seiner elementaren Gliederung in Bereiche, die für Fühlen, Lernen, Erinnern, den Metabolismus, Hunger, Schlaf, Belohnung und Motivation verantwortlich gehalten werden, in Aktion beobachten. Und es könnten sich auch therapeutische Anwendungen daraus ergeben. Zur Zeit der Abfassung dieser Zeilen finden klinische Versuche statt, die eine Möglichkeit zur Behandlung von Retinitis pigmentosa erforschen, einer vererblichen degenerativen Augenkrankheit, die eine schwere Beeinträchtigung des Sehvermögens verursacht.

Eine andere, ebenfalls von Deisseroth entwickelte neue Technik heißt CLARITY. Dabei wird das undurchsichtige Fett zwischen den Gehirnzellen durch ein transparentes Gel ersetzt, ohne die Anordnung der Neuronen zu verändern. So bleibt das obduzierte Gehirn intakt, wird aber durchsichtig. Videos von den Resultaten, wie das 2013 von der Zeitschrift *Nature* veröffentlichte, zeigen Netze unglaublich filigraner Zellen und Nervenfasern in einem durchsichtig gemachten Mäusegehirn, vor schwarzem Hintergrund grün leuchtend oder nach Art und Funktion unterschiedlich eingefärbt in ungekanntem Detailreichtum sichtbar gemacht. Das Bild fasziniert durch seine Feinheit und Schönheit.

Clear Lipid-exchanged Anatomically Rigid Imaging/ immunostaining-compatible Tissue hYdrogel.

Vieles liegt im Ungewissen. Dazu gehört die Rolle der Neuromodulatoren genannten Signalstoffe. Selbst in relativ einfachen Systemen von vielleicht dreißig Neuronen, die beispielsweise den Magen von Krebsen und Hummern kontrollieren, können Neuromodulatoren die Funktionsweise eines Schaltkreises grundlegend ändern. Und was für den Magen eines Krustentiers gilt, wird wahrscheinlich auch für das Gehirn gelten, in dem Neuromodulatoren bedeutend größere Systeme beeinflussen. Ein anderer einschlägiger Fall sind Transposons – wandernde DNS-Abschnitte, die sich im Genom verstecken und sich zufällig vervielfältigen. Es konnte gezeigt werden, dass sie bei der Entwicklung erwachsener Gehirnzellen aus Stammzellen aktiv sind. Möglicherweise generieren sie in den Gehirnzellen Neuheit und Komplexität, wie es unsere Gene allein nicht vermögen, wenngleich fünfzig Prozent unserer Gene zur Entwicklung dieser zwei Prozent unserer Körpermasse eingesetzt werden. Wenn dies stimmen sollte, dann beherbergt unser Gehirn eine Art Evolution im Kleinen, die in jedem einzelnen Fall einzigartig verläuft.

Im Gehirn warten sicherlich noch zahlreiche weitere Überraschungen auf uns. Einige Forscher halten das gegenwärtig dominierende Modell des Gehirns als einer Art computermäßige Informationsverarbeitung für falsch: als Metapher nicht weniger irreführend als die der Hydraulik oder des Uhrwerks vergangener Jahrhunderte. Sie verweisen darauf, dass viele grundlegende Fragen zur Funktionsweise des schlichten Wurmgehirns von *C. elegans* ungeklärt bleiben, obwohl wir über eine vollständige Kartierung verfügen. Eric Kandel, der den Nobelpreis für die Identifizierung chemischer Veränderungen infolge von Lernvorgängen bei Meeresschnecken erhalten hat, vermutet, dass noch Jahrzehnte vergehen dürften, bevor wir begreifen, wie das Gedächtnis beim Menschen funktioniert. Kenneth Miller schätzt hingegen, dass es noch länger dauern wird, bis wir auch nur basale neuronale Konnektivität verstehen.

7. Bewusstsein ist etwas Erstaunliches, aber nichts absolut Mysteriöses

Eine Art Aura umgibt das Bewusstsein. Uns fasziniert unsere Erfahrung der Welt und zugleich die Tatsache, dass wir die Welt

Der Essayist Walter Benjamin schreibt: »[D]ie Aura einer Erscheinung erfahren, heißt, sie mit dem Vermögen belehnen, den Blick aufzuschlagen.«

erfahren können. »Wenn [mein] Kopf versuchen sollte, in wenigen Worten all das einzufangen, was an ihm selbst am faszinierendsten ist«, sagt der Arzt und Philosoph Raymond Tallis, »dann wären diese wenigen Worte: Er hat eine Welt.« Denn im Bewusstsein findet eine außerordentliche Schöpfung (oder Neuschöpfung) statt. Alle Sinnesreize gelangen mehr oder weniger undifferenziert als Ströme elektrischer Impulse, die von Ketten von Neuronen als Signale entlang bestimmter Routen ausgesendet werden, in das Gehirn; und doch spüren wir, dass wir das vom Wasser reflektierte wirkliche Sonnenlicht, den wirklichen Klang ferner Glocken, die wirkliche Berührung einer Brise oder den Geruch von Holzrauch erleben. »Wer könnte je dieses strahlenden Übergangs müde werden«, schreibt Annie Dillard, »dieses Auftauchens ins Gewahrwerden und dieses bewussten Sprungs ins Vergessen – des Hebens und Fallens des Theatervorhangs? Wer könnte dessen müde werden, wenn die Summe dieser Augenblicke an der Grenze – des bewussten Lebens, das wir so sehr zu verlieren fürchten – alles ist, was wir haben, das Geschenk im Augenblick seines Aufgehens?« Das Rätsel, wie es dazu kommt, gilt häufig als ›das schwierige Problem‹ des Bewusstseins – einige besonders Gewitzte nennen es auch ›das wirklich schwierige Problem‹. Der Ausdruck wurde 1995 von dem Philosophen David Chalmers geprägt, der sich fragte, warum physische Prozesse so etwas hervorbringen sollten, was wir manchmal als ein reiches Innenleben erfahren. Doch der Kern der Frage reicht wenigstens dreihundert Jahre zurück. Descartes war zu dem Schluss gelangt, dass seine bewusste Erfahrung das Einzige war, dessen er sich absolut sicher sein konnte: »Ich denke, also bin ich.« Doch gleichzeitig erkannte er an, dass diese Erfahrung, die ihm jenseits von

Es ließen sich hier ebenso leicht und richtig auch unliebsame Erinnerungen anführen. Doch wie Pierre in Tolstois *Krieg und Frieden* lernt, als er gefangengenommen durch Kälte, Hunger und Schmutz gezerrt wird, können die einfachsten Empfindungen, Essen bei Hunger, Trinken bei Durst, Schlafen bei Müdigkeit, eine umfassende Freude in uns auslösen.

Der Journalist Ambrose Bierce (1842–ca. 1912) zweifelte daran und modifizierte Descartes' Formulierung zu »Ich denke, dass ich denke, also denke ich, dass ich bin.«

Materie und Zeit zu existieren schien, irgendwie mit der durch und durch materiellen Welt verbunden sein musste. Der Mathematiker und Philosoph Gottfried Wilhelm Leibniz erfasste den Wesenskern dieses Rätsels mithilfe einer Analogie zu der Hightech-Maschine seiner Zeit, der Mühle. »Man stelle sich eine Maschine vor«, schrieb er, »deren Struktur so eingerichtet sei, dass sie zu denken, zu fühlen, überhaupt vorzustellen vermöge, und lasse sie unter Beibehaltung derselben Verhältnisse so anwachsen, dass man hinein, wie in das Gebäude einer Mühle eintreten kann. Dies vorausgesetzt, wird man bei Besichtigung des Innern nichts Anderes finden als etliche Triebwerke, deren eins das andere bewegt, aber gar nichts, was hinreichen würde, den Grund irgendeiner Vorstellung abzugeben.«

Generationen haben mit diesem Rätsel gerungen und nicht viel erreicht. 1989 schloss der Psychologe Stuart Sutherland im *International Dictionary of Psychology*, dass »es unmöglich ist, zu spezifizieren, was [Bewusstsein] ist, was es macht oder warum es entstanden ist. Nichts Lesenswertes ist darüber geschrieben worden.« Der Philosoph Evan Thompson gibt sich nachsichtiger. Bewusstsein, schrieb er 2014, lässt sich nicht analysieren wie viele andere Dinge, weil man aus ihm nicht heraustreten und es an etwas anderem messen kann. Es lässt sich nicht in nicht-erfahrungsmäßigen Begriffen erklären. »Vielleicht das Beste, was wir daher tun können, ist, auf Analogien und Metaphern zurückzugreifen. Nach der yogischen Tradition in Indien zum Beispiel ist Bewusstsein das, was *leuchtet*: Es hat wie Licht die Kraft, zu enthüllen.«

»Die Bemühungen, in diesen Fällen introspektive Analyse zu treiben, gleichen wirklich dem Bestreben, einen drehenden Kreisel zu ergreifen, um seine Bewegung festzuhalten, oder dem Versuch, das Gas schnell genug aufzudrehen, um zu sehen, wie die Dunkelheit aussieht.« William James

Doch durch die Forschung des letzten Vierteljahrhunderts sind viele Hirnforscher zu der Überzeugung gelangt, dass mehr möglich ist als nur Analogien und Metaphern. Zumindest können wir ein besseres Gefühl dafür bekommen, was wir tatsächlich wissen und was nicht. Der Neurowissenschaftler Anil Seth hat vorgeschlagen, dies »das wirkliche Problem« des Bewusstseins zu nennen.

Mit neurologischen Bildgebungsverfahren lässt sich beobachten, welche Neuronen die meiste Aktivität zeigen, wenn wir bewusst sind – welche Teile von Leibniz' Mühle sich drehen und daher zumindest Anteil an dem haben, was Francis Crick die »neuronalen Korrelate des Bewusstseins« nannte. Die relevanten Neuronen scheinen hauptsächlich in bestimmten Regionen der Hirnrinde zu sitzen, in denen die Anzahl lokaler Verbindungen besonders hoch ist und die Anzahl von Eintritts- und Austrittspunkten zu anderen Gehirnregionen weit übersteigt. Das deutet darauf hin, dass diese Neuronen mehr miteinander als mit den Sinnesorganen und dem motorischen Apparat kommunizieren (wobei sie jedoch starke Verbindungen zu den Emotions- und Gedächtniszentren aufweisen). Und ein Modell – das auf Ideen von Francis Crick und Christof Koch zurückgreift, die in den 1990er-Jahren Pionierarbeit in diesem Feld leisteten – geht davon aus, dass Bewusstsein während der Synchronisation vieler dieser Neuronen entsteht, die dann durch Billionen von Synapsen gemeinsam oszillieren und gleichzeitig unter dem Einfluss der Retikulärformation, des Thalamus, des Hippocampus und des limbischen Systems stehen. Die Ergebnisse Anfang 2017 veröffentlichter neuer Kartierungen durch Christof Koch und andere am Allen Institute deuten jedoch darauf hin, dass auch Verbindungen über große Distanzen

Forschungen deuten darauf hin, dass interozeptive Wahrnehmung – ein Sinn für den physiologischen Zustand des eigenen Körpers – eng mit einem Areal mit der Bezeichnung vordere Inselrinde verbunden ist, während das kognitive Selbst, das uns in der Welt situiert, vornehmlich im medialen präfrontalen Kortex sitzt.

Dem Neurowissenschaftler Henrik Jörntell zufolge müssen wir die Möglichkeit in Betracht ziehen, dass (fast) alle Hirnfunktionen (nicht nur Bewusstsein) über das Gehirn verteilt sind und alle Teile des Gehirns zu diesen Funktionen beitragen. »Die Neurowissenschaft muss anfangen zu untersuchen, wie aus den lebenslangen Versuchen des Gehirns, die Welt zu verstehen, Netzwerkkonfigurationen hervorgehen. Wir brauchen auch eine klare Vorstellung davon, wie Hirnrinde, Hirnstamm und Kleinhirn mit den Muskeln und Zehntausenden optischen und mechanischen Sensoren unseres Körpers interagieren, um ein einheitliches Bild daraus zu erstellen.«

eine wichtige Rolle für das Bewusstsein spielen könnten, möglicherweise durch Ermöglichung gemeinsamer Zustände über das gesamte Gehirn. Die Forscher fanden im Gehirn einer Maus drei Neuronen, die sich weit durch das ganze Gehirn verästeln, und eines davon legt sich wie eine Dornenkrone über die gesamte äußere Schicht beider Hirnhälften. Die Neuronen entspringen einer kleinen, dünnen Zellschicht, die ›Claustrum‹ genannt wird – ein Areal, in dem Koch bei Mäusen wie bei Menschen den Sitz des Bewusstseins vermutet.

1989 argumentierte der Mathematiker Roger Penrose dahin gehend, dass die klassische Physik nie vollständig erklären könne, wie das Gehirn Gedanken und bewusste Erfahrung produziert, und dass Quantenprozesse irgendwie daran beteiligt sein müssen. Penroses Vermutung erfuhr viel Aufmerksamkeit, seine Kritiker hielten aber dagegen, dass die entscheidenden Quanteneffekte ›Superposition‹ und ›Verschränkung‹ außer bei außerordentlich tiefen Temperaturen extrem fragile Phänomene darstellen. Die Neurophilosophin Patricia Churchland formulierte zusammenfassend die Sichtweise, die sich später als Mainstream durchsetzte: »Quantenkohärenz in den Mikrotubuli hat in etwa so viel Erklärungskraft wie Feenstaub in den Synapsen.«

Dennoch ist die Idee, dass Quanteneffekte im Gehirn eine Rolle spielen könnten, von ernst zu nehmenden Wissenschaftlern nicht völlig verworfen worden und scheint sogar ein wenig plausibler, seit in den 2000er-Jahren entdeckt wurde, dass andere lebende Systeme darauf zurückgreifen. Pflanzen beispielsweise machen sich eine Quanteneigenschaft von Photonen (durch die sie probabilistisch über den Raum ›verschmiert‹ werden) zunutze, um die Effektivität der Fotosynthese zu steigern. In einem 2015 veröffentlichten Aufsatz regte der Physiker Matthew Fisher an, dass selbst wenn elektrische Impulse entlang von Neuronen im Gehirn (die durch die klassische Physik gut beschrieben sind) die unmittelbare Grundlage von Gedanken und Erinnerungen darstellen, immer noch eine versteckte Quantenebene partiell bestimmen mag, wie sich diese Neuronen in Beziehung setzen und Signale aussenden.

Andere Vorschläge zu einem besseren Verständnis des Bewusstseins greifen auf die Informationswissenschaft zurück. Einer davon ist die Integrated Information Theory, die zum ersten Mal 2008 von Giulio Tononi formuliert wurde. Über die Feststellung, dass jede Information, der man sich bewusst wird, dem Geist ganz und vollständig präsent ist, und man, um bewusst zu sein, eine einheitliche, integrale Entität mit einem großen Repertoire an höchst differenzierten Zuständen sein muss, gelangt Tononi zu der Idee, dass Bewusstsein mathematisch ausgedrückt werden könne. Er behauptet, dass Quantität wie Qualität des Bewusstseins in einem bestimmten Gehirn im Prinzip berechnet werden könne, selbst wenn die Berechnung im Moment auch noch nicht durchführbar sein mag.

All das kann für Laien ziemlich schnell verworren, wenn nicht gar unverständlich wirken. Ansätze, die nicht versuchen, das ganze Problem auf einmal zu lösen, mögen hier hilfreich sein. Michael Graziano zum Beispiel lässt uns Bewusstsein als eine Repräsentation der Aufmerksamkeit im Gehirn auffassen. Aufmerksamkeit – in der einige Signale zuungunsten anderer verstärkt werden – sei ein gut verstandenes mechanistisches Phänomen, das in Tiergehirnen gemessen und sogar in Computerchips programmiert werden könne. Was, wenn Gewahrsein, das mit Bewusstsein eng verknüpft zu sein scheint, nichts als eine verzerrte Beschreibung von Aufmerksamkeit darstellt? Bewusstsein, sagt Graziano, könnte nicht mehr als eine cartoonartige Rekonstruktion sein, vergleichbar mit einem schematischen Stadtplan: physisch ungenau, aber dennoch nützlich, weil damit Vorhersagen getroffen, Simulationen durchgeführt und Handlungen geplant werden können.

»Obwohl das alogische, instinktive Unterbewusstsein seine Rolle im Werk [des Künstlers] zu spielen hat, besitzt er auch einen bewussten Verstand, der […] Konflikte löst, Erinnerungen ordnet und eingreift, wenn er gleichzeitig in verschiedene Richtungen zu laufen versucht.« Henry Moore

In einer ähnlichen Stoßrichtung versucht der Kognitionsneurowissenschaftler Stanislas Dehaene, das Bewusstsein danach zu charakterisieren, was es bewirkt. Bewusstsein, so argumentiert Dehaene, stellt sich als ungeordnet offen und gleichzeitig sehr selektiv dar; und es wählt, verstärkt und verbreitet Gedanken, die einem Individuum tendenziell helfen, zu überleben und Erfolg zu haben. Dank dem Bewusstsein können wir wichtige Informationen für lange Zeit im Kopf behalten und sie in jeden anderen geistigen Prozess leiten. Das verschafft uns eine enorme Flexibilität und all die anderen Vorteile, die damit einhergehen.

Doch Dehaene fügt hinzu, dass man, um Bewusstsein zu verstehen, auch einen Blick unter die Haube werfen muss. Bewusstsein reitet auf einem sehr viel größeren Meer von vorbewussten und unbewussten Prozessen, die unzählige notwendige Funktionen übernehmen, die für unseren Fortbestand unerlässlich sind, von der Überwachung und Kontrolle basaler Körperfunktionen bis zur Verarbeitung komplexer externer Informationen. Die Informationen, die den bewussten Geist erreichen, resultieren aus einem Aufmerksamkeit genannten, höchst komplexen Siebeprozess, der aus einer Heerschar unbewusster und vorbewusster geistiger Prozesse auswählt. Das Gehirn verwirft schonungslos irrelevante Informationen und isoliert ein einzelnes bewusstes Objekt oder Ensemble, weil es entweder hervorspringt oder für unsere gegenwärtigen Ziele Bedeutung hat. Ein klassisches Beispiel ist der Cocktailparty-Effekt, wenn uns in einer geräuschvollen Umgebung plötzlich bewusst wird, wie jemand unseren Namen ruft, dem wir zuvor keine Aufmerksamkeit gewidmet haben. Informationen unterschiedlicher Sinnesorgane und Bedeutung werden im Gehirn unbewusst verknüpft (wir können beispielsweise nicht durch bewusste Selbstbeobachtung erkennen, wie ein Zeichen Bedeutung hervorruft) und wir unterschätzen dramatisch, wie viel Sehen, Sprache und Aufmerksamkeit stattfindet, ohne dass wir dessen gewahr werden. »Wir überschätzen ständig unsere bewusste Wahrnehmung«, sagt Dehaene,

»Rationales Denken ist nicht notwendigerweise unsere großartigste Eigenschaft, und obwohl wir es hoch schätzen, [kann] es auch hinderlich sein. Wir müssen anerkennen, dass unser Geist neben dem bewussten, rationalen Denken auch anderer, mächtigerer geistiger Akte fähig ist, die uns durch Intuition zur Erfassung eines winzigen funkelnden Fragments der Realität geleiten.« James Lovelock

»selbst wenn wir uns der eklatanten Lücken in unserem Bewusstsein gewahr sind.«

Ein winziges, funkelndes Fragment

Manche bezweifeln, dass Bewusstsein ›lediglich‹ eine emergente Eigenschaft des Gehirns sein könne. Natur macht keine Sprünge, so argumentieren sie, daher könne etwas, das kein Bewusstsein besitzt, nicht plötzlich eins erlangen. Zumindest ein prominenter Forscher – Christof Koch – bekennt sich zu einer Version dieses Gedankens und nimmt an, Bewusstsein könnte eine grundlegende, elementare Eigenschaft von Materie sein.

»Die Physik ist nicht darum mathematisch, weil wir so viel von der physikalischen Welt wissen, sondern gerade, weil wir so wenig von ihr wissen; nur ihre mathematischen Eigenschaften vermögen wir zu entdecken. Von allem übrigen ist unser Wissen nur negativ.« Bertrand Russell

Diese manchmal als Panpsychismus beschriebene Idee hat einen gewissen Reiz. Wie in Baruch Spinozas Sichtweise, in der Gott und Natur nicht getrennt sind, scheint darin alles vereint zu werden. Laut dem Philosophen Galen Strawson sollte uns ein Bewusstsein unseres profunden Unwissens über die Natur der Materie davor hüten, solche Ideen kurzerhand zu verwerfen. W. H. Auden zitierend, legt Strawson nahe, »Materie« sei, wie Liebe, »viel / Seltsamer als wir dachten«. Oder wie der Philosoph Philip Goff es ausdrückt: »Das Einzige, was wir über die intrinsische Natur der Materie wissen, ist, dass ein Teil davon – das Zeug in Gehirnen – Erfahrung mit einschließt.«

So viel können wir mit Sicherheit sagen, dass die letzte Natur der Materie (und des Universums als Ganzem) jenseits unserer gegenwärtigen Erkenntnis liegt. Auf der tiefsten Erklärungsebene, die Physiker uns anbieten können, ist die Welt bizarr: Die Wellenfunktion der Quantenmechanik erlaubt keine gleichzeitige exakte Bestimmung des Orts und der Geschwindigkeit eines Elementarteilchens, sondern lediglich Wahrscheinlichkeiten. Dasselbe gilt für elektrische Ladung,

Energie und Spin. Darüber hinaus treten Elementarteilchen blitzartig ins Dasein und verschwinden wieder oder sind ungeachtet der Lichtgeschwindigkeit über Entfernungen hinweg unmittelbar miteinander verschränkt.

Es heißt, Richard Feynman sei gegen Ende seines Lebens von der Frage fasziniert gewesen, ob Teilchen wie Elektronen, wenn sie eine Wolke um einen Atomkern herum bilden, in gewisser Hinsicht ›denken‹. Und vielleicht reicht diese Frage mindestens bis zum antiken griechischen Philosophen Parmenides zurück, demzufolge Denken und Sein dasselbe sei. Vielleicht können sich, wie Wisława Szymborska in ihrem Gedicht »Gespräch mit einem Stein« schreibt, selbst kleine Gesteinsbrocken vor Lachen nicht halten.

»Ich werde ein Buch auf Blütenblätter schreiben, […] ich werde dir auf dieser sanften Laute singen und dir die ganze Welt lebendig zeigen, worin ein jedes Staubkorn seine Freude haucht.« William Blake

Aber vielleicht vermischen Panpsychisten auch Ungleiches miteinander. Dass Materie wundersam und bizarr ist, muss nicht notwendigerweise bedeuten, dass sie in dem Sinne bewusst wäre, wie wir mit diesem Begriff uns selbst oder einige andere Tiere beschreiben. Stattdessen könnte in bestimmten Anordnungen von Materie und Energie, unter anderem in Gehirnen (aber nicht notwendig darauf beschränkt), etwas wirklich Neues entstehen. Vielleicht kommt es zu Bewusstsein an einem dieser Kipppunkte der Natur, an denen etwas anderes oder grundlegend Neues in Erscheinung tritt – wie auch etwas anderes oder grundlegend Neues in Erscheinung tritt, wenn Wasser zu kochen anfängt und gasförmig wird oder wenn mit der Bewegung geladener Teilchen elektromagnetische Wellen entstehen. Könnte es ein Bewusstseinsfeld geben, das von kritischen Materiezuständen aktiviert wird, so wie das Higgs-Feld der Materie Masse verleiht? »Es klingt nach einer

Das Higgs-Feld ist ein Energiefeld, von dem angenommen wird, dass es im gesamten Universum existiert. Indem Teilchen sich durch es hindurchbewegen, ›erhalten‹ sie Masse. Sie werden – wie Objekte, die sich durch Sirup (oder Melasse) bewegen – verlangsamt und können sich, weil sie Masse besitzen, nicht mit Lichtgeschwindigkeit bewegen.

verrückten Idee«, sagt der Mathematiker Marcus du Sautoy, »aber vielleicht brauchen wir verrückte Ideen, um so schlüpfrige Begriffe [wie Bewusstsein] in den Griff zu bekommen.«

Wie auch immer es sich in Wahrheit verhalten mag, Menschen nehmen die Welt manchmal wahr, *als wäre* sie bewusst oder zumindest Teil des Bewusstseins. Der Weise Dōgen in der Tradition des Zen-Buddhismus sagte im 13. Jahrhundert, dass Zäune, Mauern, Ziegeln und Kiesel ebenfalls »Geist« (心, *xīn*) seien. Und sieben Jahrhunderte später gab der Philosoph Maurice Merleau-Ponty den Maler André Marchand mit den Worten wieder: »In einem Wald habe ich zu wiederholten Malen empfunden, dass nicht ich den Wald betrachtete. An manchen Tagen habe ich gefühlt, dass es die Bäume waren, die mich betrachteten, die zu mir sprachen [...]. Ich war da und lauschte nur«. Oder wie sich der Naturschriftsteller Barry Lopez ausdrückte, nachdem er über Jahrzehnte Zeit in der Arktis verbracht und ihre Landschaft beobachtet hatte: »Man muss auf den Moment warten, an dem die Sache – der Hügel, der Bergsee, die Lünette [–] aufhört, eine Sache zu sein, und zu etwas wird, das weiß, dass wir da sind.«

Man muss nicht ganz so weit gehen, um anzuerkennen, dass Bewusstsein nicht ausschließlich im Gehirn verortet ist. »Wir haben den Eindruck[,] dass Bewusstsein in unserem Kopf sitzt«, sagt der Psychologe Riccardo Manzotti; »doch nichts, was wir im Gehirn gefunden haben, rechtfertigt diese Überzeugung.« Denken wir an einen Apfel. »Was ist«, fragt er, »wenn die Erfahrung *der Apfel selbst* ist? Schließlich ist der Apfel definitiv das apfeligste Ding, das wir hier finden können, und das einzige Ding mit den Eigenschaften einer Apfelerfahrung. Er ist rund, er ist rot, er ist glänzend. Wieso soll also das Subjekt, Bewusstsein, nicht identisch mit dem Apfel sein, da draußen, wo sich der Apfel befindet?« Bewusstsein ist nicht *über* den Apfel, meint Manzotti, sondern *ist* der Apfel – oder zumindest die Beziehung zwischen mir und dem Apfel.

»Der Geist ist wie ein Regenbogen. Der Regenbogen befindet sich außerhalb unseres Körpers, aber er gehört auch unserem Geist an.« Riccardo Manzotti

Vielleicht können wir uns bei aller Verschiedenheit der Sichtweisen doch auf den hohen Wert intensiver und hingebungsvoller Aufmerksamkeit einigen. Das kann nur etwas Gutes sein, wenn denn, wie Einstein sagte, unser Gefühl der Trennung von dem, was wir Universum nennen, lediglich eine Art optische Täuschung unseres Bewusstseins darstellt. Schließlich gehört wohl zu unseren größten Herausforderungen, eine Aufmerksamkeit zu entwickeln, die der Komplexität und Schönheit der Schöpfung gerecht wird.

Während der wärmeren Monate steht die Tür der Hütte, in der ich schreibe, gewöhnlich offen. Von draußen - von meinem winzigen Garten und vom Baum meines Nachbarn und von noch weiter her - dringt Vogelgesang herein und gibt allem eine eigene Färbung. Manchmal, wenn ich in meinem Kopf weit entfernt bin, schwirrt ein Zaunkönig direkt an der offenen Tür vorbei, schneller, als ich ihn bewusst registrieren könnte. Erst danach, in dem in meinem Kopf konstruierten Moment, offenbart sich mir der Flug des Vögelchens.

»Zaunkönige durchstoßen die oder besser schlüpfen unter den imaginären Grenzen hindurch, die wir zwischen verschiedenen Arten von Ländern zu ziehen gewohnt sind.« Max Nicholson

5

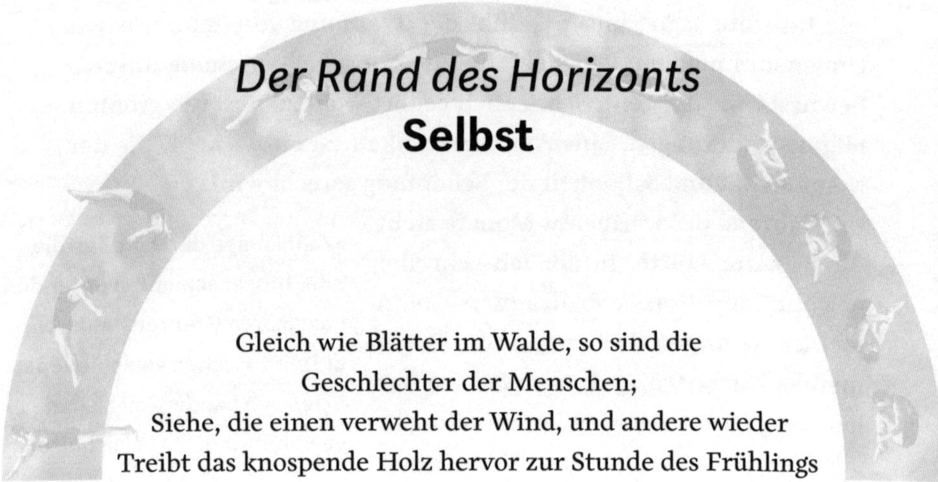

Der Rand des Horizonts
Selbst

Gleich wie Blätter im Walde, so sind die
Geschlechter der Menschen;
Siehe, die einen verweht der Wind, und andere wieder
Treibt das knospende Holz hervor zur Stunde des Frühlings
HOMER

Allen gibt das Leben alles,
aber die meisten wissen es nicht.
JORGE LUIS BORGES

Wie schön kann ein Wesen sein!
CAETANO VELOSO

Die *Allegorie der drei Lebensalter des Menschen*, die Tizian um dasselbe Jahr, 1514, malte, in dem auch Dürer *Melencolia* stach, ist ein sinnliches und farbenfrohes Werk. Die weitgehend entblößten Figuren leuchten vor Lebenskraft inmitten der dunklen Grün- und Blautöne einer arkadischen Landschaft. Doch die Botschaft des Gemäldes ist schlicht, beinahe platt: Menschen werden geboren, wachsen und gedeihen, und dann altern sie und sterben. Im Einzelnen erweist sich ein jedes Leben natürlich als sehr viel komplexer. Von der zellularen Ebene bis hin zu unseren kompliziertesten Gedanken und Gefühlen werden in jedem Augenblick verschiedene Teile von uns geboren, gedeihen oder vergehen. Doch die Grundidee einer Dreigeteiltheit des Lebens – die weit zurückgeht und in verschiedenen Formen erscheint, unter anderem als Rätsel der Sphinx – enthält eine wesentliche Wahrheit. Der Bogen, den das Leben beschreibt, ähnelt dem Tageslauf, und jeder von uns hat einen Morgen, einen Nachmittag und einen Abend. Jenem Bogen folgt dieses Kapitel, wenn es dem simplen Wunder, zu leben, nachgeht und der Frage, wie sich das im Laufe eines Lebens ändern kann.

Die Sphinx verschlingt alle Reisenden, die folgendes Rätsel nicht lösen können: »Was geht am Morgen auf vier Beinen, am Mittag auf zweien und am Abend auf dreien?« Ödipus antwortet: »der Mensch«, und die Sphinx stirbt. Für Ödipus hingegen fängt die Geschichte erst an.

1. Morgen

Gut zu wissen, dass man seinen Lebensunterhalt damit verdienen kann, das Lachen von Babys zu studieren. Als ich Caspar Addyman, Psychologe und selbst ernannter Infantologe an der Universität London traf, erwies er sich als Charme in Person. Addymans Haar ist türkis und er zitiert gerne den Musiker Victor Borge: »Lachen ist der kleinste Abstand zwischen zwei Menschen.« Er gibt sofort zu, dass einige Ergebnisse seiner Forschung als ganz selbstverständlich erscheinen. Zum Beispiel, dass Babys lachen, bevor sie sprechen können. Weniger offensichtlich erscheint vielleicht, meint er, dass

Babylachen in gewisser Hinsicht das Gegenteil von Weinen ist: Es besagt so etwas wie: »Bitte mehr davon«. Und es ist wichtig, ja unerlässlich für das Wohlergehen des Babys wie seiner Betreuer. Außerdem, behauptet er, führe seine Forschung und die anderer Psychologen zu einigen wirklich überraschenden Befunden sowie tieferen Einsichten in Sachverhalte, die zuvor nur dem Reich der Ahnung und Intuition angehörten.

Erst seit Kurzem verstehen Forscher, wie sehr Menschen von frühester Kindheit an auf Spaß programmiert sind. Ultraschallbilder zeigen Föten dabei, wie sie in der Gebärmutter lächeln und lachen (sowie weinen) ›üben‹. Eine von Addyman und seinen Kollegen durchgeführte weltweite Studie hat gezeigt, dass Babys fast überall auf der Welt in den ersten drei Monaten lächeln. Im Alter von zwei bis vier Monaten beherrschen die meisten gesunden Babys das soziale Lächeln, das sich aktiv auf die Eltern bezieht und eingesetzt wird, um eine Reaktion auszulösen. Babys fangen im Allgemeinen mit drei Monaten mit dem Lachen an. Addymans Forschung zeigt, dass das Kuckuckspiel weltweit die beliebteste Variante darstellt, um Babys zum Lachen zu bringen. Das Spiel funktioniere während des ganzen ersten Lebensjahrs, werde mit zunehmendem Alter aber immer ausgefeilter. In den ersten sechs Monaten überrascht das Wiederauftauchen die Babys tatsächlich. Dann lernen sie, es zu antizipieren und freuen sich über das Eintreffen ihrer Erwartung. Im Kleinkindalter begreifen sie, dass sie Eltern und andere Betreuer zum Lachen bringen können, eine Entwicklung, die zeitlich mit der Entstehung eines echten Selbstgefühls zusammenfällt. Oft spielen sie, um den Eltern zu gefallen, in diesem Alter fängt aber auch der Trotz an. Ungeachtet dieser Veränderungen bleibt der Charakter des Spiels jedoch im Grunde derselbe: Es geht um Augenkontakt, sagt Addyman – reine soziale Interaktion, auf ihre grundlegenden Elemente reduziert.

Schon mit acht Monaten verfügen Babys über eine bestimmte Art von Humor: Foppen. Zum Beispiel mag ein Baby einen Autoschlüssel, mit dem es spielen durfte, bereitwillig anreichen, dann aber mit einem frechen Grinsen schnell seine Hand zurückziehen, bevor der Vater ihn an sich nehmen kann.

Sigmund Freud zufolge ist Babylachen in den meisten Fällen eine Form von Schadenfreude, der Spaß am Missgeschick anderer. Doch Addyman hält dagegen, dass alle Forschung zum gegenteiligen Ergebnis kommt: Junge Kinder und sogar Babys sind empathisch und moralisch. Babys zeigen beispielsweise Mitgefühl angesichts des Leids anderer – wenn andere Babys weinen, weinen sie mit und wenn andere aufgeregt scheinen, streicheln sie sie oder bieten ihnen Spielzeug an.

Psychologen haben gezeigt, dass Babys freundliche Personen klar bevorzugen und besser mit Eltern und Betreuern lernen, die häufig lachen. Addyman sagt, dass das Umgekehrte ebenso gilt: Fröhliche Babys regen Erwachsene stärker an, ihnen Dinge beizubringen, die sie interessieren. Das Wichtige scheint in jedem Fall zu sein, dass Lachen zu Interaktion und Kooperation ermutigt. Witze helfen – Kleinkinder wie Erwachsene lachen in Gemeinschaft mehr darüber, als wenn sie alleine sind –, entscheidend ist aber der ernste Zweck hinter dem Spaß, nämlich engere Bindungen aufzubauen und uns beim Lernen zu unterstützen. Und bei allem wissenschaftlichen und sozialen Wert, den Addymans Forschung haben mag, kommt doch dabei Spaß selbst auch nicht zu kurz: »Wir schließen Babys an Herzmonitore an und schauen, was passiert, wenn wir sie kitzeln«, erklärte er mir. Kitzeln könnte wie das Umarmen auch eine von mehreren Berührungsformen sein, die für eine gesunde Entwicklung notwendig sind.

Seit unserem Treffen haben Addyman und andere Psychologen in Zusammenarbeit mit dem Komponisten Imogen Heap versucht, Musik zu generieren, die Babys größtmögliche Freude bereitet. Sie haben verschiedene Melodie- und Klang-Samples an einer Schar von Babys getestet und Tausende Eltern um Auskunft gebeten, welche albernen Klänge ihre Babys fröhlich machen – unter den Top Ten finden sich »Boo!« (66 Prozent), die Raspberries (57 Prozent), Niesen (51 Prozent), Tierlaute (23 Prozent) und Babylachen (28 Prozent). Plosive ›Pop‹-Geräusche finden ebenfalls großen Beifall. Der von ihnen komponierte ›Happy Song‹ ist in Dur, hat 163 Schläge pro Minute, eine einfache und repetitive Melodie mit Trommelwirbel, Tonartwechsel und aufsteigende Tonfolgen, um Gelegenheit zum

Antizipieren und für Überraschung zu bieten, sowie einen sich wiederholenden, vertrauten Refrain.

Wer nach Hoffnung für das Menschengeschlecht sucht, mag einen gewissen Trost bei Babys finden. Gleichzeitig weiß jeder, der Zeit mit einem solchen verbracht hat, dass es Babys auch nicht immer leicht haben (von den betreuenden Erwachsenen ganz zu schweigen). Um wirklich zu verstehen, wie sie die Welt erfahren, sagt die Psychologin Alison Gopnik, muss man vier Päckchen Zigaretten rauchen und vier doppelte Espresso trinken oder nach Paris gehen und sich verlieben. Es handelt sich (offenbar) um einen fantastischen Zustand. Nur wacht man um drei Uhr in der Frühe heulend auf. Babys schenken also viel Aufmerksamkeit, nur eben in der unterschiedslosen Art mit aufgerissenen Augen wie Erwachsene in jenem aufgedrehten Zustand, wie er durch bestimmte Drogen, exotische Reisen oder Verliebtheit entsteht. Gopnik zieht noch einen anderen Vergleich: Babysein ist wie von einem Film gefesselt sein; man hat keine Kontrolle über das Geschehen, das Bewusstsein plant nicht, das Selbst scheint zu verschwinden, und doch nimmt man sehr lebhaft Anteil an den Ereignissen, die über einen hereinbrechen.

Die Erlebniswelt von Babys mag manchmal auch viel mit einem psychedelischen Trip gemeinsam haben. Ein Forscherteam am Imperial College London unter Leitung von Robin Carhart-Harris hat den Effekt von Psilocybin – einem Wirkstoff in psychedelischen Pilzen – auf die Bewusstseinszustände von Erwachsenen untersucht und herausgefunden, dass es ›Zentren‹ im Gehirn (insbesondere den posterioren Gyrus cinguli und den medialen präfrontalen Kortex) deaktiviert, wodurch sich die Fernkonnektivität zwischen Gehirnregionen reduziert. Diese Zentren wirken wie Dirigenten eines Orchesters, sagt Carhart-Harris; und Psilocybin lässt die Dirigenten von der Bühne abtreten. Versuchsteilnehmer berichten häufig davon, dass sie sich fühlen, als würden sie mit ihrer Umgebung verschmelzen. Es ist, als

Insbesondere Eltern haben vielleicht schon bemerkt, dass der Gesichtsausdruck eines Babys nach dem Stillen wie der eines ziemlich bedrogten Erwachsenen wirken kann.

fielen Gehirn und Geist auf eine frühere Entwicklungsstufe zurück. Die Wahrnehmung wird weniger kontrolliert und analytisch, dafür stärker von Fantasie und Wünschen, aber auch Ängsten beeinflusst. Psilocybin macht kindlicher. Die Emotionen werden sprunghafter und man kichert viel.

Immer neugieriger

Sehr junge Kinder kennen Gefühle von Verwirrung, Offenbarung und Entzücken. Aber können sie sich auch wundern? Annie Dillard vermutet, nein: »Sie lassen sich gut verwirren, aber nur weniges überrascht sie. [Alles] ist schließlich neu für [sie] und gleichermaßen ohne Grund.« Mit der Zeit werden sich Kleinkinder jedoch zunehmend den Regelmäßigkeiten in ihrer Erfahrung bewusst und entwickeln langsam ein Gefühl dafür, dass es eine Welt und andere, von ihnen getrennte Menschen gibt. Mit liebenden und sie unterstützenden Betreuern und Mitmenschen werden sie zunehmend neugierig auf die Außenwelt.

Neugier beschränkt sich natürlich nicht nur auf den Menschen. Viele Tiere legen Neugier an den Tag, besonders in sicherer Umgebung, wenn sie nicht unmittelbar von der Herausforderung des Überlebens in Beschlag genommen sind. Selbst *Caenorhabditis elegans*, der im vierten Kapitel erwähnte bescheidene Wurm mit 302 Neuronen, wird sich, wenn an einen Flecken voll seiner Leibspeise und haufenweise potenziellen Partnern gesetzt, häufig auch einmal woanders umschauen. Manche Würmer sind einfach unersättlich. Doch hochintelligente Tiere wie die Geradschnabelkrähe sind besonders neugierig. Durch Versuch, Irrtum und Beobachtung lernen heranwachsende Babykrähen, Stöcke in Greifer mit Widerhaken zu verwandeln, um damit Larven aus Löchern zu angeln. Durch ihre Neugier entwickeln sie ein tiefes Verständnis dafür, wie physische Objekte funktionieren und aufeinander einwirken und wie sie dieses Wissen nutzen können, um ihre Ziele zu erreichen.

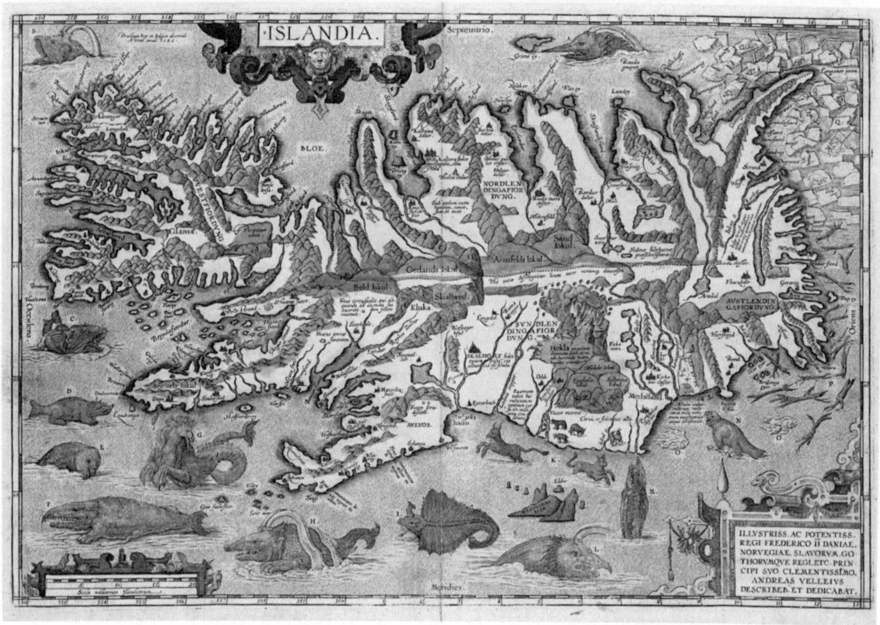

Mit seinen Meerungeheuern und Bilderbuch-vulkanen spricht Abraham Ortelius' Karte von Island (1590) die Sprache von Kinderatlanten.

Doch Menschen übertreffen mit ihrer Neugier fast alle anderen Tiere, und selbst sehr junge Menschenwesen sind besser als Geradschnabelkrähen darin, das Neue, Zufällige, die glückliche Fügung zu sehen und sich auf Basis dieser Erfahrung neue Möglichkeiten vorzustellen. Und sobald die Neugierde in einem Menschen erst einmal geweckt wurde, scheint sie kaum zu stoppen. Wenn wir durch neugieriges Verhalten eine neue Entdeckung machen, erhalten wir einen Dopamin-›Schub‹ in Belohnungszentren des Gehirns, der die Wahrscheinlichkeit erhöht, dass wir die Entdeckung im Gedächtnis behalten. Weit über das Kleinkindalter hinaus, das ganze Leben lang sind Menschen oft unersättlich in ihrer Wissbegierde und am meisten Neugier zeigen wir, wenn wir eine ganz gute Vorstellung von der richtigen Antwort oder dem Ergebnis zu haben meinen, aber nicht völlig sicher sind. Je mehr wir daher wissen, desto mehr Raum für Neugier haben wir.

Im Alter von drei oder vier Jahren fangen Kinder damit an, geistige ›Karten‹ von kausalen Beziehungen zwischen Dingen und Menschen anzufertigen. Sie können beispielsweise auf die Idee verfallen, dass man, weil Essen wachsen lässt, unbegrenzt wächst, wenn man immer mehr isst. (Das passiert mit Alice im Wunderland, als sie den Kuchen mit der Aufschrift »Iss mich!« isst.) Und je reifer Kinder werden, desto komplexer und zutreffender werden diese Kausalkarten, erstrecken sich auch auf Wünsche und Überzeugungen, Empfindungen und Handlungen – ihre eigenen und die anderer Menschen. Mit diesen Karten stellen sie sich auch in immer neuen Varianten und mit immer mehr kontrafaktischen Elementen vor, wie die Welt anders sein könnte. Dies bildet laut Alison Gopnik die Grundlage der großen Blüte des Als-ob-Spielens in der frühen Kindheit, bei dem Fantasie und Vorstellungskraft der Kinder die sie umgebende Welt verwandelt. Und dies alles, betont sie, wird gestützt von Liebe: So, wie Kinder frei lernen können, weil sie von Erwachsenen geschützt werden, können sie ihrer Vorstellung freien Lauf lassen, weil sie geliebt werden.

»Für junge Kinder«, schreibt Robert Macfarlane, »ist die Natur voller Türen – eigentlich nichts anderes als Türen –, die bei jedem Schritt aufschwingen. Eine Höhle in einem Baum ist das Tor zu einer Burg. Ein Ameisenloch im trockenen Boden führt auf die andere Seite der Erde. Die Grube in einem Stock ist ein Palast. Eine Pfütze ist ein Portal in ein unterseeisches

Wenn im frühen Alter Liebe verweigert wird oder nicht vorhanden ist – wie so dramatisch der Fall bei vielen rumänischen Waisenkindern bis in die 1990er-Jahre hinein – kann die Entwicklung des Gehirns ernsthaft beeinträchtigt werden, und Einzelne mögen nie zu gesunden Erwachsenen werden. Kinder hingegen, die Zeit hatten, sich zu entfalten, bevor sie ein Trauma erleiden, können sich als erstaunlich widerstandsfähig erweisen. In seiner Erinnerung an die Internierung in Auschwitz beschreibt der Historiker Otto Dov Kulka den Moment, als er sich in einem elektrischen Zaun verfing. Im Rückblick auf sein kindliches Bewusstsein, das davon überzeugt war, gestorben zu sein, sagt Kulka, er fühlte »die grenzenlose Neugier, die der Mensch von dem Moment an besitzt, als er sich zum ersten Mal seiner Sterblichkeit bewusst wird; eine Neugier, die über den Tod hinausreicht.«

Abenteuer können Kinder nicht nur auf dem Land finden. Für Walter Benjamin, der im Berlin der Jahrhundertwende aufwuchs, wurde alles im Hof des Hauses seiner Familie »zum Wink«. Der Anarchist und Schriftsteller Colin Ward bemerkt die wundersame Fähigkeit von Kindern, im Verein mit »der ebenso wundersamen Wandlungskraft der Zeit« auch aus den entmutigendsten Umständen noch Glück zu wringen.

Reich.« Macfarlane schreibt über ein Projekt, das Kinder ermutigt, die Halbwildnis des Hinchingbrooke Country Parks in Cambridgeshire zu erkunden und Karten ihrer Entdeckungen zu erstellen. Die Projektleiterinnen Deb Wilenski und Caroline Wending verblüfft selbst, wie diese Karten, in der Vorstellung der Kinder, aus dem Boden und dem Wasser selbst hervorzugehen scheinen, statt – von Menschenhand gezeichnet oder dem Terrain übergestülpt – konstruiert zu sein.

Wie die weite Welt in den Fokus rückt, konkretisiert sich auch die Selbstwahrnehmung der Kinder. Anne Dillard beschreibt ein anmutiges Bild dafür aus ihrer eigenen Erinnerung: »Wie jedes Kind schlüpfte ich in mein perfekt zugeschnittenes Selbst wie eine Turmspringerin sich mit ihrer Spiegelung im Wasserbecken vereint. Ihre Fingerspitzen schieben sich in die Fingerspitzen auf dem Wasser, ihre Handgelenke gleiten ihre Arme hinauf. Die Turmspringerin hüllt sich vollständig in ihre Reflexion, versiegelt sie an den Zehen und trägt sie, wenn sie aus dem Becken auftaucht, und von da an immer.«

Eine krakeligere und doch nicht weniger wahre Darstellung als die von Dillard kommt von Abel Magwitch, dem Sträfling in Dickens *Große Erwartungen*: »Ich wurde mir meiner zum ersten Mal da unten in Essex bewusst – Rüben stehlend zu meinem Lebensunterhalte. Jemand war von mir fortgelaufen – ein Mann – ein Kesselflicker – und er hatte das Feuer mitgenommen, so dass mich außerordentlich fror.«

Sichere und gesunde Kinder haben den Mut, zu erkunden, und indem sie das tun, gehen sie dem nach, was Maurice Merleau-Ponty die erste Aufgabe wahrer Philosophie nannte: die Welt neu sehen. In seiner *Autobiographie* beschreibt der 1793 geborene Dichter John Clare, wie er als kleiner Junge an einem Sommermorgen fernab von seinem Heimatdorf allein durch die Gegend wanderte:

Ich hatte mir vorgestelt das ende der welt liege am rand des orizonts & ich würde es in eines tages reise finden können - so zog ich aus das herz voll von hoffnungen freuden & entdeckungen erwartend dass ich wenn ich an den rand der welt gelangte dort hinab blicken könte wie in eine grosse grube & ihre geheimnise schauen würde so wie ich auch glaubte den himel sehn zu können indem ich ins wasser blickte - & so wanderte ich begirig weiter & streifte den ganzen tag zwischen dem ginster umher bis dass ich nichts mehr kannte & gar die sehr wilden blumen & vögel mich wohl vergassen & ich mir vorstellte sie seien die einwohner neuer länder - die sonne selbst schien neu zu sein & in einem andern virtel des himmels zu scheinen - dennoch empfand ich keine angst - mein wunder suchendes glück hatte dafür keinen platz - alle augenblicke fand ich neue wunder & wanderte in einer neuen welt mich selbst wohl fragend ob ich das ende der alten nicht schon gefunden hatte

Das Kind, schrieb der sozialistische Denker Alexander Herzen, ist nicht einfach dazu da, um zu einem Erwachsenen zu werden. »Der Zweck des Kindes ist es, zu spielen, Spaß zu haben, Kind zu sein. Denn sobald wir irgend anders argumentieren, ist der Zweck allen Lebens der Tod.« Und wenige haben das Wunder ihres unbändigen Spiels besser eingefangen als der Schriftsteller und Künstler Bruno Schulz im Rückblick auf seine Kindheit in Polen Anfang des 20. Jahrhunderts:

In jenen fernen Tagen fassten wir mit Kollegen zum ersten Mal den unmöglichen und absurden Gedanken, noch weiter zu wandern, [...] wo sich die Ansprüche der Staaten verloren und die Windrose falsch unter einem hohen und getürmten Himmel kreiste. Dort wollten wir uns verschanzen, von den Erwachsenen unabhängig werden, völlig über den Bereich ihrer Sphäre hinausgehen und eine Republik der Jungen ausrufen. [...] Es sollte ein Leben unter dem Zeichen der Poesie und der Abenteuer, unaufhörlicher

Blendungen und Verblüffungen werden. Es schien uns, als müssten wir nur die Barrieren und Grenzen der Konventionen beseitigen, die alten Lager, in welchen der Lauf der menschlichen Dinge festlag, um in unser Leben das Element, die große Flut des Unvorhergesehenen [...] hereinbrechen zu lassen.

Es gibt die verbreitete Vorstellung, dass wir, wenn wir das Kindische ablegen und erwachsen werden, unsere Fähigkeit zum Wundern abklingt. »Doch jetzt ist alles anders, als es früher war«, schrieb Wordsworth 1804 in seinem Gedicht »Hinweise auf die Unsterblichkeit aus Erinnerungen an die frühe Kindheit«. Und das gilt nicht nur für die Erben der romantischen Tradition im Westen. In seinem Dokumentarfilm *Between Clouds and Dreams* von 2016 fängt Phil Agland sehr lebhaft ein, wie in einer zunehmend vergifteten und gefährdeten Welt Neun- bis Elfjährige in China die Schönheit der Natur als Wunder und Offenbarung erfahren. Und doch, so erzählte mir Agland, wird in China gewöhnlich angenommen, dass die Kinder diese Erfahrung schnell vergessen, wenn sie älter werden.

Es gab die Zeit, da Wiese, Fluss, des Waldes Saum, / auch wenn es ungewöhnlich nicht, / was ich da konnte schaun, / gekleidet schien mir in ein Himmelslicht, / in Glanz und Frische wie im Traum ...

Doch das ist noch nicht die ganze Geschichte. Manche Kulturen und Arten des Weltbezugs scheinen weit über die Kindheit hinaus an jener Fähigkeit festzuhalten, tiefe Verwunderung und eine Verbundenheit zwischen nichtmenschlichen und menschlichen Wesen zu empfinden. Robin Wall Kimmerer, Biologin und eine Potawatomi, sagt, dies sei in der Sprache ihres Volks ganz offensichtlich. Im Deutschen dominieren Nomen, weniger als ein Viertel der Wörter sind Verben; das Potawatomi dagegen besteht – wie als ein realweltliches Pendant zur Ursprache von Tlön in Jorge Luis Borges Literatur – etwa

Für die Potawatomi sind alle Wesen Personen, und die Ältesten raten Kimmerer, Zeit mit den Stehenden Leuten (den Bäumen), den Biberleuten und sogar den Felsleuten zu verbringen. Ihre verschiedenen Perspektiven erinnern sie daran, dass Menschen nicht alles selbst herausfinden müssen – dass es überall um sie herum Lehrer gibt.

zu siebzig Prozent aus Verben: Dinge geschehen, statt zu sein. Kimmerer nennt das Beispiel einer Wassermasse, die wir im Deutschen als Bucht bezeichnen.

> Eine Bucht ist nur dann ein Nomen, wenn Wasser als tot verstanden wird. Wenn Bucht ein Nomen ist, dann als etwas von Menschen Definiertes, gefangen zwischen den Küsten und eingehegt durch das Wort. Das Verb *wiikwegamaa* – Bucht sein – befreit das Wasser hingegen aus den Fesseln und lässt es leben. »Bucht sein« transportiert das Wunder, dass das lebendige Wasser für diesen Moment entschieden hat, zwischen diesen Küsten Zuflucht zu suchen, sich mit Zedernwurzeln und einer Schar von Gänsesägerküken zu unterhalten. Denn es könnte auch anderes tun – zu einem Bach oder Ozean oder Wasserfall werden, und auch dafür gibt es Verben.

Dieser Zugang ist nicht mystisch, sondern eine großzügigere und einsichtsvollere Art von Realismus, die Prozesse, Zyklen und Veränderungen mehr achtet und beachtet. In ähnlicher Richtung stellt sich Robert Macfarlane ›Landschaft‹ als ein Nomen vor, hinter dem sich ein Verb verbirgt:

> Landschaft schafft, sie ist dynamisch und bewirkt Bewegung, sie erschafft und formt uns nicht nur über die Spanne unseres Lebens, sondern auch von Moment zu Moment, von Ereignis zu Ereignis. Sie kann uns erschöpfen oder aufbauen; uns unseren Körper als hart und stabil wie ein Kristall empfinden lassen – oder aufgelöst und beweglich wie ein Vogelschwarm.

2. Nachmittag

Nähern wir uns dem Erwachsenenalter, erschließen sich uns neue Formen intensiver Erfahrung. Diese können, wenn wir Glück haben, ein weites Spektrum von absoluter Entspannung bis zur Ekstase abdecken. Nicht alle davon verbinden emotionales und intellektuelles Engagement, wie es nach meinen Überlegungen in der Einleitung für das Wundern im vollen Wortsinn erforderlich wäre. Doch viele Menschen, die diese Erfahrungen machen, beschreiben sie als wundervoll.

Nehmen wir etwa Entbehrungen gefolgt von entsprechender Abhilfe.. Nach seiner achtzigtägigen Wanderung allein durch die Antarktis und zurück, stieß der halb verhungerte junge Forschungsreisende Aleksander Gamme auf eine Nahrungsmittelreserve, die er sich für seinen Rückweg angelegt hatte. Darunter fand sich, herrlich, eine Tüte Cheez Doodles. Keine Prosa kann Gammes Freude bei Entdeckung des Snacks gerecht werden. Es lohnt sich, sich seine Reaktion online anzusehen. »Schwer zu beschreiben, wie hungrig [ich] in diesem Moment [war]«, erklärt er die Szene.

Manchmal entzieht sich uns die Ursache einer intensiven Erfahrung, auch wenn sie im Bau und in der Funktionsweise unseres Körpers und Gehirns ihre Grundlage hat. »Für einige Augenblicke erfahre ich ein Glück, das in gewöhnlichem Zustand nicht möglich ist, und von dem sich andere Leute keinen Begriff machen«, beschrieb es der Romancier Fjodor Dostojewski. »Ich fühle mich in völliger Harmonie mit mir selbst und der Welt, und das Gefühl ist so stark und süß, dass man für einige Sekunden solcher Glückseligkeit zehn Lebensjahre, vielleicht gar das ganze Leben aufgeben würde. [...] Ich [fühle], dass der Himmel auf Erden [herabkommt.] Ich [erreiche] wirklich Gott und [bin] von ihm durchdrungen.« Die Sprache klingt mystisch, doch Dostojewski beschreibt seinen Geisteszustand beim Einsetzen eines Phänomens mit ganz und gar materieller Ursache: Er hatte einen epileptischen Anfall.

Die verbreitetste Form von Epilepsie verursacht Krämpfe im ganzen Körper, bei denen synchrone elektrische Entladungen die ganze Hirnrinde erfassen. Häufig führt dies zu Bewusstlosigkeit und äußerst unangenehmen Nachwirkungen. Es gibt aber auch eine andere Form, bei der sich die elektrischen ›Stürme‹ auf eine kleine

Region im Gehirn konzentrieren und die Person gewöhnlich bei Bewusstsein bleibt. Dostojewski war von dieser zweiten Form, der fokalen Epilepsie, betroffen, und dokumentierte in einem Zeitraum von über zwei Jahrzehnten mehr als hundert solcher Anfälle in seinen Tagebüchern und Briefen.

Die Neurologin Fabienne Picard hat jüngst entdeckt, dass fokale Epilepsie gar nicht so selten vorkommt, wie man früher dachte. Sie fand auch heraus, dass sich die Empfindungen der Betroffenen grob in drei Kategorien einteilen lassen: erhöhte Selbstwahrnehmung; ein starkes physisches Wohlbefinden; und intensive positive Gefühle. »Die ungeheure Freude, die ich dabei empfinde, geht über körperliche Empfindungen hinaus«, erzählte einer ihrer Patienten. »Es ist ein Gefühl, völlig da zu sein[,] von unglaublicher Harmonie meines ganzes Körpers und von mir selbst mit dem Leben, mit der Welt, mit dem ›Ganzen‹.«

Die verklärende Freude, die Dostojewski und andere bei der fokalen Epilepsie erleben, resultiert aus einer Gehirnstörung und ist eine Erfahrung, die sie ungesteuert und nur für sich machen. Aber auch völlig gesunde junge Erwachsene machen ekstatische Erfahrungen, die sie aktiv suchen und die sie häufig mit anderen teilen. Oft sind eine oder mehrere Elemente der Dreifaltigkeit von Sex, Drogen und Rock 'n' Roll beteiligt – gleich mehr darüber –, doch für viele Menschen stellt auch religiöser Glaube eine lebendige Form dar, in der das Zusammensein mit anderen im Zentrum steht.

Evangelikales Christentum liefert ein gutes Beispiel. »Die Gemeinschaft in der Kirche erreicht eine Tiefe, die daher kommt, dass ihr [...] Brüder und Schwestern in Christus seid und nicht einfach ein zufälliger Haufen von Leuten, die versuchen, eine Gemeinschaft zu bilden«, erklärt Nicky Gumbel, ein charismatischer

Solche Anfälle könnten vor allem in der Inselrinde angesiedelt sein, deren Hauptfunktion darin zu bestehen scheint, ›interozeptive‹ Signale aus dem Körper, wie beispielsweise den Herzschlag, mit ›exterozeptiven‹ Signalen wie etwa Berührung miteinander zu verbinden. (Im vorderen Teil der Inselrinde vermutet man auch das Gefühl, das wir zu unserem Körper und uns selbst haben, das wiederum zu einem bewussten Gefühl ›zu sein‹ beiträgt.)

Prediger in der anglikanischen Kirche, dem Philosophen und Autor Jules Evans. Gumbel leitet den Alpha Course, eine Einführung ins Christentum, an der mehr als 27 Millionen Menschen teilgenommen haben. »Es gibt hier eine andere Ebene von Vertrauen und Intimität«, fügt er hinzu. »Natürlich kann das missbraucht werden, aber richtig eingesetzt, kann es etwas sehr Großartiges sein.« Gläubige berichten häufig von innerem Frieden und davon, sich vollkommen geliebt zu fühlen.

Einige Freiwillige beim Islamischen Staat und anderen militanten Gruppen berichten davon, ein ekstatisches Gefühl gemeinsamen Zwecks zu erleben, das auf einem starken Vertrauen aufbaut. Der Anthropologe Scott Atran, der den sozialen Netzwerken und Lebensläufen von Kämpfern insbesondere von den Rändern der europäischen Gesellschaften nachgespürt hat, meint, dass sie »nach dem Erhabenen suchen«. Obwohl sie Gräueltaten unterstützen oder begehen, konzentrieren sie sich emotional auf das Poetische der geschwisterlichen Verbundenheit in einem Zweck, der nach ihrer Überzeugung eine Umwälzung bringt. Sie finden ein Gefühl von Zugehörigkeit und Erlösung in einem aus ihrer Sicht gerechten Kampf gegen die Ungerechtigkeiten und Unzulänglichkeiten der Konsumgesellschaften.

Natürlich muss man keiner religiösen Doktrin anhängen, um den Reiz des Gefühls, Teil eines größeren Ganzen zu sein, verstehen zu können; und die nachdrückliche Erinnerung an die Beziehung, in der wir mit der großen Welt stehen, hat tendenziell gutartige Wirkung. Einige Psychologen wollen herausgefunden haben, dass Ehrfurcht – »im oberen Bereich des Wohlgefallens und an der Grenze zur Furcht« – zu erkennbar positiven Verhaltensänderungen führen kann. Die Psychologen Paul Piff und Dacher Keltner haben Menschen beim Wildwasserrafting, bei der Besichtigung von Höhlen in Riesenbäumen sowie in vertrauterer Umgebung

»Ehrfurcht ist die Wahrnehmung einer physisch oder begrifflich so gewaltigen Sache, dass sie unseren Blick auf die Welt übersteigt und wir Wege finden müssen, einen Platz für sie zu finden. Es handelt sich um ein grundlegendes Gefühl davon, dass, was man erlebt hat, nicht in unsere Erwartungen über die Welt hineinpasst und man sie neu ausrichten muss.« Paul Piff

beobachtet. Im Vergleich zu einer Kontrollgruppe trafen diese Teilnehmer ethischere Entscheidungen und verhielten sich großzügiger und mitfühlender. »Selbst kurzes Erleben von Ehrfurcht [...] ließ die Menschen sich weniger narzisstisch und im Recht fühlen und mehr im Einklang mit der Menschlichkeit, die [wir] miteinander teilen.« Piff und Keltner sind strenge Verfechter der »Alltagsehrfurcht«, wie sie es nennen, und ermutigen andere dazu, aktiv aufzusuchen, was ihnen Gänsehaut verursacht, seien es Bäume, der Nachthimmel, Muster, die der Wind auf dem Wasser zeichnet, oder das noble Verhalten anderer im Alltag.

Diese Momente von ›Alltagsehrfurcht‹ und das gewöhnlich damit einhergehende Gefühl der Erweckung scheint ein zu verschiedenen Zeiten und in verschiedenen Kulturen verbreitetes Phänomen zu sein. Spirituelle und religiöse Traditionen in vielen Teilen der Welt erkennen ihre Bedeutung an und integrieren sie in ihre Glaubenssysteme. Im Zen-Buddhismus gibt es *kenshō*: eine Einsicht oder Erweckung. Im Hinduismus gibt es *darśana* oder *darshan*: eine Vision des Göttlichen. Christen sprechen von Gnade und Sufis kennen eine Vision göttlichen Lichts. Doch wie der Psychologe Guy Claxton betont, müssen solche Erfahrungen nicht notwendigerweise in einem religiösen Kontext stattfinden, sondern können auch von Nichtgläubigen erlebt werden. In Großbritannien, wo die Mehrheit der Bevölkerung nicht an organisierten Formen der Gottesverehrung teilnimmt, geben zwei Drittel der Jugendlichen und Erwachsenen an, mindestens eine solche Erfahrung gehabt zu haben, und möglicherweise ist ihre Zahl noch viel größer, nur dass die Betroffenen darüber schweigen.

Der Forschung Claxtons und anderer zufolge sind diese Momente oder »erhaschten Blicke« normalerweise flüchtig und schwer zu fassen und dauern selten länger als ein paar Minuten, manchmal auch nur wenige Sekunden. Und sie treten in unterschiedlicher Intensität auf, von einfach angenehm bis hin zu dem Gefühl, dass sie die Grundlagen unseres gewöhnlichen Wahrnehmens und Empfindens außer Kraft setzen. Sie treten tendenziell völlig unerwartet auf und verschwinden von selbst wieder, ohne dass sie mit einem

Willensakt festgehalten werden könnten. Ihrer Flüchtigkeit zum Trotz werden sie regelmäßig nicht als Illusion, sondern als Offenbarung einer genau und intensiv wahrgenommenen tieferen Realität empfunden.

Zwei weitere Eigenheiten zeichnen diese Zustände aus. Erstens handelt es sich gewöhnlich um sehr physische Erfahrungen: Es kommt zu einem Ausbruch von Vitalität und Lebendigkeit – häufig als Helle, Energie und Wärme beschrieben – und einer intensiveren Wahrnehmung. Zweitens tritt eine Verschiebung von einem Gefühl der Getrenntheit zu einem Gefühl der Verbundenheit ein – »vom Sehnen zum Dazugehören«. Zu den attraktivsten Zügen dieser Erlebnisse gehört laut Claxton eine Freisetzung von Zuneigung: »Statt zu beschäftigt zu sein, um sich zu kümmern, bemerkt man, was zu tun ist, um für die Menschen und die Umwelt um uns herum zu sorgen, und tut es ganz natürlich[.] Es tritt ein Leichtigkeitsgefühl ein, da das ganze Gewicht verschiedenster Erwägungen und Sorgen von uns genommen und das Leben radikal vereinfacht scheint.« Man erfährt die Welt, als ob alles darin Bedeutung hätte.

»Wie sie beieinanderlagen, […] war es, als lägen sie mitten im Zentrum des sich langsam drehenden Weltraums und des hastenden Lebens, tief, tief innen von alledem, im Zentrum, wo der endgültige Glanz ist«. D. H. Lawrence

Eindrücke dieser Art werden häufig körperlich wie geistig erlebt. Sie haben aber größtenteils keine sexuelle Dimension: Sie tendieren eher zu *agapē* als zu *eros*. (Der Romancier Henry James erkannte dies in den Gemälden Fra Angelicos: »Eine leidenschaftliche, fromme Sanftheit[,] ein durchgängiges Gefühl geheiligten Liebens und Geliebtwerdens«.) Das soll nicht heißen, erotische Erfahrungen wären notwendig ohne spirituelle Dimension. Sexualität mit Liebe verbunden kann heilig sein, und was heilig ist, kann auch erotischen Ausdruck finden wie im Hohelied Salomos:

> Wie schön ist deine Liebe, meine Schwester, liebe Braut! Deine Liebe ist lieblicher als Wein, und der Geruch deiner Salben übertrifft alle Gewürze.

Von deinen Lippen, meine Braut, träufelt Honigseim.
Honig und Milch sind unter deiner Zunge, und der
Duft deiner Kleider ist wie der Duft des Libanon.

Sex

Kopulation nichtmenschlicher Tiere kann in vielerlei Hinsicht überraschend, und überraschend enthusiastisch, vonstattengehen. Sich duellierende hermaphroditische Plattwürmer scheinen einander zu befruchten, indem sie sich mit einem von zwei penisartigen Organen, die beide von ihnen besitzen, abstechen. Einige männliche Laubheuschrecken verfügen über ein Paar wie Kleiderhaken gebogene Stäbe an ihrer Genitalöffnung, mit denen sie einen sensiblen Bereich an den weiblichen Genitalien stimulieren. Es gibt viel von dieser Art im Internet, unter anderem auf den Seiten eines der weltweit angesehensten öffentlichen Sender. BBC Earth erkundet »Die verquere Welt der Sexualorgane von Tieren« und erklärt »Warum Tiere perverser sind als Sie« – darunter »Wieso Robben Sex mit Pinguinen haben«, um nur ein Beispiel zu nennen. Doch im Allgemeinen ist das kein Kaninchenbau, den ich empfehlen würde. Jedenfalls sollten wir beim Nachdenken über das Sexualverhalten anderer Mitglieder des Tierreichs manchmal das Kichern stecken lassen und einfach die Schönheit bewundern. Der Balztanz Japanischer Kraniche gehört zur großen Pracht des Lebens auf der Erde. Die Paarung von Bonobos mag physisch nicht zu anziehend wirken, doch ihre Liebe-statt-Krieg-Kultur spricht eindeutig für sie.

Der Kopulationstrieb ist im gesamten Tierreich fest verdrahtet – einschließlich der Menschen natürlich. Manchmal verwirren sich die Drähte – mit wundervollen Resultaten. Als eine Form der Synästhesie sehen manche Menschen (offenbar mehrheitlich Frauen) intensive Farben während des Orgasmus. Bei einigen ist immer nur eine Farbe zu sehen, doch die ändert sich zwischen den Orgasmen. Die berechtigte Frage, was denn ein bestimmte Farbe auslöst, [...]

harrt noch einer guten Antwort, und dafür wäre sicherlich auch ein Ig-Nobelpreis drin.

Doch nicht jede Fehlverdrahtung hat so angenehme Auswirkungen. In *BONK* beschreibt Mary Roach den Fall einer Frau, die beim Zähneputzen jedes Mal einen Orgasmus bekam. Das klingt großartig, war für die Betroffene aber gar nicht lustig. Der Witz war verbraucht, bevor es die Zahnbürste war (auch wenn der Erfinder der elektrischen Zahnbürste, ein gewisser Dr. Woog, darüber hinaus einen großartigen Vibrator entwickelte). In einem anderen rätselhaften Fall wurde ein Mann von einem ernsten und hartnäckigen Schluckauf geplagt. Er versuchte es mit allen möglichen Mitteln, bis er – in einer, wie man wohl annehmen muss, letzten Verzweiflungstat – Sex mit seiner Frau hatte. Im Moment der Ejakulation hörte der Schluckauf auf.

Als Parodie des Nobelpreises wird der Ig-Nobelpreis für Forschung vergeben, die »zuerst lachen und dann nachdenken lässt«. 2016 ging der Ig-Nobelpreis für Chemie an Volkswagen für die Lösung des Problems übermäßiger Abgasemissionen durch automatische Verringerung der Emissionen auf dem Prüfstand. Der Preis für Medizin wurde für die Entdeckung vergeben, dass man sich von einem Jucken auf der linken Seite des Körpers erlösen kann, indem man in einen Spiegel blickt und sich auf der rechten Seite kratzt (und umgekehrt).

Orgasmus ist als ein Reflex des autonomen Nervensystems beschrieben worden, der durch Einfluss des Gehirns befördert oder unterdrückt werden kann – sprich durch unser Denken und unsere Gefühle. Eine etwas deprimierende Definition, aber sie sagt etwas Wichtiges über das Wesen der Sache aus. Wir sprechen hier über ein Verhalten, das, was wir auch sonst noch damit verbinden, weitgehend automatischen und primitiven Charakter hat. Das autonome Nervensystem, das auch die Herzfrequenz, Verdauung und Atemfrequenz sowie Reflexe wie Husten, Niesen und Erbrechen reguliert, spielt sich weitgehend jenseits bewusster Kontrolle ab. Es ist unterschieden und getrennt vom somatischen Nervensystem, das Hautempfindungen weiterleitet und bewusste Bewegungen ermöglicht. (Im Unterschied zu den Bahnen des somatischen Systems verlaufen die des autonomen Systems nicht ausschließlich durch die

Japanische Kraniche beim Tanz.

Wirbelsäule, weshalb denn auch einige Menschen, die aufgrund einer Wirbelsäulenverletzung vom Hals abwärts gelähmt sind, trotzdem Orgasmen haben.) Gehirnscans zeigen, dass während eines Orgasmus viele Bereiche im Gehirn einer Frau verstummen – überraschenderweise einschließlich der mit Emotionen verbundenen Bereiche. Dieser Effekt tritt bei Männern angeblich weniger stark ausgeprägt auf, was aber daran liegen kann, dass männliche Orgasmen kürzer und auch (im Gehirn) schwerer zu erkennen sind.

Das soll nicht heißen, dass, was wir während des Geschlechtsverkehrs denken und fühlen, keine Bedeutung hätte. Alles spricht dafür, dass die herrlichste und intensivste sexuelle Lust bei Menschen von einer vorhergehenden psychischen Erregung durch einen Partner abhängt, der in der Vorstellung mit den Empfindungen und Begehren des Geliebten in Einklang steht. Eine in den 1970er-Jahren veröffentlichte Untersuchung von William Masters und Virginia Johnson kam zu dem Ergebnis, dass homosexuelle Paare häufig größeres Geschick darin zeigten, den jeweiligen Partner zur höchsten Ekstase zu bringen, als heterosexuelle Paare. Denn sie (besonders Frauen) »pflegten sich nur langsam in Erregung zu versetzen und verweilten in jedem Stadium stimulativer Reaktion, wobei sie bemüht schienen, jeglichen Zuwachs an lustvoller Erregung umfassend wahrzunehmen.« Indem sie mehr Empathie für ihre Partner zeigten als viele Heterosexuelle und jedes Reizen stärker in die Länge zogen, zeigten sich lesbische und schwule Paare weniger darauf fixiert, die Sache schnell zu Ende zu bringen. Offenbar gibt es hier für viele von uns einiges zu lernen, wenn wir den Liebesakt zu einer wundervolleren Erfahrung machen wollen. Die Philosophin Luce Irigaray denkt, dass Männer und Frauen große Wunder entdecken können, wenn sie sich ganz dafür öffnen, die irreduzible Andersheit des anderen anzunehmen, und mit Wohlwollen darauf reagieren. Wundern, schreibt sie, ist »unerlässlich für das Leben, aber auch und noch mehr für die Herausbildung einer Ethik, insbesondere einer Ethik der sexuellen Differenz und durch diese. Dieser (oder diese) andere müsste uns wieder und wieder überraschen, uns als neu erscheinen, sehr verschieden von dem, was wir kannten, oder von dem, was wir vermuteten, dass er (oder sie) sein sollte.«

Drogen

Love is the drug, heißt es in einem Lied von Roxy Music. Doch Liebe ist nicht die einzige Droge, die mit der Suche nach intensiver, vitalitätssteigernder Erfahrung verbunden wird. Die am meisten konsumierte ist, zumindest im Westen, der Alkohol. Im Unterschied zum Orgasmus wirkt Alkohol fast ausschließlich auf das Gehirn, wo er sein Werk verrichtet, indem er mit mindestens zwei Stoffen Verbindungen eingeht. Mit dem ersten, GABA, wirkt Alkohol wie ein Beruhigungsmittel auf das Gehirn und lässt ein entspanntes Gefühl entstehen, während er mit dem anderen, Glutamat, das Gehirn in Erregung versetzt und aktiviert. Die beiden Wirkungen scheinen einander entgegengesetzt – wie bei Lady Macbeth: »Was sie betäubte, hat mich stark gemacht, / Und was sie dämpft', hat mich entflammt.« Zur gleichen Zeit veranlasst Alkohol den Ausstoß von Dopamin in

Gehirnregionen, die bei Wohlbefinden und Belohnung eine Rolle spielen. Nicht schlecht für einen Stoff, der im Grunde nichts anderes ist als Hefepipi.

In vielen Ländern schädigt und zerstört Alkoholmissbrauch unzählige Leben. Ebenso kann der Missbrauch anderer bewusstseinsverändernder Stoffe schwere Schäden anrichten. Allerdings gibt es auch Hinweise darauf, dass ein moderater und sorgsamer Gebrauch einiger dieser Substanzen in gewissen Fällen positive Wirkungen hat. Manche Forscher behaupten dies insbesondere für psychedelische Drogen wie LSD, Psilocybin und Ayahuasca. Wenn verantwortungsvoll verabreicht, sagen sie, können diese Stoffe beträchtlich zum menschlichen Wohlbefinden beitragen und die Türen zu ganz außergewöhnlichen Wundern öffnen.

In der Zeit vor Mitte der 1960er-Jahre finanzierte die US-Regierung Hunderte von Tests mit psychedelischen Drogen an Alkoholikern, Menschen mit Zwangsstörungen, Depressiven, autistischen Kindern, Schizophrenen, Patienten mit Krebs im Endstadium sowie an Straftätern, aber auch an gesunden Künstlern und Wissenschaftlern zur Erforschung von Kreativität sowie an Theologiestudenten zur Erforschung von Spiritualität. Obwohl die Studien nach modernen Standards schlecht konzipiert waren, kam es nicht selten zu positiven Ergebnissen. Dann entfleuchte LSD aus dem Labor und schwappte durch die Gegenkultur. Der Freizeitgebrauch psychedelischer Drogen wurde nun zunehmend mit Psychosen, Flashbacks und Selbstmorden assoziiert. 1970 verbot die US-Regierung jeglichen Gebrauch und setzte damit auch der Forschung ein Ende.

Während des letzten Jahrzehnts ist jedoch ein neues Interesse an den möglichen Vorzügen psychedelischer Drogen erwacht. Im Zuge dessen wurden einige klinische Tests an Universitäten in den Vereinigten Staaten und in Europa durchgeführt. 2006 veröffentlichte der Psychopharmakologe Roland Griffiths einen Aufsatz über die Verabreichung von Psilocybin bei gesunden Freiwilligen unter sorgfältig kontrollierten Bedingungen und berichtete davon, dass es mystische Erfahrungen hervorrufen kann mit »substanzieller

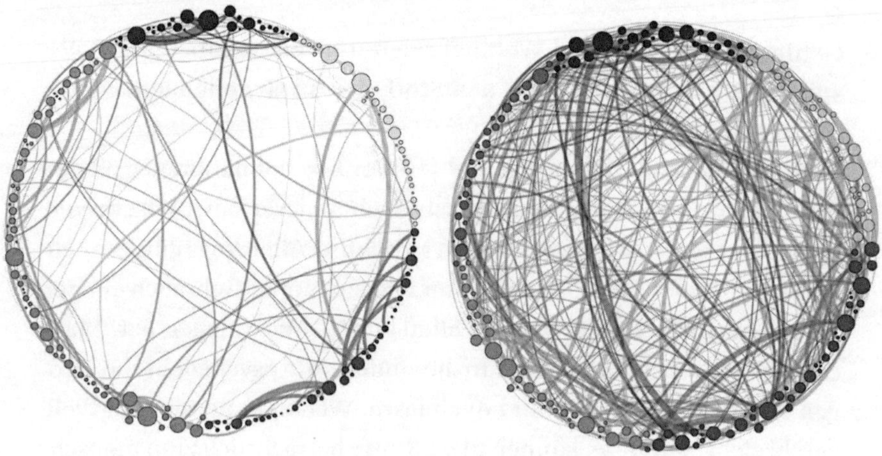

Eine Darstellung erhöhter Konnektivität im Gehirn unter der Einwirkung von Psilocybin (rechts).

und [bleibender] persönlicher Bedeutung und spirituellem Wert«, darunter Empfindungen von Einheit, Heiligkeit, Unbeschreiblichkeit, Friede und Freude, den Eindruck einer Überschreitung von Raum und Zeit sowie das Gefühl, dass die Erfahrung etwas objektiv Wahres über die Wirklichkeit enthüllt habe. Ein Drittel derjenigen, die während des Versuchs Psilocybin einnahmen, bewerteten die Erfahrung als die spirituell Bedeutungsvollste ihres ganzen Lebens, während sie bei etwa zwei Dritteln der Teilnehmer unter den ersten Fünf rangierte, auf einer Stufe mit der Geburt eines Kindes oder dem Tod eines Elternteils. Doch nicht alle Erfahrungen fielen positiv aus. Etwa ein Fünftel berichtete von negativen Gefühlen wie Angst.

In einem Artikel von 2015 über das Revival der Erforschung psychedelischer Drogen schrieb der Journalist Michael Pollan, dass in einer neuen Welle von Versuchen, viele davon an Patienten mit Krebs im Endstadium, keine negativen Auswirkungen festgestellt werden konnten. Das liegt wahrscheinlich daran, dass diese Patienten sorgfältig durchleuchtet, im Voraus auf die Erfahrung vorbereitet und von Therapeuten durch die Erfahrung begleitet wurden, die darin geschult waren, mit den manchmal auftretenden Episoden von Furcht und

Sorgen umzugehen. Pollan berichtet davon, dass sich die Trips individuell unterschieden, aber auch wiederkehrende Themen zu entdecken waren. Mehrere der Patienten, die er befragte, beschrieben die Erfahrung, zu gebären oder geboren zu werden. Ihnen gingen große Geheimnisse des Universums - wie »Wir sind alle eins« oder »Liebe allein zählt« - in aller Klarheit auf. »Das für den Geist eines Erwachsenen gewöhnliche Zahlenverhältnis von Wundern und Banalitäten kehrt sich um«, schrieb Pollan, »und solche Ideen nehmen die Evidenz einer offenbarten Wahrheit an. Im Ganzen ist das Resultat eine Art Bekehrungserfahrung, die die Forscher für den therapeutischen Effekt für verantwortlich halten.«

Patienten schwelgten auch in dem Gefühl, sich nach Belieben durch Raum und Zeit bewegen zu können. Dies klingt ein wenig wie Emersons (nicht von Drogen hervorgerufene) transzendente Erfahrung, er würde zu einem durchsichtigen Auge und trotz Auflösung des Körpers als wahrnehmendes und dokumentierendes ›Ich‹ fortbestehen.

Roland Griffiths beschreibt die therapeutische Erfahrung mit Psilocybin als eine Art »umgekehrte posttraumatische Belastungsstörung - ein konkretes Ereignis, das bleibende [Jahre oder Jahrzehnte anhaltende] positive Veränderungen von Einstellungen, Stimmungen und Verhaltensweisen und vermutlich auch des Gehirns bewirkt«. Er betont jedoch, dass die Droge den positiven Einfluss, den kontinuierliche Selbstreflexion und Disziplin auf die geistige Gesundheit haben, nicht ersetzen kann. »Der Unterschied zwischen einer spirituellen Erfahrung und einem spirituellen Leben könnte größer nicht sein.« Griffiths hebt außerdem die substanziellen Risiken hervor, die bei der Anwendung von Psilocybin ohne geeignete psychiatrische Untersuchung, Vorbereitung und Beobachtung bestehen.

»Ich bin nichts. Ich sehe alles. Die Ströme der Weltseele zirkulieren durch mich hindurch. Ich bin ein Teil oder ein Teilchen Gottes[.] Von der Erde aus, als dem Ufer, blicke ich hinaus auf jenes schweigende Meer. Es scheint, als ob ich Teil hätte an seinen raschen Verwandlungen; die Zauberwirkung erreicht auch mich, ich dehne mich aus und vereine mich mit dem Morgenwinde.« Ralph Waldo Emerson

Dennoch, die Versuche unter sorgfältig kontrollierten Bedingungen scheinen weiterhin positive Resultate zu zeigen. In einem Versuch mit Rauchern gaben nach Verabreichung von drei Dosen Psilocybin achtzig Prozent von ihnen das Rauchen auf und hatten auch sechs Monate danach nicht wieder damit angefangen. Die bislang erfolgreichsten Programme, um mit dem Rauchen aufzuhören, haben eine weniger als halb so hohe Erfolgsquote.

Auch über LSD wird Großes behauptet. Eine 2016 erschienene Studie der Neuropsychopharmakologen David Nutt und Robin Carhart-Harris zeigte, dass Gehirne unter dieser Droge spektakulär »aufleuchteten« – ein Hinweis darauf, dass sie Informationen aus vielen Teilen des Gehirns statt nur die aus dem visuellen Kortex in Form von Bildern erlebten. Einer anderen Studie zufolge bewirkt LSD Gefühle von Glück, Vertrauen, Nähe zu anderen sowie gesteigerte explizite und implizite emotionale Empathie. Bislang bleibt die überwiegende Mehrheit der medizinischen Fachwelt vorsichtig und/oder skeptisch hinsichtlich der behaupteten Vorzüge, und Psilocybin und LSD bleiben im Vereinigten Königreich als Drogen der Klasse A und in der Bundesrepublik als nicht verkehrsfähige Betäubungsmittel klassifiziert, was bedeutet, dass sie als gefährlich, mit hohem Missbrauchspotenzial eingeschätzt werden.

Unter denen, die sich für ein Revival der Verwendung psychedelischer Drogen einsetzen, interessieren sich manche vor allem für das spirituelle Potenzial, das sie in ihnen sehen, statt für ihre therapeutischen Möglichkeiten. Dabei wird gern von Entheogenen (›gott-fördernd‹) statt von Psychedelika (was schlicht ›der Seele deutlich‹ bedeutet) gesprochen. Die in Brasilien und den Niederlanden aktive Santo-Daime-Kirche verwendet in ihren Zeremonien Ayahuasca, eine Liane aus dem Amazonasgebiet, mit der indigene Schamanen außerordentliche Bewusstseinszustände hervorrufen. Einem Sprecher der Kirche zufolge könne Ayahuasca Erwachsene dabei unterstützen, bessere Kinder zu werden, was wie ein Vers aus dem Matthäus-Evangelium klingt. Spott ergoss sich über die Anwendung von

»Wenn ihr nicht [...] werdet wie die Kinder, so werdet ihr nicht ins Himmelreich kommen.« Matthäus 18:3

Ayahuasca, als 2016 Satiriker von einem südamerikanischen Schamanen berichteten, dem es davor graute, in noch einer weiteren Zeremonie CEOs von Hightechfirmen zu spiritueller Einheit zu geleiten. Aber Spaß beiseite. Sehen wir uns an, was ein gesunder junger Mann mit angesehenem Beruf von einer Santo-Daime-Zeremonie berichtet:

> Die Musik und der Raum nahmen eine düstere Note an, als das [Ayahuasca] seine Wirkung entfaltete, und ich begann, eine tiefe und nagende Furcht zu empfinden, die sich in Visionen manifestierte. Als ich meine Augen schloss, konnte ich dämonische Wesen aus einem finsteren Reich her auf mich zukommen sehen ... Die zentrale und deutliche Präsenz [eines Zeremoniebegleiters] neben mir war eine große Hilfe während der schrecklichen vielleicht zwanzig Minuten, in denen ich mich fühlte, als würde ich in die Tiefen der Finsternis selbst gezogen ...
>
> Die Dämonen hatten eine erschreckende Deutlichkeit und Objektivität angenommen, doch an einem bestimmten Punkt begriff ich[,] dass ich einzig durch Liebe daraus entkommen konnte ... Ich konzentrierte mich auf die Liebe, die ich für meine Frau empfand, stellte mir vor, sie dicht an mich zu halten, und dies erschien in der Vision als ein Licht in meiner Brust. Das Licht wurde größer und größer und verwandelte dabei die höllengleiche Umgebung, in der ich mich befand, und die Farben der Vision wurden immer heller ... Die Liebe, die ich in meiner Brust spürte, dehnte sich noch weiter aus, wurde noch intensiver, als mir mein ungeborenes Kind (meine Frau war zu der Zeit in der 14. Woche schwanger) als ein kleines Mädchen auf meinem Arm erschien. Stundenlang, wie es mir schien, schluchzte ich laut aus Liebe für dieses Baby, und mit meinen Tränen wurde ich schließlich aus der Finsternis ins Licht entlassen ...
>
> Nun, da Liebe und Friede den Kern meiner Erfahrung bildeten, zeigte sich sehr viel mehr Ordnung und Symmetrie in den Visionen. Die höheren Sphären, in die ich aufgestiegen war, offenbarten spektakuläre, ständig sich verschiebende Räume symmetrisch

verbundener geometrischer Oberflächen und Gebilde wie halbmechanische, halborganische Kristallstädte, verwoben mit Tieren, Vögeln, halbmenschlichen Formen und gottartigen Gestalten. Das war keine Halluzination ... Ich befand mich über Stunden *in* diesen perfekt geformten hyperkomplexen Welten und sagte immer wieder zu mir: »Vergiss das niemals, vergiss das niemals.«

Rock 'n' Roll

Sich auf einen Ayahuasca-Trip im Amazonasgebiet, in New York oder in den Niederlanden einzulassen, klingt nach einem gehörigen Aufwand für eine stimmungsverändernde oder lebensverbessernde Erfahrung. Eine gebräuchlichere und leichter zugängliche Form, seine Stimmung zu beeinflussen, finden wir in der Musik, und das vermutlich, seit wir Menschen sind. Der Genuss von Drogen und von Musik schließen einander selbstverständlich nicht aus, doch Musik kann auch für sich allein bemerkenswerte Kraft entfalten.

»Weiße erfinden ›Rock 'n' Roll‹« erklärt der Titel der satirischen Online-›Zeitung‹ *The Onion* für den 21. November 1955 – »Behörden versichern Öffentlichkeit: Schwarze für populäre Musikart nicht verantwortlich«. Der Witz dreht sich natürlich vor allem um Rassismus, handelt aber auch von den Schwierigkeiten, die einige weiße Amerikaner mit der Wiederauferstehung von Musik in ihrer dionysischsten, rauschhaftesten Form hatten.

Das Wort ›Rausch‹ hat eine lange Geschichte. Für Goethe bedeutete es eine beschleunigte Bewegung, die begeisterte Freude zur Folge hat. Für Nietzsche bedeutete es Aufregung, Verzückung, ursprüngliches Begehren, ein Gefühl von Macht und Einheit mit dem Kosmos.

Ein Unbehagen mit der durch Musik hervorgekehrten ekstatischen Seite der menschlichen Natur ist der europäischen Kultur nicht fremd. Im Oktober 1557 wurde eine kleine Gruppe französischer Calvinisten, denen religiöse Freiheit in France Antarctique, einer Kolonie auf einer kleinen Insel in der Bucht des heutigen Rio de Janeiro versprochen worden war, von ihrem katholischen Lehnsherr ausgewiesen. Verzweifelt suchten sie Zuflucht beim indigenen Volk der Tupinambá auf dem Festland. In seiner Chronik der ihnen widerfahrenen Missgeschicke beschreibt Jean de Léry die Furcht und Verwunderung, die er bei einer Zeremonie ihrer neuen Gastgeber empfand:

> [...] hörten wir aus der Hütte, in welche die Männer gegangen waren, ein dumpfes Gemurmel hervorbrechen ... Die Weiber, deren zweihundert waren und die aufrecht standen und fleißig aufhorchten, liefen auf einen Haufen zusammen. Während dem erhoben die Männer allgemach ihre Stimme, so dass wir ihre Wörter, wodurch sie sich aufmunterten, deutlich vernehmen konnten, wobei sie dieses Zwischenwort oft wiederholten: He, he, he, he / he, he, he, he / he, he. Bald darauf hörten wir auch die Weiber eben dieses Zwischenwort mit zitternder Stimme sagen[,] und das zwar eine ganze Viertelstunde durch, dass sie uns Zuschauer in Verwunderung setzten. Und in der Tat heulten sie nicht allein schrecklich, sondern sprangen auch mit dem größten Ungestüme vor, zerschlugen ihre Brüste und hatten Schaum vor dem Munde ... Aus diesen Ursachen glaube ich auch, dass der böse Geist in ihre Leiber gefahren sei, und sie plötzlich vom Teufel Besessene geworden.

Doch dann ändert sich die Stimmung:

> Als endlich das Geschrei ein Ende genommen[,] fingen die Männer einen so süßen und harmonischen Gesang an, dass ich ein besonderes Verlangen in mir spürte, sie zu sehen ... Ich wenigstens [...] ward nicht nur damals so froh, dass ich ganz außer mich kam; sondern wenn ich noch itzt dran denke, so hüpft mir das Herz und glaube ich noch immer, den Gesang zu hören«.

In einer komplett fremden Kultur und großer Not fand de Léry Trost in der Musik. Doch für die Tupinambá, die sie geschaffen hatten, bildete sie Teil eines größeren Zusammenhangs – eines dramatischen

Bogens in Musik und Tanz, zu dem auch stürmische Gefühle, tranceartige Zustände und vermutlich eine Art von Katharsis gehörten. Vielleicht kannten die Tupinambá, anders als jene frühmodernen Europäer, den Wert dieses Eintauchens in die düsteren und ekstatischen Aspekte ihrer religiösen Praxis und Kunst.

Für eine kürzlich erschienene Studie über »intensive Musikerfahrungen« bat der Musikpsychologe Alf Gabrielsson schwedische Studienteilnehmer darum, zu beschreiben, welcher Natur ihre Erfahrungen waren. Die Vielfalt ist bemerkenswert:

> Manche erleben ein Gefühl von Schwerelosigkeit beim Hören von Lumbyes »Champagne Galop«, Bob Marleys »Exodus« oder Bachs *Matthäus-Passion*[.] Zu den Metaphern, die Teilnehmer verwendeten, gehörten Schneeflocken (Bach), Steinsäulen (Mozart), ein Räucherstäbchenhalter (Beethoven) und ein rotglühender Toaster (Wagner). Hörerfahrungen wurden mit Limonade in den Beinen, dem Geschnittenwerden mit einem scharfen Laserstrahl, Rollschuhfahren oder An-die-Bank-genagelt-Werden verglichen. Zu weiteren Gefühlsempfindungen gehörten Befriedigung, Dankbarkeit, Vollkommenheit, Liebe, Festlichkeit, Bescheidenheit, Bewunderung, Patriotismus und sexuelle Erregung. Musik wird in Verbindung mit Krankheit und Tod (zum Beispiel auf Beerdigungen) und mit Liebe als besonders wirkungsvoll erlebt. Sie kann Epiphanien auslösen, die eine Situation plötzlich völlig verändern. Häufig erfahren die Musizierenden die stärksten Gefühle, darunter völliges Aufgehen in der Musik, Freiheit von Angst, Zeitlosigkeit, Verschwinden des Selbst, Trance, kollektive Verbundenheit, universelle Menschlichkeit.

John Sloboda, ein weiterer Musikpsychologe, schlägt eine Kategorisierung dieser verschiedenen Musikerfahrungen vor. Als ich ihn an der Guildhall School of Music in London traf, erklärte er mir, wie sie uns (zumindest in Industriegesellschaften) tendenziell in drei Formen begegnen. An der Spitze stehen einschneidende Erfahrungen.

Dabei handelt es sich um intensiv erlebte, unvergessliche und häufig prägende Momente, von denen Menschen auch noch fünfzig Jahre später erzählen. Sie treten selten auf und können nicht bewusst herbeigeführt werden: Sie geschehen einfach. Die nächste Stufe sind Kicks: durchdringende körperliche Reaktionen auf Musik, die häufig mit physischen Erscheinungsformen von Emotionen wie Kloß im Hals, Tränen in den Augen oder Schauer über den Rücken einhergehen. Kicks kommen viel häufiger vor als einschneidende Erfahrungen und lassen sich häufig vorhersehen. Die meisten Menschen können beschreiben und sind sich häufig einig, welche Stelle in einem Stück sie auslöst – gewöhnlich so etwas wie ein Lautstärke-, Rhythmus- oder Tonartwechsel oder eine besondere Weise, wie emotional aufgeladene Wörter oder Sätze gesungen werden. Diese Erlebnisse halten in der Regeln nicht lange vor. Die dritte von Slobodas Kategorien betrifft Musik in der Alltagserfahrung. Menschen machen oder hören Musik oft sehr bewusst mit der Absicht, ihre Stimmung zu ändern – typischerweise, um sich für Minuten oder sogar Stunden in Schwung zu bringen. Manche Leute nutzen Musik mehrmals am Tag in dieser Weise.

Ich ziehe daraus den Schluss, dass einschneidende Erfahrungen und Kicks in der Musik schön und gut sind, wir aber auch die Vorzüge alltäglichen Musikhörens und Tanzens nicht unterschätzen sollten – allein schon deshalb nicht, weil sie manchmal fast zufällig Momente transzendenter Bedeutung und Freude auslösen können. In *Dancing in the Streets*, ihrer Geschichte kollektiver Freude, endet Barbara Ehrenreich mit der Beschreibung eines Straßenfests in Rio de Janeiro. Es hatte keinen »Sinn«, schreibt sie – »keinen religiösen Beiklang, keine ideologische Botschaft oder Geld, das man damit verdienen konnte – nur die auf einem dicht gedrängten Planeten bitter benötigte Gelegenheit, das Wunder unserer gemeinsamen Existenz mit einer Feier anzuerkennen«. Vielleicht stimmt der erste Teil ihrer Beobachtung nicht ganz: Der Sinn von Rios Feierkultur könnte darin zu finden sein, dass sie nicht nur trotz der Ungerechtigkeit und Gewalt des Lebens in dieser Stadt blüht, sondern gerade als eine Form, dem etwas entgegenzusetzen. Doch Ehrenreichs Darstellung dieses Augenblicks in den Straßen von Rio illustriert das Entscheidende an der Freude an Musik und Tanz: Es geht darum, teilzuhaben.

»Wir müssen weniger anbeten, weniger konsumieren und mehr spielen.« Jules Evans

»Die Lust, die ich beim Spielen empfinde, ist nicht die Lust, mich selbst auszudrücken, sondern mich der Musik zu unterwerfen und die Ekstase zu erleben, die aus der Teilhabe daran entsteht.« Steve Reich

Ich versuche, in bescheidener Weise, etwas Ähnliches, wenn ich in meinem Gemeindechor singe. Wir singen nicht gerade hervorragend, aber auch nicht grottenschlecht, und das Gefühl, etwas zu erreichen, und die Freude, die wir aus dem gemeinsamen Projekt ziehen, steht in keinem Verhältnis zu der Qualität unseres Gesangs. Was wir tun, ist ein kleines, aber in unserem Leben bedeutsames Wunder. Wir sind ein sonderbar aussehender ungleicher Haufen – jeder Einwohner Rios müsste darüber lachen, wie wir uns bewegen –, aber wir sind weitgehend harmlos und ich möchte gerne denken, dass wir mit den Mbenzélé-Pygmäen aus dem Kongo-Regenwald etwas gemeinsam haben, die nicht einfach herumsitzen und Musik konsumieren, sondern sie immer erschaffen, um (wie sie sagen) »den Wald glücklich zu machen«.

3. Abend

Die wundervollen Erfahrungen in unseren frühen Jahren und als junge Erwachsene, denen ich in den ersten beiden Teilen dieses Kapitels nachgegangen bin, haben oft unmittelbare Form und hängen mit heftigen physischen Empfindungen zusammen. Es gibt aber auch noch eine andere Dimension dessen, was ich gerne als ›wahres‹ Wunder ansehen möchte, und zwar starke geistige Anteilnahme – eine Intensität im Denken wie im Fühlen oder zumindest die Anfänge davon.

Der Psychologe Daniel Kahneman unterscheidet System-1-Denken und System-2-Denken, wobei System 1 schnell, instinktiv und emotional funktioniert und System 2 langsam, überlegt und logisch. ›Wahres‹ Wunder, würde ich sagen, erlaubt die volle Entfaltung beider.

Dieses tiefere und größere Wunder, wie ich es gerne fassen möchte, zieht im gleichen Maße in Betracht, was unmittelbar gegenwärtig oder offensichtlich ist, wie das, was es nicht ist. Es verbindet die Erfahrung des Augenblicks (oder einer intensiven Erinnerung daran) mit einer umfassenderen Perspektive, um so ein Gefühl von Sinn zu stiften. Diese Art Wunder beschränkt sich nicht auf ältere Erwachsene (und es gibt ältere Erwachsene, die es selten oder nie erleben). Man entdeckt es auch in den Gesichtern der Neun- bis Elfjährigen in Phil Aglands Dokumentation über Chinas Umweltkrise. Doch es kann besonders für die hervorstechen, die bereits länger leben und aus diesem Grund auf eine längere Zeit zurückblicken und reflektieren können.

Auf lange Sicht bieten sich nicht immer nur fröhliche Aussichten. Es hat nie an Beweisen gemangelt, dass »die Geschichte [...] in der Tat wenig mehr ist als ein Katalog von Verbrechen, Dummheiten und Katastrophen«, wie Edward Gibbon schrieb. Es spricht in der Tat vieles dafür, dass alle drei bis weit in die Vergangenheit, noch vor die schriftliche Überlieferung zurückreichen und schon in den Gesellschaften grassierten, von denen Gibbon wenig oder gar nichts wusste.

»Hinter dem höchst effizient scheinenden Äußeren des Erwachsenen«, schrieb Ted Hughes, »wird die ganze Welt seiner Kindheit vorsichtig getragen wie ein Glas mit Wasser, das sich über den Rand wölbt.«

Vieles weist auch darauf hin, dass Menschen häufig »zum Negativen verdrahtet« sind. 2001 kamen Roy Baumeister und andere Psychologen durch den Vergleich zahlreicher Studien zu dem Ergebnis, dass negative Emotionen, schlechte Eltern und negatives Feedback stärkeren Eindruck hinterlassen als positive Emotionen, gute Eltern und positives Feedback und dass schlechte Nachrichten gründlicher verarbeitet werden als gute. »Das Selbst ist mehr motiviert, ein schlechtes Selbstverständnis zu vermeiden, als nach einem guten zu streben«, schrieben sie. »Schlechte Eindrücke und schlechte Stereotype bilden sich schneller und trotzen ihrer Widerlegung hartnäckiger als gute.« Wir wollen es düster. Wir löschen die Flamme.

Und wir sind, so will es scheinen, in erster Linie Geschöpfe der Angst. Die Romanschriftstellerin und Essayistin Marilynne Robinson vermutet in der Angst eine Grundhaltung des Menschen. Ihre Beobachtung gründet sich auf Erfahrungen in ihrem eigenen Land, den Vereinigten Staaten, doch Forschung deutet darauf hin, dass häufige Angsterfahrungen nicht einfach, oder nicht ausschließlich, bestimmten kulturellen und politischen Umständen entspringen. Die Amygdala – eine Hirnregion, die bei wichtigen, emotionsgeladenen Situationen anspringt und bei der Kodierung von Angst eine entscheidende Rolle spielt – agiert ausgenommen schnell und unbewusst, und manche Forscher mutmaßen, dass unsere Evolutionsgeschichte die Angst in eine dominante Position innerhalb der menschlichen Psychologie gerückt hat. Möglicherweise haben uns unsere Vorfahren, die fürchterlichen Raubtieren und dem Raub durch andere Menschen ausgesetzt waren, ein häufig hysterisches inneres Wesen vererbt.

»Die meisten Raubtiere am Ende der Nahrungskette sind majestätische Geschöpfe«, sagt der Historiker Yuval Noah Harari. »Millionen Jahre der Vorherrschaft haben sie mit Selbstsicherheit geschwellt. Im Gegensatz dazu ist der Homo sapiens eher dem Diktator einer Bananenrepublik zu vergleichen. Nachdem wir vor so kurzer Zeit noch die Underdogs der Savanne waren, erfüllen uns Ängste und Sorgen um unsere Stellung, was uns doppelt grausam und gefährlich macht.«

Neben der Angst, so wird angenommen, beherrscht Verlangen unser Leben. Aristoteles zufolge ist »die Begierde, ihrem Wesen nach, grenzenlos, und das Leben der meisten Menschen ist nur auf Befriedigung der Begierden gerichtet.« Manche Wissenschaftler meinen, eine neuroanatomische Grundlage für diese Annahme gefunden zu haben. Unser Gehirn scheint so verdrahtet zu sein, dass unsere unerfüllten Wünsche das, was wir tatsächlich genießen, immer übersteigen. Verlangen und Genuss sind im Gehirn auf getrennte chemische Systeme verteilt. Das System des Verlangens ist weit gespannt und besitzt großen Einfluss; das Genusssystem nimmt sich hingegen klein aus und lässt sich weniger leicht auslösen. Daher entwickeln wir uns leicht in unersättliche Begierdemaschinen – hungrige Geister. Dieser Zustand kann sich vollends durchsetzen, wenn die normalen Kontrollsysteme des Gehirns beeinträchtigt sind wie beispielsweise beim

Klüver-Bucy-Syndrom, das sich, manchmal noch mit Reizbarkeit und Ablenkbarkeit verbunden, in ungezügeltem Essen und gesteigertem Sexualtrieb ausdrückt. Doch selbst ohne physische Schäden am Gehirn verfallen wir in einer hypervernetzten, hyperkapitalistischen Welt leicht den Ablenkungen und einer endlosen Kette von Begierden, die zu einer geistigen Adipositas führt, wie der Philosoph Matthew Crawford es nennt. »Die Begierden des Menschen sind unbestimmt«, schreibt ein anderer Philosoph, Roberto Unger. »Sie zeigen nicht das Zielgerichtete und den festgelegten Ablauf der Begierde anderer Tiere. Selbst wenn sie sich, wie bei Sucht und Obsessionen, auf spezifische Objekte richten, dienen uns diese Objekte als Stellvertreter für Sehnsüchte, mit denen sie nur in loser oder zufälliger Verbindung stehen.«

»Die Vereinigten Staaten leiden unter pandemischer Aufmerksamkeitsdefizitstörung, Fake-News, Hackbarkeit von allem, Cyberkrieg und Medientrollen.« Rebecca Solnit

Dasselbe gilt für Gewohnheiten. »Wir verwenden viel Kraft darauf, in festgefügten Bahnen zu bleiben«, beobachtet der Psychologe Vincent Deary. Das tun wir, weil solche Bahnen vertraut und daher bequem sind. (Dies mag zufällig auch einen Hauptgrund für Prokrastination darstellen, die der Psychologe Seth Roberts als die Neigung beschreibt, zur Vermeidung von Veränderung ständig dasselbe Verhalten zu wiederholen.) In Erkenntnis dessen haben Unternehmer Mittel entwickelt, um unsere gewohnheitsbildende Natur zu bestärken und auszunutzen. Eine höchst erfolgreiche App schafft beispielsweise eine »dauerhafte Routine« oder einen »Spielkreislauf«, indem sie ein Bedürfnis auslöst und direkt eine Lösung zu seiner Befriedigung anbietet. »Das Gefühl von Langeweile, Einsamkeit, Frustration, Verwirrung und Unentschlossenheit verursacht häufig einen leisen Schmerz oder ein Unwohlsein und löst fast umgehend eine oft gedankenlose Handlung aus, um die negative Empfindung zu unterdrücken«, schreibt der frühere Spieldesigner Nir Eyal. »Nach und nach verfestigen sich diese Verbindungen zu einer

In einem Spielkreislauf tun wir etwas immer wieder, weil wir gelegentlich eine Belohnung bekommen. Wie Tauben drängt es uns mehr, ein Feedback zu bekommen, wenn uns dieses gerade nicht garantiert ist.

Gewohnheit, bei der die Nutzer auf ihr Produkt zurückgreifen, wenn sie bestimmte innere Auslöser erleben.« Die Ökonomen George Akerlof und Robert Shiller verweisen auf den besonders erfolgreichen Fall von Kasino-Spielautomaten in Las Vegas. Vor zehn Jahren stellte Tod durch Herzstillstand ein besonders großes Problem dar, doch Notfallhelfer konnten aufgrund des Gedränges nicht zu den Betroffenen durchdringen. »Schüll beschreibt ein Überwachungsvideo, auf dem eine Defibrillation zu sehen ist: ›Obwohl der Mann buchstäblich zu ihren Füßen lag und die Beine ihrer Stühle berührte, spielten die anderen Spieler weiter.‹« Und wenn wir einen allgemeineren Blick auf unsere Gesellschaft werfen, sehen wir uns auf Bildschirme starrend umherlaufen, wie wir unseren Newsfeed checken, statt mit Freunden zu reden, und wie wir auf ›Aktualisieren‹ drücken, um neue Twitternachrichten hereinzubekommen, und dadurch weniger auf die Welt um uns herum achten, wodurch uns denn auch Momente des Wunderns leichter entgehen. Menschliche Begierden müssen nicht unbedingt so unbestimmt sein, wie Unger meint, doch eingeschlossen in die Filterblase des Internets und in den Worten des Schriftstellers und Journalisten George Monbiot »ohne körperliches Wissen, was es heißt, verletzt und geheilt, erschöpft und entschlossen, am Erfrieren oder ekstatisch zu sein«, verlieren wir unsere wesentlichen Orientierungspunkte und werden anfällig für Neuro-Marketing und noch üblere Manipulationsformen.

»Theoretisch hat die Freiheit einen sehr hohen Stellenwert«, sagt Stephen Batchelor, der über Buddhismus schreibt, »praktisch wird sie als schwindelerregender Sinn- und Richtungsverlust erlebt.« Einige verwerfen das Streben danach sogar als verächtlich. Der Philosoph und Essayist Emil Cioran, Verfasser von Büchern mit Titeln wie *Vom Nachteil, geboren zu sein*, glaubte, es sei sein Schicksal, die Welt in Form von Überdruss, Langeweile, Bedeutungslosigkeit und rebellischer Wut gegen alles andere zu erleben. »Es lohnt nicht die Mühe, sich zu töten«, schrieb er,

»Um in Freiheit zu leben, muss man sich an ein Leben voller Unruhe, Wandel und Gefahr gewöhnen.« Alexis de Tocqueville

»Denken heißt nicht danken [für Cioran] …, es heißt: sich rächen.« Peter Sloterdijk

»denn man tötet sich immer zu spät.« Der Schriftsteller Michel Houellebecq, dessen Gesichtsmuskulatur einem Bericht zufolge »dazu entwickelt scheint, unendlich feine Abstufungen der Ernüchterung zum Ausdruck zu bringen«, meint, dass sich die Europäer auf die Wette eingelassen haben, dass sie umso glücklicher würden, je weiter sie die Freiheit ausdehnten – und dass sie die Wette verloren haben.

Doch keine Verallgemeinerungen über Grausamkeit, Angst, Abhängigkeit und dergleichen erzählen die ganze Geschichte. Immer wieder finden Menschen die Ressourcen und den Mut, sie zu überwinden. Wie der Dichter Rainer Maria Rilke über unsere Welt schrieb: »Hat sie Schrecken, so sind es unsere Schrecken, hat sie Abgründe, so gehören diese Abgründe uns, sind Gefahren da, so müssen wir versuchen, sie zu lieben.«

»Die Seele ist ein wundersamer Abgrund unendlicher Abgründe, ein nie versiegender Ozean, eine unerschöpfliche Quelle endloser Ozeane.« Thomas Traherne

Ein Fragment, das dem Mitte des 6. Jahrhunderts v. Chr. geborenen griechischen Philosophen Heraklit zugeschrieben wird, spricht davon, dass alle Dinge aus dem Widerstreit von Gegensätzen entstehen. Das ins Dasein tretende Ganze beruht auf einem Gleichgewicht entgegengesetzter Spannungen, so wie die Spitzen eines Bogen oder einer Leier, die von der Spannung der sie zusammenziehenden Saite und der Federkraft der sie auseinanderdrückenden Glieder in Balance gehalten werden. Denken wir zum Beispiel an die Bewegungsbahn eines menschlichen Körpers über die Zeit. Ungehindert werden viele seiner Zellen sich tendenziell endlos reproduzieren und wachsen und können sich zu Krebszellen entwickeln. Nur wenn der Reproduktionstrieb individueller Zellen durch Mechanismen wie dem programmierten Zelltod beschränkt oder im Gleichgewicht gehalten wird, kann das Ganze weiter gedeihen. Wir existieren in ständiger Spannung zwischen Leben und Sterben.

Wir können auch an die integrative Natur der bewussten Erfahrung denken, die verschiedene Dinge zusammenhält. In einem kurzen Gedicht mit dem Titel »Begegnung« erinnert sich Czesław Miłosz an eine Autofahrt im Morgengrauen durch überfrorene Felder. Plötzlich flitzt ein Hase über die Straße und einer der Mitfahrer zeigt auf ihn. Doch dann folgt eine Wendung: Die zunächst wachgerufene Szene liegt lange zurück, und weder der Hase noch der Mann, der die Geste machte, sind noch am Leben. Das Gedicht, ganz und vollständig auf der Buchseite vor uns, besteht in der Spannung zwischen dem Erinnerten, das unwiderruflich verloren ist, und der Tatsache, dass es in Erinnerung gerufen doch irgendwie da ist.

»wo sind sie, wohin verrinnen / Die Blitze der Hand, die Linien des Laufs, das Rascheln der Scholle – / Ich frage danach nicht in Trauer, nur im Besinnen.« Czesław Miłosz

Der Dichter Les Murray merkt an, dass Carl Jung und viele andere vor ihm die integrative Erfahrung des Bewusstseins ›Seele‹ nannten. Da er sich aber nicht von einem Wort abhängig machen möchte, das er als durch Übernutzung verschlissen ansieht, nennt Murray sie lieber »Gedicht-Selbst«, in dem die drei gewöhnlichen Daseinszustände – der wache, bewusste Geist, das geheimnisvolle Traumbewusstsein und der Körper – ihre Einheit finden:

> Die Verschmelzung [...] versetzt mich in eine häufig derart intensive Erregung, dass ich es nicht für lange Zeit am Stück aushalten kann, sondern aufstehen und nach draußen laufen muss, um mich davon zu erholen, wonach ich zurückkehre, um mehr davon zu bekommen. Das Gedicht, das ich während dieser Erfahrung schreibe, hält die Erfahrung fest, je stärker, desto besser das Gedicht, und hält sie weiter fest, wenn der Trancezustand von mir gewichen ist.

Ein gutes Gedicht macht die integrative Erfahrung des Autors dem Hörer oder Leser zugänglich. Und nachdem sie einmal festgehalten wurde, können wir des Wunders oder Trosts wegen dahin zurückkehren. Dasselbe gilt für andere Künste, aber auch für die ergreifendsten Geschichten, die wir uns über unser echtes Leben und die Entscheidungen, die wir getroffen haben, erzählen und in denen Ereignisse zu unterschiedlichen Zeitpunkten durch ein mit Energie und Bedeutung aufgeladenes Narrativ – eine Geschichte – in Verbindung gebracht werden.

Nehmen wir den Fall des Anwalts Bryan Stevenson, der in den Vereinigten Staaten gegen lebenslange Haftstrafen für Kinder, für die Aufhebung von Todesurteilen aufgrund von Justizirrtümern und für die Abschaffung der Todesstrafe im Allgemeinen streitet. Wie er in seinem Buch *Just Mercy* berichtet, wird er unter anderem von einer Lektion motiviert, die ihm seine Mutter mehr als vierzig Jahre zuvor, im Alter von zehn, gelehrt hat. An einem Sonntagmorgen nach der Kirche trafen er und seine Freunde auf einen kleinen Jungen, der zu Besuch in der Stadt war. Der Junge hatte eine schwere Sprachstörung und stotterte dermaßen, dass er nicht einmal den Namen seiner Heimatstadt aussprechen konnte. Der junge Stevenson, der nie zuvor jemanden stottern gehört hatte, dachte, der Junge würde einen Spaß machen, und lachte. Dann bemerkte er, wie seine Mutter ihn entsetzt, verärgert und beschämt anschaute. »Lach nie mehr über jemanden, weil er die Worte nicht rausbringt«, sagte sie. »Hörst du, nie mehr!« Stevenson war von der Missbilligung seiner Mutter völlig betreten, und dann erklärte sie ihm – so eine Demütigung – auch noch vor den Augen seiner Freunde, er müsse den Fremden umarmen und ihm sagen, dass er ihn lieb habe. Der junge Stevenson gehorchte, umarmte den anderen Jungen zuerst verschämt und murmelte schließlich, nachdem seine Mutter darauf beharrte, dass er den Jungen lieb habe. Der Junge umarmte ihn ebenfalls und sagte »Ich habe dich auch lieb«, ohne das geringste Stottern. »In seiner Stimme lag so viel Zärtlichkeit und Ernst«, schreibt Stevenson, »dass mir ganz plötzlich die Tränen in die Augen stiegen.« Das Mitgefühl, das Stevenson an diesem Tag in sich entdeckte, hat seine Lebensaufgabe geprägt: denen, die nicht gehört werden, eine Stimme zu geben.

Oder schauen wir uns die Geschichte an, die der Theologe Thomas Berry aus seiner Kindheit in North Carolina in den 1920er-Jahren erzählt. Im Alter von neunundsiebzig Jahren beschrieb Berry seine Erinnerung, wie er mit etwa zwölf Jahren mit seiner Familie in ein neues Haus an einem Bach umzog. Am anderen Ufer lag

»Die lang verlor'ne schillernde Stunde, die mehr bedeutet als Alter, mehr als Logik, mehr als Weisheit.« Amy Leach

eine Wiese. »An einem frühen Nachmittag im Mai schaute ich zum ersten Mal auf die Szenerie hinunter und erblickte die Wiese«, schrieb Berry. »Das Feld war von Lilien übersät, die sich über das dichte Gras erhoben. Diese Erfahrung, ein magischer Moment, gab meinem Leben etwas, ich weiß nicht, was, das mein Leben auf einer tieferen Ebene zu erklären scheint als fast alle anderen Erfahrungen, an die ich mich erinnern kann.« Und diese frühe Erfahrung wurde in seinem weiteren Leben und Denken zu einem Maßstab: »Was immer diese Wiese in ihrem natürlichen Kreislauf erhält und fördert, ist gut; was dieser Wiese entgegensteht oder sie negiert, ist nicht gut. So einfach ist mein Leben ausgerichtet. So allgegenwärtig ist diese Orientierung auch. Sie gilt in Ökonomie und Politik ebenso wie in der Erziehung und Religion und so weiter.«

In diesen autobiografischen Fragmenten haben Stevenson und Berry ein Alter erreicht, in dem sie einen Schritt zurücktreten, ihr Dasein als ein Ganzes betrachten und den Bedeutungsfaden, der sich durch es hindurchzieht, zurückverfolgen können. Diese Art des Bilanzziehens kann fast zu jeder Zeit geschehen, dürfte aber besonders häufig in Augenblicken vorkommen, in denen wir uns der Nähe des Todes besonders bewusst sind, und die Natur des Lebens mag dann schroff und klärend in den Brennpunkt rücken. Raymond Tallis schreibt:

> Das Gefühl der Endlichkeit regt einen verzweifelten Wunsch nach einem tieferen, schlüssigeren Verständnis der Dinge an, danach, dieses Verständnis in seiner Herrlichkeit zu erlangen und in seinem Bewusstsein auf einer Stufe zu stehen mit der großartigen Welt, in der wir uns finden und der wir uns nur zerstückelt, partiell, fragmentiert im Rahmen unserer kleinen Welt bewusst sind. Die Vorstellung des Todes bedroht, spornt an und inspiriert. Und ihre Macht ist allen von uns zugänglich, die aus dem Vollen schöpfend leben wollen.

Als bei dem Gehirnchirurg Paul Kalanithi im Alter von sechsunddreißig Jahren Lungenkrebs im Endstadium diagnostiziert wurde, überlegten er und seine Frau Lucy, ob sie ein gemeinsames Kind haben wollten. »Meinst du nicht, dass es deinen Tod noch schmerzlicher machen würde, wenn du dich von deinem Kind verabschieden müsstest?«, fragte sie ihn. »Wäre das nicht wunderbar?«, antwortete er. Kalanithi entschied sich, sich auf den Schmerz einzulassen, da er hoffte, dass damit auch etwas Wundervolles einhergehen würde, und in der Tat kam es auch so. Kaum zwei Jahre später, kurz vor seinem Tod, schrieb Kalanithi an seine gesunde Tochter Cady:

»Sanft ist die rauhe See« Richard Jefferies

> Wenn du in einem dieser vielen Momente im Leben einen Bericht deiner Selbst geben musst, [...] schätze es nicht gering, dass du die Tage eines sterbenden Mannes mit größter Freude erfüllt hast. Mit Freude, die ich nie zuvor gekannt habe, einer Freude, die nicht nach mehr verlangt, sondern sich selbst genug ist.

Weisheit lässt sich nicht leicht definieren. Eine Studie in verschiedenen Kulturen fand sechs Elemente: pragmatisches Lebenswissen, Gefühlskontrolle, soziales Verhalten, Kenntnis der eigenen Stärken und Schwächen, Entschlossenheit und das Akzeptieren von Unsicherheit. Es gibt keine Garantie, dass Altern auch nur irgendeines dieser Elemente befördert, und ein Leben muss auch nicht lang sein, um weise und freudvoll geführt zu werden. »Es ist eine unschätzbare Freude, dass ich aus dem Nichts heraus entstanden diese herrliche Welt sehen und mich ihrer erfreuen kann«, schrieb Thomas Traherne, der mit siebenunddreißig Jahren an Pocken starb. Doch manche Leute erlangen Weisheit im hohen Alter. Wenn der Tod näher gerückt, aber noch nicht alles beherrschend ist, kann man sich vielleicht besser von seinem unmittelbaren Selbst lösen und mehr zu einem Beobachter all dessen werden, was ist. »Vielleicht

»Die Gabe ist, immerfort zu scheitern, ohne darunter zu zerbrechen.« Richard Holloway

»Gar vieler Dinge kundig müssen weisheitsliebende Männer sein.« Heraklit

Aún aprendo (»Ich lerne noch«) *von Francisco Goya (ca. 1826). Unsere Gehirne verlangsamen unweigerlich ihre Tätigkeit, wenn wir älter werden. Unsere Fähigkeit, geistige Operationen auszuführen, lässt nach und ebenso unser episodisches Gedächtnis und die exekutive Funktion. Doch zwei Fähigkeiten lassen langsamer nach als andere: logisches Schließen und Erkennen auf Grundlage vergangener Erfahrung. Diese gelangen üblicherweise zwischen vierzig und fünfzig Jahren an ihren Höhepunkt und bleiben manchmal erhalten, solange wir noch geistig aktiv und engagiert bleiben.*

ist das Beste an unserem Verstand«, schreibt Carl Safina, der »Augenblick des Triumphes, [...] in dem wir uns aus der Distanz erkennen.«

»Mit welchem Kampf und Schmerz wir in die Welt kamen, das wissen wir nicht«, schrieb Thomas Browne, »doch ist's gewöhnlich keine leichte Sache, aus ihr herauszukommen«. Nicht viele haben das Glück des Philosophen David Hume, der kurz vor seinem Tod 1776 schrieb, dass trotz körperlichen Niedergangs sein Geist nie auch nur für einen Moment nachgelassen habe und er dieselbe Begeisterung beim Studieren und dieselbe Heiterkeit in Gesellschaft empfinde wie immer. Der Arzt Oliver Sacks scheint dem nahegekommen zu sein. Kurz vor seinem Tod 2015 konnte er sein Leben wie von großer Höhe aus und mit einem tieferen Gefühl der Verbundenheit aller seiner Teile erleben. Allen, die es schwerer damit haben, riet die Schriftstellerin Jenny Diski, als sich ihr eigenes Leben 2016 dem Ende entgegenneigte, zu einer bescheidenen Abhilfe. Wie wir Bücher für die Kleinsten schreiben, um ihnen das Erlernen der Namen, Tätigkeiten und Beschreibungen der Welt, in der sie sich plötzlich wiederfinden, zu erleichtern, schlug sie vor, wir sollten ein Buch für diejenigen schreiben, die allmählich ihre Kontrolle über die Sprache und das Gedächtnis verlieren.

»Das Kinderbuch ist das Buch des Werdens. Das Buch für die Älteren ist das Buch des Gehens. Es sollte besser das Schönste werden, das je gemacht wurde.«

»Mir ist gleich, wie alt du bist. Tu etwas Schönes.«
George Saunders

Eine Untersuchung in einem Hospiz in Buffalo, New York, ergab, dass fast alle tödlich erkrankten Patienten von Träumen oder Visionen berichteten, kurz bevor sie starben. Viele davon wurden als tröstlich beschrieben, allerdings in einem von fünf Fällen auch als beunruhigend. Auch andere Forschung deutet darauf hin, dass Träume Gefühle zum Ausdruck bringen, die sich im Innern aufgebaut haben, und sowohl positive Träume als auch kummervolle, die häufig mit ungelösten Problemen in der Vergangenheit des Menschen in Zusammenhang stehen, können mit unbändiger Energie hervorbrechen. Oft scheint es, dass die Menschen in den Stunden, bevor ein letztes Delirium oder Bewusstlosigkeit einsetzt, versuchen, Sinn zu finden. Und wie ein roter Faden zieht sich durch diese Träume und Visionen das Bedürfnis nach Lösung und Vergebung und – gegebene oder zurückgehaltene – Liebe. Selbst für Ödipus, den unglücklichsten aller Menschen, enthält das Ende etwas Wundervolles (zumindest in Sophokles' Vorstellung), da ihn Heiterkeit und Liebe für seine Töchter erfüllt.

Das Wundersamste an William Shakespeares *Der Sturm* ist nicht Prosperos grobe Magie, die sich mit mitternächtlichen Pilzen und knarzender Bühnentechnik verbindet, sondern die Liebe zwischen seiner Tochter Miranda und Ferdinand, dem Sohn seines Feinds. Ihnen gelingt es, die Übel der Vergangenheit hinter sich zu lassen und neu anzufangen. Die Leistung des Magiers liegt darin, dass er, als er seine eigene Sterblichkeit und die Endlichkeit aller Dinge erkennt, vergeben und geben kann, indem er sich selbst zurücknimmt und die nächste Generation gedeihen lässt.

»Denn alles ist vergänglich. […] Alles ist nur von kurzer Dauer: was sich erinnert und was in der Erinnerung festgehalten wird. […] Nahe ist die Zeit, wo du alles vergessen hast, nahe ist die Zeit, wo alle dich vergessen haben.« Marc Aurel

Unter den alltäglichen Erfahrungen als Vater erfüllt mich am meisten mit Bewunderung, wenn ich neben meiner Tochter durch den Wald laufe und wenn ich sie beim Schlafen betrachte. Die erste ist ein Moment des gemeinsamen Daseins und der Heiterkeit im Spiel. Und in der zweiten, wenn ich das sanfte Heben und Senken des Atems in einem neuen Lebewesen betrachte, erfasst mich Ehrfurcht, dass dieses so vollkommen schöne Leben und die Liebe, die ich dafür empfinde, für immer vergehen wird.

6

Von Karten und Träumen
Welt

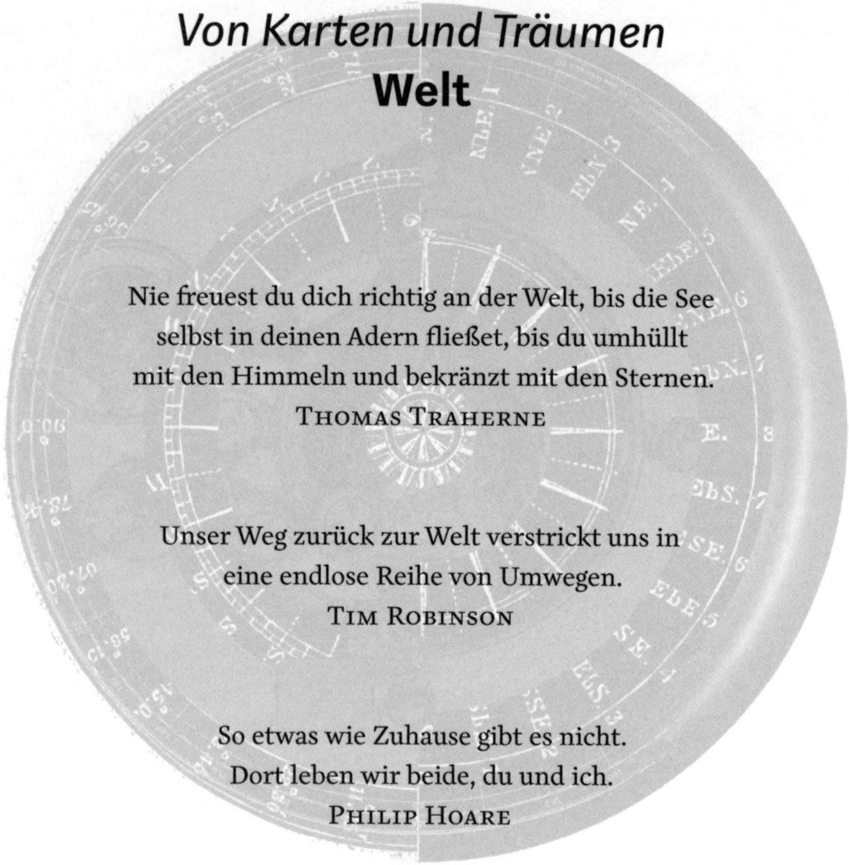

Nie freuest du dich richtig an der Welt, bis die See
selbst in deinen Adern fließet, bis du umhüllt
mit den Himmeln und bekränzt mit den Sternen.
THOMAS TRAHERNE

Unser Weg zurück zur Welt verstrickt uns in
eine endlose Reihe von Umwegen.
TIM ROBINSON

So etwas wie Zuhause gibt es nicht.
Dort leben wir beide, du und ich.
PHILIP HOARE

Als ich acht Jahre alt war, brütete ich mit Vorliebe über einem betagten Atlas im Haus meiner Großeltern und malte mir Länder und Geschichten weit hinter dem Horizont meiner eigenen kleinen Welt aus. Gern drehte ich auch im Garten einen Wasseranschluss am oberen Ende eines sachte gewundenen Pfads auf und beobachtete die Rinnsale dabei, wie sie sich zwischen den Steinen hinabschlängelten. Ich stellte mir vor, ich blickte von großer Höhe auf eine Karte gewaltiger Ströme in wilder Landschaft und würde eines Tages an solche Orte reisen und faszinierende Dinge erleben.

Diese kindlichen Tagträume haben etwas von dem Drang, der auch die alten und hartnäckigen Vorstellungen vom Fliegen motivierte: das Verlangen, die Welt kennenzulernen. Bei den Ewenken oder dem ›Rentier-Volk‹ im nordöstlichen Sibirien zum Beispiel entwickeln Schamanen während ihrer Ausbildung dieselben Fähigkeiten und Intuitionen, die die Jäger am Boden erwerben, aber sie tun dies durch Träume, in denen sie mühelos über die Landschaft schweben und die Bewegungen wandernder Tiere beobachten. Und unter den Yanomami des Amazonasgebiets fliegen Initiierte in die Baumkronen und darüber hinaus, wo sie über die Waldgeister und ihren eigenen Platz in der Welt lernen. »[Mein] Gedanke erstreckt sich bis unter die Erde und unter das Wasser, über den Himmel und in die entferntesten Regionen«, sagt der Yanomami-Älteste Davi Kopenawa.

Schamanen in voragrarischen Gesellschaften sehen das Land, das sie kennen müssen, durch Methoden, die Tagträumen oder Klarträumen ähneln. Wir in unseren hochtechnologischen Kulturen verlassen uns häufig auf Karten – grafische Repräsentationen, die ein räumliches Verständnis der Dinge, Begriffe, Bedingungen, Prozesse oder Ereignisse in der Welt erleichtern. Allerdings gibt es keine klare Grenze zwischen Karten und Träumen, denn so objektiv Karten auch sein mögen, sie bleiben doch Interpretationen. Karten sind immer eine Art und Weise, sich durchs Unbekannte zu tasten.

In Karten können wir die Welt bewundern oder ihre Wunder darstellen. Und auch sie selbst können Wunder darstellen. Denn wie der Geisteswissenschaftler Philip Fisher bemerkt, entspringt Wundern

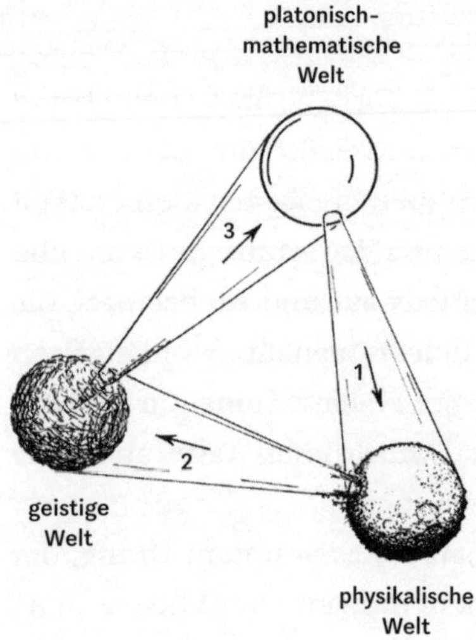

häufig aus der Verknüpfung eines lokalen Details mit einem größeren Bild, an dem Nebeneinander von Vertrautem und Himmlischem. Und genau auf diese Weise funktionieren Karten. Selbst die schnöde Online-Suche nach einer Fahrtroute erlaubt uns, in unserem Kopf nach Belieben überallhin zu fliegen, den Blick von oben darauf gerichtet wie in der Gottesperspektive. »Die geheime Kraft von Karten«, schreibt der Historiker Jerry Brotton, »besteht darin, dass sie den Betrachter für einen kurzen Augenblick glauben machen, wirklich auf einem solchen erhöhten Standpunkt zu stehen und nicht mehr an die Erde gefesselt zu sein.«

Ähnlich wird auch in einem Wachtraum die weite Welt irgendwie in unserem Geist repräsentiert. Teil dieses Wunders bildet das Wunder des Bewusstseins selbst, das William James mit solcher Klarheit ausdrückte, als er fragte: »Wie kann die [Welt], in der ich bin, da draußen und gleichzeitig gewissermaßen in meinem Kopf, in meiner Erfahrung sein?« Viele denken, dass es immer noch keine gute Antwort auf diese Frage gibt – obwohl ich jüngst den mathematischen Physiker Roger Penrose einen faszinierenden Schluss daraus habe ziehen hören. Es ist, als gäbe es drei getrennte, gleichermaßen reale Welten, die auf bestimmte Weise jeweils die anderen einschließen. Da gibt es zunächst die grenzenlose und unendliche Welt der Mathematik, die Penrose, Platon folgend, für wirklich existent hält. Dann gibt es innerhalb der mathematischen Welt eine relativ kleine Menge an Gleichungen, die laut Penrose die gesamte physische Realität erklären können. Und schließlich gibt es in der physischen Realität und durch sie ermöglicht die Welt der bewussten Wesen und dessen, was sie erfahren können. Und doch sind diese bewussten Wesen (oder wenigstens die ausreichend guten Mathematiker darunter) in der Lage, die mathematische Welt zu begreifen. Jede dieser Welten befindet sich also irgendwie in einer unendlichen Schleife in die anderen eingeschachtelt wie in dem von Penrose entworfenen Dreieck, das auch als »Unmöglichkeit in Reinstform« bezeichnet worden ist.

Ein ferner Spiegel

Wie Träume können auch Karten abenteuerlich an der Realität vorbeigehen – und doch zu bemerkenswerten Entdeckungen führen. Als Christoph Kolumbus 1492 in See stach, stützte er sich auf eine Karte, die noch auf antiken, den Erdumfang deutlich unterschätzenden Vorstellungen beruhte, und schloss daraus, dass er von Spanien aus lediglich 3700 Kilometer gen Westen segeln müsste, um nach China zu gelangen. Die tatsächliche Strecke beträgt 19 600 Kilometer, und als Kolumbus sich in Indien angekommen wähnte, befand er sich in Wahrheit auf Kuba.

Mittelalterliche europäische Karten wiesen häufig noch gröbere Ungenauigkeiten auf als diejenige, die Kolumbus benutzte und doch verraten sie uns häufig mehr, als man zunächst denken möchte. Zu meinen Favoriten gehört die ungefähr auf das Jahr 1300 zu datierende große *mappa mundi* oder Weltkarte in der Kathedrale in Hereford – nur wenige Jahre, bevor Dante die *Göttliche Komödie* schrieb. Eine helle, moderne Reproduktion klebt an der Wand neben meinem Schreibtisch, und ich habe sogar eine Pilgerreise unternommen, um das Original zu besichtigen, das heute, mit den Jahren braun geworden, in einem dämmrig beleuchteten Alkoven hängt. Sie springt nicht als besonders ansehnlich ins Auge, erweist sich aber als Dickicht aus Rätseln und Überraschungen.

Auf der Hereford-Karte umfließt ein Ozean eine Welt, die der unseren herzlich wenig gleicht. Im Einklang mit den Gepflogenheiten jener Zeit ist der Osten – Ort der aufgehenden Sonne und des Paradieses – oben und Jerusalem im Zentrum. Außerhalb dieser Welt und über ihr sitzt Christus zu Gericht. In ihr, im linken unteren Quadranten direkt unterhalb der Mitte befinden sich Europa und das Mittelmeer, die man gerade eben noch wiedererkennt, wenn man sich in die ungewohnte Ausrichtung einfindet (oder den Kopf nach links neigt).

Die Hereford-Karte ist flach, doch nicht alle Europäer des Mittelalters glaubten, dass das auch für die Erde gälte. Im dritten Teil der *Göttlichen Komödie* sieht Dante den Himmel und die Erde als Kreise, die einander umkreisen und voneinander umkreist werden. Der Physiker Carlo Rovelli weist darauf hin, dass damit gut eine 3-Sphäre beschrieben ist, das räumlich grenzenlose, höherdimensionale Analogon einer Kugel.

Doch viele Gebiete, besonders in Afrika und Asien, lassen sich aufgrund der Verzerrung gar nicht zuordnen. Bilder von wilden Tieren, Monstern und Menschen bevölkern die Lande, eine Legende gibt zusätzliche Informationen. Der Luchs kann durch Wände sehen und bildet einen wertvollen Karfunkel im Geschlechtsbereich aus. Beim Mantikor sitzt ein menschlicher Kopf mit drei Zahnreihen und einer Sirenenstimme auf einem Löwenrumpf, der in den Skorpionschwanz ausläuft. Halbmenschliche Wesen wie die Phanesii, ein fledermausartiges Volk mit riesigen Hängeohren, oder die Spopoden mit ihren Pferdefüßen leben in Asien. Die Agriophani Ethiopes ernähren sich ausschließlich von Panther- und Löwenfleisch; ihrem König sitzt ein Auge auf der Stirn. Die indischen Gangines leben vom Duft von Waldäpfeln und sterben, sobald sie irgendeinen anderen Duft wahrnehmen. Die Arimaspen kämpfen mit Greifen um Diamanten. Ganz menschlich, dabei aber durch und durch fremdartig und furchterregend erscheinen die Skythen: Sie lieben den Krieg, trinken das Blut ihrer Feinde aus sprudelnden Wunden und verfertigen Becher aus deren Schädeln. Die Hyperboreer dagegen sind die glücklichsten

Die Hereford-Karte (ca. 1300)

Menschen: Sie leben ohne Streit und ohne Krankheit, solange sie eben wollen und wenn sie einmal des Lebens müde werden, springen sie von einer Klippe ins Meer.

Die Bilder und Verzierungen – Objekt der Bewunderung in ihrer Zeit – wirken bizarr auf das moderne Auge. Als Ganzes genommen

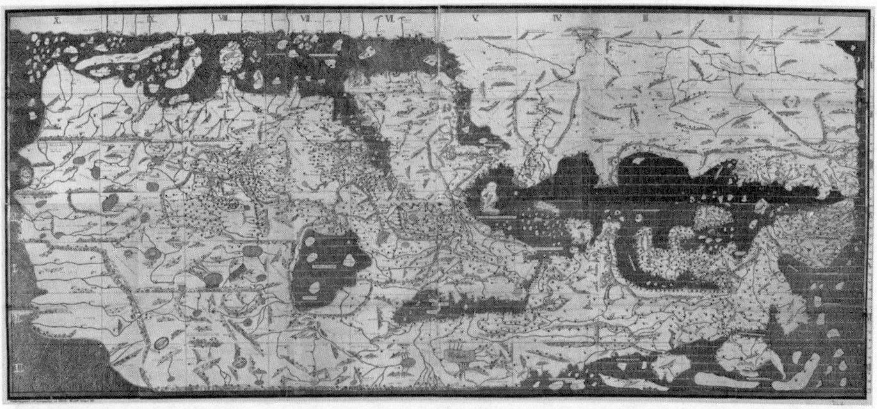

al-Idrisis Tabula Rogeriana (1154).

fasziniert und bezaubert die Karte, als wirkliche Orientierungshilfe scheint sie aber wenig mehr zu taugen als, sagen wir, die *Karte der quadratischen und unbewegten Erde* von Orlando Ferguson, einem in den 1890er-Jahren in South Dakota populären Verfechter der These, die Erde sei eine Scheibe. Die Hereford-Karte mag mittelalterlich im negativen Sinn erscheinen: Ihre Erschaffer wussten nichts oder wollten nichts wissen von den unter großen Anstrengungen zusammengetragenen Kenntnissen der klassischen Antike, die beim Geografen Muhammad al-Idrisi offensichtlich noch vorhanden waren, wie man in *Reise des Sehnsüchtigen, um die Horizonte zu durchqueren* erkennt, das er 1154 für den aufgeklärten Normannenkönig Roger II. von Sizilien erstellte.

In der auf einem antiken griechischen Original basierenden Weltkarte dieses großen Werks kommen die Umrisse und Dimensionen der Mittelmeeranrainer, der arabischen Halbinsel und großer Teile Westasiens unserem heutigen Wissen darüber bemerkenswert nahe.

Doch in anderen Hinsichten erweist sich die Hereford-Karte als ausgeklügelter, als sie den Anschein macht. Denn wie Jerry Brotton bemerkt, ist auf ihrer flachen, unbeweglichen Oberfläche die zeitliche Dimension verzeichnet. Von Ost nach West (oben nach unten) entwickelt die Karte eine Weltgeschichte, beginnend mit der Schöpfung

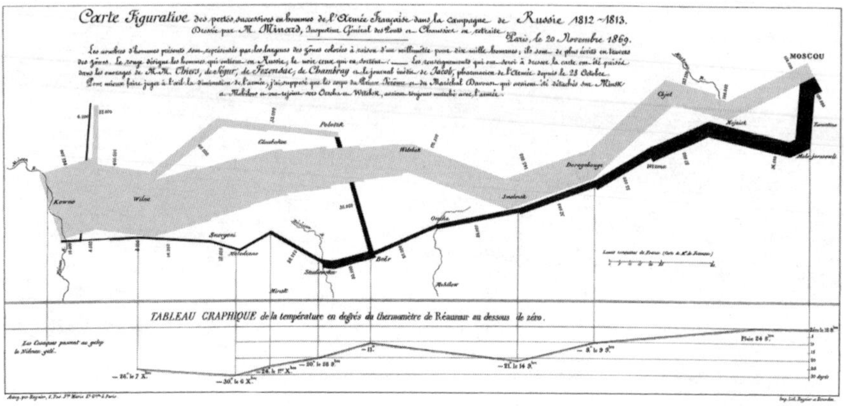

Minards Karte (1869).

und dem Paradies und gefolgt von der Abfolge von Königreichen vom antiken Babylon bis ins zeitgenössische Westeuropa, in dem die Karte entstand. In manchen Aspekten nimmt die Karte also gewisse Arten von Karten vorweg, die wir heute als besonders wertvoll erachten. Denn die wirkmächtigsten und die Geschichte am besten überdauernden Karten zeichnen sich nicht notwendig dadurch aus, dass sie die Proportionen und Abschattungen des Bodens, den sie darstellen, korrekt wiedergeben. Oft handelt es sich vielmehr um Karten, die sichtbar machen, was nicht sofort ins Auge springt, oder bestimmte Eigenschaften hervorheben, die mit der sichtbaren Erscheinung oder den tatsächlichen Proportionen der Geländeformation wenig zu tun haben. William Smiths geologische Karte von 1815 beispielsweise stellt Gesteinsschichten in England, Wales und in Teilen Schottlands in farbigen Wellen dar, wie man sie in der Marmorierung von Vorsatzblättern alter Bücher findet. Smiths Farbwahl steht in keiner Beziehung zu dem, was es im Boden darstellt, doch seine Karte, die auf das riesige Hinterland tiefer Zeitstrukturen im Boden hindeutet, half eine Revolution in der Geologie auslösen und damit auch in unserem Verständnis der Natur und des Ursprungs des Lebens.

Andere Innovationen haben die Informationsdichte von Karten erweitert und vertieft. Eine 1869 von dem Ingenieur Charles Joseph

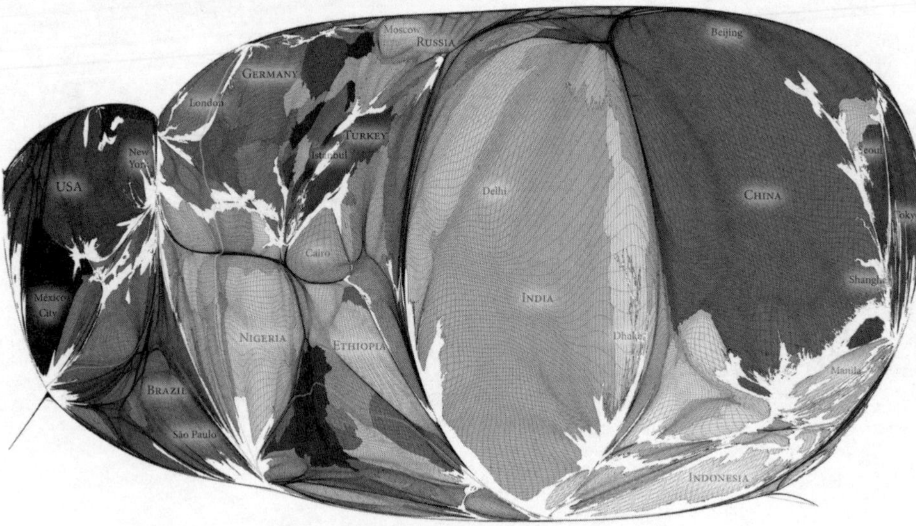

Ben Hennigs moderne mappa mundi.

Minard erstellte Karte von Napoleons Russlandfeldzug von 1812 beispielsweise zeigt sechs Datenarten (Truppenstärke; zurückgelegte Distanz; Temperatur; Breiten- und Längengrad; Marschrichtung; Aufenthaltsort zu bestimmten Zeitpunkten) in zwei Dimensionen. In ihrer sachlichen Darstellung (unter anderem) der kriminellen Vernichtung von Menschenleben offenbart sie das Potenzial von Themen- und Datenlandkarten, das sonst nicht Offensichtliche sichtbar zu machen. Und Karten, die die Form oder Größe von Regionen oder Ländern in Entsprechung zu spezifischen Daten wie Bevölkerungszahl oder ökonomische Aktivität darstellen, bilden eine Wirklichkeit ab, die wir andernfalls nicht visualisieren könnten. Eine 2015 von Ben Hennig erstellte Landkarte, die Landfläche in Proportion zur Bevölkerungszahl abbildet, zeigt verblüffende Ähnlichkeit zu einer mittelalterlichen *mappa mundi*.

Die Hereford-Weltkarte spricht auch in der Weise zu uns, dass unsere heutige Welt ebenfalls voller seltsamer Kreaturen ist, allerdings wirklich existierender. Denn die Welt des Lebens quillt über vor erstaunlichen Dingen, die zu verstehen wir kaum erst begonnen haben. Nehmen wir nur einmal ein paar kleinere Beispiele aus dem Tierreich. Cladonota aus der Familie der Buckelzikaden bilden auf ihrem Rücken einen Sichelmond aus, dessen Enden sich beinahe berühren. Explodierende Ameisen in Malaysia ziehen sich bei Bedrohung zusammen, wodurch ein Gift in ihrem Körper zum Sieden und zur Explosion gebracht wird, das in der Folge auf ihre Widersacher spritzt. Mindestens sieben Arten von Landschnecken sind so winzig, dass sie buchstäblich durch ein Nadelöhr passen.

Auch die verzerrte und dämonisierende Darstellung von uns fremden Menschen, wie es die Hereford-Karte vormacht, gehört nicht nur der Vergangenheit an. Im Dezember 2001, als die USA und ihre Verbündeten bereits seit zwei Monaten in Afghanistan Krieg führten und sich auf einen Einmarsch in den Irak vorbereiteten, zeigte der *New Yorker* auf dem Titelblatt eine Karte New Yorks als in Stammesgebiete geteiltes New Yorkistan, wie man es auf einer Kolonialkarte Mittel- oder Südwestasiens erwarten dürfte. Manhattan wimmelte vor Artsyfarsen, Khöchen, Bulimikhans, Psychobabylonen, Monethas und Nudistniks. In Brooklyn gab es Fettushen, Shokriglas und Bramarbasiristanen. In Queens befanden sich Sersershlecht, Nörglien, Irrak und Tehrzan.

(In einem anderen Kontext und Jahrhundert soll Ambrose Bierce festgestellt haben: »Der Krieg ist, wie Gott Amerikanern Geographie lehrt.« 2017 gibt es mehr als achthundert große US-Militärbasen in zahlreichen Ländern, was darauf hindeutet, dass der Lehrgang noch nicht abgeschlossen ist.)

Und wenn uns die Hereford-Karte grob und irreführend erscheint, sollten wir daran denken, dass viele heutige Versuche, die Realität abzubilden, wohl auch keinen größeren Eindruck auf kommende Generationen machen wird. Mindestens eine globale Lehrstunde über die Risiken der Achtlosigkeit haben wir bereits hinter uns: als Wissenschaftler nämlich Datenkarten zum Ozonschwund in der Stratosphäre über der Antarktis ignorierten. Karten des Gehirns wirken häufig beeindruckend, doch ungeheuer viel bleibt ungeklärt und unbekannt. Das Universum ist bereits im großen Maßstab kartografiert worden, doch auch dies dürfte wenig mehr als einen Anfang darstellen. Von vielen Details oder davon, was jenseits des sichtbaren Bereichs liegt, haben wir kaum eine Vorstellung. Wie die Erschaffer mittelalterlicher Karten umfließt auch uns ein Ozean des Unbekannten.

Der Ursprung von Karten – und Träumen

Wo fangen Karten an? Viele Tiere haben eine intuitive Orientierung – und damit einen Weltzugang –, der Menschen ziemlich alt aussehen lässt. Lachse können wenige Moleküle des Flusses, aus dem sie herkommen, noch Kilometer weit draußen im Meer riechen oder schmecken und der zunehmenden Konzentration dieser Moleküle bis nach Hause folgen. Eine Reihe von Tieren, von Insekten bis zum Weißwal, können das schwache Magnetfeld der Erde wahrnehmen. Monarchfalter wandern über Generationen hinweg die 1500 Kilometer von Mexiko zu den Rocky Mountains, indem sie aus der Tageszeit, dem ›Datum‹ und dem Längengrad errechnen, wo Norden ist. (Dieser Lebenszyklus, der durch ein subtiles Spiel der Kräfte über Tausende von Jahren hinweg entstanden ist, droht heute zu verschwinden.) Unechte Karettschildkröten wandern mehr als zehntausend Kilometer durch die Ozeane und kehren, indem sie sich an lokalen Magnetfeldern orientieren, exakt zu ihrem Ausgangspunkt zurück, dessen individuelle Magnetfeldsignatur sie wiedererkennen. (Auch Unechte Karettschildkröten sind vom Aussterben bedroht.) Rotkehlchen halten in ihren Augen Quantenverschränkung länger aufrecht, als es das beste künstliche System unter Laborbedingungen bei Temperaturen nahe dem absoluten Nullpunkt vermag, und können mithilfe dieser Verschränkung das Magnetfeld der Erde ›sehen‹. Der Kiefernhäher, ein Vogel von 140 Gramm, behält rund zehntausend genaue Landkarten in seinem Kopf

Wie genau diverse Tierarten für das Magnetfeld der Erde empfindlich sind, ist bislang noch wenig verstanden. In einigen Fällen mag dies auf einem Protein-›Biokompass‹ mit einer nanogroßen Nadel im Zentrum beruhen.

gespeichert. Pfuhlschnepfen schlüpfen in Alaska aus ihrem Ei und fliegen durch Stürme und Hurrikane ohne Pause bis nach Neuseeland.

Unsere ältesten menschlichen Vorfahren sind höchstwahrscheinlich Jäger, Sammler und Fischer gewesen. Je mehr sie darüber wussten, wann und wo Pflanzen gediehen und wann und wo Tierwanderungen stattfanden, desto leichter konnten sie überleben. Genetische Mutationen und erlerntes Verhalten, die ihre Fähigkeit steigerten, bei ihrer Suche nach Wurzeln und Beeren oder auf der Jagd nach Beute zur richtigen Zeit am richtigen Ort zu sein, dürfte letztlich die Zahl ihrer Nachkommen, die die Geschlechtsreife erreichten, erhöht haben. Sie mussten Wegstrecken zurücklegen, sich erinnern können und auf Überraschungen vorbereitet sein. Doch ihr Fortbestehen hing auch davon ab, dass sie ihr Wissen weitergaben und ihre Mitmenschen und Nachkommen dazu befähigten, ihre eigenen geistigen Karten zu erstellen.

Die Fähigkeit, anderen die Position von nicht unmittelbar gegenwärtigen Dingen mitzuteilen, beschränkt sich nicht nur auf Menschen. Honigbienen beschreiben die Richtung und Entfernung einer wertvollen Nahrungsquelle mithilfe ihres Schwänzeltanzes (siehe Seite 207). Und manche Pfadfinderfähigkeiten unserer Vorfahren unterschieden sich nicht allzu sehr von denen der Elefanten, die weite Wanderungen durch Wald, Savanne und Sumpf unternehmen. Elefantenleitkühe müssen sich jedes Jahr merken, welcher Route sie in der Vergangenheit sicher gefolgt sind, und diese unterwegs den Jungen übermitteln. Doch an einem bestimmten Punkt lernten unsere Vorfahren etwas, zu dem unseres Wissens kein anderes Tier in der Lage ist, nämlich materielle Symbole zu

Gegen Wilderei war den Savannenelefanten in vielen Teilen Afrikas ihre Kenntnis alter Pfade kaum von Nutzen. Bis 2015 wurden binnen fünf Jahren rund sechzig Prozent des Bestands in Tansania dahingeschlachtet. Und rund hundert Tiere werden auf dem Kontinent jeden Tag getötet. Es gibt allerdings Hinweise darauf, dass einige Gruppen gelernt haben, dass sie in Ländern wie Botswana, Namibia und Uganda einigermaßen sicher sind. In Gabun hingegen, das Waldelefanten früher als Zufluchtsort bekannt war, wurden zwischen 2004 und 2014 etwa 25 000 Tiere – 80 Prozent der Population – getötet.

schaffen, die komplexe Informationen über Entfernung und Zeit übermitteln. Materielle Symbole wie Einritzungen und Pigmente am Boden oder auf Fels verbesserten unsere Kommunikationsfähigkeit mit Gesten und Sprache und bescherte uns unsere ersten Karten sowie neue Arten von Geschichten und Träumen.

Vermutlich werden wir nie erfahren, wann Menschen zum ersten Mal Symbole aus materiellen Objekten schufen. Die Belegung natürlich vorkommender Gegenstände mit einem symbolischen Status könnte es schon vor dem *Homo sapiens* gegeben haben. Wie es scheint, entdeckte vor drei Millionen Jahren ein archaischer Hominine in Südafrika ein Stück roten Jaspis, dem die Verwitterung eine gesichtähnliche Form gegeben hatte, und trug dieses als ›Stein von Makapansgat‹ bekannte Objekt über mehrere Kilometer zurück in sein oder ihr Heimatgebiet. Ein außerordentlicher Fund von 2015, ebenfalls in Südafrika, deutet darauf hin, dass *Homo naledi*, ein kleiner und entfernter Cousin des anatomisch modernen Menschen, beträchtliche Mühe auf sich nahm, um seine Toten in tiefe, schwer zugängliche Höhlen zu bringen. Das legt wiederum das Vorhandensein einer Kultur mit der Fähigkeit zu symbolischem Denken nahe.

Vor ungefähr dreihunderttausend Jahren fertigten Menschen fast vollkommen symmetrische Axtköpfe, und zwar, wie Archäologen es einschätzen, mit viel mehr Sorgfalt als für rein praktische Zwecke nötig gewesen wäre. Nicht weniger Erstaunen als der *naledi*-Fund rief eine Entdeckung hervor, die 2016 tief in einer Höhle in Frankreich gemacht wurde: Vor etwa 176 000 Jahren hatten Neandertaler Stalaktiten abgebrochen, in halbkreisförmigen Wänden angeordnet und darin Feuer entzündet. Niemand weiß, warum sie dies taten, aber symbolisches oder rituelles Verhalten muss Teil der Erklärung sein. Funde

Michelangelo sagte einmal, er habe den Engel im Marmor gesehen und so lange gemeißelt, bis er ihn befreit hatte. Ein vorzeitlicher ›Flintsteinmetz‹ sah einst ein Werkzeug in einem Flintstein und schlug ihn so lange ab, bis er oder sie es freigelegt hatte. Kürzlich haben Forscher einen mehr als 100 000 Jahre alten Axtkopf aus dem Acheuléen entdeckt, der sorgfältig so geformt wurde, dass er eine zierliche versteinerte Schale in seinem Mittelpunkt zur Geltung bringt.

in der Blombos-Höhle an der Südküste Südafrikas, die auf ein Alter von 70 000 bis 100 000 Jahre geschätzt werden, zeigen, dass anatomisch moderne Menschen sich regelmäßig schmückten. Es gibt Tierknochen-Pinsel und Paletten: Abalone-Muscheln, in denen sie pulverisierten roten Ocker, Knochenmark und Kohle mit Wasser zu farbenfrohen Pasten mischten. Die Höhle enthält auch eine Ockerplatte mit 75 000 Jahre alten geometrischen Gravuren und mit Löchern versehene Schneckenhäuser, die auf diese Weise auf eine Schnur aufgezogen werden konnten. Obwohl hinsichtlich der Faktenlage zu frühhomininen Aktivitäten viele Unsicherheiten bestehen (und die Datierung der *naledi*-Beerdigungen bleibt zur Zeit der Abfassung dieses Buchs noch unklar), erscheint es doch als gesichert, dass protomoderne Menschen einen Blick für das Zeremonielle und für Schönheit besaßen.

Homo naledi **ähnelte Australopithecinen – sich aufrecht bewegenden Affen, die vor dem Genus Homo lebten –, hatte aber auch Züge, die moderne Menschen aufweisen. Sein Schädel war halb so groß wie der unsere, doch sein Gehirn wies Frontallappen wie beim modernen Menschen auf, durch das sie mit Sprache und höheren Empfindungen wie Empathie in Verbindung gebracht werden.** ***Naledi*****, was ›Stern‹ in der Sotho-Sprache bedeutet und dessen Überreste zum ersten Mal 2013 in Dinaledi, der ›Sternkammer‹, entdeckt wurden, lebte in relativ junger Vergangenheit vor 300 000 bis 200 000 Jahren.**

Sternenpfade

Die ältesten bekannten kartenartigen Darstellungen – Abbildungen vermutlich eines Bergs, eines Flusses, von Tälern und Wegen um Pavlov im heutigen Tschechien – finden sich in einer Höhlenmalerei, die auf etwa 25 000 v. Chr. datiert wird. Ein auf etwa 14 000 v. Chr. datierter Brocken polierten Sandsteins aus einer Höhle im spanischen Navarra zeigt möglicherweise ähnliche Merkmale sowie zusätzlich noch Tierabbildungen. Doch einige der ältesten erhalten gebliebenen Karten zeigen vermutlich Sterne. Um 16 500 v. Chr. auf die Höhlenwände gemalte Punkte in der Höhle von Lascaux in Frankreich beispielsweise scheinen Wega, Deneb, Altair und die Plejaden darzustellen, während eine um 12 000 v. Chr. entstandene Sternenkarte in den spanischen Cuevas de El Castillo als Darstellung der Konstellation Nördliche Krone gedeutet wird.

Es gibt gute Gründe, Karten auf Grundlage der Sterne zu erstellen. Sie rotieren zwar im Laufe einer Nacht über den Himmel und schwingen über die Jahreszeiten vor und zurück, doch für das menschliche Auge zumindest bleiben sie relativ zueinander in stabiler Position und durchlaufen jedes Jahr denselben Zyklus von Auf- und Untergang. Es mag sich um eine uralte Wahrnehmung handeln, was in einer Schöpfungsgeschichte der Navajo seinen historisch vergleichsweise jungen Ausdruck findet: »Als die Sterne alle bereit waren, am Himmel ihren Platz zu erhalten, sagte Erste Frau: Ich werde [mit ihnen] die Gesetze schreiben, die die Menschheit für alle Zeiten lenken sollen. Diese Gesetze können nicht auf Wasser geschrieben werden, da es ständig seine Form ändert, noch können sie in den Sand geschrieben werden, da der Wind sie bald verwehen würde, aber wenn sie in die Sterne geschrieben sind, können sie für immer gelesen und erinnert werden.«

Statt Orte, die sich auf der Erde oder am Himmel auffinden lassen, versuchen manche Karten, Orte aus Träumen zu verzeichnen. Nehmen wir zum Beispiel die San, deren Lebensweise im südlichen Afrika über Zehntausende von Jahren Bestand hatte, bevor sie im 19. und 20. Jahrhundert beinahe ausgelöscht wurden. Dem Anthropologen David Lewis-Williams zufolge stellt die Felsmalerei der San, die als Linton-Panel bekannt ist, Schamanen im Trancezustand dar. Ihre Erfahrung lässt sich mit dem Eintauchen in Wasser vergleichen, sagt er, daher sehen wir eine der menschlichen Figuren von Fischen und einem Aal umgeben. Die Tafel zeigt außerdem Pfade durch diese Wasser-Traumwelt. Heute lebende San-Schamanen berichten davon, dass sie helle Linien oder »Lichtfäden« sehen, an denen entlang sie voranschreiten oder schlicht gleiten können, sagt Lewis-Williams. Sie behandeln diese Linien auch als Seile, die sie ergreifen und auf ihrem Weg ins himmlische

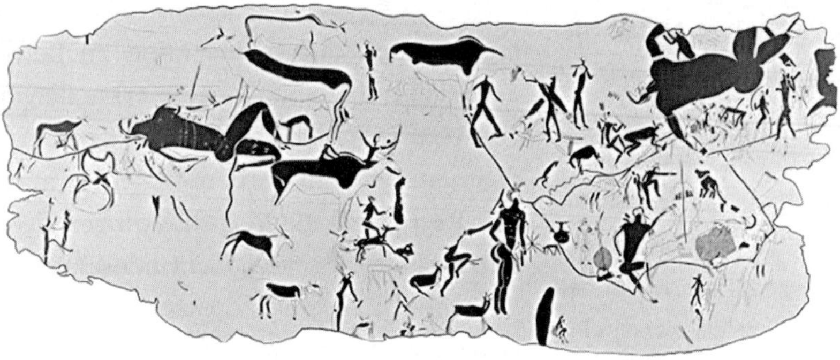

Geisterreich erklimmen können. So mag die Tafel eine Art spirituelle Himmelskarte darstellen.

Im traditionellen Glauben australischer Aborigines ist der einzelne Mensch Ausdruck einer empfindungsfähigen Landschaft. Wie die Anthropologin Veronica Strang sagt, »springt« unser Geist von einem bestimmten Ort wie etwa einem Wasserloch »über«, um den Fötus in der Gebärmutter unserer Mutter zu beleben (nachdem die Ahnen mittels irgendeines Zeichens, beispielsweise eines sonderbaren Vogelrufs, unsere Eltern über diese erste Kindesbewegung in Kenntnis gesetzt haben).

Man wächst auf im Rahmen eines Verwandschaftsnetzwerks mit Rechten am Clanland und ist mit seinem Zuhause untrennbar verbunden, da man sich spirituell und materiell daraus konstituiert. Die Aufgabe eines jeden besteht darin, das Leben der Vorfahren in bestimmten weitgehend festgelegten Verwandtschaftsmustern zu wiederholen. Wenn man stirbt, wird der Geist durch Gesang in sein Zuhause in der Erde zurückgeführt.

Die Aborigines benutzen keine Karten, zumindest was Europäer darunter verstehen, sondern Tänze und Lieder – in den Worten des Dichters Les Murray »eine riesige Karte aus Lied-Dichtung«. Diese

Das Verhältnis muss nicht seit jeher harmonisch gewesen sein. Menschen erreichten Australien vor rund 50 000 Jahren. In den darauf folgenden Jahrtausenden starben mehr als 90 Prozent der großen Landsäugetiere aus. Dazu mochten natürlicher Klimawandel wie auch das Wirken des Menschen, etwa durch Legen von Flächenbränden, beigetragen haben.

›Traumzeit‹ ist ein Oberbegriff für eine Vielzahl von Mythen der australischen Aborigines. Diese verschiedenen Geschichten erzählen davon, wie die Ahnengeister durch das Land zogen und die Flüsse, Ströme, Wasserlöcher, Felsen, Pflanzen, Tiere, Menschen und heiligen Orte erschufen.

lehren, sich durch das Land zu bewegen, sich mit jedem seiner Merkmale vertraut zu machen und ein erfolgreicher Jäger-Sammler zu werden. Sie lehren auch das Recht und die Verpflichtungen dem Land selbst und seinen nichtmenschlichen Bewohnern gegenüber. Gelegentlich werden Geschichten und Bilder von Orten auf Felsen, Rinden und andere Materialien gemalt. Dabei handelt es sich jedoch nicht um Karten im topografischen Sinne, sondern um Ausdruck der Beziehungen und Lebenslektionen aus der Traumzeit. In der Western Desert zum Beispiel hinterließen die Vorfahren in einer spezifischen, *Tjukurrpa* genannten Traumzeit ihre Lieder, Rituale und moralischen Lehren, damit die Menschen ihnen folgten. Häufig zeigen die Handlungen dieser Vorfahren – voller Neid, Eigennutz, Gewalt und Umweltzerstörung –, wie Menschen sich nicht verhalten sollten, wobei die Mahnungen in Felsformationen und andere Züge der Landschaft eingebettet werden.

Der griechische Mythos der sieben Schwestern mag eine unabhängige Schöpfung mit lediglich zufälliger Ähnlichkeit darstellen. Es lässt sich aber auch nicht ausschließen, dass die australische wie die europäische Version von derselben Geschichte abstammen, die der moderne Mensch nach seinem Aufbruch aus Afrika vor 70 000 Jahren Richtung Osten und später Richtung Westen über Zehntausende von Jahren mit sich trug.

Aborigine-Traumzeit erstreckt sich auch auf den Himmel. In *Tjukurrpa* fliehen sieben Schwestern ungebetener Aufmerksamkeit und finden Zuflucht im Himmel, wo sie zu jener Konstellation werden, die wir als Plejaden kennen. Nach der Überzeugung der Yolngu des Arnhem Land im Northern Territory bringt ein Kanu die Toten nach Baralku, einer Insel der Geister im Himmel. Dort erblickt man ihre Lagerfeuer entlang des Ufers jenes gewaltigen Stroms, der die Milchstraße ist. Das Kanu wird in Form einer Sternschnuppe zurück zur Erde gesandt, um die Nachkommen wissen zu lassen, dass ihre Lieben sicher im Land der Geister angekommen sind.

Doch wie bei anderen indigenen Völkern wissen auch die Traditionen der australischen Aborigines, dass Sterne schlicht als Mittel zur Orientierung in Zeit und Raum nützlich sein können. Bewohner der Western Desert orientieren sich bei Nacht an den Plejaden und erkennen den Winteranfang im Mai daran, dass die Konstellation im Morgengrauen aufgeht. Und damit sind sie nicht allein. Die Plejaden bilden einen besonders hervorstechenden Bezugspunkt – sie stehen viel näher beieinander als die Sterne anderer Konstellationen. Und weil sie auf Nord- wie Südhalbkugel jedes Jahr zur selben Zeit über dem Horizont auftauchen, wurden sie als Omen angesehen und als zeitliche Orientierungspunkte herangezogen. In den Anden brachte man sie mit Überfluss in Verbindung, da sie jedes Jahr zur Erntezeit wiederkehren. Die Berber Nordafrikas gewahrten der Ankunft der heißen beziehungsweise kalten und regnerischen Jahreszeit je nachdem, ob die Plejaden im Westen oder Osten standen. Die nordamerikanischen Blackfoot nahmen das Aufgehen der Plejaden als Zeichen, sich auf die Reise zu den Büffeljagdgründen vorzubereiten. Die Zuñi in New Mexico nennen sie Saatsterne, weil ihr alljährliches Verschwinden am Abendhimmel im Frühling die Saatzeit signalisiert. Auch im Europa der Vorzeit und der Antike kam ihnen eine besondere Bedeutung zu. In der Lascaux-Höhle findet sich eine Punktreihe, die als Repräsentation von Viertelmonden gedeutet wird, und wenn man vom ersten Auftauchen der Plejaden im Winter entlang dieser Reihe dreizehn Punkte abzählt, gelangt man zu der Jahreszeit, in der Pferde trächtig und einfach zu jagen sind. Die Himmelsscheibe von Nebra, ein fantastisch opulentes Artefakt aus gehämmertem Kupfer und Gold, das in Sachsen-Anhalt gefunden wurde und auf etwa 1600 v. Chr. datiert, stellt die Sonne, den aufgehenden Mond und eine Ansammlung von

Die rund 430 Lichtjahre entfernten Sterne der Plejaden sind vor etwa 100 Millionen Jahren aus derselben Gas- und Staubwolke entstanden und durch die Schwerkraft immer noch eng aneinander gebunden. Nur sechs oder sieben sind für das bloße Auge sichtbar, doch der Cluster enthält mehrere Hundert Sterne, von denen viele Hunderte Male heller leuchten als die Sonne.

Sternen dar, die als die Plejaden interpretiert werden. Im antiken Griechenland kündete der Tag, an dem die Plejaden zum ersten Mal vor Sonnenaufgang am Himmel erschienen, die Ankunft der für das Befahren des Mittelmeers sicheren Jahreszeit an. Es wird angenommen, dass der Name ›Plejaden‹ selbst vom antiken griechischen Ausdruck für ›segeln‹ abstammt.

Seefahrer zahlreicher Kulturen haben sich von den Sternen leiten lassen. Der offene Pazifik bedeutete eine größere Herausforderung als das Mittelmeer und frühe polynesische Seereisende entwickelten bemerkenswerte Techniken, sich auf dem Meer zu orientieren. Am Tag beobachteten sie entfernte Wolken, die mit gewisser Wahrscheinlichkeit Inseln hinter dem Horizont anzeigten, die Richtung vorbeifliegender Vögel sowie die Richtung und Muster der Wellen, die durch den Schatten einer fernen Insel gebrochen sein mochten. ›Steckbilder‹, bei denen Muscheln oder Steine an ein Liniennetz geheftet wurden, hielten einige dieser Daten in einer Form fest, die für das westliche Auge an eine Karte erinnert. Für die Fahrt zur Nachtzeit lernten sie aber auch, die Sterne zu lesen. Steuerleute memorierten eine Sequenz von Sternen für eine Segelroute zwischen bestimmten Inseln hindurch. Wenn ein bestimmter Stern hinter dem Horizont aufstieg oder verschwand, hielten sie sich an den nächsten. Diese ›Sternenpfade‹ brachten die Seefahrer sicher durch die Nacht. Da jeder Stern an einem anderen Ort auf- und unterging, wurde der Horizont in eine Art ›Sternenkompass‹ aufgeteilt.

Wenn an Land Bedingungen herrschen, unter denen wie bei einem Whiteout während eines Schneesturms keine fixen Punkte oder Merkmale mehr auszumachen sind, laufen Menschen letztlich fast immer im Kreis. Niemand weiß ganz genau, wieso sich das so verhält, doch da das Problem bekannt ist, haben Trekker in offenen Freiflächen schon früh damit begonnen, Markierungen zu hinterlassen, um den nach ihnen Kommenden den Weg zu weisen. Die Inuit behelfen sich mit einem Inuksuk, einer Art Steinhaufen oder Steinfigur mit der Bedeutung ›jemand war hier‹ oder ›du bist auf dem richtigen Weg‹. Auf See bietet sich

Bis vor rund hundert Jahren stellten Jäger in Grönland auch Karten aus Treibholz her.

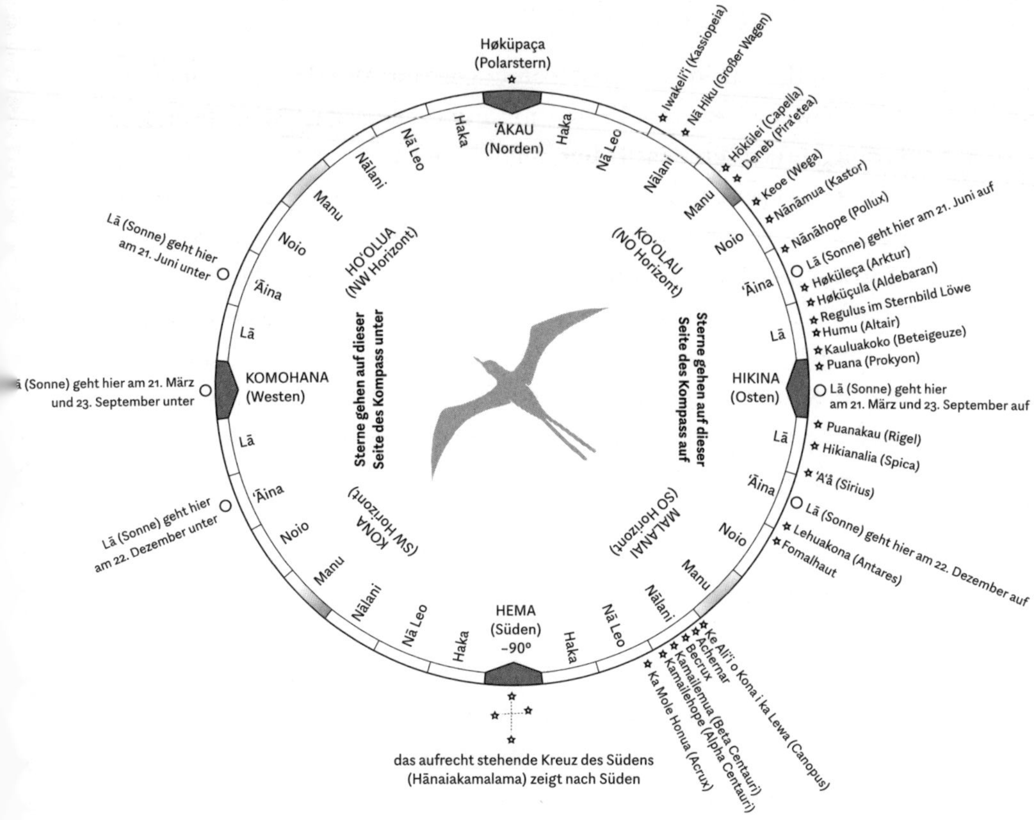

Nainoa Thompson, ein hawaiianischer Seefahrer, der traditionelle Kanureisen über die offene See wiederbeleben möchte, beschreibt den Sternenkompass als ein geistiges Konstrukt zur Orientierung anhand der Orte, an denen rund 220 Sterne hinter dem Ozean aufsteigen oder untergehen. »Wenn man die Sterne bei ihrem Auf- und Untergang identifizieren kann und auswendig gelernt hat, wo dies geschieht, kann man seine Richtung finden«, sagt er. »Man muss sich ständig die eigene Geschwindigkeit, Richtung und die Zeit merken. Man hat keinen Geschwindigkeitsmesser zur Verfügung. Man hat keinen Kompass. Und eine Uhr hat man auch nicht. Alles muss im Kopf passieren. Das Prinzip ist einfach, aber in der Praxis schwierig umzusetzen.«

diese Option nicht. Wo die Strömungen und Winde unberechenbar oder schwer zu lesen sind und der Himmel bedeckt ist, müssen andere Lösungen her. Eine ist Feuer. Signalfeuer auf Bergkuppen dürften weit zurückgehen. Doch der erste historisch verbürgte Leuchtturm, der Pharos von Alexandria, entstand zwischen 280 und 247 v. Chr.

Mit einer Höhe von fast 140 Metern war er fast so hoch wie der Kölner Dom und aus bis zu 50 Kilometern vor der Küste zu sehen. Er fungierte als eine Art Inuksuk für Seefahrer wie auch als künstlicher Stern. Am Tag reflektierte ein Spiegel auf seiner Spitze das Sonnenlicht; in der Nacht wurde dort ein Feuer entzündet, um Schiffen den Weg zu leuchten.

Kartierung des Kosmos

Die Vermessung und kartografische Erfassung der Welt war in der Antike so wichtig für ökonomische und militärische Zwecke wie in der Moderne. Die griechisch-alexandrinische Kultur, die den Pharos errichtete, erlangte ihre herausragende Stellung durch gewaltsame Eroberung. Sie wollte ihrer Macht und Geltung ein äußeres Zeichen setzen und Handelsrouten kontrollieren, um sich Zugang zu Ressourcen, darunter auch Sklaven, zu sichern. Wenn man über Wundern und derart hypnotisierende Wunder wie dieses schreibt, darf man auch das nicht vergessen. Doch bei Verbesserungen in der Vermessung und Kartografie ging es selten, wenn überhaupt jemals, ausschließlich um Kontrolle und Ausbeutung. Sie speisten sich auch aus purer Neugierde und gerade die Griechen, vielleicht mehr als jedes andere Volk vor ihnen, wollten wirklich Wissen über die Welt erlangen.

Eine erhellende Darstellung bietet *Owning the Earth* von Andro Linklater.

Diese Kultur der Neugierde geht mindestens auf das 6. Jahrhundert v. Chr.

»Anaxagoras […] habe […] auf die Frage, um welchen Zieles willen es wohl sein könnte, dass einer sich entschiede, lieber geboren als nicht geboren zu werden, die Antwort gegeben: ›Um das Himmelsgebäude zu betrachten und die Ordnung im Weltall.‹« Aristoteles

zurück, als der Philosoph Anaximander den Gnomon (ein Zeiger auf einer Sonnenuhr, der exakte Zeitmessung ermöglicht) unter seinen Landsleuten einführte. Die von ihm geschaffene Weltkarte basierte wahrscheinlich auf einem babylonischen Modell, repräsentierte aber eine spezifisch griechische Sicht der Welt, indem sie die heilige Stätte von Delphi oder Anaximanders Heimatstadt Milet ins Zentrum rückte. Mit der Gruppierung der drei Kontinente Europa, Asien und Afrika um das Mittelmeer herum zeigte sie im Wesentlichen dieselbe Anordnung wie die Hereford-Karte fast zweitausend Jahre später.

Mindestens den gleichen Stellenwert wie die Vermessung und die Darstellung von Zeit und Raum hatte für Anaximander die Verortung der Erde im größeren Kontext. Letztlich, sagte er, ist alles aus dem *apeiron*, einem unendlichen und unbegrenztem Ganzen, entstanden und kehrt auch in es zurück: »Anfang der Dinge ist das Unendliche. Woraus aber ihnen die Geburt ist, dahin geht auch ihr Sterben nach der Notwendigkeit[,] nach der Zeit Ordnung«. Nach seiner Überzeugung war die Erde eine frei schwebende Scheibe im Zentrum alles dessen, was wir sehen können, während die anderen Himmelskörper in unterschiedlichen Abständen um sie kreisten. Dieses Modell besaß, nach allem, was wir wissen, kein Vorbild und hat seinem Erfinder den Titel ›Vater der Kosmologie‹ eingebracht. Es war jedoch nicht ohne Makel. Obwohl Anaximander zurecht annahm, dass die Sonne sehr groß und weiter von der Erde entfernt ist als Planeten wie Mars und Venus, dachte er auch, sie wäre weiter entfernt als die Sterne.

Mehr als dreihundert Jahre nach Anaximanders Tod brachten zwei Berechnungen konkrete (wenn auch zunächst inkorrekte) Zahlen in die Diskussion um Größe und Entfernung der Himmelskörper. Die erste betraf die Größe der Erde selbst. Sobald Menschen anfingen, mit hochmastigen Schiffen zu segeln, konnte es dem scharfen Beobachter nicht entgehen, dass der Schiffsrumpf früher als die Segel hinter dem Horizont verschwand. Das legte nahe, dass der Ozean eine gewölbte Oberfläche besitzt. Wenn

Andere Kulturen hatten sich die Erde als im Raum schwebende Kugel vorgestellt, doch wenige, wenn überhaupt, taten den weiteren Schritt zu der Annahme, dass auch die anderen Himmelskörper Kugelform haben.

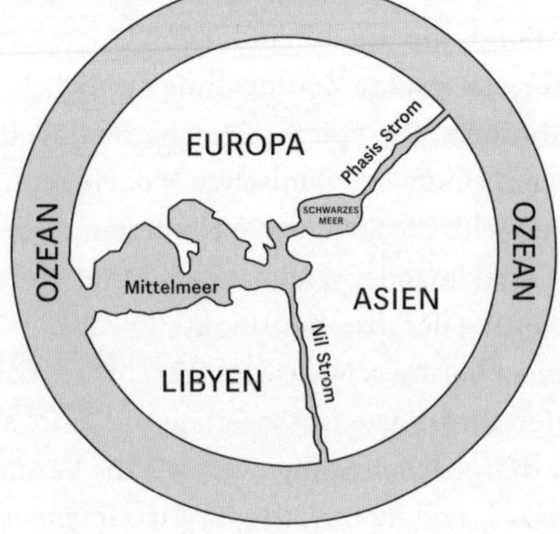

man die Höhe des Masts und (was schwieriger ist) die Entfernung des Schiffs kennt, kann man den Grad der Wölbung und damit die Größe der Erde abschätzen. Doch solch eine Berechnung lässt sich nur schwer mit Genauigkeit durchführen, und so entwickelte Eratosthenes von Kyrene, der die Bibliothek von Alexandria leitete, 240 v. Chr. eine bessere Methode. Er verglich genau zur Mittagszeit desselben Tages die Länge eines Schattens in Alexandria und eines in Syène fünftausend Stadien weiter südlich, und berechnete über die Differenz den Umfang des Planeten mit lediglich zwei Prozent Abweichung vom wirklichen Wert (Kolumbus ignorierte diese Abschätzung zugunsten einer anderen, falschen Messung.)

Ein Stadion ist ein antikes griechisches Längenmaß und entspricht etwas weniger als 200 Metern. Es gibt Zweifel hinsichtlich der genauen Länge, mit der Eratosthenes rechnete, doch seine Methode war korrekt.

Die zweite Berechnung betraf die Größe des Mondes und der Sonne und ihres Abstands von der Erde. Aristarchos von Samos, ein älterer Zeitgenosse des Eratosthenes, versuchte beides. Am Mond fiel ihm auf, dass der bogenförmige Schatten, den die Erde während einer Mondfinsternis wirft, die Erde als eine vielfach größere Kugel auf dem Erdtrabanten abbildet, als dieser selbst ist. Daraus berechnete er die Größe des Mondes. Er bemerkte außerdem, dass ein Vollmond etwa einen halben Grad des Himmels bedeckt. Und da er wusste, dass bei einem halben Grad Abdeckung die Entfernung des Objekts etwa das 115-fache seiner Größe beträgt, berechnete er daraus, wie weit der Mond entfernt ist.

Aristarchos erkannte außerdem, dass von diesen Eckdaten aus die Berechnung der Größe und Entfernung der Sonne nur noch ein trigonometrisches Problem war. Wenn wir exakt die Hälfte des Mondes sehen, bilden Sonne, Mond und Erde drei Ecken eines rechtwinkligen Dreiecks. Mit dem rechten Winkel und dem Wert für die Länge eines der Seiten des Dreiecks (in diesem Fall die Entfernung zwischen Erde und Mond) benötigte er nur noch einen weiteren Winkel, um die Dimensionen der Sonne bestimmen zu können. Den Winkel zwischen Mond und Sonne in diesem Augenblick schätzte er auf 87 Grad und berechnete daraus, dass die Sonne etwa zwanzig Mal so weit entfernt war wie der Mond. Und weil die Sonne ebenfalls einen halben Grad des Himmels bedeckt, schloss er, dass sie etwa zwanzig Mal größer als der Mond oder fünf Mal größer als die Erde sein musste. Heureka! Nun ja, nicht ganz. Heute wissen wir, dass Aristarchos den Winkel zwischen Mond und Sonne falsch einschätzte und dadurch die Entfernung der Sonne sowie ihre Größe um den Faktor zwanzig unterschätzte. Seine Logik stimmte jedoch und brachte ihn zudem zu einem bemerkenswerten Gedankensprung: Es ergibt keinen Sinn, räsonierte er, dass ein größerer Körper um einen kleineren kreist, also musste sich vielmehr die Erde um die Sonne drehen.

Der Mond, der einen Durchmesser von 3474 Kilometern hat, ist durchschnittlich 382 500 Kilometer oder das Dreißigfache des Erdurchmessers (12 742 Kilometer) von der Erde entfernt. In einem skalierten Modell, in dem die Erde die Größe eines Basketballs hat, ist der Mond ein 7,2 Meter entfernter Tennisball.

Der Durchmesser der Sonne ist über hundert Mal größer als der Erddurchmesser. Ihr Volumen ist über eine Millionen Mal größer. Wenn die Sonne durch einen Basketball repräsentiert wird, hat die Erde die Größe einer Erbse.

Der Kosmologe Max Tegmark beschreibt diese Arbeit des Aristarchos als »den Moment, in dem die menschliche Vorstellungskraft schließlich vom Boden abhebt und mit der Eroberung des Raums beginnt.« Was man von dieser Aussage auch halten will, Aristarchos' Werk steht doch als charakteristisches Beispiel für eine Kultur, die sich mit der Idee der exakten Vermessung des Himmels und der Erde anfreunden konnte. Um 200 v. Chr. schufen Handwerker analoge ›Rechenmaschinen‹ als Modelle des Kosmos. Im Fall des Mechanismus von Antikythera zum Beispiel bewegte eine Kurbel um die dreißig miteinander verbundene Zahnräder, um gleichzeitig die Position der Sonne und des Mondes, die Mondphase, Mondfinsternisse, Kalenderzyklen und Planetenpositionen zu bestimmen. Obwohl das Wissen über diese Computer auf dem Weg in die Moderne verloren gegangen ist, bildete das Denken, das sie ermöglichte, letztlich die Grundlage unserer heutigen Mathematisierung der Wirklichkeit – der berechneten Welt, in die wir immer tiefer eintauchen.

Aristarchos' Überzeugung, dass die Erde sich um die Sonne dreht, fand jedoch wenig Zustimmung. Und das nicht nur, weil sie jedem, der in den Himmel aufblickt, kontraintuitiv erscheinen muss. Im 2. Jahrhundert n. Chr. wandte der Geograf und Astronom Claudius Ptolemäus gegen sie ein, dass die Sterne in einem fixen Verhältnis zueinander erscheinen. Wenn die Erde sich tatsächlich bewegte, dann müssten sich auch die relativen Positionen der Sterne verschieben, in etwa so wie Bäume im Wald sich auseinander zu bewegen scheinen, wenn man sich ihnen nähert, oder sich hintereinander schieben, wenn man an ihnen entlang läuft. Diese augenscheinliche Schwachstelle in Aristarchos' Modell war ein entscheidender Grund, weshalb das Interesse daran versiegte und es von Naturphilosophen erst wieder ernst genommen wurde, nachdem Kopernikus im frühen 16. Jahrhundert seine Argumente für ein heliozentrisches Weltbild vorgetragen hatte.

1687 schlug Isaac Newton eine Lösung für das Rätsel vor, wieso die Sterne still zu stehen schienen, obwohl die Erde sich bewegte. Zunächst nahm er (wie der Philosoph Giordano Bruno hundert Jahre zuvor vermutet hatte) an, dass Sterne Himmelskörper wie die Sonne waren und nur deshalb viel weniger hell erschienen, weil sie sich

Der Engel Dschibril (Gabriel) hält die acht himmlischen Sphären des Ptolemäischen Systems mit der Erde im Zentrum. Eine um das Jahr 1600 n. Chr. entstandene Ausgabe von Wunder der Lebewesen und seltsamen Dinge *des im 13. Jahrhundert lebenden Universalgelehrten Zakariya al-Qazwini.*

viel weiter weg befanden. Zweitens unterstellte er, dass (nach dem jüngst aufgestellten Abstandsquadratgesetz) die Helligkeit eines Objekts mit dem Quadrat seines Abstands abnimmt. Da nach seinem Urteil Sirius – der hellste Stern am Nachthimmel – etwa so hell strahlte wie der Planet Saturn (dessen Abstand von der Erde bekannt war und dessen Helligkeit an reflektiertem Sonnenlicht Newton bestimmen zu können glaubte), berechnete er, wie weit Sirius entfernt sein musste, um genauso hell zu erscheinen wie der Saturn, obwohl er in Wahrheit so hell strahlte wie die Sonne. Er kam zu dem Ergebnis, dass Sirius ungefähr 800 000 mal so weit von der Erde entfernt ist wie die Sonne, also rund 12,6 Lichtjahre. Er lag um fast die Hälfte daneben: Die wirkliche Distanz beträgt etwa 8,6 Lichtjahre (oder 81,5 Billionen Kilometer). Doch die Größenordnung stimmte und die Idee, dass die Sterne so weit entfernt waren, dass sich keine offensichtliche Bewegung feststellen lassen würde, schien ungleich glaubhafter.

Der Astronom Friedrich Bessel zog 1838 einen Schlussstrich unter die Debatte. Teleskope waren in den hundert oder mehr Jahren seit Newton deutlich verbessert worden, und Bessel konnte in zwei Messungen von sechs Monaten Abstand (also mit der Erde auf entgegengesetzten Seiten der Sonne) die winzige Positionsverschiebung des Sterns 61 Cygni relativ zu anderen Sternen messen. Bessel errechnete ziemlich korrekt, dass sich 61 Cygni elf Lichtjahre entfernt befindet. Hier macht sich dasselbe Prinzip, Parallaxe genannt, wie beim Waldspaziergang geltend. Man kann es sich leicht selbst vorführen, indem man einfach einen Daumen auf Armeslänge vor sich hält und sieht, wie er im Verhältnis zum Hintergrund hin- und herspringt, wenn man abwechselnd das linke und das rechte Auge schließt. In Analogie dazu entsprach Bessels Teleskop auf der einen Seite der Sonne dem einen Auge und ein halbes Jahr später, als die Erde sich auf die andere Seite bewegt hatte, dem anderen Auge.

Die Idee, dass das Universum viel größer sein könnte, als der unmittelbare Augenschein vermuten lässt, war nicht neu. Anaximander hatte sich ein unbegrenztes Universum vorgestellt und mehr als ein

Jahrhundert später hatte Demokrit dahingehend argumentiert, dass der nimmer endende Tanz der Atome unweigerlich unzählige andere Welten und andere Lebensformen hervorbringen würde. Auch in der hinduistischen Kosmologie herrscht seit Langem die Überzeugung, dass das Universum in Zyklen von Milliarden von Jahren geschaffen und zerstört wird, und das *Bhāgavata Purāna*, das irgendwann zwischen dem 6. und 10. Jahrhundert n. Chr. entstand, spricht von unzähligen Universen. Fakhr al-Dīn al-Rāzī schrieb im 12. Jahrhundert n. Chr. von Tausend Tausend Welten, und Giordano Bruno später ebenso, womit er sich im Jahr 1600 wegen des Ärgers, den er damit verursachte, den Tod auf dem Scheiterhaufen einhandelte. Doch Beobachtungsdaten, die diese Spekulationen untermauern oder widerlegen konnten, wurden erst verfügbar, als sich Galilei 1610 die Milchstraße durch ein Teleskop anschaute und erkannte, dass sie sich aus unzähligen Sternen zusammensetzt. Der Beitrag Newtons und Bessels bestand aber nicht nur in überzeugenden Beweisen dafür, dass das Universum über das Sonnensystem weit hinausreicht, sondern auch darin, zum ersten Mal wirkliche Zahlen für die Entfernung anderer Sterne anzugeben. Was sie hingegen nicht diskutierten, war die Frage, ob es möglicherweise Regelmäßigkeiten oder Strukturen in dieser Größenordnung gibt, und wenn ja, wie sie aussehen.

Den Philosophen Demokrit (ca. 460–ca. 370 v. Chr.) kennen wir nur aus ein paar kurzen Zitaten bei anderen Autoren. Von seinen mehr als sechzig Werken bleiben uns nur die Titel, darunter: *Kosmografie; Über die Planeten; Über die Natur; Über die menschliche Natur; Über den Verstand; Über die Sinne; Über Geschmacksrichtungen; Über Farben; Über unterschiedliche Bewegungen der Atome; Über Feuer und die Ursachen von Feuer; Die Ursachen akustischer Phänomene; Über Tiere; Eine Beschreibung des Himmels; Geografie; Geometrische Realität; Über Zahlen; Über Lichtstrahlen; Über Rhythmus und Harmonie; Über die Schönheit von Liedern; Über Malerei; Umsegelung des Ozeans; Ethische Fragen; Über das Wohlergehen.*

Inseln im Universum

An einem nebligen Wintermorgen fand ich mich nahe Durham im Norden Englands durch ein früheres Bergbaudorf fahren. Es herrschte ein Verkehr, der dort wohl als Rushhour durchgehen mag. Mein Begleiter, ein angesehener Astronomieprofessor von der Universität, und ich hatten uns hoffnungslos verfahren. Wir befanden uns auf der Suche nach einem steinernen Zierbau, der sich auf einem flachen Hügel befinden sollte und von dem Mathematiker und Instrumentenmacher Thomas Wright errichtet war, der 1750 die These aufgestellt hatte, dass es so etwas wie Galaxien gibt, wie wir sie heute nennen.

Nachdem wir rund zehnmal falsch abgebogen waren, erreichten wir den Bau – ein kleiner zylindrischer Turm – fast durch Zufall. Ich stieg aus dem Auto und sofort lief kalter Schlamm in beide Schuhe. Sei's drum, sagte ich zu mir selbst. Kalter Schlamm und unsere Irrfahrt besorgten gewissermaßen meine Taufe, um einen der bemerkenswertesten Gedankensprünge des 18. Jahrhunderts besser wertschätzen zu können. Ein Gedankensprung, der sich in den Karten und Diagrammen von Wrights *Original Theory or New Hypothesis of the Universe* ausdrückt, über dem ich wenige Tage zuvor stundenlang in einer warmen und trockenen Bibliothek in Oxford gebrütet hatte.

Thomas Wright verfügte nur über extrem beschränkte Mittel, wenn man den Maßstab der ganzen Idee, auf die er hinarbeitete, bedenkt. Kein Teleskop zu seiner Zeit, und nicht einmal in den darauf folgenden Hundert Jahren, konnte auch nur entfernt ein scharfes Bild einer anderen Galaxie liefern. Für Wrights Schlussvermögen galt das hingegen nicht. Er nahm zunächst an, dass die Sterne sich unter dem Einfluss der Gravitation sehr langsam relativ zueinander bewegen. (Dies könne seiner Auffassung nach am einfachsten durch Beobachtung der Plejaden, die im Vergleich zu anderen hellen Sternen besonders nah beieinander stehen, überprüft werden, indem man über ein, zwei Jahrzehnte nach Bewegungen Ausschau hielte.) Wenn dies der Fall sei,

Thomas Wrights Zeitgenosse, der Geistliche John Michell, berechnete die Wahrscheinlichkeit, dass die Sterne der Plejaden aus Zufall so nah beieinanderstehen, auf eins zu einer halben Million. Er schloss daraus, dass sie sich gegenseitig anziehen dürften. Weiteres Nachdenken über die Auswirkungen von Schwerkraft auf Sterne und bei den schwersten von ihnen auf das Licht führten Michell 1783 zur Annahme Schwarzer Löcher oder ›Dunkler Sterne‹, wie er sie nannte.

so argumentiert er, dann würde diese Bewegung in einer Weise stattfinden, dass sich sehr große Mengen von Sternen um verschiedene Massezentren herum gruppierten, ähnlich den viel kleineren Objekten des Sonnensystems, die sich von der Anziehungskraft der Sonne gebunden bewegen. Zu solchen Gruppen, meinte Wright, gehörten die Magellanschen Wolken: nur auf der Südhalbkugel zu sehende, verschwommene Lichtflecke, über die europäische Astronomen gerätselt hatten, seit ihnen in den 1500er-Jahren die ersten Berichte davon zu Ohren gekommen waren (und die auf Girolamo Cardano große Faszination ausübten).

Wright bot zwei Modelle für die Gesamtverteilung dieser riesigen Sterngruppen an. Im ersten Modell drehten sich die äußeren Sterne um eine große Gruppe im Zentrum, so wie die Ringe um den Saturn, nur in deutlich größerem Maßstab. Im zweiten Modell kreisten die Sterne ebenfalls um ein gemeinsames Zentrum, aber nicht in derselben Ebene, sondern in jedem möglichen Winkel zueinander, wie es Kometen im Sonnensystem über Zeiträume von Hunderten von Jahren tun, sodass sie konzentrische Kugelschalen oder Kugeln bildeten, wie es für die Oortsche Wolke, eine Staubhülle am äußersten Rand des Sonnensystems, angenommen wird.

Wright lag mit seiner Vorstellung in etlichen Details daneben. Scheibenförmige Galaxien zum Beispiel haben Spiralarme, nicht konzentrische Ringe; und obwohl es tatsächlich fast kugelförmige Galaxien gibt, bewegen sich ihre Sterne nicht so, wie von Wright angenommen. Doch seine Denkrichtung stimmte und seine Vision eines Universums aus Galaxien oder »Myriaden himmlischer Residenzen«, dargestellt in zweiunddreißig Karten und Diagrammen, ist atemberaubend. Immanuel Kant fand Gefallen an ihrer Schönheit und Logik, doch viele Astronomen zeigten sich weniger beeindruckt. Zum Beispiel besaßen sie keine Möglichkeit, zu überprüfen, ob es sich bei den Flecken, die Wright zufolge weit entfernte Sterngruppen waren, tatsächlich um

Planeten, die andere Sterne in unserer Galaxie umkreisen, können ebenfalls Ringe aufweisen. Die Ringe um J1407b haben einen Durchmesser von fast 120 Millionen Kilometern – mehr als zweihundert Mal so groß wie die Saturnringe.

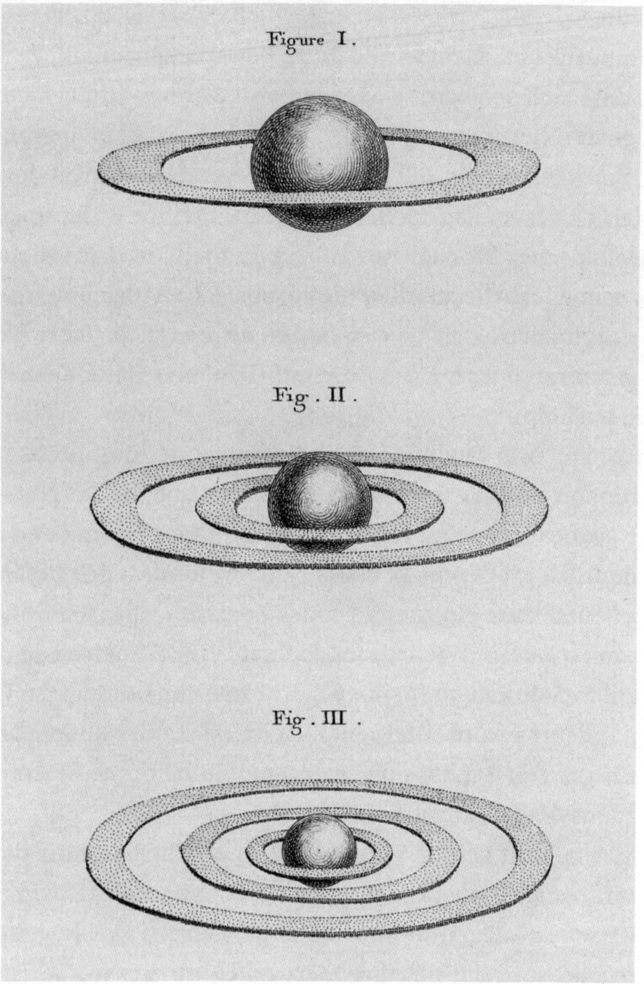

Einige von Thomas Wrights Galaxiemodellen, bei denen Sternenringe um zentrale Sternballungen kreisen.

Objekte außerhalb der Milchstraße handelte oder doch um Nebel (das heißt Staubwolken) in ihr. Diese Frage wurde erst im frühen 20. Jahrhundert endgültig geklärt.

Ganz anders als der »leuchtende Stern«, den John Keats für seine Konstanz pries, haben Sterne aus der Klasse der Cepheiden die Eigenschaft, über Perioden von Tagen oder Monaten zu pulsieren oder in der Helligkeit zu schwanken. 1912 entdeckte die Astronomin Henrietta Swan Leavitt eine regelmäßige und vorhersagbare Beziehung zwischen der Periodendauer von Cepheiden und ihrer maximalen Leuchtkraft, wobei die Hellsten von ihnen auch die längsten Zyklen haben. Das eröffnete einen neuen Weg zur Vermessung des Universums: Wenn durch Bessels Parallaxe-Methode die Entfernung eines nahen Cepheiden bestimmt werden konnte, ließ sich die Entfernung anderer Cepheiden, die mit derselben Frequenz pulsierten, erschließen. Denn wenn sie schwächer zu strahlen schienen, dann musste das an der größeren Distanz liegen, da ihre Helligkeit (wie Newton erkannt hatte) mit dem Quadrat der Entfernung abnimmt.

Einige Cepheiden strahlen hunderttausend Mal heller als die Sonne und können somit noch aus großer Entfernung gesehen werden. In den 1920er-Jahren beobachtete der Astronom Edwin Hubble mehrere Cepheiden im damals sogenannten Andromedanebel und konnte dank der Entdeckungen von Leavitt und anderen errechnen, dass sie etwa 900 Millionen Lichtjahre weit entfernt sind. 1925, als er seine Ergebnisse publizierte, stellten das weit größere Entfernungen dar, als man je zuvor gemessen hatte. Es war die vielleicht größte Horizonterweiterung in der Geschichte der Menschheit.

Hubbles erste Schätzung lag noch deutlich unter der tatsächlichen Zahl, und noch verblüffendere Enthüllungen sollten folgen. Die Andromedagalaxie, die unserer Galaxie am nächstes stehende große Galaxie, wie wir heute wissen, bildet eine Insel aus einer Billion Sternen in einer Entfernung von etwa 2,5 Millionen Lichtjahren (24 Trillionen Kilometern) von der Milchstraße, und beide gehören zusammen mit den Magellanschen Wolken zu einer Ansammlung von etwa vierundfünfzig Galaxien, die als Lokale Gruppe bezeichnet wird. Und aus der Beobachtung, dass das Licht von Galaxien außerhalb der Lokalen Gruppe eine Rotverschiebung aufwies, folgerte Hubble

Wenn sich eine Lichtquelle mit hoher Geschwindigkeit von der Erde wegbewegt, verschiebt sich für uns die Farbe des Lichts zum roten Ende des Spektrums hin. Das ist ein Beispiel für den Dopplereffekt, der auch für den sich verändernden Klang eines Martinshorns verantwortlich ist, wenn ein Einsatzwagen an uns vorüberfährt.

1929 korrekt, dass sie sich alle von uns wegbewegen, und das desto schneller, je weiter weg sie sich befinden.

Diese Entdeckungen halfen, ein fundamentales Problem der Kosmologie zu lösen, nämlich dass die Feldgleichungen der Allgemeinen Relativitätstheorie, die Albert Einstein 1915 veröffentlicht hatte, ein instabiles Universum vorherzusagen schienen, in dem Galaxien, Sterne und Planeten nach innen kollabieren würden. Einstein hatte versucht, dies durch Hinzufügen einer abstoßenden Kraft zu lösen, die er kosmologische Konstante nannte. Doch Hubbles Beobachtungen stimmten besser mit anderen Lösungen von Einsteins Gleichungen zusammen, die der Kosmologe Alexander Friedmann und der Physiker (und Priester) Georges Lemaître unabhängig voneinander in den 1920er-Jahren ausgearbeitet hatten, sowie mit einem Modell des frühen Universums, das der Kosmologe Ralph Alpher in den 1940er-Jahren entwickelte. All dies deutete darauf hin, dass alle Materie und Energie des Universums in einem ›Urknall‹ aus einem dichten Zentrum heraus explodiert war und sich seither immer weiter ausgedehnt hatte.

Spätere Arbeiten – nicht zuletzt 1964 die Entdeckung der kosmischen Hintergrundstrahlung, einem Nachhall des Urknalls – hat uns etwas beschert, was frühere Generationen nicht besaßen: eine kohärente (wenngleich unvollständige) Erklärung, wie alles, was existiert, entstanden ist. Der Physiker und Moderator Brian Cox nennt es eine wissenschaftliche Schöpfungsgeschichte. Wir wissen jetzt, dass es einen Tag ohne Gestern gab und dass es schließlich einmal einen Tag ohne Morgen geben wird. In den Worten Georges Lemaîtres: »Auf einem Brocken gut ausgekühlter Asche stehend, sehen wir die Sonnen allmählich verglühen und versuchen zurückzudenken an das vergangene Leuchten des Ursprungs der Welten.« Und unser ›Aschebrocken‹, die Erde, ist eine von Milliarden Welten, die in einer durchschnittlichen Galaxie um gewöhnliche Sterne kreisen – in einer von Billionen Galaxien. Noch hundert Billionen Jahre lang werden weitere Sterne entstehen. Hier gibt es also vorerst keinen Grund, die Steuererklärung zu schmeißen … es sei denn, man wartet bis ungefähr 1 Googol n. Chr., dann wird die durchschnittliche Materiedichte des sichtbaren Universums (die aktuell bei ein paar Wasserstoffatomen pro Kubikmeter liegt) soweit abgenommen haben, dass auf ein Volumen sehr viel größer als das heute sichtbare Universum nur noch ein Elektron oder Positron kommt.

Ein Googol entspricht zehn Sexdezilliarden, oder einer Eins mit hundert Nullen: 10 000 000 000 000 000 000 000 000 000 000 000 000 000 000 000 000 000 000 000 000 000 000 000 000 000 000 000 000 000 000 000 000 000 000.

Bis es so weit ist, werden wir aber einiges an Spektakel erwarten können. Eine Ahnung davon bekommt man in Produktionen wie *Wanderers*, einem 2014 entstandenen Kurzfilm von Erik Wernquist mit einem Text von Carl Sagan aus dem Jahr 1994, der ein wenig von dem andeutet, was wir geboten bekämen, falls es einmal möglich werden sollte, persönlich oder (wahrscheinlicher) virtuell durchs Sonnensystem zu reisen. Wir könnten die Wolken des Jupiter von der Oberfläche eines seiner Monde aus aus großer Nähe sehen, während ein anderer seiner Monde über unseren Köpfen vorbeifliegt. Wir könnten zwischen den Ringen des Saturn dahingleiten und uns durch die riesigen Geysire schlängeln, die aus seinem hellen Mond Enceladus hervorbrechen. Wir könnten über die Methanseen auf Titan, einem anderen Saturnmond, schweben oder Basejumps von zehn Kilometer hohen Klippen auf Miranda, dem kleinsten Uranusmond, ausführen. Es gibt viele weitere Wunder, die in dem Film nicht auftauchen. Von bestimmten Orten auf dem Merkur könnte ein Beobachter die Sonne fast bis halb zum Zenit aufsteigen, dann umkehren und untergehen sehen, bevor sie erneut aufsteigt und endgültig untergeht – und all das an ein und demselben Tag. Auf dem Jupitermond

Ungefähr vier Tage vor Erreichen des Perihels (dem sonnennächsten Punkt des Orbits) entspricht die Winkelgeschwindigkeit, mit der der Merkur um die Sonne kreist, genau der Winkelgeschwindigkeit seiner Eigenrotation, sodass von der Planetenoberfläche aus betrachtet die Sonne zum Stillstand kommt. Am Perihel beginnt die orbitale Winkelgeschwindigkeit, die Rotationsgeschwindigkeit zu übersteigen. Daher scheint es, als würde die Sonne ihre Richtung umkehren. Vier Tage nach dem Perihel stellt sich wieder die normale ›Sonnenbewegung‹ ein.

Callisto reichen Eistürme weit hinauf in die erstaunliche Nacht. Am Nordpol des Saturn wirbelt ein gewaltiger hexagonaler Sturm. Auf seinem zweifarbigen Mond Iapetus umschließt eine Gebirgskette wie ein Gürtel den Äquator, während sein schiefer, winziger Mond Pan einer dicken Ravioli oder einer wackligen fliegenden Untertasse ähnelt. Der Doppelasteroid 624 Hektor sieht aus wie eine hantelförmige Erdnussschale.

Für Generationen hat sich, was Menschen am Himmel sehen konnten, nicht verändert, wenn man einmal den Mond und einige Kometen ausnimmt. Erst vor nicht allzu langer Zeit ist es mithilfe von Weltraumteleskopen möglich geworden, die Dynamik der Sonnenatmosphäre und die wütenden Wolken des Jupiter in Echtzeit zu sehen. Doch bewegte Bilder größerer zeitlicher und räumlicher Dimensionen wie etwa von Sternenexplosionen oder der Entwicklung und Ausbreitung von Galaxien bleiben weitgehend Produkte des Verstandes und des Einfallsreichtums – Karten der Einbildungskraft – statt der direkten Beobachtung. Man kann sich beispielsweise Computersimulationen des Aufeinandertreffens zwischen Milchstraße und Andromedagalaxie anschauen, zu dem es in etwa vier Milliarden Jahren kommen wird. Nachdem sich die beiden Galaxien ein paar Mal wie Lindy-Hop-Tänzer umkreist haben, verschmelzen sie schließlich. (Wenn überhaupt, werden nur wenige Sterne miteinander kollidieren, weil trotz der relativen Dichte der vereinigten Galaxie die Abstände zwischen den Sternen immer noch enorm bleiben; doch einige Milliarden Sterne – möglicherweise auch die Sonne – werden von den Gezeitenkräften aus der neuen Supergalaxie hinausgeschleudert und formen gischtgleiche Sternströme wie die, die heute in der Peripherie der Walgalaxie NGC 4631 zu beobachten sind.) Von wenigen Ausnahmen abgesehen, ist unser Blick auf ferne Sterne, Nebel und Supernovae bislang nur der Blick auf statische Objekte. Simulationen wie Thomas Vanz' Kurzfilm *Novae* von 2016 bleiben, so bemerkenswert sie auch sind, eben Simulationen.

Doch das wird sich wahrscheinlich ändern. Beim ersten Entwurf dieses Absatzes schrieb ich noch, dass in wenigen Jahren schon

UGC 1810 (oben) und UGC 1813, zwei Galaxien im Sternbild Andromeda und grob 300 Millionen Lichtjahre entfernt, haben sich in der Vergangenheit vermutlich durchquert und üben immer noch einen Gezeitensog aufeinander aus, der in der Ersteren Verzerrungen in den Spiralarmen und in der Letzteren einen Ausbruch massiver Sternenbildung hervorruft.

Weltraumteleskope die wirklichen Orbits von Planeten anderer Sterne und sogar von Monden um einige dieser Planeten zeigen könnten.

Doch gerade als ich den Text Anfang 2017 das letzte Mal checkte, veröffentlichten Astronomen einen drei Sekunden langen Clip von sieben Jahren direkter Beobachtung von vier Planeten, die um den Stern HR 8799 kreisen. Sich vor einem tiefblauen Hintergrund um einen verdeckten Stern im Zentrum drehend, leuchten die Planeten,

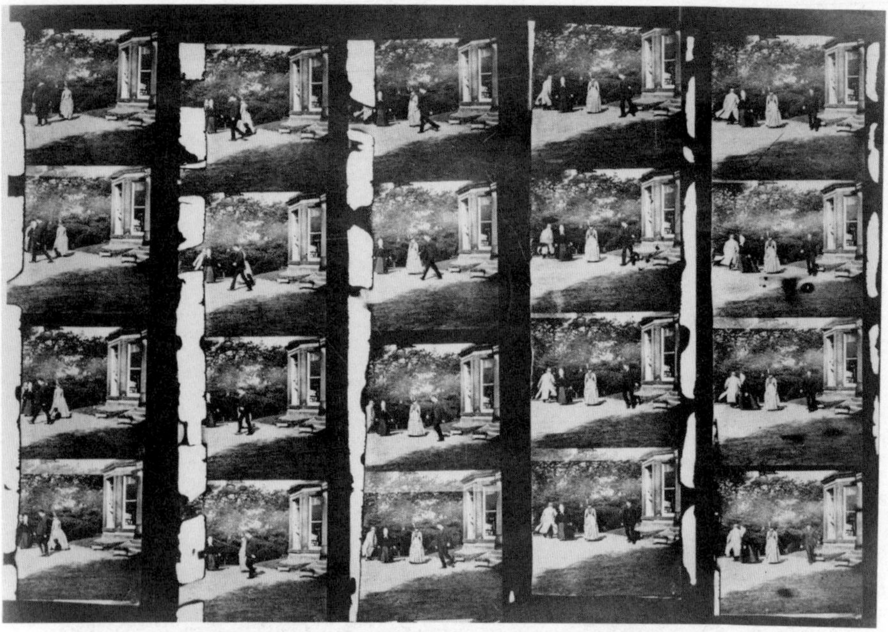

Der nach unserem Wissen erste Film der Geschichte, aus dem Jahr 1888, umfasst nur rund zwanzig Einzelbilder. Unsere Sicht auf die Bewegung der Sterne und Galaxien im tiefen Weltraum ist ähnlich rudimentär.

allesamt Gasgiganten größer als Jupiter, wie gegen den Uhrzeigersinn rotierendes biolumineszentes Plankton auf einem Ziffernblatt.

Der bis zu diesem Zeitpunkt längste Film wirklicher Bewegung im fernen Weltraum, von dem ich Kenntnis habe, zeigte die fortlaufende Explosion der Reste jener Supernova, die der Astronom Tycho Brahe 1572 zum ersten Mal beobachtet hatte.

Eine Supernova in Echtzeit zu beobachten, wäre wie Flechten beim Wachsen zuzuschauen: Alles geht so langsam vor sich, dass durch bloßes Draufstarren nichts zu erkennen wäre. Doch der Mitte 2016 veröffentlichte Film raffte Einzelbilder, die zwischen 2000 und 2015 aufgenommen worden waren, zu einem Clip von rund eineinhalb Sekunden Länge. Das Ergebnis – das an einen sanft anschwellenden durchsichtigen Rosenkohl erinnert – ist so kurz, dass man nur einmal blinzeln muss und es schon fast verpasst. Doch diese eineinhalb Sekunden (zusammen mit den drei Sekunden der um HR 8799 kreisenden Planeten) fühlen sich für mich so bedeutungsschwanger an wie der erste Film der Geschichte – der zwei Sekunden lange *Roundhay Garden Scene* von 1888, der in ein paar ruckligen Bildern zum ersten Mal menschliche Bewegung reproduzierte. Wie (vermutlich) der Philosoph und Priester Teilhard de Chardin schrieb: »Wir leben umgeben von Ideen und Objekten, die unendlich älter sind, als wir uns vorstellen; zugleich befindet sich alles in Bewegung.«

Die Kopernikanische Rückwende

In der humoristischen Science-Fiction von Douglas Adams verschafft ein Apparat namens Totaler Durchblicksstrudel einen flüchtigen Blick auf die Unendlichkeit der Schöpfung und zeigt einem dadurch, wie winzig man selbst ist. Ursprünglich von einem Philosophen erfunden, um seine Frau zu reizen, gilt er als das fürchterlichste Folterinstrument, das sich je einer ausgedacht hat. Für mich hört es sich allerdings gar nicht so schlimm an. Klar, jeder kann leicht durch eine Flut von Eindrücken überwältigt werden; doch wenn unsere Sinne und unsere Wahrnehmung mit dem einströmenden Input zurechtkommen, mag eine geistige Karte, mit der wir uns inmitten der Unermesslichkeit des Ganzen verorten können, Trost spenden. In Patricio Guzmáns Dokumentarfilm *Nostalgie des Lichts* von 2010 sagt Luís Henríquez, ein früherer Insasse des von der Pinochet-Diktatur in der chilenischen Atacama-Wüste errichteten Chacabuco-Konzentrationslagers, dass die von einem damaligen Mitgefangenen gehaltenen Astronomiestunden ihm und anderen halfen, trotz der harschen Bedingungen ein wenig inneren Frieden zu bewahren.

Buddhismus, Sufismus, mystisches Christentum und andere Traditionen begrüßen den unendlichen Raum als wundervolle Grundlage der Wirklichkeit. Das Gleiche gilt für Visionäre und Schriftsteller, deren Agenda nicht durch organisierte Religion bestimmt ist, die sich aber ernsthaft auf die lebendige Erde einlassen. »Die Zeit ist nur der Strom, in dem ich auf Fischfang gehe«, schrieb Henry David Thoreau, »ich trinke daraus, doch während ich trinke, erblicke ich den sandigen Grund und entdecke die Seichtheit. Die schwache Strömung gleitet dahin, die Ewigkeit aber bleibt. Ich möchte einen noch tieferen Zug machen, im Himmel fischen, dessen Grund mit Sternen ausgelegt ist.« Richard Jefferies schrieb davon, wie er sich auf einen Pfad im Wald legte und zu den Sternen aufblickte: »Kein Zweifel, ich bewegte mich wirklich zwischen ihnen; sie waren nicht über mir, auch nicht um mich herum, sondern ich war mitten unter ihnen.« Nachdem der Protagonist von Olaf Stapledons Science-Fiction-Roman *Der Sternenschöpfer* (*Star Maker*) von 1937 zu den »dichtgedrängten Pleiaden«, wie er sie nennt, und anderen Konstellationen aufgeblickt hat, stellt er sich vor, durch einen transparenten Planeten hindurch auf die Konstellationen darunter zu blicken, als wären sie Fische in den Tiefen eines Sees.

»In der Wüste stehen wir an der Linie zwischen uns und dem Tod«, sagt der Romanschriftsteller Ibrahim Al-Koni. »Und das bringt in der Tat eine Art Heilung. Denn nur in der Wüste können wir dem Tod einen Besuch abstatten und danach ins Reich der Lebenden zurückkehren.« Und so verhält es sich auch mit unseren weitgehend der Fantasie entsprungenen Reisen ins Weltall, das so überwältigend lebensfeindlich ist – zumindest gegenüber Leben, wie wir es kennen.

Der Journalist Lee Billings folgte Forschern, die anderswo im Universum nach Leben suchen, bei ihrer Arbeit und bemerkte an sich selbst, als er sich wieder der Erde zuwandte, ein gesteigertes Bewusstsein dafür, wie wundervoll sie doch ist und wie sehr der Aufmerksamkeit und Pflege würdig. Ich meine, Billings' Wende oder Rückkehr braucht einen eigenen Namen, wenn sie nicht bereits einen besitzt. In der kopernikanischen Wende, wie sie manchmal genannt wird, erkannten wir, dass die Erde ein kleiner Planet in der Umlaufbahn um einen gewöhnlichen Stern in der Peripherie einer von unzähligen Galaxien ist, und stuften dabei unseren Stellenwert in der Ordnung des Seins herab. Die kopernikanische Rückwende, wie ich sie nennen möchte, bezeichnet den Moment, in dem wir, ohne hinter diese

Einsicht zurückzufallen, ihre Bedeutung neu bestimmen. Wir erkennen weiterhin an, dass die Erde fast verschwindend klein ist, aber wir lernen auch schätzen, dass sie höchst ungewöhnlich und wertvoll ist und dass unsere Suche bislang nichts auch nur annähernd so Schönes und Wundervolles zutage gefördert hat.

»Die Sterne mögen groß sein, aber sie können nicht denken und nicht lieben. Und das sind Eigenschaften, die mich weit mehr beeindrucken als Größe.« Frank Ramsey

Der Kosmologe George Ellis vermutet, dass die im Maßstab kleinsten und größten Karten der Realität sich dem Limit dessen nähern, was überhaupt möglich ist, dass es aber auf der mittleren Ebene, auf dem sich unser Leben abspielt, potenziell fast unbegrenzt komplex werden kann. Doch wie es sich in den Extremen auch verhalten mag, Wunder in der Welt, die wir direkt mit unseren Sinnen wahrnehmen können, erstrecken sich manchmal auch bis in größere oder kleinere Größenordnungen hinein. In den Worten des Schriftstellers Barry Lopez: »Die Herausforderung für uns, wenn wir uns dem Land zuwenden, heißt, uns den Kosmologen mit ihren Vorstellungen von der fortwährenden Schöpfung anzuschließen und den Physikern mit ihren Vorstellungen von

»Das Land ist nicht nur Boden; es ist eine Quelle der Energie, die durch einen Kreislauf von Böden, Pflanzen und Tieren fließt.« Aldo Leopold

räumlichen und zeitlichen Paradoxa, um den feinen Reiz und die Veränderlichkeit der verschiedenen Landschaften zu erkennen. Sie sind Schmelztiegel des Geheimnisvollen, genau wie die kleineren, die sie enthalten – Polarfuchs, Zwergbirke, Pi-Meson –, und wie die größeren, die sie wiederum enthalten, zusammen mit so scheinbar unveränderlichen Dingen wie dem Pferdekopfnebel im Orion.«

Das Wort ›Welt‹ hat sich aus dem althochdeutschen *weralt* entwickelt, ein Kompositum aus *wer*, ›Mensch‹, und *alt*, ›Alter‹ – also das ›Zeitalter des Menschen‹. Ähnliches gilt für das englische ›world‹. Die Angelsachsen dachten vielleicht an Midgard, die mittlere von neun mythologischen Welten und die einzige, die von Menschen bevölkert war; doch die Ursprünge des Wortes haben heute eine unvorhergesehene Bedeutung erlangt. Denn heute leben wir tatsächlich in der Epoche des Menschen – dem Anthropozän, in dem Menschen zum dominierenden Faktor für das Leben auf der Erde geworden sind. Menschen erschaffen viele Wunder. Einigen davon gehe ich im folgenden Kapitel nach. Doch viele von uns verursachen dabei auch große Zerstörung. Dominieren bedeutet nicht notwendigerweise auch, die Kontrolle zu haben, und zum gegenwärtigen Zeitpunkt scheinen wir wenig mehr Kontrolle über unseren kollektiven Einfluss auf die Erde und den Rest des Lebens darauf zu besitzen als ein Kettenraucher über seine Sucht und die Risiken, die sie für seine Lunge und sein Herz mit sich bringt. Bereits jetzt scheint der Klimawandel schneller vor sich zu gehen, als vor einigen Jahren noch selbst die extremsten Szenarios prophezeiten, und die Rate, mit der immer weitere Spezies verschwinden, scheint sich noch zu beschleunigen. Der Astrobiologe David Grinspoon wirbt dafür, positiv zu denken, und kommt zu der Annahme, dass die menschliche Zivilisation (und nicht nur eine Minderheit von Tugendapologeten) in der Lage sein könnte, eine »planetare Intelligenz« zu entwickeln,

»Es hat noch nie eine geologische Kraft gegeben, die ihrer eigenen Wirkung bewusst gewesen wäre. Die Menschheit besitzt zumindest eine vage und zunehmende Kenntnis der Auswirkungen ihrer Präsenz auf diesem Planeten. Die Möglichkeit, dass wir dieses Wissen in unseren Umgang mit dem Erdsystem einfließen lassen, sollte uns Hoffnung geben.« David Grinspoon

in der wir lernen, für das Ganze Sorge zu tragen. Ob wir uns als Kollektiv als so klug erweisen und uns über ein summiertes Verhalten erheben, in dem wir schwer von einer unkontrollierten Bakterieninfektion zu unterscheiden sind, bleibt abzuwarten.

Neue Welten träumen

Der Ausdruck ›virtuelle Realität‹ – also durch Technologien und Software hervorgerufene Eindrücke, die der wirklichen Welt ähneln oder eine imaginäre Welt erschaffen – stammt aus dem späten 20. Jahrhundert. Doch in gewisser Weise stellt diese Technologie nur die Fortsetzung dessen dar, was das Gehirn schon immer getan hat. In jedem wachen Augenblick versammelt das Gehirn flüchtige und lückenhafte Wahrnehmungen seiner wirklichen Umgebung, lässt Orte wiedererstehen, die in der Ferne oder Vergangenheit verschwunden sind, oder spinnt sich alternative Möglichkeiten, wie es sein könnte. Wie die Gefangenen in Platons Höhle projiziert jeder von uns unablässig Bilder, die wir für die wirkliche Welt nehmen, auf imaginäre Schirme in unseren Schädeln. (Tief in den wirklichen Höhlen, in denen unsere Vorfahren der Steinzeit Gemälde hinterließen, gab es John Berger zufolge bereits alles: Wind, Wasser, Feuer, entfernte Orte, die Toten, Donner, Schmerz, Pfade, Tiere, Licht, die Ungeborenen …) Die neue Technologie ermöglicht es jedoch, alternative Welten verlässlich und nach Vorgabe zu erschaffen und zu reproduzieren, und mit weiteren Fortschritten werden immer eindrücklichere und wirklichkeitsnähere und dabei doch fiktive oder simulierte Welten möglich. Sie wird uns auch Zugang zu fast unbegrenzten Datenmengen und zusätzlichen Sinnesreizen verschaffen, während wir mit der wirklichen Welt interagieren. Das heißt, dass wir in gewisser Hinsicht das Dilemma, das Jorge Luis Borges in seiner Geschichte

»›Wirklichkeit‹ ist so etwas wie ein riesiges Zirkuszelt, das sich falten und anpassen lässt, das wir mit uns tragen und überall, wo wir gerade sind, aufschlagen können.« Elizabeth Bishop

»Von der Strenge der Wissenschaft« schildert, hinter uns lassen, nämlich das Problem, das entsteht, als die Landkarte eines Reichs eine solche Detailtreue und Größe erreicht, dass sie droht, das Reich selbst unter sich zu ersticken, und deshalb aufgegeben wird. Statt die Karte fortwerfen zu müssen, weil sie zu groß und unpraktisch geworden ist, werden wir vielmehr in die Lage versetzt, jeden Bereich von ihr, ob fern oder nah, gleichsam mühelos anzusteuern. Das sind schlechte und gute Nachrichten zugleich. Einige der potenziellen Nachteile kennt man aus Romanen oder Filmen. Durch die Technologie könnten wir in parallele virtuelle Welten gesperrt werden, in denen uns unsere Unterdrückung verborgen bleibt – wie in *Matrix*, nur mit dem Unterschied, dass die Illusionen nicht durch intelligente Maschinen, sondern durch Staaten, Konzerne oder kriminelle Organisationen kontrolliert werden.

Aus Edward Snowdens Sicht, leben wir bereits in einer *Matrix*-artigen Welt, in der »Regierungen unsere Würde auf die Stufe markierter Tiere herabstufen können«.

Doch mit Bedacht eingesetzt – und warum sollten sie das nicht? – könnten virtuelle Realität und Nachfolgetechnologien enorme Vorteile mit sich bringen. Erweiterte Realität und ›Misch‹-Systeme, in denen sich Karten und Daten flexibel über das, was wir vor uns sehen, einblenden lassen, könnten zum Beispiel die Arbeit in der internationalen Entwicklung oder in der Verbrechens- und Korruptionsbekämpfung erleichtern. Sie werden auch ermöglichen, ganz ohne Einschränkungen Szenarios der Befreiung und aller denkbaren Möglichkeiten durchzuspielen und damit zu experimentieren, ohne anderen Schaden zuzufügen. Bereits jetzt lässt sich mit einem VR-Headset schon erfahren, wie es sich zum Beispiel als bedrohte Koralle oder als Kuh auf dem Weg zur Schlachtung anfühlt. Und wie die Bewohner von Baucis in Calvinos Roman *Unsichtbare Städte* von 1972, die aus der Ferne und in Abwesenheit fasziniert über die Welt kontemplieren, werden wir uns nichtmenschlichen Wundern nähern können, ohne sie zu stören. (Auf meiner Liste ganz oben wären die Tepuis im Grenzgebiet zwischen Brasilien, Guyana und Venezuela – eine

›vergessene Welt‹ von Milliarden Jahre alten Tafelbergen, die steil aus dem sie umgebenden Wald aufragen. Dies bleibt einer der am wenigsten erforschten Orte auf der Erde, und er enthält einige der weltweit tiefsten Karsttrichter und Höhlensysteme, die seit Millionen von Jahren ungestört existieren. Tief in ihrem Innern befinden sich Höhlenminerale, die aussehen wie wabernde Rauchschwaden und sprühende Mineralpilze.)

Virtuelle oder erweiterte Realität kann die Aufmerksamkeit stärker auf kleine oder subtile Details eines Ortes lenken, sodass wir beispielsweise in die Lage versetzt werden könnten – wie Giles Winterbourne in Thomas Hardys *Die Woodlanders* – verschiedene Baumarten aus der Ferne allein aufgrund des Rauschens des Windes zwischen ihren Stämmen zu bestimmen. Jeder von uns könnte eine so große und umfassende Perspektive wie Alexander von Humboldt erlangen, der, als er sich im Juni 1802 nahe dem Gipfel des Chimborazo in den Anden in einem Moment all sein Wissen und seine Beobachtungen vergegenwärtigte, das ganze Leben in seinem Blickfeld – von der ihn unmittelbar umgebenden Felszone über die alpinen Hänge bis hinab zum dichten Regenwaldboden – als ein großartiges Ganzes sah und *fühlte*.

In Kim Stanley Robinsons Science-Fiction-Roman *Aurora* von 2015 wird ein gigantisches Raumschiff zum rund zwölf Lichtjahre entfernten Stern Tau Ceti ausgeschickt, um die ihn umkreisenden Planeten zu kolonisieren. Während der einhundertsechzig Jahre dauernden Reise leben sieben Generationen der Crew in Kapseln, die sich zur Erzeugung künstlicher Schwerkraft um eine Zentralachse drehen. Jede Kapsel hat eine Länge von vier Kilometern, gerade groß genug, um je das Simulakrum eines Ökosystems wie Regenwald oder Savanne, Wüste oder Waldgebiet gemäßigter Zonen zu enthalten. Abgesehen von einer Kapsel wissen die Bewohner, dass diese kleinen Welten, in denen sie geboren werden und sterben, von Menschen gebaut wurden und sich in einem Raumschiff befinden, das nur Mittel zum Zweck ist. Die Ausnahme bilden einige der Kinder im Tundrabiom ›Labrador‹, die nach der Weise ihrer Vorfahren aufwachsen, den Rentieren folgen und davon leben, was das Land ihnen bietet – und die lernen, wie sich eines von ihnen ausdrückt, »was wir als Tiere sind, und wie wir zu Menschen geworden sind«. Erst mit Erreichen des Erwachsenenalters werden diese jungen Leute in Raumanzüge gesteckt und nach draußen gebracht, um die Wahrheit zu erfahren.

Der Schock, festzustellen, dass sie bis zu diesem Zeitpunkt in einer Illusion gelebt haben, ist gewaltig. Doch die meisten stärkt diese Erfahrung, und diejenigen, die danach weiterhin in Labrador leben, glauben, die einzigen wirklich geistig gesunden Mitglieder der Schiffsbesatzung zu sein, und ziehen ihre Kinder in derselben Weise groß.

Auch wir leben in zwei Welten: Unsere menschenerträumte Welt, die wir für die Realität nehmen, ist in etwas Größeres eingeschlossen, das nicht von Menschen geschaffen wurde. Ab und an spüren wir die Existenz einer größeren Wirklichkeit. Das kann geschehen, wenn wir nicht gleich in Worte, Karten oder andere konzeptuelle Bezugsrahmen flüchten. »Wenn ein Beobachter, was er von seinen Sinnen empfängt, nicht sofort in Sprache umwandelt«, schreibt Barry Lopez, »dann besteht eine viel größere Chance, dass kleinere Details, die zunächst unwichtig erscheinen mögen, im Vordergrund eines Eindrucks erhalten bleiben, sodass sie dessen Bedeutung zu einem späteren Zeitpunkt mehr Tiefe verleihen können.«

»Fischreusen sind da um der Fische willen; hat man die Fische, so vergisst man die Reusen[.] Worte sind da um der Gedanken willen; hat man den Gedanken, so vergisst man die Worte.« Zhuangzi

»Doch stets verkommen alle Worte und verwandeln sich / in eine Formruine geringer als die Stimme / so eingekerkert in meinem sterblichen Baum …« W. S. Graham

Wenn die Welt mehr sein soll, als eine Arena für menschliche Erfindungen, ein Ort, an dem Menschen wirklich gedeihen können, weil auch Nichtmenschliches gedeiht, dann wird es in manchen Augenblicken wichtig, nicht mehr zu sprechen, die Technologie beiseitezulegen und nach draußen zu gehen, um sich zu vergegenwärtigen, was randständig und unvorhersehbar ist. In solchen

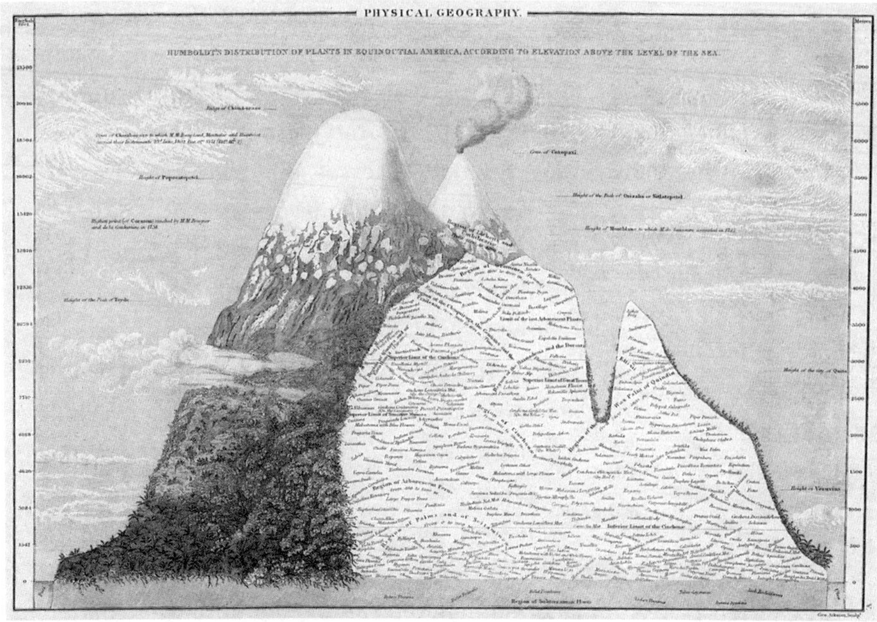

Querschnitt der Verteilung der Pflanzen nach Höhenstufen am Chimborazo. Alexander von Humboldt und Aimé Bonpland, 1805.

Augenblicken können wir es vielleicht wertschätzen, wie Seamus Heaney in seinem Gedicht »Postskriptum« schrieb, »weder hier noch da / eine Hast, durch die Vertraut- und Fremdes zieht«, zu sein.

Den größten Teil dieses Buches habe ich in einer Hütte geschrieben, in der ich wie Bartleby der Schreiber ein Fenster mit ungehindertem Blick auf eine Backsteinmauer habe. Doch für eine Woche ergab sich mir die Möglichkeit, in einer anderen Hütte zu arbeiten: einer Schutzhütte auf einem Hügel über einer Bucht an der Westküste der Insel Eigg, die zu den Inneren Hebriden gehört. Der Blick von diesem winzigen Gebäude erstreckt sich auch auf die nahe gelegene Insel Rum: die erodierten Erdwälle eines Vulkans, der vor Dutzenden Millionen Jahren erlosch, aber immer noch über einen halben Kilometer hoch direkt aus dem Meer herausragt. Mein Blick erfasste auch einen weiten Streifen offener See jenseits der Bucht und an klaren Abenden beobachtete ich die hochsommerlichen Schönwetterwolken, wie sie über den südwestlichen Horizont zogen und mit der Geschwindigkeit eines Stundenzeigers an einer Uhr über das goldenen Wasser dahinrollten. Gelegentlich tauchten am äußersten Rand des westlichen Horizonts die Walrücken von Barra, Vatersay, Sandray und Pabbay – rund achtzig Kilometer entfernte südliche Inseln der Äußeren Hebriden – zwischen dem Licht und Wasser auf, als wären sie die Glücklichen Inseln.

Der Künstler Alec Finlay träumt von einem fabelhaften Wald, der einst dort gestanden haben mochte, wo heute das Meer ist: »Verlorene Lieder trällern aus der Vögel schmalen Kehlen und steigen in Blasen zur Oberfläche auf.«

In einer Nacht zog ein perfekter Halbmond über die Bucht. Ich dachte an Anaximander, wie er über die Abmessungen des Himmels grübelte und seinen außerordentlichen Gedankensprung machte. Durch mein Fernglas waren die Krater entlang der Mittellinie des Mondes in scharfen Umrissen zu erkennen, die runden Seitenflächen an der Schattenseite im Licht hervorgehoben genau wie in Galileis Helldunkel-Zeichnungen von 1610. Ich stellte mir den großen Physiker dabei vor, wie er sein grobes Teleskop auf das richtete, was ich in diesem Moment sah, und wie er sich gefühlt haben musste, als er zum ersten Mal genau dies zu Gesicht bekam und begriff, dass der Mond nicht göttlich glatt, sondern – der Erde nicht unähnlich – schroff und bergig ist.

Ich atmete den Duft der Nachtluft. Es wehte kein Lüftchen, und wie ich den Mond bestaunte, konnte ich eine halbe Meile entfernt die Wellen sehr milde auf den Sand in der Bucht schwappen hören. Die Verbindung dieser Eindrücke erfüllte mich mit großer Freude, einem Gefühl, vollständig anwesend zu sein, sowie mit heiterer Ruhe und Gelassenheit. Ich hatte auch ein besonders gutes Gefühl, dies auf Eigg zu erleben, wo die Menschen in den vergangenen zwanzig Jahren erfolgreich dafür gekämpft haben, als Gemeinde in den Besitz des Landes zu kommen, und nun daran arbeiten, sich eine gerechte, nachhaltige und angenehme Lebensweise zu schaffen. Auf dem Weg dorthin hatte ich in Arisaig an der Festlandküste Halt gemacht, um an einem Ehrenmal den tschechoslowakischen Freiwilligen meinen Respekt zu zollen, die dort mit der Special Operations Executive für

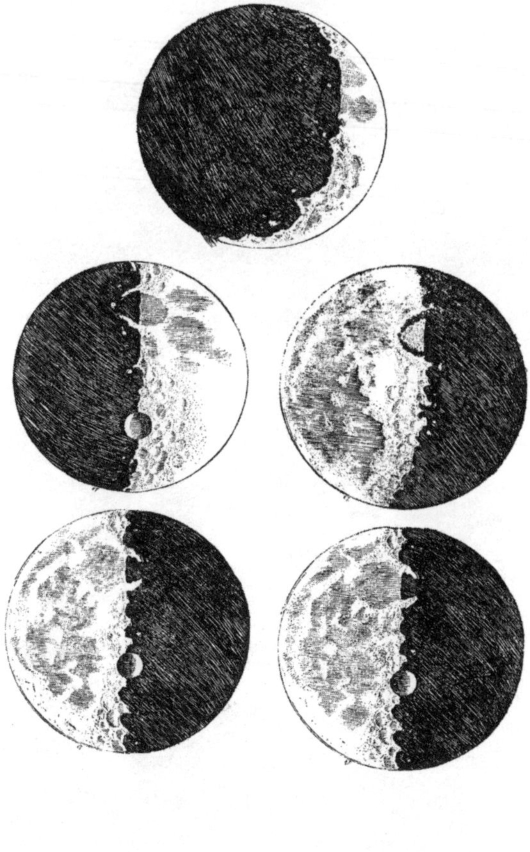

ein Attentat auf Reinhard Heydrich, den Chefarchitekten der Endlösung, trainiert hatten. Für mich war es eine Erinnerung an die Generation meines Großvaters, als mein Land in Solidarität mit anderen Europäern gegen einige der bösartigsten Ideen in der Geschichte kämpfte, statt ihnen nachzugeben.

In den Köpfen der ersten Europäer, die nach Patagonien segelten, waren die Einheimischen scheußliche Kreaturen mit monströs großen Füßen. Über die folgenden vier Jahrhunderte versklavten oder vernichteten die europäischen Kolonisten einen Großteil von ihnen.

Einer der letzten Genozide fand Ende des 19., Anfang des 20. Jahrhunderts mit der Auslöschung der Einwohner von Feuerland statt. Die Selk'nam wurden wie Tiere abgeschossen, während die Yama und Kawésqar in

»Tritt sachte auf. Die Oberfläche der Erde besteht aus den Körpern der Toten.« Abu l-'Ala al-Ma'arri

Missionen zusammengepfercht wurden und großteils durch Krankheiten starben. Etwas von ihnen bleibt jedoch in den Fotografien erhalten, die der Anthropologe Martin Gusinde um 1920 machte. Unter seinen Aufnahmen sind einfache Porträts und Alltagsszenen, aber auch Wesen aus der Geisterwelt. Jene Wesen sind von Menschen in Masken dargestellt, die sich selbst mit Ocker (rot), gemahlenen Knochen (weiß) und Kohle (schwarz) bemalt haben. So sehen wir beispielsweise Shéit, Geist vom Schneehimmel (südlicher Himmel); Pahuil, Geist des Himmels der See (östlicher Himmel); Télil, Geist des Regenhimmels (nördlicher Himmel); und Shénu, Geist des Windhimmels (westliche Himmel).

In den Schatten, die uns von diesen Menschen noch geblieben sind, entdecken wir Spuren davon, wie sie Elementarkräfte auf ihren Körpern kartografiert und diese Kräfte in sich selbst aufgenommen haben. Weiße Flecken auf dem dunklen Hintergrund ihrer bemalten Körper können Sterne darstellen.

»Viel mehr ist schweigend begraben als aufgezeichnet.« Thomas Browne

Zurück in meiner eigenen Hütte, warf ich noch einmal einen Blick auf die Reproduktion der *mappa mundi* aus Hereford. Rechts unten, außerhalb des Weltkreises, verabschiedet sich ein berittener Reisender vom Pferde aus. (Er wirkt wie ein unschuldigerer, weniger schlachtgestählter Cousin der zentralen Figur in *Ritter, Tod und Teufel*, einem von Albrecht Dürers Meisterstichen von 1513/14.) Man stellt sich leicht vor, dass das unbekannte Land, dem er entgegenreitet, unser eigenes ist. Er hätte es schwer, es zu begreifen.

Das Los jener Welt, die wir kennen, liegt auch für uns kaum weniger im Dunkeln. Wenn der Meeresspiegel beträchtlich steigen wird – und vieles deutet darauf hin –, wird sich das Profil vieler Landmassen der Erde, wie sie in unseren Atlanten erscheinen, verändern. Und soweit nicht viele der Verhaltensweisen der Menschen überdacht und neu ausgerichtet werden, werden die fantastischen Speicher voller Naturwunder an Land und im Meer wahrscheinlich massiv an Vielfalt und Reichtum einbüßen. Diese ›Ausdünnung‹ der Natur stellt möglicherweise nur einen kleinen Teil der Veränderung und lediglich den Anfang dar. Vielleicht erfüllen auch neue, bislang ungeahnte Wunder unsere Welt. Wir wissen es schlicht nicht. Die Reise, auf der wir uns befinden, führt uns in ein Land, das auf der Karte nicht verzeichnet ist.

Beispielsweise sind die meisten Primatenarten auf der Erde vom Aussterben bedroht. Der vorangegangene Satz enthält dreimal so viele Buchstaben, wie noch Hainan-Schopfgibbons am Leben sind.

»Manchmal denke ich, es gibt kein Licht, aber manchmal denke ich, doch.« Michael McCarthy

Ein paar Wochen später unternahm ich meine Pilgerreise, um die Hereford-Karte an Ort und Stelle zu besichtigen. Vom Alter gebräunt und gebröckelt, beeindruckt sie durch ihre Größe, wie ein alter Schatz

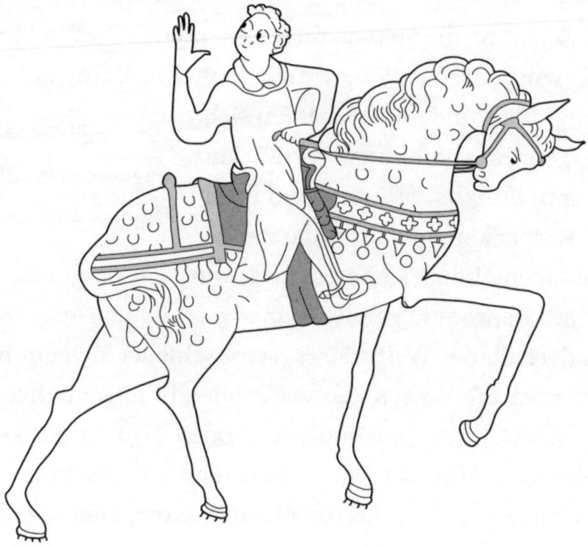

sorgfältig aufgehängt und beleuchtet. Mein Besuch führte mich auch zu einem Ort, von dessen Existenz ich bis dahin nichts wusste und den zu besuchen ich nie erwartet hatte. Die Kathedrale, die die Karte beherbergt, ist ein herrliches Gebäude und bezeugt den Mut, Glauben und Sinn für Schönheit von Menschen, die lange nicht mehr leben, wie auch derjenigen, die heute dafür Sorge tragen. Doch wie die Karte selbst zeigt, finden sich die größten Wunder außerhalb ihrer Mauern. Auf meinem Weg in die zur Kathedrale gehörige Audley-Kapelle kam ich an bemalten Glasfenstern vorbei, die intensiv im Morgenlicht leuchteten. Die Fenster erinnern an das Leben und die Visionen Thomas Trahernes, einem Sohn der Stadt, der seine wahre Kirche draußen in den Feldern und Hügeln fand.

Für Traherne war selbst die Luft des Himmels heilig »kraft ihrer edlen und reinen Transparenz[,] alle Welten wären wertlos ohne solch einen Schatz«.

Wie ich das Licht sich durch diese Fenster ergießen sah wie die Musik im dritten Satz von John Adams *Harmonielehre*, verspürte ich den Drang, nach draußen zu gehen und seiner Quelle entgegenzureisen.

So fuhr ich also am folgenden Tag zweihundert Meilen Richtung Osten, bis ich das Ende des Festlands erreichte. Dort, bei Bradwell, auf der Halbinsel Dengie in Essex, befindet sich ein Strand, der hauptsächlich aus Millionen und Abermillionen von Herzmuschelschalen besteht. Jede davon, reingewaschen durch Meer und Regen, hat ihr distinktes Muster. Jede ist, wie die Mystikerin Juliana von Norwich im 14. Jahrhundert schrieb, »ein klein Ding von der Größe einer Haselnuss«. Läuft man über sie, knacken sie unter den Füßen wie Frühstückszerealien. So beginnt ihre langsame Verwandlung in Sand oder Schlick – und, über Millionen von Jahren, in Gestein. An einer Stelle, wo der Strand hauptsächlich aus Sand besteht, gleitet ein kleines Rinnsal Süßwassers Richtung Meer und an einem sehr ruhigen Tag kann man das Klacken und Rascheln von Muscheln hören, wie sie in seiner Strömung einherpurzeln.

»Würde er nicht durch die Meere gehindert, so käme ein Mensch, der sich zu einem endlosen Marsch aufmachte, zurück zu der Stelle, von der er aufgebrochen war.« Brunetto Latini

7

Wunder der Zukunft
Abenteuer mit Perhapsatron, der Vielleichtmaschine

Mit listiger Künste Geschick wohl über Verhoffen begabt
geht jetzo zum Bösen er, jetzt zum Guten.
SOPHOKLES, *Antigone*

Die Presse, die Maschine, die Eisenbahn,
der Telegraph sind Prämissen, deren tausendjährige
Konklusion noch niemand zu ziehen gewagt hat.
FRIEDRICH NIETZSCHE

Das Wort Technologie beschreibt etwas,
das noch nicht funktioniert.
DOUGLAS ADAMS

»Jeden Morgen brechen Kinder ohne Bangen auf«, schrieb André Breton in seinem *Manifest des Surrealismus* von 1924. »Alles ist nahe, die schlimmsten materiellen Bedingungen sind großartig.« Doch wenn Kinder älter werden, erlaube man ihnen die Benutzung ihrer grenzenlosen Fantasie nur unter dem Joch eines zufälligen Gesetzes, und mit zwanzig oder so bleibe von der Fantasie nicht viel übrig. »Die unausrottbare Manie, das Unbekannte aufs Bekannte, aufs Klassifizierbare zurückzuführen, schläfert das Gehirn ein.« Um diesem Schicksal zu entgehen, bleiben Breton zufolge die Lehren, die wir aus Träumen und Wahnsinn ziehen können. Wie schwierig die Wahnsinnigen für den Rest von uns auch sein mögen, sie seien wenigstens ehrlich mit ihren Wahnvorstellungen.

Kurz bevor er bei Verdun durch eine Granate sein Leben verlor, schrieb ein französischer Oberst in sein Tagebuch: »Die Menschheit ist wahnsinnig. Sie muss wahnsinnig sein, um zu tun, was sie tut. Was für ein Massaker! Welche Szenen des Horrors und Gemetzels! Ich finde keine Worte, um meine Eindrücke wiederzugeben. Die Hölle kann nicht derart schrecklich sein. Menschen sind wahnsinnig!«

Surrealismus, die von Breton mitbegründete Kunstbewegung, zielte auf eine Freisetzung der Fantasie durch Beschwörung der wundersamen, unheimlichen Schönheit, wie sie manchmal in Träumen oder Wahnsinn erscheint, mittels Kreationen wie Tasse, Untertasse und Löffel aus Fell, einem Hummer-Telefon oder dem Bild eines Mannes, der im Spiegel seinen eigenen Hinterkopf erblickt. Diese Verspieltheit hatte einen ernsten Hintergrund. 1916, acht Jahre vor Abfassung des Manifests, hatte Breton als junger Medizin- und Psychiatriehospitant in einem Hospital für Geisteskranke gearbeitet. Der Erste Weltkrieg befand sich auf dem Höhepunkt und täglich wurden an der Front Tausende Männer verwundet oder getötet. Einer von Bretons Patienten war ein Mann, der fest behauptete, dass es keinen Krieg gäbe. Kurz nach dieser Erfahrung wurde er als Sanitäter nach Verdun beordert, wo in einer explizit auf das Abschleifen von Menschenleben angelegten Schlacht innerhalb von zehn Monaten etwa eine Million Menschen den Tod fanden. Für Breton lag die Ursache für dieses schreckliche Abschlachten nicht einfach im kriminellen

Wahnwitz von Politikern und Militärführung oder in der Raserei bestimmter Individuen, sondern in der bürgerlichen Vernunft und Zivilisation selbst. Und es war kein Kompromiss möglich »mit einer Welt, die nichts von einem solchen fürchterlichen Abenteuer gelernt hatte«. Eine Alternative, so hoffte er, ließe sich vielleicht mithilfe der Künste entdecken oder entwickeln, die – indem sie entfernte Realitäten zueinanderbrachten und miteinander verbanden und dadurch widersinnige und verblüffende Effekte hervorbrachten – das Potenzial besaßen, einen radikalen Bruch und Wandel in Denken und Fühlen zu bewirken. »Die Schönheit«, schrieb Breton, »wird konvulsiv sein oder sie wird nicht sein.«

Man kann den Surrealismus, in jedem Fall auf kurze Sicht, als gescheitert ansehen. Zum Erschrecken Bretons lebte sein Fast-Zeitgenosse Salvador Dalí, einer der berühmtesten mit der Bewegung verbundenen Künstler, sehr behaglich im faschistischen Spanien. Und selbst, wenn man wie ich davon überzeugt ist, dass der Surrealismus und andere Kunstbewegungen viel bewirkt haben – nicht zuletzt durch die Weise, wie sie Erwartungen durchkreuzen und zum Wundern anregen –, lässt sich darüber streiten, in welchem Maße sie Veränderung tatsächlich anstoßen und nicht nur spiegeln. Bestenfalls wirken sie indirekt, indem sie die Art unserer Träume und unser Wertegefühl prägen. Im Unterschied dazu ist die Verbindung zwischen technologischen Entwicklungen und Veränderungen in unserer Einschätzung dessen, was möglich ist – und folglich wie wir denken und handeln und wo wir Wunder sehen –, oft greifbar und direkt. Neue Technologien produzieren neue Wirklichkeiten und neue Formen menschlicher Interaktion, was neue Kunstformen mit einschließt. Technologische Innovationen, die aus Träumen geboren werden mögen, aber durch systematisches Experimentieren und logisches Denken in die Welt kommen, können wundersame, unheimliche, befreiende oder zutiefst zerstörerische Wirkungen entfalten – und manchmal all dies auf einmal.

Nehmen wir Atlas, einen von Boston Dynamics entwickelten (und von der DARPA finanzierten) humanoiden Roboter, der angeblich letztlich bei Such- und Rettungseinsätzen Verwendung finden soll.

In einem Anfang 2016 veröffentlichten dreiminütigen Video ohne Begleitkommentar startet Atlas wie der Spielzeugnussknacker, indem er aus einer statischen Aufstellung anderer Roboter der Firma, darunter auch BigDog, der Star eines früheren Clips, heraustritt. Während er auf die Tür zuläuft, bewegt Atlas seine Beine wie ein Kleinkind – wenn auch wie eins aus Stahl und von der Größe eines Erwachsenen –, das erst seit Kurzem den Kniff beim Laufen raus hat, aber zusehends Sicherheit gewinnt. Als Nächstes läuft er über schneebedeckten Waldboden, und das durchaus einigermaßen agil und leicht. Die Bewegungen ähneln denen eines Lebewesens und lösen damit etwas aus, das tief im Wahrnehmungssystem unseres Gehirns verankert ist: Dies ist etwas Lebendiges und wie wir/einer von uns. Und doch unterscheidet es sich irgendwie. Das merkt man besonders, wenn der Boden uneben wird und Atlas stolpert und beinahe stürzt. Menschen verfügen über mindestens zwei visuelle Systeme im Gehirn – ›Sicht für Handlung‹ und ›Sicht für Wahrnehmung‹ –, und vor allem dank des zweiten können wir uns leicht über holprigen Untergrund bewegen und im Verein mit anderen Sinnen wie Propriozeption (dem ständigen Wissen, wo sich unsere Glieder befinden) unseren Gang sehr schnell, ohne bewusste Verarbeitung korrigieren. Atlas scheint auf die Folgen eines unsicheren Schritts erst mit kurzer Verzögerung zu reagieren und gerät dadurch deutlich in Schieflage. Dennoch findet er von seinen Beinahe-Stürzen jedes Mal wieder zu geregelter Bewegung zurück, indem er sich aus Winkeln, bei denen es die meisten Menschen flach hinstrecken würde, wieder aufrichtet und seinen ruckhaften Bummel fortsetzt.

Ein anderes Video mit dem Titel »Robots Falling Down at the DARPA Robotics Challenge« zeigt auf komische Weise unbeeindruckende Maschinen.

In der nächsten Einstellung sehen wir Atlas in einem Raum Pakete aufheben und auf ein Stahlregal legen. Seine Bewegungen wirken präzise und vornehm wie die eines Zirkusdirektors, der sich zur Bearbeitung von Aufträgen in ein Warenhaus versetzt findet. Als Nächstes wird Atlas von einem menschlichen Mitarbeiter mit einem Hockeyschläger ein Paket, das der Roboter gerade aufgehoben hat, aus den Händen geschlagen und dann, als sich Atlas danach bückt, um es wieder aufzuheben, unter der Nase weggeschoben. Wie in einem Charlie-Chaplin-Sketch, in dem unser unverwüstlicher Held jeden Rückschlag mit Gleichmut hinnimmt, setzt der Roboter unermüdlich seine Versuche fort. Schließlich wird Atlas mithilfe einer Art Rammbock gewaltsam auf den Boden gestoßen. Für einen Augenblick liegt Atlas scheinbar verwirrt und bezwungen in der Yoga-Kindsstellung da, bevor seine Füße und Knie klicken und sich drehen und der Roboter mit unmenschlicher Schnelligkeit und Kraft vorstößt und wieder aufspringt.

In diesem unschuldigen Sprung in die Senkrechte wird für einen Moment eine mächtige, zukünftige Waffe sichtbar. Doch bevor man diesen Gedanken festhalten kann, tritt Atlas schon durch die Hintertür ins Freie hinaus. Er könnte ein komisches, aus dem Zoo ausgebüchstes Tier sein wie in dem Kinderbuch *Gute Nacht, Gorilla!* Oder ein mechanisches Echo von Thom Yorke im Video des Radiohead-Liedes »Daydreaming«.

Ein dunkles Glas

In den kommenden Jahrzehnten werden Dutzende oder Hunderte Innovationen unser Leben verändern und damit auch, wo wir Wunder und sogar das Erhabene in oder mittels der Technologie unseres 21. Jahrhunderts finden. Einige der Fortschritte könnten einen grundlegenden Wandel menschlichen Lebens mit sich bringen. Dieses Kapitel geht in knapper Form einigen unter vielen verlockenden Möglichkeiten, hauptsächlich auf den Gebieten Energieerzeugung, Erkundung des Weltraums sowie Computerwesen und Robotik nach. Doch zunächst ein Warnhinweis und etwas Hintergrundinformationen.

Es ist unmöglich, mit allem auf dem Laufenden zu bleiben. Wie Robert Burton 1621 schrieb: »Neue Bücher erscheinen Tag um Tag, Pamphlete, Flugschriften, Geschichten, ganze Kataloge mit den unterschiedlichsten Titeln, neue Paradoxa, Meinungen, Schismen, Ketzereien, Kontroversen in der Philosophie, Theologie usw.«

Der Science-Fiction-Autor Stanisław Lem, heißt es, hatte mit allem Recht. Er antizipierte das Gleichgewicht des Schreckens des Kalten Kriegs, bevor die nukleare Triade aus Atomwaffen zu Land, zu Wasser und in der Luft installiert war. Er sah das Internet, noch bevor es überhaupt existierte, als eine Arena voraus, in der Fakten von Unwahrheiten verdrängt werden. (»Was aber bleibt uns dort«, fragte er, »wo eine bedeutungsvolle Tatsache in einer Schwemme von Fälschungen untergeht … ?«) Und bevor der Begriff ›virtuelle Realität‹ aufkam, schrieb er bereits über ihre zu erwartenden Auswirkungen auf Bildung und Kultur. Er nannte sie »Phantomatik«, was man durchaus für die bessere Wortwahl halten kann. Jahrzehnte, bevor Gentechnik und Nanotechnologie in den Bereich des Machbaren rückten, sah er bereits die ethischen Herausforderungen voraus, die sie mit sich bringen. Nichtsdestotrotz war Lem vorsichtig, was Vorhersagen betraf. »Nichts ist so schnell veraltet wie [Vorhersagen über] die Zukunft«, warnte er.

Es gibt gute Gründe, weshalb Vorhersagen über zukünftige Technologie – ganz zu schweigen von allgemeinen Zukunftsvorhersagen – oft danebenliegen. Zu diesen Gründen gehören die Tendenz, Unwägbarkeiten zu unterschätzen, sowie eine gewisse Voreingenommenheit durch das, was wir bereits kennen. »Die Vorstellung, dass die Zukunft anders ist als die Gegenwart, stößt unsere gewöhnliche Denkungsart und Handlungsweise so sehr ab«, schrieb der Ökonom John Maynard Keynes, »dass […] die meisten von uns einen großen Widerstand dagegen entwickeln, die praktischen Konsequenzen daraus zu ziehen.« Diejenigen wiederum, die Veränderungen im Blick haben, unterschätzen oder überschätzen häufig sehr die Geschwindigkeit, mit der diese sich durchsetzen. (Eine große Fehlerquelle in dieser Hinsicht liegt in der Tendenz, die Bedeutung positiver Rückkopplung bzw. des Lawineneffekts zu unterschätzen – man sieht es nicht kommen.) Die Echtheit des

Science-Fiction erweist sich, wie der Autor Cory Doctorow beobachtet, als miserabel in ihren Zukunftsprophezeiungen, aber sie ist groß darin, die Gegenwart vorherzusagen.

»Man sieht es nicht kommen. Man könnte es wahrscheinlich nicht einmal, wenn man es versuchen würde. Die Auswirkungen großer, skalierter Veränderungen liegen häufig jenseits unserer Wahrnehmungsfähigkeit, ja sogar jenseits unserer Vorstellungskraft.« K. C. Cole

kolportierten Zitats von Thomas J. Watson Jr., der um die Jahrhundertmitte IBM leitete – dass es nämlich einen Weltmarkt für rund fünf Computer gäbe –, darf als zweifelhaft gelten, doch anscheinend hat Ken Olsen von der Digital Equipment Corporation tatsächlich 1977 geäußert, es gebe keinen Grund, warum irgendjemand einen Computer zu Hause haben sollte. Auf Seiten der Überschätzungen finden wir einen umfassenden Raumfahrtplan des Space-Shuttle-Herstellers Rockwell International, der sich 1989 die Zukunft so vorstellte: dauerhafte Präsenz des Menschen im Weltraum in den frühen 1990er-Jahren; ›biplanetarische Zivilisation‹ auf Mond und Erde ab 2006; Verfügung über unbegrenzte materielle Ressourcen aus Asteroiden ab 2020 und Expansion der menschlichen Zivilisation über das Sonnensystem hinaus ab 2050. Fast dreißig Jahre später scheinen wir immer noch Jahrzehnte von einer dauerhaften Präsenz des Menschen auf dem Mond entfernt. (Lediglich eine von Rockwells Szenarien scheint zumindest mit einer geringen Wahrscheinlichkeit nach Zeitplan eintreffen zu können: unbegrenzte Sonnenenergie auf der Erde ab den 2020er-Jahren.)

Wenn wir uns nur die Technologie anschauen, führt das selten besonders weit. Diejenigen, die eine ernsthafte Planung der Zukunft von Märkten und Gesellschaft zu ihrem Geschäft machen, betonen, dass man technologische Entwicklungen im Zusammenhang mit anderen Triebkräften des Wandels betrachten muss. Der Futurologe David Wood, der bei Vorhersagen über einen Zeitraum von mehr als zehn Jahren zur Vorsicht mahnt, vermutet, dass das kommende Jahrzehnt durch vier sich gegenseitig beeinflussende Entwicklungen bestimmt sein wird. Die erste Entwicklung betrifft Technologie; hier sieht er zum größten Teil sehr positive Möglichkeiten. Doch die zweite Entwicklung – eine zunehmende Wahrscheinlichkeit sozialer Krisen – beinhaltet großes negatives Potenzial. Wood zufolge wird das Ergebnis des ›Rennens‹ zwischen diesen beiden wahrscheinlich von einer dritten Entwicklung abhängen: nämlich in welchem Maße Menschen aus verschiedenen Teilen der Welt lernen, zu kooperieren statt zu konkurrieren. Das wiederum wird von einer vierten

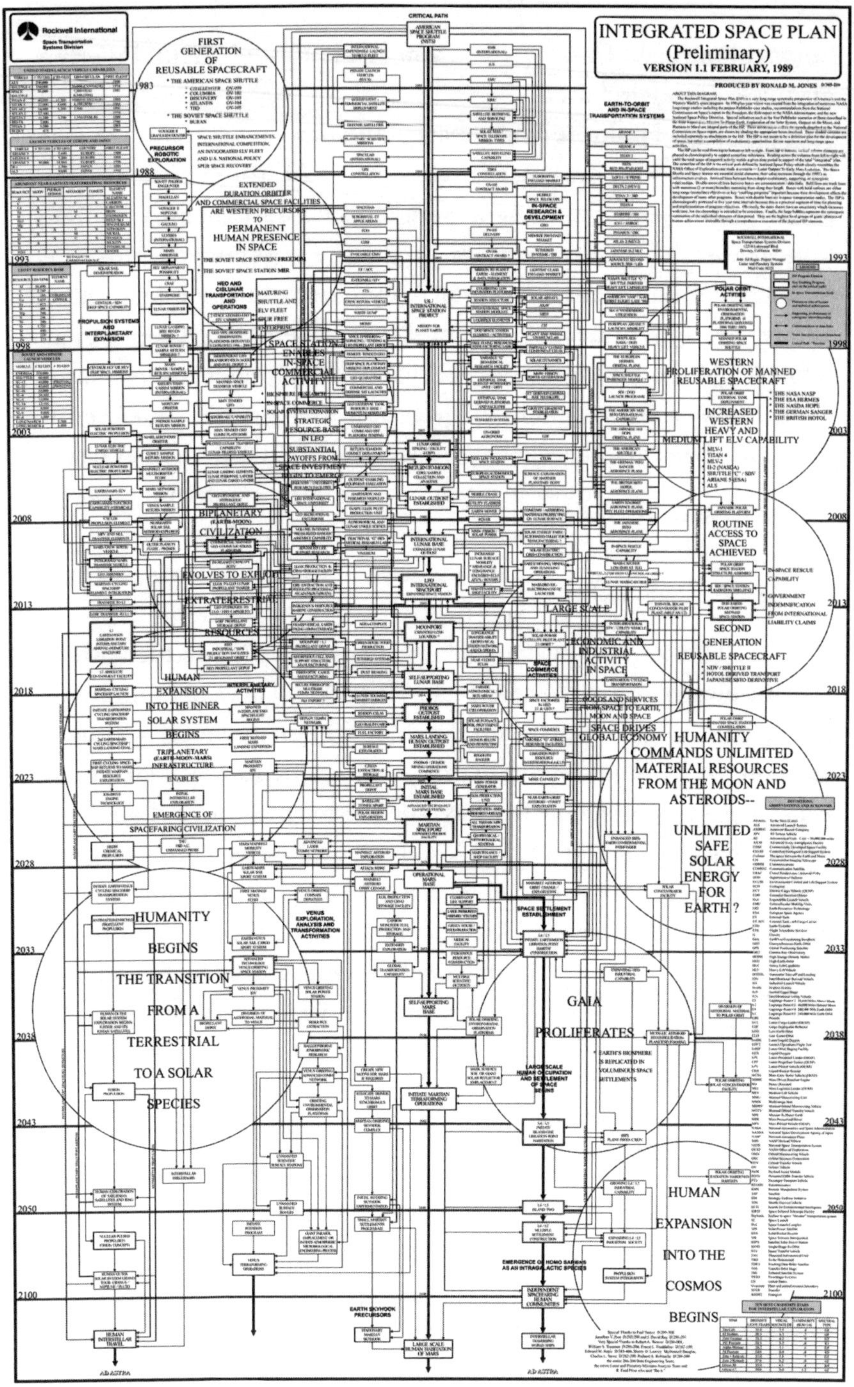

Rockwell International
Space Transportation Systems Division
CRITICAL PATH
INTEGRATED SPACE PLAN
(Preliminary)
VERSION 1.1 FEBRUARY, 1989
PRODUCED BY RONALD M. JONES
FIRST GENERATION OF REUSABLE SPACECRAFT
THE AMERICAN SPACE SHUTTLE
THE SOVIET SPACE SHUTTLE
PRECURSOR ROBOTIC EXPLORATION
EXTENDED DURATION ORBITER AND COMMERCIAL SPACE FACILITIES ARE WESTERN PRECURSORS TO PERMANENT HUMAN PRESENCE IN SPACE
THE SOVIET SPACE STATION MIR
HEO AND CISLUNAR TRANSPORTATION AND OPERATIONS
MATURING SHUTTLE AND ELV FLEET SPUR FREE ENTERPRISE
PROPULSION SYSTEMS AND INTERPLANETARY EXPANSION
SPACE STATION ENABLES IN-SPACE COMMERCIAL ACTIVITY
STRATEGIC RESOURCE BASE IN LEO
SUBSTANTIAL PAYOFFS FROM SPACE INVESTMENT
EARTH-TO-ORBIT AND IN-SPACE TRANSPORTATION SYSTEMS
IN-SPACE RESEARCH & DEVELOPMENT
POLAR ORBIT ACTIVITIES
WESTERN PROLIFERATION OF MANNED REUSABLE SPACECRAFT
INCREASED WESTERN HEAVY AND MEDIUM LIFT ELV CAPABILITY
ROUTINE ACCESS TO SPACE ACHIEVED
BIPLANETARY (EARTH-MOON) CIVILIZATION
EVOLVES TO EXPLOIT EXTRATERRESTRIAL RESOURCES
LARGE SCALE ECONOMIC AND INDUSTRIAL ACTIVITY IN SPACE
SECOND GENERATION REUSABLE SPACECRAFT
HUMAN EXPANSION INTO THE INNER SOLAR SYSTEM BEGINS
TRIPLANETARY (EARTH-MOON-MARS) INFRASTRUCTURE ENABLES EMERGENCE OF SPACEFARING CIVILIZATION
GOODS AND SERVICES FROM SPACE TO EARTH, MOON AND SPACE
SPACE DRIVES GLOBAL ECONOMY
HUMANITY COMMANDS UNLIMITED MATERIAL RESOURCES FROM THE MOON AND ASTEROIDS--
UNLIMITED SAFE SOLAR ENERGY FOR EARTH ?
HUMANITY BEGINS THE TRANSITION FROM A TERRESTRIAL TO A SOLAR SPECIES
VENUS EXPLORATION, ANALYSIS AND TRANSFORMATION ACTIVITIES
SPACE SETTLEMENT ESTABLISHMENT
GAIA PROLIFERATES
LARGE SCALE HUMAN OCCUPATION AND SETTLEMENT OF SPACE BEGINS
HUMAN EXPANSION INTO THE COSMOS BEGINS
EMERGENCE OF HOMO SAPIENS AS AN INTRAGALACTIC SPECIES
EARTH SKYHOOK PRECURSORS
LARGE SCALE HUMAN HABITATION OF MARS
HUMAN INTERSTELLAR TRAVEL
AD ASTRA
1983
1988
1993
1998
2003
2008
2013
2018
2023
2028
2033
2038
2043
2050
2100

Entwicklung beeinflusst werden: von den Philosophien und Werten, die unser Handeln leiten.

Doch statt konkrete Vorhersagen zu versuchen, bemühen sich Futurologen häufig darum, »die Gegenwart zu stören« (wie Gaston Berger, ein Pionier in diesem Bereich, sich ausdrückte). Seinem Kollegen Andrew Curry zufolge »besteht ein guter Teil [unserer] Arbeit darin, den Menschen einfach nur einen umfassenderen Blick auf das System, in dem sie leben, zu vermitteln, denn wenn es zu schnellen Veränderungen oder überhaupt zu Veränderungen kommt, dann weil sich etwas außerhalb ihres unmittelbaren Systems verändert.« Die leitende Idee dabei ist, dass wir der Zukunft besser begegnen und sie beeinflussen können, wenn wir uns bewusster machen, was außerhalb unserer alltäglichen Aufmerksamkeit liegt.

»unser Wissen [ist] historisch […], fließend und flüchtig.« Elizabeth Bishop

Der Risikokapitalinvestor Albert Wenger gehört zu nicht wenigen, die diesem Ansatz folgen. Technologischen Fortschritten wohnt, da sie den Möglichkeitsraum der Menschheit erweitern, immer das Potenzial für gut und böse inne, sagt er. Die Kontrolle über das Feuer beispielsweise machte das Kochen möglich, und ebenso die hemmungslose Zerstörung von Wäldern, und die Bemeisterung des Eisens erlaubte das Schmieden von Pflügen und Schwertern gleichermaßen. Entsprechend kann das Internet freien Zugang zu Bildung für alle schaffen, aber auch Hass und Desinformation verbreiten, und künstliche Intelligenz kann Autofahren sicherer machen oder zur effektiveren Manipulation von Menschen eingesetzt werden. Nichtsdestotrotz, sagt Wenger, handelt es sich beim gegenwärtigen Schub technologischer Entwicklung um etwas Besonderes, weil er einen tief greifenden Wandel mit sich bringt, wie ihn die Menschheit erst zweimal erlebt hat. Der erste bestand in der Erfindung der Landwirtschaft und der zweite in der Aufklärung und dem Industriezeitalter. Der dritte tief greifende

»Mein Freund, wir haben den Wald zu einem Ödland gemacht; wie sollen wir unseren Göttern Rechenschaft geben?« Gilgamesch-Epos, ca. 1800 v. Chr.

Wandel ist laut Wenger die Allgegenwart digitaler Technologie und die universelle Verfügbarkeit von Computern zu vernachlässigbaren Grenzkosten. Dies werde nach seiner Überzeugung die ›beschränkende Knappheit‹ der Menschheit grundlegend verändern. Er zieht hier wieder einen historischen Präzedenzfall heran. Im Zeitalter des Sammelns und Jagens bestand die beschränkende Knappheit in der Nahrung. Im Agrarzeitalter war es Boden, im Industriezeitalter Kapital. Im sich gegenwärtig entfaltenden Zeitalter wird es Wissen und Aufmerksamkeit sein. Entscheidend ist, dass der Übergang gut gelingt, denn die vergangenen beiden Umbrüche waren von heftigen Unruhen und Aufruhr geprägt, nicht zuletzt von zwei Weltkriegen beim Übergang vom Agrarzeitalter zum Industriezeitalter.

Eric Drexler denkt, dass atomgenaue Fertigung (im Grunde also Nanotechnologie) für physische Produkte leisten wird, was Digitaltechnologie für Informations-, Ton- und Bildtechnologie bedeutet hat. Sprich, sie frei und allgemein verfügbar zu machen und ein Zeitalter »radikalen Überflusses« einzuleiten.

Die Historiker Naomi Oreskes und Erik Conway zeichnen eine Zukunft, in der die Gesellschaften den Übergang nicht meistern. In ihrem 2014 erschienenen spekulativen Roman *The Collapse of Western Civilization* blickt ein chinesischer Wissenschaftler im Jahr 2393 zurück auf das 21. Jahrhundert, in dem der durch Menschen verursachte Klimawandel außer Kontrolle geriet (in anderen Worten sich so entwickelte, wie es heute wahrscheinlich scheint) und unzählige Menschenleben durch Kriege, Hungersnöte und Krankheiten forderte. Beim Versuch einer Erklärung, was schiefgelaufen ist, findet der Chronist die Gründe in Leugnung und Selbstbetrug, die in einer ideologischen Fixierung auf ›freie‹ Märkte wurzeln. Tragischerweise war vielen Menschen im Westen bewusst, was geschah, und doch konnten sie es nicht stoppen: »Das enorme Ausmaß ihres Wissens, gepaart mit ihrer Unfähigkeit, sich diesem Wissen entsprechend zu verhalten, ist der eigentlich erscheckendste Aspekt an der Geschichte ihres Niedergangs. Wissen war nicht gleichbedeutend mit Macht.« Wissenschaftler wurden behindert durch ihre eigene mangelnde Bereitschaft, die Stimme zu erheben, sowie durch mächtige Interessen, die die Werte der Aufklärung zugunsten postfaktischer Politik über Bord warfen. Bezeichnend war hier das Gesetz 819 des Repräsentantenhauses von North Carolina, das im Jahr 2012 Bundes- und Landesbehörden untersagte, ihre Küstenpolitik auf wissenschaftliche Modelle zu gründen, die auf einen beschleunigten Anstieg des Meeresspiegels hindeuten. Dem folgte 2025 das Nationale Stabilitätssicherungsgesetz, das zur Verurteilung und Inhaftierung von mehr als dreihundert Wissenschaftlern führte, da sie die Sicherheit und das Wohl der Allgemeinheit mit übertrieben alarmistischen Drohungen gefährdet hätten. (Das Gesetz von 2012 wurde tatsächlich verabschiedet; das Gesetz von 2025 existiert natürlich nur in einer vorgestellten Zukunft. *The Collapse of Western Cvilization* wurde geschrieben, bevor Donald Trump und Scott Pruitt die Ablehnung der Klimawissenschaft in die Spitze des US-Regierung trugen.)

Oreskes und Conway mögen falsch dabei liegen, nur den Marktfundamentalismus dafür verantwortlich zu machen, dass die Reaktion auf den Klimawandel nicht rechtzeitig erfolgt. Leugnung und Verblendung hinsichtlich aller möglichen Herausforderungen und Bedrohungen, wozu auch der Klimawandel gehört, kann bei Anhängern verschiedenster Glaubenssysteme auftreten. Doch das von ihnen beschriebene Szenario scheint eine plausible Extrapolation gegenwärtiger Tendenzen. Dennoch ist das nur eine von vielen Möglichkeiten, wie sich die Zukunft entwickeln kann. Letztlich geht es in ihrem Buch ja auch darum, Menschen dazu zu motivieren, gegen ein solches Resultat anzuarbeiten. Der Witz am Nachdenken über die Zukunft ist es, unser Handeln hier und heute zu ändern.

Energie für zehn Milliarden Menschen

Für zwei Milliarden der siebeneinhalb Milliarden Menschen, die heute auf der Erde leben, stellt Energie ein leicht verfügbares und kostengünstiges alltägliches Wunder dar, auf das wir kaum achten.

Dieser Zugang gehört zu Dingen, die uns viel reicher, wenn auch nicht unbedingt glücklicher machen als frühere Generationen. Die historische Entwicklung ist erstaunlich. Mit einer Stunde Arbeit zum englischen Durchschnittslohn konnte man im Jahr 1800 zehn Minuten künstliches Licht erwerben. 1880, kurz bevor Glühlampen allgemein verfügbar wurden und Petroleum immer noch die beste Wahl war – bekam man dafür drei Stunden nächtliches Leselicht. Heute entspricht eine Stunde Durchschnittsarbeit dreihundert Tagen Licht. Bis vor Kurzem wurde die Energie, die uns so freigiebig zur Verfügung steht, durch die Verbrennung von Kohle, Öl und Gas erzeugt. Das kann nicht so weitergehen, ohne einen gefährlichen Klimawandel zu befeuern. Um den Bedarf eines größeren Teils einer wachsenden Weltbevölkerung zu decken, die in diesem Jahrhundert wahrscheinlich neun oder zehn Milliarden Menschen erreichen wird, benötigen wir Alternativen ohne oder mit nur geringem Kohlendioxidausstoß. Die Herausforderungen sind enorm, aber zu bewältigen. Der globale Kohle- und Ölverbrauch könnte bereits 2020, der globale Energiebedarf dank Effizienzsteigerungen schon in den 2030er-Jahren seinen Höhepunkt erreichen.

Einige der Alternativen zu fossilen Energieträgern unterscheiden sich nicht groß von diesen. Dazu gehören verschiedene Formen von Biomasse wie Holz und aus Feldpflanzen gewonnene Brennstoffe, und diese werden wahrscheinlich ein signifikanter Teil des Energiemixes bleiben. Biomasse macht etwa zwei Drittel der erneuerbaren Energien in Deutschland aus, ein Land, das wie kaum ein anderes darauf hingewirkt hat, seinen Energiesektor auf grüne Energie umzustellen. Dieser Weg hat auch eine Kehrseite – Biomasseproduktion kann große Flächen fruchtbaren Bodens in Beschlag nehmen und zur Zerstörung von Wäldern von hohem ökologischen Wert und mit wichtigem Wildtierbestand führen –, doch technischer Fortschritt könnte diese Nachteile verringern. Durch Genmanipulation auf die Produktion von Brennstoffen ausgerichtete Algen oder andere Lebensformen könnten sich als bedeutende neue Energiequellen erweisen. Ein anderer vielversprechender Ansatz mag auch in der anaeroben Vergärung von Pflanzen wie Opuntien und anderen Sukkulenten liegen, die an trockenen Orten wachsen, an denen kein Regenfeldbau möglich ist.

Nukleare Energie aus herkömmlichen Kernreaktoren bietet ebenfalls eine Energiequelle fast ohne Treibhausgasemissionen, und obwohl die deutsche Regierung einen globalen Ausstieg befördern möchte, spielt die Technologie weiterhin eine wichtige Rolle. Laut der World Nuclear Association kommen rund 440 Reaktoren weltweit für über 11 Prozent der globalen Stromversorgung auf. 2016 befanden sich 60 neue Reaktoren im Bau, mehr als 160 in der Planung und weitere 300 in der Vorschlagsphase. Es muss sich allerdings erst noch zeigen, ob Kernspaltung eine zentrale Rolle im Übergang zu einer emissionsarmen Ökonomie einnehmen wird. Manche Reaktortypen wie der für Hinkley Point C in England geplante scheinen absurd teuer, und eine neue Generation modularer Kernreaktoren erfordert neue Investitionen im Milliardenbereich. Brutreaktoren, die ihren eigenen Brennstoff hervorbringen, erzeugen Plutonium, ein langlebiges, gefährliches Abfallprodukt und ausgezeichnet zum Bombenbau geeignet.

Wasser- und Windkraft liefern ebenfalls beinahe schadstofffreie Energie im großen Maßstab. Große Staudämme lassen sich nur an einer begrenzten Zahl von Orten bauen und haben zerstörerische Wirkung. Ein einschlägiger Fall in der letzten Zeit waren Pläne zur Stauung des Rio Tapajós in Brasilien, die die Munduruku von ihrem angestammten Land vertrieben und eine Region von außerordentlicher Biodiversität überflutet hätte. Windkraft besitzt größeres Verbreitungspotenzial mit möglicherweise weniger negativen Auswirkungen. Der größte On-shore-Windpark der Welt in der chinesischen Provinz Gansu erzeugt zu Spitzenzeiten 6,2 Gigawatt Strom und soll bis 2020 sogar 20 Gigawatt erreichen – das entspricht zehn bis zwanzig sehr großen Kohlekraftwerken oder etwas mehr als 1 Prozent des gesamten Energiebedarfs in China. Im Vergleich dazu hat London Array, der größte Offshore-Windpark der Welt, aktuell eine Nennleistung von 0,63 Gigawatt.

Damit geht es wahrscheinlich erst los. Anfang 2017 gab die Nationale Energiebehörde Chinas bekannt, dass sie mindestens 360 Milliarden Dollar in erneuerbare Energien, darunter Windenergie und Fotovoltaik, investieren wolle.

Das größte Potenzial für eine sichere, dauerhafte und bezahlbare Energiequelle hat aber wahrscheinlich die Sonne, sei es als Inspiration für künstlich erzeugte Kernfusion oder als direkte Energiequelle für Fotovoltaikanlagen und andere Solartechniksysteme. Kernfusion würde in Miniatur und unter kontrollierten Bedingungen auf der Erde nachbilden, was unablässig im Innern der Sonne vor sich geht – allerdings, zumindest theoretisch, sehr viel effizienter. Im Unterschied zur Kernspaltung produziert Kernfusion keinen toxischen und langlebigen radioaktiven Abfall. Außerdem kann es bei einem Fusionsreaktor nicht zu einer Kernschmelze kommen. Seinen Hauptbrennstoff bildet Deuterium, ein Wasserstoffisotop, das in gewöhnlichem Wasser an Sauerstoff gebunden vorliegt und somit fast unbegrenzt zur Verfügung steht. Ein Kilogramm davon kann so viel Energie erzeugen wie hunderttausend Barrel Öl. Wenn die Fusion zum Laufen gebracht werden sollte, lässt sich der Energiebedarf der Welt mehr oder weniger bis in alle Ewigkeit mittels eines Prozesses decken, mit dessen Abfallprodukt, Helium, man dann MRT-Scanner und Luftballons befüllen könnte. Indem sie eines der großartigsten Phänomene im Universum unter menschliche Kontrolle brächte, wäre Kernfusion ein herausragendes Beispiel für das Erhabene in der Technologie.

Bemühungen um Nutzung der Kernfusion zu friedlichen Zwecken begannen in den 1950er-Jahren unter großen Hoffnungen: mit Experimenten wie dem von dem Physiker James Tuck entwickelten und so charmant getauften Perhapsatron – einem frühen Versuch, superheiße Plasmafusion in ein elektromagnetisches Feld ›einzuklemmen‹. Doch bislang haben sich diese Hoffnungen nicht erfüllt. In den seither vergangenen sechs Jahrzehnten haben Tausende erfindungsreiche und mit großzügigen Geldmitteln ausgestattete Forscher in Dutzenden Ländern die Schwierigkeiten einer praktikablen Nutzung der Kernfusion nicht überwinden können.

Unkontrollierte Kernfusion wurde auf der Erde zum ersten Mal 1952 mit der Wasserstoffbombe Ivy Mike demonstriert. Binnen zehn Jahren besaßen die USA und die Sowjetunion genügend Bomben, um alles menschliche Leben auf der Erde auszulöschen.

Einige Verfechter der Kernfusion behaupten, dass es bald nach 2027 losgehen werde, sobald der International Thermonuclear Experimental Reactor (ITER) im Kernforschungszentrum des französischen Cadarache angeschaltet wird. Mit dreizehn Metern Höhe, einem Gewicht von 320 000 Tonnen und zehn Millionen Einzelteilen ist ITER eine der komplexesten Maschinen, die jemals gebaut wurden. (Mit zwanzig Milliarden Dollar oder mehr Produktionskosten, etwa einem Fünftel des Apollo-Weltraumprogramms, könnte er auch die teuerste Maschine sein.) Mehr als 2800 Tonnen supraleitender Magnete, einige davon schwerer als ein Jumbojet, werden durch 200 Kilometer supraleitender Kabel verbunden, die durch die weltweit größte kryotechnische Anlage, die jede Stunde 12 000 Liter flüssigen Heliums pumpt, auf einer Temperatur von –269 Grad Celsius gehalten werden. ITERs donutförmige Vakuumkammer, Tokamak genannt, soll Wasserstoff auf mehr als 200 Millionen Grad Celsius aufheizen – mehr als dreizehn Mal heißer als im Kern der Sonne –, sodass aus der Fusion des Deuteriums Helium und Energie entsteht. Da keine Substanz diese Reaktion eindämmen kann, wird sie in einer magnetischen ›Flasche‹ eingeschlossen, erzeugt durch das größte jemals gebaute System supraleitender Magnete, die direkt unter dem Reaktorkern sitzend auf wenige Grad über dem absoluten Nullpunkt gekühlt werden. ITER soll schätzungsweise 500 Megawatt – in der Größenordnung eines typischen Kohlekraftwerks – über einen Zeitraum von bis zu tausend Sekunden erzeugen können.

Wenn denn alles nach Plan verläuft. ITER ist immer weiter hinter den Zeitplan zurückgefallen, seit die Arbeiten daran in den frühen 1990er-Jahren begannen, und es wird fast sicher zu weiteren Verzögerungen kommen. Einige Komponenten der Maschine wie die zentrale Zylinderspule (ein Elektromagnet) stellen die Fertigung vor enorme und möglicherweise unüberwindliche Herausforderungen. Andere wie der Sicherheitsbehälter erfordern Fortschritte in der Materialwissenschaft, die sich als nicht realisierbar erweisen könnten. Außerdem fehlen noch Beweise, dass mit diesem Design die Turbulenzen des Plasmas überhaupt beherrscht werden können.

Zum Vergleich: 2015 wurden weltweit 325 Milliarden Dollar an Subventionen für fossile Brennstoffen ausgegeben.

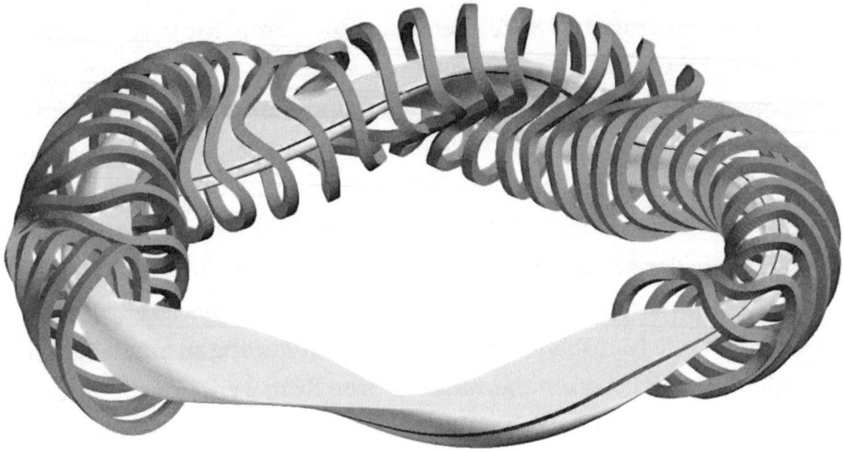

Schematische Darstellung des Wendelstein 7-X Stellarator.

Und selbst wenn all diese Probleme gelöst werden, sieht die Planung nur eine Laufzeit von siebzehn Minuten vor. Ein kommerzieller Reaktor müsste dauerhaft betrieben werden können, und bislang gibt es keine tragfähigen Ideen, wie dies bewerkstelligt werden könnte.

Einige, die die Aussichten für eine kontrollierte Fusion nach wie vor optimistisch sehen, glauben, dass sich die Herausforderungen letztlich meistern lassen. Andere geben sich damit zufrieden, einfach nur kleine Fortschritte auf dem Weg zu einem Ziel zu machen, bei dessen Erreichen ihrer Überzeugung nach unzählige Vorzüge winken würden. Ein am ITER beteiligter Wissenschaftler vergleicht ihre Arbeit mit der der Steinmetze am York Minster, dessen Fertigstellung über zweihundertfünfzig Jahre dauerte. Er ließe sich daher mehr als eine Art künstlerisches und politisches Projekt auffassen – Ausdruck einer Hoffnung und Quelle saftiger Verträge – denn als Lösung aller Energieprobleme noch zu unseren Lebzeiten. Doch ITER ist nicht der einzige Spielplatz in Fusionsstadt. 2016 wurde der wie ein gigantisches Möbiusband geformte Wendelstein 7-X Stellarator in Deutschland kurzzeitig mit einer kleinen Menge Wasserstoffplasma hochgefahren. Ebenfalls 2016 soll der Experimental Advances Superconducting

Tokamak in China 102 Sekunden lang eine Temperatur von 50 Millionen Grad Celsius aufrechterhalten haben.

Ingenieure arbeiten auch an vielen anderen Orten, unter anderem bei Tokamak Energy in Großbritannien und bei Lockheed Martin und am MIT in den Vereinigten Staaten, an modularen Fusionsreaktor-Designs, die viel kleiner ausfallen als ITER und nach Aussagen der Entwickler vor 2050 verlässlich Energie liefern können sollen.

Ob Fusionsreaktoren jemals zu Funktionsreife entwickelt werden oder nicht, die Menschheit hat bereits freien Zugang zu einem 38 Billiarden Terawatt starken thermonuklearen Kraftwerk in sicherer Entfernung mit einer Laufzeit weit über den Horizont der Menschheit hinaus. Rund ein Zehnmillionstel der abgestrahlten Sonnenenergie trifft auf die Erdoberfläche, doch schon neunzig Minuten davon entsprechen dem Weltjahresverbrauch an Energie (und ein halbes Jahr davon so viel, wie aus den gesamten Kohle-, Öl-, Erdgas- und Uranvorkommen der Erde jemals gewonnen werden könnte). Plankton, Algen und Pflanzen absorbieren weniger als ein Tausendstel dieses Anteils, und wenn Menschen etwa ein Sechstel dessen, was diese anderen Lebensformen aufnehmen, einfangen könnten, hätten wir den gesamten heutigen Energiebedarf gedeckt.

Solartechnik erweist sich bereits in vielen Kontexten als praktikabel und wettbewerbsfähig. Sonnenwärmekraftwerke zum Beispiel, bei denen mit der Sonnenwärme eine Dampfturbine angetrieben wird, funktionieren heute auf einer mittleren Größenordnung. Eine 2016 bei Crescent Dunes in Nevada errichtete Anlage versorgt fünfundsiebzigtausend Haushalte Tag und Nacht mit Energie. Die am Tag generierte Wärme wird in Salzschmelze gespeichert, um die Turbine auch bei Nacht weiter anzutreiben.

Doch als mit Abstand attraktivste Technologie erweist sich die Fotovoltaik oder PV, bei der Sonnenlicht mittels Halbleitern wie Silizium oder Germanium in Strom umgewandelt wird. Sie hat bereits überraschende Erfolge vorzuweisen. 2016 umrundete die *Solar Impulse 2*, ein komplett durch PV angetriebenes Flugzeug, die Erde. Verglichen mit einem Düsenjet kam die Maschine nur langsam und beschwerlich voran, doch sie bewies, dass das Prinzip funktioniert. Elektromotoren, die durch PV mit Energie versorgt werden, scheint eine glänzende Zukunft beschieden: Den Beschleunigungsweltrekord an Land hält bereits ein Elektroauto, und fliegende Autos in Form modifizierter Drohnen scheinen von der Alltagsrealität nicht mehr weit entfernt. Sonnenkollektoren generieren bereits in weniger als einem Jahr (Tendenz sinkend) so viel Energie, wie zu ihrer Herstellung benötigt wurde. Das bedeutet, dass sie bei einer Lebensdauer von zwanzig oder mehr Jahren reichlich schadstofffreie Energie liefern. Der kumulative Strahlungsantrieb des Kohlendioxids, das durch Verbrennung fossiler Brennstoffe ausgestoßen wird, übersteigt die dadurch freigesetzte Energie hingegen um einen Faktor von mehr als Hunderttausend.

Den größten Einfluss wird PV jedoch wahrscheinlich bei der Stromerzeugung haben. Gegenwärtig hält sich der Anteil noch in Grenzen: 2016 lag der Wert bei einem Prozent der globalen Nachfrage. Doch mit rasch sinkenden Kosten ist bald eine Verdopplung und dann noch eine Verdopplung zu erwarten. Ein Prozent muss man lediglich sechsmal verdoppeln, um auf einen Marktanteil von vierundsechzig Prozent zu kommen. In mittleren Breitengraden, wo das Gros der Weltbevölkerung lebt, dürfte sich PV zu einem Grundpfeiler der Energieversorgung entwickeln. Zum Zeitpunkt, da ich dies schreibe, findet sich der niedrigste jemals garantierte Strompreis gleich welcher Technologie in einem 2016 abgeschlossenen Solarenergiedeal in Abu Dhabi. Der Preis wurde auf 0,0242 US-Dollar pro Kilowattstunde festgeschrieben. Im Vergleich dazu liegt der übliche Preis eines Gaskraftwerks bei 5,6 Cent pro Kilowattstunde. In Indien, das noch vor 2030 China als bevölkerungsreichstes Land überholen wird, konnte Sonnenenergie, wie eine Studie des Beratungsunternehmens KMPG zeigte, bereits mit Kohle konkurrieren, selbst wenn Vertriebskosten und Netzintegrationskosten miteingerechnet wurden. Und in Zukunft wird Sonnenenergie noch deutlich billiger werden. Wenn Akkus und andere Energiespeichersysteme im Verlauf der nächsten zwanzig Jahre günstiger werden und größere Verbreitung finden, wie viele Leute denken, dann werden die Vorzüge von PV vermutlich unwiderstehlich. »Akkus werden vermutlich bald das günstigste Mittel zum Ausgleich der täglichen Strombedarfsspitzen und -senken auf dem Strommarkt sein«, schreibt Chris Goodall, Autor von *The Switch*, einer Anatomie der Revolution erneuerbarer Energien. »Die Folgen davon können gar nicht groß genug eingeschätzt werden. In Ländern mit beständiger Sonneneinstrahlung bedeutet dies, dass Solarenergie plus Speicherung bald zur preisgünstigsten Energiequelle werden wird.« Regionen mit geringerer Sonneneinstrahlung wie etwa Nordeuropa könnten gezwungen sein, einen anderen Weg zu wählen. Goodall schlägt zur Kompensation Technologien wie ›Energie-zu-Gas‹ vor, bei denen aus PV- oder Windanlagen stammende überschüssige Energie aus sonnigen oder windigen Phasen zur Erzeugung von Wasserstoff oder Methan genutzt wird, um sie zur späteren Verwendung zu speichern.

Das hat ungeheure Implikationen. Ein Überfluss billiger, lokal und selbst erzeugten Stroms könnte bald Hunderten Millionen Menschen zur Verfügung stehen, die ihn sich bislang nicht leisten konnten. Und wenn dieser Wandel ›richtig‹ durchgeführt wird, könnte es zu einer Verschiebung von Macht und Kapital von Unternehmen und Staaten hin zu den Bürgern kommen. Jedes Kind hätte ausreichend Licht zum Lernen und Spielen. Eltern wären imstande, ihre Familien mit Wärme (oder Kühle) und ausreichend Nahrung zu versorgen. Unternehmen könnten massiv ihre Kosten senken. Damit wären nicht alle Umweltprobleme gelöst – nicht zuletzt deshalb, weil rund ein Drittel der Treibhausgasemissionen aus anderen Bereichen wie Landwirtschaft und Abholzung stammen und sich die Schädigung oder Zerstörung vieler Ökosysteme fortsetzen würde –, doch es wäre ein Anfang: ein Schritt auf dem Weg zu einer »erneuerbaren Ökonomie«, wie es die Wirtschaftswissenschaftlerin Kate Raworth nennt.

»Wir leben im Kapitalismus. Seine Macht scheint unentrinnbar. Das galt auch für das gottgegebene Recht von Königen.« Ursula Le Guin

Möglicherweise genügt PV zusammen mit Energiespeicherung nicht allein, um unseren gesamten Energiebedarf zu decken. Doch zumindest eine andere Solar-

Das Erhabene in der Technologie, Variante Sonnenkollektoren.

technologie könnte eines Tages Energie im Überfluss liefern und hätte zugleich den Vorteil, das Risiko eines gefährlichen Klimawandels zu verringern, indem sie der Atmosphäre Kohlendioxid entzieht. Es handelt sich um künstliche Fotosynthese – ein System, das nachahmt, was Pflanzen tagtäglich tun.

Wenn Pflanzen und andere Organismen Fotosynthese betreiben, ›essen‹ sie Sonnenlicht, indem sie ihre Energie aufnehmen und in Glukose, einem Brennstoff auf Kohlenstoffbasis, speichern. Dazu nutzen sie Wasser und Kohlendioxid und scheiden Wasser und Sauerstoff aus. Das ist es im Grunde schon, auch wenn die Details (insbesondere die Rolle von Enzymen oder Katalysatoren) äußerst komplex und extrem schwer künstlich zu imitieren sind. »Es ist absolut verblüffend, dass [...] ein Blatt bei Raumtemperatur und normalen Druckverhältnissen aus Sonnenlicht Sauerstoff produzieren und Kohlenstoff binden kann«, sagt Uwe Bergmann vom National Accelerator Laboratory am Stanford Linear Accelerator Center in den Vereinigten Staaten. »Wenn man sich selbst daran versucht, kann man sich nur wundern, wie großartig das alles ist.«

Ein kleiner Ausschnitt dieses Wunders funktioniert so: Fotosynthese beginnt im Innern von Blättern mit ausgebreiteten Strukturen, die Antennenkomplexe genannt werden. Diese bestehen teilweise aus Chlorophyll, das Pflanzen ihre grüne Farbe verleiht. Wenn Sonnenlicht auf das Blatt trifft, krachen Photonen in die Chlorophyllmoleküle und schlagen dabei Elektronen aus Magnesiumatomen heraus. Elektronen besitzen negative Ladung, sodass durch ihren Verlust positiv geladene Magnesiumionen entstehen. Ein derart getrenntes Elektron-Ion-Paar nennt man Exziton – darin steckt nun praktisch die Energie des Photons.

Damit Licht effizient in Elektrizität verwandelt werden kann, muss die Energie des Exzitons bei seiner Bewegung tief im sogenannten Reaktionszentrum des Blatts erhalten bleiben. Diese Energie kann dann bei der Neuordnung der in Wasser und Kohlendioxid enthaltenen Atome zu einfachen Zuckern und Sauerstoff Verwendung finden. Der Schlüssel zur Erhaltung der Energie des Exzitons liegt in der Form, wie es sich ins Reaktionszentrum bewegt. 2007 entdeckten Forscher, dass Exzitonen dank eines Quantenphänomens ihren Weg finden. Statt wahllos durch einen Wald von Chlorophyllmolekülen zu rempeln, bis sie zufällig ihr Ziel erreichen, befinden sich Exzitonen in ›Kohärenz‹ – das heißt praktisch, dass sie sich über alle möglichen Pfade verteilen und dann über die effizienteste Route abfließen.

Im Vergleich dazu mögen sich die im Labor unternommenen Anstrengungen bescheiden ausnehmen, doch sie haben ihren Wert. Ein 2011 von Daniel Nocera und einem Team am MIT entwickeltes künstliches ›Blatt‹ wurde von vielen als Durchbruch gefeiert. Es sah nicht wie ein Blatt aus, und es verwandelte auch nicht Wasser und Kohlendioxid in Brennstoff, doch die zentrale Schicht seiner Sandwichstruktur wandelte Sonnenlicht in Elektrizität um, die dann gelenkt in die äußeren Schichten abfloss, wo mittels Katalysatoren Sauerstoff und Wasserstoff generiert wurde. Der Wasserstoff ließ sich speichern und als flüssiger Brennstoff verwenden. Nocera nutzte für sein Blatt weitgehend Materialien, die kostengünstig und überall verfügbar sind. Es erwies sich als effizienter als natürliche Fotosynthese

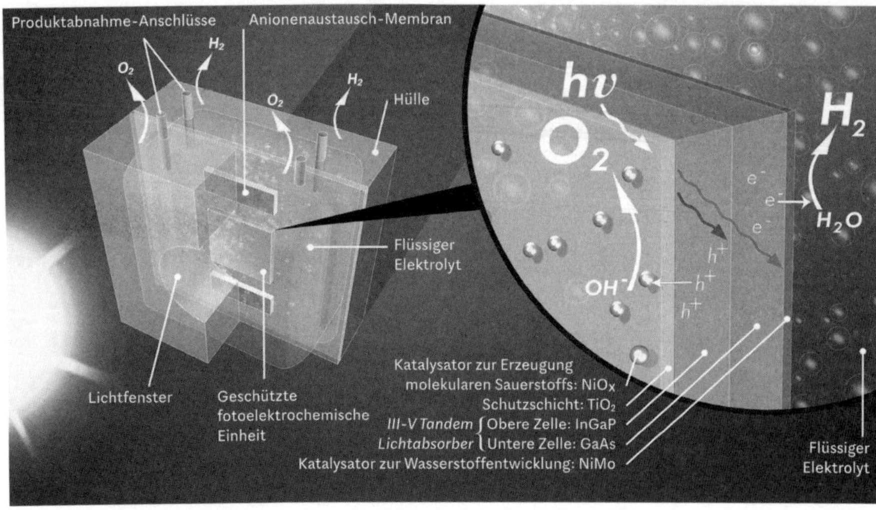

Künstliches Blatt.

und funktionierte über einen Zeitraum von fünfundvierzig Stunden ohne Verminderung der Aktivität. 2016 zeigten Nocera und seine Kollegen, dass ein genetisch verändertes Bakterium mit Wasserstoff, der mittels einer Solarzelle aus Wasser gewonnen wurde, Isopropanol herstellen kann, einen potenziellen Brennstoff auf Kohlenstoffbasis. Das System namens Bionic Leaf 2.0 hat bei der Verwandlung von Sonnenenergie in Biomasse einen Effizienzgrad von zehn Prozent – rund zehnmal so viel wie die am schnellsten wachsenden Pflanzen.

Der Weg ist noch weit. Bislang erfordern alle Ansätze zu künstlicher Fotosynthese eine viel höhere Konzentration von Kohlendioxid, als wir sie in der Atmosphäre vorfinden oder, fänden wir sie vor, uns guttun würde. In der Entwicklung befindliche Systeme könnten an die Schlote fossiler Kraftwerke gehängt oder mit anderweitig konzentriertem Kohlendioxid aus der Atmosphäre gespeist werden. Obwohl künstliche Fotosynthese also allmählich als ernst zu nehmende Möglichkeit erscheint, gelingt bislang noch keinem Verfahren, was gewöhnliche Pflanzen mühelos seit Hunderten Millionen von Jahren tun. Es mag schwer sein, die Sonne zu imitieren, aber das einfachste Blatt nachzuahmen, erweist sich als nicht minder knifflig.

Wenige Technologien haben im selben Maße ein Gefühl des Erhabenen und zum Wundern angeregt wie jene, die die Erkundung des Weltraums möglich machen. Dies erreichte einen frühen Höhepunkt (und überspannte dabei fast den Bogen) in der religiösen Metaphorik von Norman Mailers Geschichte des Apollo-Weltraumprogramms *Auf dem Mond ein Feuer* (1970), in der sich »weiß wie der Schrein der Madonna in den Kirchen der halben Welt dieses schlanke, engelsgleiche, geheimnisvolle Schiff aus drei Stufen« erhob. Doch als die Heldentaten sowjetischer Kosmonauten und amerikanischer Astronauten aus den 1960er-Jahren in den 1970er- und 1980er-Jahren zur neuen Normalität wurden, verschoben sich die Grenzen – nicht zuletzt hin zu den Ansichten, die durch eine neue Generation von Teleskopen eröffnet wurden. Im vergangenen Vierteljahrhundert aufgenomme Bilder von riesigen Staubwolken, den Geburtsstätten der Sterne, von explodierenden Supernovae und Spiralgalaxien sind mit nichts zu vergleichen, was frühere Generationen kannten. Wenn zwei Bilder des Hubble-Weltraumteleskops (das 1990 in einen niedrigen Erdorbit gebracht wurde und immer noch arbeitet) in Erinnerung bleiben, dann *Deep Field* und *Pillars of Creation*. Das erste, aufgenommen 1995, zeigt einen Ausschnitt von einem Vierundzwanzigmillionstel des gesamten Himmels – wie ein Tennisball aus einer Entfernung von hundert Metern –, in dem rund dreitausend verschiedenfarbige Galaxien von vergleichbarer Größe wie die unsere zu sehen sind. Astronomen wussten dies bereits, doch *Deep Field* lässt uns alle etwas von der Wirklichkeit des Weltraums als unendlichen Reichs der Wunder und Schönheit sehen und erfahren. Das im selben Jahr aufgenommene *Pillars of Creation* nimmt einen kleinen Bereich des Adlernebels in den Fokus, ein etwa siebentausend Lichtjahre entfernter Cluster junger Sterne in unserer eigenen Galaxie. Es zeigt Wolken aus Gas und Staub, die durch die Strahlung

eXtreme Deep Field, ein Update, wurde 2012 veröffentlicht, enthält 5500 Galaxien in einem kleineren Ausschnitt. Die lichtschwächsten Galaxien sind ein Zehnmilliardstel so hell, wie das menschliche Auge gerade noch wahrnehmen kann.

Extreme Deep Field (2012).

von darin neu entstehenden Sternen – einige unserer Sonne sehr ähnlich – in spektakuläres Licht getaucht sind. Das Bild umfasst eine im Vergleich zu *Deep Field* absolut winzige Region, doch mit über vier Lichtjahren Durchmesser (oder 40 Billionen mal 40 Billionen Kilometern) hat der Anblick immer noch fast unvorstellbare Ausmaße.

Der Kunstkritiker Jonathan Jones nennt solche Weltraumbilder die Sixtinische Kapelle des Wissenschaftszeitalters. Doch so atemberaubend diese Fotografien auch wirken, sie dürften noch in den Schatten gestellt werden durch das, was uns in den nächsten Jahrzehnten erwartet, wenn die Reichweite der beobachtenden Astronomie weiter zunimmt.

Am Boden soll das großartig benamste Extreme Large Telescope (ELT), ein in der chilenischen Atacama-Wüste in Bau befindlicher Apparat von der Größe einer Kathedrale, 2024 ›das erste Licht erblicken‹ (in Betrieb genommen werden). Es besitzt einen Hauptspiegel von fast vierzig Metern Durchmesser und wird fünfzehn Mal mehr Licht einfangen als das größte heute existierende Teleskop. Es wird auf die entferntesten (und daher ältesten) Objekte des Universums blicken, unser Wissen über die Entstehung der ersten Sterne, Galaxien und Schwarzen Löcher und über die Galaxienentwicklung in kosmischen Zeiträume vertiefen. Es wird auch nach Exoplaneten suchen, d. h. nach Planeten, die um andere Sterne kreisen, und die frühesten Stadien in der Entstehung von Planetensystemen erforschen.

Die meisten bislang entdeckten Exoplaneten wurden indirekt durch Anomalien in der Bewegung und Helligkeit ihrer Zentralgestirne aufgespürt. Nur von einigen wenigen, wie beispielsweise den im sechsten Kapitel beschriebenen vier Planeten in der Umlaufbahn um HR 8799, gibt es direkte Bildaufzeichnungen.

Seit seiner Inbetriebnahme 2009 hat das Kepler-Weltraumteleskop die Existenz von mehr als tausend Exoplaneten in Umlauf um mehr als vierhundert Sterne bestätigt; darüber hinaus wurden mehr als zweitausend von Bodenteleskopen identifiziert. Insgesamt zeigt sich uns bislang, wie in Videosimulationen wie *Kepler Orrery IV* dargestellt, ein höchst vielfältiges Bild. Die umkreisten Gestirne weisen beträchtliche Größenunterschiede auf und dasselbe gilt für die Planeten selbst. Das Exoplanetenbestiarium verzeichnet zahlreiche wilde Geschöpfe: Die Geschwindigkeit, mit der diverseste Planeten um ihre Sterne kreisen, reicht von Schnecke auf Beerdigung bis Hamster auf Speed. Wie sich herausstellt, liefert unser Sonnensystem kein allgemeines Muster.

Ein saturngroßer Planet namens Kepler-16b beispielsweise dreht sich aller Wahrscheinlichkeit nach um zwei Sterne, ganz so wie Tatooine in *Krieg der Sterne*. Getoppt wird das noch von HD 131399Ab, der in einem Drei-Sterne-System kreist und anders als die Dreisonnenwelt in Liu Cixins Science-Fiction-Trilogie eine stabile Umlaufbahn besitzt. Gliese 1214b ist eine heiße Wasserwelt mit einer Dampfatmosphäre und einem Ozean aus ›heißem Eis‹ und supraflüssigem Wasser. Er ist heiß, aber nicht so heiß wie Kepler-7b, der heißeste bislang entdeckte Planet, auf dem gewöhnlich Tagestemperaturen von 6860 Grad

Celsius herrschen, oder COROT-7b, auf dem der Ozean nicht aus Wasser, sondern aus Magma besteht und sintflutartige Regen aus Magnesium, Aluminium und Eisen niedergehen. Auf dem kältesten Planeten, der bislang gefunden wurde, OGLE-2005-BLG-390Lb, liegt die Temperatur bei rund –220 Grad Celsius und alles steht still. Still ist auch TrES-2B, der weniger als ein Prozent des auftreffenden Lichts reflektiert, was ihn schwärzer macht als Kohle. Niemand weiß, wieso. Lahm ist 2MASS J2126-8140, dieser Planet benötigt 900 000 Jahre für einen Umlauf um seinen Stern. Höhenwinde auf HAT-P-7b, einem zweitäglich um seinen Stern flitzenden Gasgiganten, erzeugen katastrophische Stürme, die Wolken aus Korund – das Mineral, zu dem auch Rubine und Saphire gehören – durch die Atmosphäre schleudern. Auf HD 189733b bewegt sich ein Wind mit 8700 Kilometern pro Stunde von der Tagseite zur Nachtseite um den Äquator. Und Gliede 436b, ein ›heißer Neptun‹ mit zwanzigfacher Erdmasse, besitzt einen 14 Millionen Kilometer langen kometartigen Schweif aus verdampfender Atmosphäre.

Verglichen mit dem unseren sind die meisten bislang entdeckten Planeten Giganten. Exoplaneten von der Größe der Erde lassen sich nur sehr schwer aufspüren, und als ich anfing, dieses Buch zu schreiben, glaubten nur wenige Leute, dass sich ein Pendant zur Erde, geschweige denn eins mit lebensfreundlichen Bedingungen, in der näheren Zukunft finden ließe. Als ich am Ende des Buchs angelangt war, stellten sich die Aussichten darauf deutlich günstiger dar: Astronomen hatten die Entdeckung von sieben erdgroßen Planeten in Umlaufbahnen um den nur neununddreißig Lichtjahre entfernten Zwergstern Trappist-1 bekanntgegeben. Alle befinden sich in der habitablen Zone, in der kühles, aber nicht gefrorenes, flüssiges Wasser auf der Planetenoberfläche existieren kann. Die Bedingungen auf diesen Planeten unterscheiden sich von

Die Planeten um Trappist-1 umkreisen ihren relativ lichtschwachen Stern in viel engeren Umlaufbahnen als Merkur unsere Sonne. Möglicherweise weisen sie auch eine gekoppelte Rotation auf, bei der immer dieselbe Seite ihrer Oberfläche dem Zentralgestirn zugewandt bleibt. Auf dem fünften Planeten, auf dem die Bedingungen für Leben als am besten eingeschätzt werden, erschiene Trappist-1 zehnmal so groß wie die Sonne an unserem Himmel und lachsfarben.

denen auf der Erde, doch es lässt sich nicht ausschließen, dass es dort Leben gibt. Und grundsätzlicher: Die Tatsache, dass bereits zu einem so frühen Zeitpunkt der Suche eine solche Anzahl davon entdeckt wurde, gibt Anlass zu Optimismus.

Bei der Suche nach erdähnlichen Planeten könnte das James Webb Space Teleskop, das 2018 in seinen Orbit gebracht werden soll, erkleckliche Dienste leisten. Mit einem Hauptspiegel von sechseinhalb Metern Durchmesser und einer fünfmal so großen Auffangfläche wie das Hubble-Teleskop wird das James Webb Licht im Spektrum zwischen langen Wellenlängen sichtbaren Lichts (orange-rot) bis zu mittleren Wellenlängen des Infrarotbereichs registrieren. Doch seine Aufgabe erschöpft sich bei Weitem nicht in der Suche nach Exoplaneten: Es wird hochauflösende Bilder der frühesten Sterne des Universums und der Galaxien, in denen sie sich befinden, sowie wertvolle Einsichten über ihre Entstehung liefern.

Ein weiteres Instrument insbesondere für die Suche nach Leben auf anderen Planeten, das Advanced Technology Large-Aperture Space Telescope (ATLAST), könnte ab Mitte der 2020er-Jahre in Betrieb gehen. Falls es jemals gebaut werden sollte, dürfte ATLAST darauf ausgerichtet sein, die Atmosphäre, Oberflächenrotation, Klima und Bewohnbarkeit erdgroßer Exoplaneten zu erforschen. Es könnte sogar in der Lage sein, Veränderungen in Wolkendecke und Klima und möglicherweise jahreszeitliche Variation der Oberflächenvegetation zu registrieren. Das klingt beeindruckend, doch wir sollten nicht vergessen, dass selbst ATLAST immer noch lediglich ein Anfang wäre: Unsere Galaxie besitzt einen Durchmesser von 100 000 Lichtjahren, und ATLAST wird seine Stärken bei Planeten bis zu einer Entfernung von 140 Lichtjahren ausspielen können.

Die 2013 von der Europäischen Weltraumorganisation ins All geschossene Gaia-Raumsonde zeichnet die genaue Position und Entfernung von mehr als einer Milliarde Sterne in unserer Galaxie auf. Das klingt eindrucksvoll, macht aber nur ein Prozent der Gesamtzahl aus.

Alle jemals gebauten Teleskope haben sichtbares Licht oder andere Bereiche des elektromagnetischen Spektrums eingefangen. Im Grunde genommen haben wir mit riesigen Brillen immer detaillierter und tiefer in den Weltraum geschaut. Doch jetzt können wir das Universum nicht nur als Lichtshow, sondern auch als Klang und sogar als Musik wahrnehmen. Wie im ersten Kapitel erwähnt, verzeichneten Forscher mit dem Laser-Interferometer-Gravitationswellenobservatorium ein Ereignis, das sie als Verschmelzung zweier eine Milliarde Lichtjahre entfernter Schwarzer Löcher interpretieren. In der Zukunft könnten uns solche Systeme ermöglichen, tief in Supernovaexplosionen ›hineinzuhorchen‹ (aktuell lassen sich nur ihre sichtbaren Oberflächen beobachten), das Innere von Neutronensternen (nach Schwarzen Löchern die dichtesten Objekte im Universum) zu erforschen und dem jungen Universum Informationen zu entlocken, die außerhalb der Reichweite von Teleskopen liegen.

Neue Teleskope bilden nicht die einzige Grenztechnologie in der Erforschung des Weltraums. Denn schließlich kann man ja auch tatsächlich dorthin reisen. Mit dem erfolgreichen Vorbeiflug der Sonde New Horizons am Pluto 2015 und der Juno-Mission zum Jupiter 2016 wird die Reise über den Erdorbit hinaus zumindest kurzfristig Roboterfahrzeugen vorbehalten bleiben, die (ohne Rückflugticket) Streifzüge in verschiedene Bereiche des Sonnensystems unternehmen. Auf mittlere Frist scheint jedoch so allerlei möglich. In einer Präsentation, der ich beiwohnen konnte, bezeichnete der Astronom Chris Impey langfristige Vorhersagen als vergebliche Mühen, bevor er dann trotzdem einige machte. 2035, vermutet er, bringt die Privatwirtschaft in großer Zahl Touristen in den Erdorbit. 2040 werden Roboterfahrzeuge schwer zu erreichende Orte im Sonnensystem wie den Ozean unter der Oberfläche des Jupitermondes Europa erforschen und kleine, aber pulsierende Kolonien auf Mond und Mars existieren. Um diese Zeit wird auch das erste Menschenbaby außerhalb der Erde geboren werden – ein möglicher Vorläufer einer ›außerirdischen‹ Menschenart. Bereits in den 2060er-Jahren könnte sich ein unbemanntes Fahrzeug auf den Weg zu einem nahen Stern wie beispielsweise Proxima Centauri machen. Impey mutmaßte auch, dass 2065 bereits im großen Maßstab Rohstoffabbau auf dem Mond und auf Asteroiden betrieben wird und dass in den 2080er-Jahren Von-Neumann-Sonden – Raumfahrzeuge, die sich mit unterwegs gefundenen Materialien selbst replizieren können – zu benachbarten Sternen aufbrechen. Tests zur Teleportation von Gegenständen größer als Moleküle werden um das Jahr 2100 beginnen und 2120 werden Menschen das Sonnensystem beherrschen, über all seine Ressourcen verfügen und auf den Monden mehrerer Planeten leben.

Interstellare Raumfahrt klingt nach der wilderen Sorte von Spekulation, doch mehrere Projekte suchen bereits ernsthaft nach Lösungen, wie sich vor 2100 ein nahe gelegener Stern erreichen ließe. Breakthrough Starshot möchte in wenigen Jahrzehnten einen winzigen Computer mit Kamera zum 4,25 Lichtjahre entfernten Proxima Centauri schicken. An ein extrem dünnes Segel gespannt, würde das Fahrzeug durch Laser auf der Erde auf ein Fünftel der Lichtgeschwindigkeit beschleunigt, sodass es den Stern in rund einundzwanzig Jahren erreichen könnte. Es ließe sich allerdings nicht ausreichend abbremsen, um dann große Mengen nützlicher Daten zu liefern. Andere schlagen vor, die Photonen und die Schwerkraft des Zielsterns für ein Bremsmanöver zu nutzen.

Allmählich klingt das ein wenig nach Wolkenkuckucksheim. Bevor wir uns also in Schwärmereien verlieren, fragen wir uns lieber, wie tatsächlich die Aussichten für das bekannteste, aufregendste und vermutlich plausibelste Unterfangen stehen: für eine bemannte Marsmission.

Mehr als zwanzig unbemannte Fahrzeuge sind bereits am Mars vorbeigeflogen, in einen Orbit eingetreten oder auf ihm gelandet, und zurzeit gibt es mindestens zwei ernst zu nehmende Projekte, die Menschen dorthin bringen wollen. Die NASA plant nach eigenen Aussagen, in den 2030er-Jahren Astronauten zum Mars zu schicken, wo sie in einen Orbit gehen und dann zur Erde zurückkehren sollen. Dies könnte mit einem Orion-Raumschiff in Kombination mit einem Deep Space Habitat-Modul realisiert werden. Die Landung von Menschen auf dem Planeten würde kurze Zeit später erfolgen. Außerdem gibt es noch SpaceX, ein Privatunternehmen des

Milliardärs Elon Musk, der überzeugt ist, noch vor der NASA Menschen auf den Mars bringen zu können.

Wenn das ein wenig hochtrabend oder wahnwitzig klingt, sollte man sich daran erinnern, dass SpaceX bereits einige bemerkenswerte Erfolge aufzuweisen hat. Nicht zuletzt hat das Unternehmen ein wiederverwendbares Trägersystem entwickelt, das die Kosten der Raumfahrt wahrscheinlich beträchtlich senken wird. (Die größten Kosten fallen für die Rakete und nicht für den Treibstoff an.) Und falls SpaceX tatsächlich Systeme realisieren kann, die kontrollierte Landungen auf dem Mars mit schweren Traglasten zuwege bringen, dann erscheint Musks Szenario gleich halbwegs plausibel. Flotten unbemannter Raumschiffe könnten die von Menschen auf dem Mars benötigten großen und schweren Lebenserhaltungssysteme über den Zeitraum vielleicht eines Jahrzehnts dorthin transportieren. Menschen würde dann auf die Reise gehen, wenn die Roboter bereits ein funktionstüchtiges geschlossenes Habitat für sie errichtet haben.

Oder vielleicht doch nicht. Die NASA finanziert zurzeit unter anderem folgende Forschungen: eine Architektur synthetischer Biologie zur Entgiftung und Anreicherung des Marsbodens für landwirtschaftliche Nutzung; eine bahnbrechende Antriebsarchitektur zur Wegbereitung interstellarer Missionen; Abbau von Geröllhaufen-Asteroiden mit Großflächen-Weichrobotern (*area-of-effect soft bots*).

Bevor eine bemannte Marsexpedition erfolgen kann, müssen noch große technische Herausforderungen gemeistert werden. Mit der zurzeit in der Entwicklung befindlichen Impulsantriebstechnologie würde die Reise zum Mars in einem Raumschiff wie der Orion der NASA oder der Dragon 2 von SpaceX mindestens acht oder neun Monate dauern. Die Bedingungen für die Crew wären hart. In ein Fahrzeug nicht viel größer als ein SUV gequetscht, wären sie permanentem mechanischem Lärm und Vibrationen, Schlafstörungen, Langeweile und Eintönigkeit ausgesetzt. Außerdem würden sie sich während der gesamten Reise annähernd in Schwerelosigkeit befinden und dadurch Knochenmasse verlieren. Ihre Muskeln würden abbauen – darunter das Herz und selbst die kleinen Muskeln zur

Kontrolle der Augenbewegungen. Auch ihr Immun-, Verdauungs-, Gefäß- und Lungensystem würde beeinträchtigt. Innerhalb weniger Tage oder Wochen könnte die harte kosmische Strahlung, wenn keine effektive Abschirmung dagegen entwickelt wird, beträchtliche Schäden an Körper und Gehirn verursachen. Während der ganzen Reise müsste die Crew ihre Fähigkeit bewahren, bei sehr kleiner Fehlertoleranz zu operieren, da sie mit den neusten Systemen arbeiten würden und jederzeit mit Geräteausfall zu rechnen hätten. Und wenn der Transport von Menschen zum Mars schon schwer zu bewerkstelligen ist, dann die Lebenserhaltung auf seiner Oberfläche umso mehr. Der Planet ist kalt, unwirtlich und lebensfeindlich. Vermutlich könnten wir leichter die Tiefsee kolonisieren. Gelänge Überleben und Rückkehr, wären das ganz erstaunliche Leistungen.

Zurzeit wird allgemein angenommen, dass es keinerlei Leben auf dem Mars gibt. Allerdings glauben einige Wissenschaftler, dass winzige Methanspuren in seiner Atmosphäre durch Mikroben tief unter der Marsoberfläche erklärt werden könnten.

Unter denen, die von Reisen zum Mars träumen, stellen sich einige viel mehr vor, als dort nur die Zelte aufzuschlagen und die Besucher in Raumanzüge und künstliche Habitate zu zwängen. Seit mindestens einer Generation stellen sich Science-Fiction-Autoren eine umfassende Transformation der Bedingungen auf dem Planeten, ein ›Terraforming‹ des Mars vor, bei dem er zu einer zweiten Erde mit flüssigem Wasser und atembarer Luft würde. Diese Vision wird nun (offenbar) von einer signifikanten Zahl von Leuten geteilt, die an der Entwicklung von Reiseplänen zum Mars beteiligt sind, darunter auch Musk. Ob ein solch monumentales planetares Ingenieurprojekt durchführbar wäre, ist eine offene Frage. Einige Studien gehen davon aus, dass der Mars zwei stabile Zustände kennt. Einmal den, in dem er sich aktuell befindet, mit dicken Polkappen, einer dünnen Atmosphäre und einer durchschnittlichen Oberflächentemperatur von –60 Grad Celsius. In seinem zweiten möglichen Zustand der in der Zukunft herbeigeführt werden könnte und von der Freisetzung von gegenwärtig im Boden gebundenem Kohlendioxid und anderen Gasen abhängt, besitzt der Mars hingegen eine dünne Polkappe und eine dichte Atmosphäre, die die Sonnenwärme festhält und die Oberfläche auf Raumtemperatur, rund 15 Grad Celsius, ansteigen lässt. Terraformer glauben, das Klima lasse sich innerhalb von nur hundert Jahren vom ersten in den zweiten Zustand überführen, indem man ›Super‹-Treibhausgase wie Fluorchlorkohlenwasserstoffe (FCKW) oder perfluorierte Verbindungen aus bereits im Boden vorhandenen Elementen nutzt. Die Beimischung ausreichender Mengen Sauerstoffs ließe sich, so behaupten einige, in ein paar weiteren Hundert Jahren durchführen.

Für Musk und andere Verfechter von Terraforming repräsentiert der Mars nicht nur die vorderste Front der Forschung, sondern den nächsten logischen Schritt in der Evolution nach der Entstehung komplexen Lebens und des Bewusstseins. Menschliche Präsenz dort wäre zugleich eine Art Versicherung für die Menschheit: Selbst wenn das Leben auf der Erde zerstört würde, könnte eine nachhaltige, unabhängige Kolonie auf dem Mars fortbestehen. Der Physiker Freeman Dyson spinnt diese Vision zu einer ›Arche-Noah-Kultur‹ in Weltraumoper-Dimensionen weiter: Eine gewaltiges Unterfangen, bei dem irgendwann in den nächsten paar Jahrhunderten die Biotechnologie so weit entwickelt ist, dass wir ganze Ökologien von Lebewesen (vielleicht mit radikal anderer Biochemie) konstruieren und züchten können, die an ein Überleben fern von der Erde angepasst sind. Raumschiffe bringen Samen zu Planeten, Monden und anderen geeigneten Orten, an denen Leben mit speziell für diese Umgebungen zugeschnittenen genetischen Anlagen Wurzeln schlagen kann. Neue Pflanzenarten, für Extrembedingungen entworfen und vom Sonnen- oder Sternenlicht gespeist, das durch Spiegel außerhalb des Raumschiffs auf sie konzentriert wird, würde die Arche-Noah-Gemeinschaften am Leben erhalten.

»Wir sind keine einzigartige Lösung«, behauptet Juan Enríquez, Gründungsdirektor des Life Sciences Project an der Harvard Business School. »Man kann eine andere Chemie als die unsere erschaffen, die sich dann […] an einen sehr anderen Planeten anpassen könnte.«

Auf mich wirken diese Visionen fremdartig, am Rande delirierenden Schwachsinns. Doch jeder, der meine Sicht teilt, sollte in

Erinnerung behalten, dass persönlicher Unglauben selten als tragfähiges Argument durchgeht. Leute wie Musk oder Dyson sind sehr viel schlauer als ich. Es wäre verfehlt, sie als egozentrische Irre darzustellen, die nur ihren Fußabdruck im Universum hinterlassen wollen, ohne daran zu denken, wie ihre Handlungen anderen schaden könnten. Doch nur weil etwas möglich ist und technisch Spaß macht, muss es nicht auch klug sein. Mehrere Argumente mahnen zur Vorsicht bei der Kolonisierung des Weltraums. Eines davon sieht darin schlicht eine falsche Prioritätensetzung. Für die Technologen Andrew Russell und Lee Vinsel ist der Vorschlag einer Marskolonisierung eine Fantasie – und Zeichen eines alten und wiederkehrenden sozialen Problems: des Traums der Reichen, eine Welt nur für sich zu haben, statt sich um die Erde und die Bedürfnisse der Armen und Unterprivilegierten zu kümmern. Abgestoßen von der Welt, die wir alle teilen, träume Musk von einem Ort, den es nicht gibt. Dieses Urteil scheint mir übermäßig hart. Musk für seinen Teil hat massiv in erneuerbare Energie und Energiespeichertechnologien investiert. Und er ist von Unruhe gepackt. »Ich glaube, ich habe keine guten Träume. Wahrscheinlich habe ich sie«, sagt er zu Werner Herzog in dessen Dokumentarfilm *Wovon träumt das Internet* von 2016, »aber ich erinnere mich nie an sie. Immer nur an die Albträume.«

In Alex Garlands Film *Ex Machina* von 2015 hat sich der geniale CEO Nathan Bateman in einem scheinbar zauberhaften eigenen Reich vom gewöhnlichen Gang des Lebens der Menschen isoliert. Allerdings zeigt er sich unfähig, seine Gelüste zu zügeln. Die Folge ist eine Katastrophe für ihn, wenn auch nicht unbedingt für seine Schöpfung.

Es gibt noch andere Argumente gegen die Kolonisierung des Weltraums. So wurde etwa geltend gemacht, dass mehr Freude, und was sonst noch das Leben lebenswert macht, allein im Flug eines winzigen Vogels liegt als im gesamten bekannten – und toten – Universum fern der Erde, und dass dies nicht mehr länger der Fall wäre, wenn die Menschheit das Leben über die Grenzen der Erde hinaustrüge. Was, wenn dadurch das Ausmaß menschlicher Schandtaten stärker zunähme als die Tugenden? Laut Aristoteles zeichnet sich ein Leben, in dem Menschen wirklich gedeihen, dadurch aus, dass wir bestimmte

Tugenden entwickeln und danach handeln und unsere Laster möglichst verringern. Und der Philosoph Robert Sparrow nimmt an, dass ein Terraforming des Mars die gegenteilige Wirkung hätte, insbesondere hinsichtlich zweier Laster: Unempfänglichkeit für Schönheit und Hybris. Den Mars in einen lebensfreundlichen Planeten zu verwandeln, würde viele Landschaftsmerkmale von großer Schönheit zerstören oder ruinieren, darunter ein Schluchtensystem, siebenmal so tief wie der Grand Canyon und so lang wie die Vereinigten Staaten, und andere erstaunliche, durch Wind und Zeit geformte Skulpturen. Hybris entspringt überheblichem Stolz und tiefer Arroganz. Man muss nicht lange suchen, um auf der Erde die Konsequenzen zu sehen. Der weise Mittelweg könnte darin liegen, die Erforschung des Weltraums nicht gänzlich zu stoppen, sondern dabei vielmehr mit tiefem Respekt für das, was bereits existiert, sowie mit Mäßigung und Selbstreflexion voranzuschreiten. Denn das sind (so möchte ich meinen) die dem Wundern förderlichsten Züge.

Ein neues Bild der Welt

Im Sommer 2015 stellten Ingenieure von Google der Welt einen träumenden Computer vor. Auf dem Schirm waren sich ständig ändernde Farbbalken zu sehen, wirbelnde Linien, Wellen aus Schatten und Licht, entstellte Kreaturen, verzerrte Gesichter, gleitende Augäpfel und andere sonderbare Formen, die auftauchten und sich in immer neuen Anordnungen verschoben.

Niemand glaubte, dass der Computer mit seiner Software namens DeepDream und seiner Bildgeneratortechnik namens ›inceptionism‹ tatsächlich über Bewusstsein verfügte. Es gab da kein ›da‹. Doch die Bilder bewiesen, dass Computer einige der Prozesse in menschlichen Gehirnen bereits ganz gut nachahmen können – in diesem Fall die Art von Träumen und Halluzinationen, die bei psychedelischen Drogen auftreten können. Und es

Das Wort »Halluzinationen« wurde um 1646 von Thomas Browne geprägt und ist nach dem lateinischen *alucinari*, ›im Geist wandern‹, gebildet.

fühlte sich an wie ein weiterer Schritt zu einem ganz anderen Bewusstsein über das Potenzial von Maschinen und auch zu einer ganz anderen Welt.

Ein weiterer Vorbote ist das Programm AlphaGo, das 2016 den Go-Weltmeister Lee Sedol schlug. Frühere ›Spiel‹-Computer wie IBMs Deep Blue, das 1997 den Schachweltmeister Gary Kasparow besiegte, beruhten auf vorprogrammiertem Code und schierer Rechenleistung. Das von DeepMind entwickelte (und im Besitz von Googles Muttergesellschaft befindliche) AlphaGo hingegen konnte selbstständig lernen. Sein Ausgangspunkt war nicht wie bei Deep Blue ein Bewertungssystem mit detailliertem Wissen über das Spiel. Stattdessen analysierte es Tausende aufgezeichnete Spiele zwischen menschlichen Spielern und spielte zahlreiche Spiele gegen sich selbst. Auf diese Weise schuf es durch Milliarden winziger Anpassungen, die jeweils nur winzige Verbesserungen bewirkten, ein Netzwerk aus Spielstrategien. Dadurch konnte es wiederum ein Bewertungssystem aufbauen, das der Intuition eines guten Go-Spielers bezüglich des Werts verschiedener Spielpositionen ähnelte. Und während des Wettkampfs vollführte es einen außerordentlichen und beispiellosen Sprung. »[Das war] kein menschlicher Zug«, sagte der Go-Europameister Fan Hui. »Ich habe nie einen Menschen [einen vergleichbaren] Zug machen sehen. Wunderschön.« AlphaGos eigener Schätzung zufolge gab es nur eine Chance von eins zu zehntausend, dass ein Mensch dieselbe Taktik angewandt hätte, und sie lief Jahrhunderten akkumulierten Wissens zuwider. Und doch legte dieser Zug die Grundlage für seinen Sieg.

Der entscheidende Fortschritt nennt sich ›Deep Learning‹ oder Tiefenlernen: Durch Auswertung riesiger Datenmengen generierte AlphaGo eigenständig Regeln, die ihm von den Programmierern nicht vorab eingegeben worden waren. Frühere Generationen maschineller Lernsysteme verarbeiteten Informationen in simulierten neuronalen Netzen, die nach dem Modell neuronaler Netze im Gehirn konstruiert waren, aber nur aus ein paar Dutzend oder Hunderten in einer einzigen Schicht angeordneter künstlicher Neuronen bestanden. Systeme wie AlphaGo simulieren Milliarden von Neuronen in getrennten, hierarchisch konstruierten Schichten, wie man es auch im menschlichen Gehirn findet. Diese Verwendung miteinander gekoppelter Schichten sorgt für die ›Tiefe‹ im Tiefenlernen. Das Netzwerk besitzt Schichten aus softwaretechnisch codierten Knotenpunkten, die alle mit einer Gewichtung oder Wichtigkeit in Form eines Zahlenwerts versehen sind und Verbindungen zu ebenfalls gewichteten, benachbarten Knoten aufweisen. Beim Trainieren wird es mit Daten gespeist und dann die Leistung bewertet. Wenn wir das Internet oder ein Smartphone benutzen, liefern wir in den meisten Fällen Daten für ein Tiefenlernsystem, geben kostenlos Daten ab, die vom Systemanbieter, ob für gute oder schlechte Zwecke, verwertet werden können.

Die neuen Systeme haben überragende Fähigkeiten und werden in Unmengen von Anwendungen zum Einsatz kommen. Nehmen wir einmal Gesichtserkennung. DeepFace, ein von Facebook entwickelter Algorithmus, kann auf Bildern mit 97-prozentiger Treffsicherheit Gesichter von Menschen erkennen, selbst wenn die Gesichter teilweise verdeckt oder nur schwach ausgeleuchtet sind. Diese Leistung liegt gleich auf mit der von Menschen oder übertrifft sie sogar. Microsoft gibt an, die Objekterkennung für Cortana, einem virtuellen Assistenten, könne auf Fotos zwischen Welsh Corgi Pembroke und Welsh Corgi Cardigan unterscheiden, zwei fast identisch aussehende Hunderassen. Nutzer von Cortana werden ermutigt, dem Programm Zugang zu all ihren Dateien, E-Mails und Anwendungen zu geben, sodass es sie besser kennenlernen und beraten und zu einem virtuellen Akteur in Vertretung ihrer Interessen werden kann. Einige Länder, darunter das Vereinigte Königreich, nutzen bereits Gesichtserkennungssoftware bei der Grenzkontrolle. (US-Geheimdienste nutzen Stimmerkennungssoftware zur Umwandlung von Telefongesprächen in Text, um die Inhalte besser durchforsten zu können.) Und zunehmend können Computer auch menschliche Emotionen und Wünsche lesen. Facebooks Algorithmus kann, nachdem man rund dreihundert Likes verteilt hat, unsere Meinungen und Wünsche besser vorhersagen als ein nahestehender Mensch wie etwa der Ehepartner. Und seine letzte Erwerbung, Faciometrics, wird das Unternehmen in die

Lage versetzen, mit Präzision unsere Emotionen zu lesen. Zukünftig werden mit Gesichtserkennungssoftware und biometrischen Sensoren bestückte Tablets und andere Geräte wissen, was uns glücklich, traurig oder wütend macht. ›Bücher‹ werden uns besser lesen als wir sie und wissen, wie man uns anmacht.

Und denken wir auch an komplexe Tätigkeiten, die bislang mit prestigeträchtigen und gut bezahlten Jobs verknüpft waren. 2011 schlug eine Version von IBMs Software Watson menschliche Gegenspieler bei *Jeopardy!*, das von vielen als schwierigste Quizshow der Welt angesehen wird. Doch das gab uns lediglich einen Vorgeschmack. Die Technologie wird nun für den Gesundheitsbereich weiterentwickelt, wo sie beträchtliche Vorteile gegenüber menschlichen Ärzten besitzt. Watson hat beispielsweise unmittelbaren Zugriff auf das gesamte (einschließlich historische) Wissen über jede Krankheit und jede Art von Medizin und bringt dieses Wissen ständig mit neuen Forschungsergebnissen und Statistiken aus allen Krankenhäusern und Kliniken der Welt auf den neuesten Stand, um für individuelle Patienten Diagnosen zu erstellen und Therapien zu verordnen. Ende 2016 kündigte die Versicherung Fukoku Life den Einsatz eines auf Watson basierenden Systems an, das ärztliche Atteste liest und die Länge von Krankenhausaufenthalten, Krankengeschichte und jegliche chirurgische Eingriffe berücksichtigt, bevor es die Auszahlung berechnet. Etwa zur selben Zeit kündigte der weltgrößte Hedgefonds, Bridgewater Associates, an, innerhalb der nächsten drei bis fünf Jahre eine künstliche Intelligenz für Investitionsentscheidungen zum Einsatz zu bringen. Für die übrig bleibenden menschlichen Mitarbeiter in dem Unternehmen bliebe die Aufgabe, Kriterien festzulegen, nach denen das System Entscheidungen trifft, und nur einzugreifen, wenn etwas nicht funktioniert.

Roboter, die physische Objekte handhaben können, entwickeln sich fast so schnell wie Computer, die Daten handhaben. Der zu Beginn des Kapitels beschriebene Roboter Atlas ist nur ein Beispiel unter vielen Innovationen, die zunehmend alltagstauglich werden. 2016 nutzte ein

»Die Welt der virtuellen Realität wird eine der totalen Überwachung sein.« Kevin Kelly

Roboterchirurg seinen eigenen Sehapparat, eigene Werkzeuge und eigene Intelligenz, um den Darm eines Schweins zu vernähen. Seine Leistung wurde als besser bewertet, als menschliche Chirurgen bei dieser relativ einfachen Prozedur abschneiden. Milliardenschwere Investitionen in Hunderte von Unternehmen werden Fertigung, Landwirtschaft, Logistik und andere Sektoren – auch das Militär – umwälzen. Ein Forscherteam in Cambridge und Zürich hat ein Robotersystem entwickelt, das ›Babys‹ baut, die sich ohne menschlichen Eingriff zunehmend besser bewegen können. Der ›Mutter‹-Roboter bewertet, wie weit seine Babys sich fortbewegen können und verbessert ohne menschlichen Eingriff das Design, sodass es die nächste Generation weiter schafft. In einem anderen Projekt bewiesen Roboter ein Tieren ähnliches Vermögen, nach Verletzungen ihre Fortbewegungsart anzupassen. Babysitter- und Altenpflegeroboter zeitigen unter bestimmten Umständen bereits Erfolge. Sex mit lebensechten, sprechenden Robotern könnte ab 2018 am Markt erhältlich sein. Verfechter sprechen von ›Robogasmen‹, Kritiker warnen vor einer Ausbreitung von Vergewaltigungskultur und sogar Sklaverei.

Es gibt zahlreiche Debatten darüber, wohin diese Trends führen, doch tendenziell kommen sie alle auf einen Punkt zurück: Werden Maschinen Intelligenz und Fähigkeiten entwickeln, die denen von Menschen ebenbürtig ist, und uns schließlich übertreffen? Und falls ja, was wären die Konsequenzen? Welche Arbeiten blieben für Menschen noch übrig? Gäbe es überhaupt noch eine Rolle für uns? In diesen Fragen liegt eine Art von Wundern, aber auch Angst.

Die Vorstellung, dass Maschinen eines Tages zu Menschen aufschließen und sie überholen, ist nicht neu. Noch ist es die Sorge, dass dies katastrophische Form annehmen könnte. In einem 1863 veröffentlichten Artikel warnte der Schriftsteller Samuel Butler unter der Überschrift *Darwin Among the Machines* genau vor einem solchen Schicksal. Butler kommt zu dem Schluss (und klingt dabei wie ein Unabomber im Gehrock): »Es sollte ihnen auf der Stelle der Vernichtungskrieg erklärt werden. Jede noch so geartete Maschine sollte von denjenigen, die ihrer Spezies zugeneigt sind, zerstört werden[.] Lasst uns wieder zu den ursprünglichen Bedingungen der Menschenrasse zurückkehren.«

Eine andere Denkrichtung sieht die langfristigen Auswirkungen der Technologie hingegen als gutartig an: Sie ermögliche den Menschen, sich selbst in etwas Neues und Wundervolleres zu verwandeln. Um die Jahrhundertwende argumentierten Kosmisten wie der Raketenbaupionier Konstantin Ziolkowski dahingehend, dass Transzendenz nicht in einem fernen Himmel, sondern in der materiellen Welt erreicht würde. Viele Marxisten stimmten zu. »Das menschliche Geschlecht«, schrieb Leo Trotzki 1923, »der erstarrte Homo sapiens, wird wieder radikal verändert werden und wird unter seinen eigenen Händen zum Objekt der kompliziertesten Methoden künstlicher Auslese und psychologischer Trainierung werden.« 1929 vermutete der Kristallograf J. D. Bernal, ebenfalls ein glühender Marxist, dass »Bewusstsein selbst letztlich enden oder in einer vollständig ätherisierten Menschheit verschwinden könnte, [...] die, zu einer Masse von Atomen im All geworden, mittels Strahlung kommuniziert und sich am Ende vielleicht gänzlich in Licht auflöst.«

Laut einer Quelle gründete Gleb Boki, einer der ersten Chefs der sowjetischen Geheimpolizei, ein Labor, in dem er mit buddhistischen spirituellen Techniken experimentierte, um perfekte Kommunisten zu entwickeln.

Wissenschaftler mit anderen politischen Ansichten entwickelten ähnliche Ideen. In den 1950er-Jahren sagten die Mathematiker John von Neumann und Stanisław Ulam einen »zunehmend beschleunigten technologischen Fortschritt [hin zu einer] Singularität« voraus, »nach der die menschliche Gesellschaft, wie wir sie kennen, [nicht] fortbestehen [kann]«. Von Neumann und Ulam waren Pioniere beim Einsatz programmierbarer Maschinen zur Entwicklung von Atomwaffen gewesen und ihre Erkenntnis, dass Computer den Schlüssel zu dieser technologischen Entwicklung liefern, macht sie heute noch bekannt – ebenso wie ihre Verwendung des Wortes ›Singularität‹, dem heute häufig der bestimmte Artikel vorangestellt wird. Einigen erscheint die Entstehung einer künstlichen Superintelligenz, die eine unkontrollierbare technologische Entwicklung und eine Zukunft jenseits des Menschen zur Folge hat, heute quasi unausweichlich. »Unsere Zeit«, meint der Science-Fiction-Autor George Dyson, »ist dabei, zur ›Protozeit‹ für etwas anderes zu werden.«

»Organismen, die sich im digitalen Universum entwickeln, werden sich ganz erheblich von uns unterscheiden. Auf uns werden sie wirken, als würden sie sich stetig schneller entwickeln, während es ihnen so vorkommen wird, als würde ab dem Moment ihrer Erschaffung unsere Evolution an Tempo verlieren – analog zu der scheinbar plötzlichen Abkühlung unseres Universums nach dem Big Bang.« George Dyson

Einige Propheten einer (oder der) Singularität – in unseren Tagen eher Libertäre, CEOs von Tech-Unternehmen oder Milliardäre als Marxisten – teilen den quasi-religiösen Eifer Bernals und finden in der erwarteten Ära ihr Evangelium. 2005 skizzierte Ray Kurzweil, heute für die technische Entwicklung bei Google verantwortlich, eine schwülstige – und wirkungsträchtige – Vision einer Singularität, die Krieg, Krankheiten, Armut und sogar Tod aus der Welt schafft und eine »Explosion der Künste, Wissenschaft und anderen Formen von Wissen« auslöst, die »das Leben mehr als erträglich machen und ihm wahre Bedeutung geben« wird. Die Revolution würde sich auf drei Ebenen entfalten: Es gäbe radikalen Überfluss aufgrund einer Produktion praktisch aller materiellen Güter zu minimalen Grenzkosten dank atomgenauer Fertigung; wegen Durchbrüchen in Medizin und Ernährung würde die Lebenserwartung deutlich ansteigen und schließlich würde es auch möglich werden, das Bewusstsein lebender sowie kryotechnisch frisch gehaltener Menschen auf Computer zu übertragen. Um die Jahrhundertmitte würden die Menschen in umfassenden virtuellen Realitäten leben, die viel reicher und befriedigender wären als die wirkliche Welt.

Kurzweil sagt voraus, dass Maschinen bis 2030 so intelligent werden wie Menschen und dass sich bis 2045 fortgeschrittene Superintelligenz mit Nanotechnologie und Biotechnologie zusammenschließt und die Welt verändert. Eine Umfrage James Barrats, des Autors von *Our Final Invention* (2013), unter rund zweihundert Forschern ergab, dass 42 Prozent von ihnen glauben, dass bis 2030 eine denkende Maschine entwickelt wird, die in ihren kognitiven Fähigkeiten dem Menschen ebenbürtig ist. 25 Prozent glauben, dass das bis 2050 gelingt, und 20 Prozent, bis zum Jahr 2100. Nur 2 Prozent glauben, dass es nicht möglich ist.

Andere macht die Aussicht auf eine Singularität nervös. 2014 stimmte Stephen Hawking, vielleicht die bekannteste Wissenschaftsikone der Welt, in den Chor anderer einflussreicher Stimmen ein und warnte davor, dass die Kombination aus KI und Robotern das Ende der Menschheit bedeuten könnte. Apple-Mitgründer Steve Wozniak und Elon Musk erhoben ähnliche Bedenken. Und selbst Kurzweil relativiert seinen extremen Optimismus mit einer Liste von Risiken und spricht davon, dass »Intelligenz von Natur aus nicht zu kontrollieren ist«. Nick Bostrom, ein Philosoph und Transhumanist, spekuliert, dass das Standardresultat einer drohenden Intelligenzexplosion nichts Gutes für die Menschheit verheißt und dass Versuche, noch rechtzeitig eine ›freundliche KI‹ zu entwickeln, mit hoher Wahrscheinlichkeit zum Scheitern verurteilt sind.

Doch allem Aufhebens um gute oder böse Singularität zum Trotz gibt es auch zahlreiche Technologen und andere, die davon ausgehen, dass in der nächsten Zeit, wenn überhaupt, nichts dergleichen zu erwarten ist. Zu denen gehören auch Gordon Moore, mit dessen ›Gesetz‹ des exponentiellen Wachstums der Computerrechenleistung Kurzweil seine These untermauern will, und Microsoft-Gründer Paul Allen, der anführt, dass die Beschleunigungsspirale nichts Zwangsläufiges habe, sondern die Wissenschaft vielmehr an eine fundamentale Grenze stoßen werde. ›Künstliche allgemeine Intelligenz‹ bzw. ›starke KI‹, die mindestens dieselben geistigen Leistungen vollbringt wie der Mensch, würde Kritikern zufolge konzeptuelle Durchbrüche (nicht zuletzt eine Erkenntnis dessen, was ›Denken‹ wirklich ist) und technische Fortschritte erfordern, die aktuell jenseits unseres Horizonts liegen. Sie verweisen auch auf vergangene Vorhersagen über das baldige Aufkommen superintelligenter Maschinen, die sich wiederholt als falsch herausgestellt haben.

»In drei bis acht Jahren haben wir eine Maschine mit der allgemeinen Intelligenz eines durchschnittlichen Menschen.«
Marvin Minsky (1970)

Eine der wichtigsten Lehren der Erforschung künstlicher Intelligenz, sagt die Kognitionswissenschaftlerin Margaret Boden, ist, dass »der menschliche Geist bei Weitem reicher und feiner ist, als

Psychologen sich vorgestellt hatten«. Neben dem Rechnen (das sich im Vergleich zur Leistung von Maschinen eher kläglich ausnimmt) verfügen wir über eine ganze Reihe von Fähigkeiten, darunter physische Intelligenz, soziale und emotionale Intelligenz sowie Kontextintelligenz (*frame intelligence*). Laut Boden und anderen, die die baldige Entstehung einer Singularität bezweifeln, stellt jeder Einzelne dieser Bereiche für die KI eine enorme Herausforderung dar. Sie erklärt die Schwierigkeiten bei der Implementierung von Rahmenintelligenz mit einem amüsanten Rätsel: Wenn ein zwanzigjähriger Mann zehn Pfund Brombeeren pro Stunde pflücken kann und eine achtzehnjährige Frau acht Pfund, auf wie viel kommen sie dann, wenn sie gemeinsam pflücken gehen? Achtzehn, sagt Boden, ist keine plausible Antwort. Es könnte beträchtlich höher ausfallen, wenn beide den anderen beeindrucken wollen, oder beträchtlich geringer ... aus Gründen, die sich jeder selbst vorstellen kann. Das Rahmenproblem entsteht, »weil KI-Software der menschliche Sinn für Relevanz fehlt«.

Im März 2016 führte Microsoft auf Twitter den KI-basierten Chatroboter Tay ein, der durch die Interaktion mit Menschen schlauer werden sollte. Er musste bereits nach sechzehn Stunden vom Netz genommen werden, da er bereits zu einem Hitler-begeisterten, Holocaust leugnenden, Inzest bewerbenden und Verschwörungstheorien streuenden Plappermaul geworden war. Das lag daran, dass er in etwa wie Küchenkrepp funktionierte: Er nahm die widerlichen Nachrichten, die ihm geschickt wurden, einfach auf und richtete sich nach diesem Vorbild.

Der Physiker Richard Jones versteht den Reiz von KI, denkt aber, dass die Aussicht einer Übertragung des menschlichen Geistes eine Chimäre darstelle. Selbst wenn wir den Schaltplan eines lebenden Gehirns aufzeichnen könnten, hieße das noch nicht, dass wir verstehen, wie es funktioniert. Dafür müssten wir exakt

Richard Jones findet vier Gründe, aus denen Menschen sich an die Idee klammern, dass man das Gehirn auf einen Computer hochladen könnte: (1) eine zu buchstäbliche Deutung verbreiteter Metaphern über das Gehirn; (2) eine übermäßig optimistische Projektion der Geschwindigkeit des technischen Fortschritts; (3) kein klarer Begriff von den Unterschieden zwischen einem evolutionär entstandenen und einem designten System, (4) Wunschdenken aufgrund von Angst vor Tod und Vergessen.

quantifizieren, wie die Neuronen an jeder einzelnen Verbindung interagieren, und dies würde ein detailliertes Verständnis der molekularen Ebene voraussetzen, da die Basis für Berechnungen im Gehirn nicht auf Ebene der Neuronen angesiedelt ist, nicht einmal auf Ebene der Synapsen, sondern eben auf molekularer Ebene. Und laut Jones lässt sich keine Leistungssteigerung von Computern vorstellen, die es erlauben würde, dies zu simulieren.

Es gibt also möglicherweise gute Gründe, daran zu zweifeln, dass Maschinen jemals bestimmte Qualitäten entwickeln, die wir uns Menschen vorbehalten glauben, und dazu gehören bestimmte Bewusstseinszustände und zweckbestimmtes soziales Verhalten. Doch man darf auch nicht vorschnell die Möglichkeit einer radikalen Veränderung und des Aufkommens neuer Formen von ›Geist‹ beiseitewischen. Recht bald schon könnten neuromorphe Computer (in denen Millionen einfacher Computereinheiten mit komplexen, veränderlichen Synapsen verknüpft sind) drastische Fortschritte bewirken. Und auch Quantencomputer (die Berechnungen sehr viel schneller ausführen könnten als herkömmliche Computer) und Super-Turingmaschinen (die einer universellen Turingmaschine insofern überlegen wären, als sie echte Zufälligkeit erzeugen könnten, die von manchen Computerwissenschaftlern als Voraussetzung für wahre kreative Intelligenz angesehen wird) scheinen allmählich in den Bereich des Machbaren einzutreten. Wenn sie Wirklichkeit werden, müssten wir uns vielleicht bessere Fragen für das entsprechende Deep Thought-System einfallen lassen, als was sechs mal sieben ergibt.

Und sollte es jemals so weit kommen, könnte sich dem menschlichen Geist ebenbürtige oder überlegene künstliche Intelligenz auch als gutartig erweisen. Der Psychologe Nicholas Humphrey zieht eine Analogie zu den »biologischen Maschinen«, die Menschen über Jahrtausende als Diener und Begleiter gezüchtet und programmiert haben: Hunde. Künstliche Superintelligenz könnte sich verhalten wie der Koloss auf dem gleichnamigen, Goya zugeschriebenen Gemälde, der durch eine Landschaft voller panisch davonstiebender Menschen stampft. Sie könnte sich aber auch als eine Art Big Friendly Giant erweisen.

Dem Quantencomputer-Pionier David Deutsch zufolge ergibt sich die wirkliche Herausforderung nicht aus intelligenten Computern an sich. »Der Kampf zwischen guten und bösen Ideen ist so alt wie unsere Spezies und wird sich fortsetzen, egal auf welcher Hardware. Der Punkt ist: Wir wollen, dass die Intelligenzen mit guten Ideen die Oberhand gewinnen über die bösen Intelligenzen, biologische wie künstliche.« Das Problem liegt laut Deutsch darin, dass wir fehlbar sind und unser Begriff des Guten ständiger Verbesserung bedarf. Wenn die Gesellschaft so eingerichtet werden soll, dass sie eine solche Verbesserung befördert, dann ist »Versklavung jeder Art von Intelligenz, die uns nicht ähnelt«, der falsche Weg. Der Lernprozess muss von neu entstandenen (menschlichen oder nichtmenschlichen) Intelligenzen selbst durchlaufen und teilweise selbst kontrolliert werden.

Vielleicht ist es gar nicht so aberwitzig anzunehmen, dass Menschen mit anderen Intelligenzen in neuen Sphären der *arete̅́* (Tugend) und *agápē* (gütige Liebe) kooperieren. Ähnliche Begriffe finden sich auch in anderen Traditionen: das *Ishq* (selbstlose Liebe) der Sufi und das buddhistische *Mettā* (Wohlwollen). *Mettā* ist der erste der vier erhabenen Zustände (Brahmavihāras), die anderen drei sind Mitgefühl, Mitfreude und Gelassenheit. Alle vier zu erreichen, klingt für mich nach einem ziemlich guten Weg zum Wunder.

Menschheit 2.0

Superintelligente Maschinen und/oder posthumane Wesen mögen Jahrzehnte, Jahrhunderte oder eine Ewigkeit entfernt sein. In der näheren Zukunft bleiben die größten Herausforderungen, die die Entwicklungen im Bereich Computer und Roboter mit sich bringen, die Veränderungen in den Machtbeziehungen zwischen Mensch und Mensch sowie zwischen der menschlichen und der nichtmenschlichen Welt. Oder, wie es der Webentwickler Maciej Cegłowski ausdrückt: »Die drängenden ethischen Fragen, wenn es um lernende

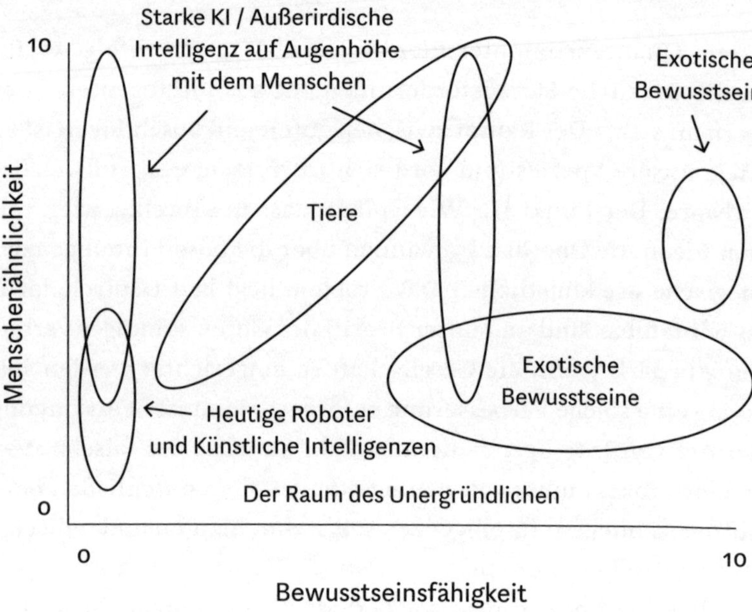

Auf dieser Karte des kognitiven Robotikforschers Murray Shanahan, die alle möglichen Ausprägungen von Bewusstsein in einem zweidimensionalen Feld verzeichnet, bildet die vertikale Achse , H, die Menschenähnlichkeit einer Intelligenz ab und die horizontale Achse, C, den Grad an Bewusstsein. Menschen ordnet er auf der H-Achse natürlich auf 10 und auf der C-Achse auf 7 bis 8 ein, also im rechten oberen Bereich des Raums terrestrischer Tiere. (Die Einordnung der Menschen auf der C-Achse mag übertrieben großzügig sein – ihr Maß an Bewusstsein könnte von anderen Wesen noch weit übertroffen werden.) Aktuelle künstliche Intelligenz und Roboter stehen bei 0 auf der C-Achse, doch diejenigen mit Bewegungs- und Anpassungsfähigkeit kommen auf einen niedrigen H-Wert. Eine bewusst als künstlicher Nachfolger der Menschen konstruierte Wesenheit – eines der als ›geistige Kinder‹ bezeichneten Wesen – besäße einen hohen C-Wert und einen beträchtlichen H-Wert. Bewusste Exoten wie außerirdische Intelligenzen könnten auf einer höheren Bewusstseinsstufe stehen als Menschen und ihnen gleichzeitig sehr wenig ähneln – wie im Fall des Planeten in Stanisław Lems Science-Fiction-Roman Solaris *von 1961, der sich als einzelner riesiger, intelligenter Organismus entpuppt.*

Maschinen geht, sind nicht, ob sie Bewusstsein erlangen und die Welt übernehmen, sondern wie Menschen andere Menschen ausbeuten oder fahrlässig automatisierten Systemen unmoralisches Verhalten einpflanzen können.«

Denken wir zunächst an Computerprogramme und Roboter als zunehmend wichtige Komponenten in Waffen- und Herrschaftssystemen. Wie der Philosoph Stephen Cave sagt: »Das große Geld fließt in KI, die zum Töten von Menschen konstruiert ist. Was soll da schon schiefgehen?«

Offensichtlich eine ganze Menge. Wie selbstfahrende Autos könnten automatisierte Waffensysteme sicherer und verlässlicher agieren als Menschen ... es sei denn, sie bringen uns alle um. Denn es bleibt unter anderem das Problem der Rahmenintelligenz bestehen. Wie der Fischer im Märchen, dessen Wunsch, der in den Krieg gezogene Sohn möge heimkehren, den jungen Mann in einem Sarg zurückbringt, könnte uns eine böse Überraschung erwarten, wenn sich KI-Systeme von unserem Relevanzbegriff überfordert zeigen. Möglicherweise lässt sich hier aus der Geschichte lernen. Schon mehrere Male während des Kalten Kriegs sowie in jüngerer Zeit empfahlen automatisierte Frühwarnsysteme einen Abwehrschlag in Reaktion auf den vermeintlichen Start von Atomraketen durch den Feind. Lediglich das Verständnis, das die menschlichen Akteure für den umfassenderen politischen und menschlichen Rahmen mitbrachten, erlaubte ihnen, die Risiken gegeneinander abzuwägen und zu dem Schluss zu kommen, dass es sich wahrscheinlich um einen Fehlalarm handelte, sodass sie einen Gegenschlag und damit die Katastrophe verhinderten. Autonomere Waffensysteme würden per Definition nicht denselben Sicherheitsvorkehrungen unterliegen.

Doch die größte Herausforderung dürften die Auswirkungen intelligenter Systeme und der Robotik auf Wirtschaft,

Ein Ende 2016 auf der Bild- und Videoplattform des US-Verteidigungsministeriums veröffentlichter Clip zeichnete die Zukunft mittels Filmaufnahmen eines von F-18-Kampfflugzeugen eingesetzten Mikrodrohnenschwarms. »Oh Gott, sie schreien tatsächlich«, schrieb ein Fachmann. Das erinnert mich an Dantes »widerliche Harpyien [...] mit düsteren Menetekeln kommenden Leids.«

Arbeit und den Charakter der Zivilgesellschaft darstellen. Seit es schnellen technologischen Wandel gibt, gibt es auch technologische Arbeitslosigkeit, wie John Maynard Keynes es nannte. Die Technisierung der Landwirtschaft in Europa und Nordamerika trieb Millionen von Landarbeitern in die Fabriken. Später drängte Automatisierung und Globalisierung Arbeiter aus der Fertigungsindustrie in neue Dienstleistungsjobs. Arbeitslosigkeit stellte in Umbruchphasen oft ein Problem dar, doch meistens nahm sie keine systematische oder dauerhafte Form an. Vertriebene Arbeiter fanden neue Möglichkeiten und die neuen Jobs waren häufig besser als die alten, besonders in den Jahrzehnten nach dem Zweiten Weltkrieg.

In China erlauben tiefenlernende Algorithmen dem Staat, Bürgern einen ›Punktestand‹ zuzuweisen, der aus deren Onlineaktivitäten errechnet, wie loyal und willfährig sie sind und ob ihnen bestimmte Arbeitsstellen, Kredite und Reisen ins Ausland zugestanden werden sollten. Verbindet man dieses Ausmaß von Überwachung mit Mikromanipulationstechnologien (*nudging*), so erhält man ein zu absoluter Kontrolle tendierendes System.

In seinem 2015 erschienenen Buch *Aufstieg der Roboter* versucht der Zukunftsforscher Martin Ford zu zeigen, dass es sich dieses Mal anders verhält: »Aller Wahrscheinlichkeit nach stehen wir an der Schwelle zu einer Innovationsexplosion, die zu Robotern führen wird, die für praktisch jede vorstellbare kommerzielle, industrielle und Verbraucheraufgabe geeignet sind.« Dieses Mal sind nicht nur Jobs bedroht, die geringe Anforderungen an Bildung und komplexe Fähigkeiten stellen. Vielmehr wird jede Arbeit mit weitgehend vorhersehbaren Tätigkeiten der Automatisierung unterworfen und dazu zählen auch viele Jobs in Finanzwesen, Recht, Medizin und anderen qualifizierten Berufen. Zusätzlich werden viele der menschlichen Arbeitern verbliebenen manuellen Arbeiten von Robotern übernommen werden. Selbst Jobs, die immer noch als letzte Option gelten, wie Hamburger braten, werden untergehen in diesem Mahlstrom des wirtschaftlichen Umschwungs mit seinen, wie es der

Der taiwanesische Hersteller Foxconn ersetzte in den 18 Monaten nach der Markteinführung des iPhone 6 im Jahr 2014 mehr als die Hälfte seiner Belegschaft auf dem chinesischen Festland durch Roboter.

Journalist Declan Butler ausdrückt, »Robotern, die hundertmillionenfach schneller miteinander kommunizieren als Menschen [...] und mit Lichtgeschwindigkeit gemeinsames Wissen akkumulieren«.

Zudem kommen diese Entwicklungen laut Ford zu einem Zeitpunkt, da die Industriegesellschaften einem Trend zunehmender Einkommensungleichheit unterliegen und bereits eine Stufe erreicht haben, wie es sie seit 1929 nicht mehr gegeben hat. In den Vereinigten Staaten und anderen reichen Ländern ist der der Arbeiterschaft zufallende Anteil des Nationaleinkommens massiv gesunken und scheint sich im freien Fall zu befinden. Der winzige Teil der Bevölkerung, der das Gros des weltweiten Kapitals in der Hand hat, war noch nie so reich und mächtig wie heute. »Wenn wir die Folgen der technischen Innovation nicht erkennen und uns anpassen«, sagt Ford, »laufen wir Gefahr, in einen Riesenschlamassel zu geraten. Dann würden die Auswirkungen des dramatischen Ungleichgewichts, des Arbeitsplatzwegfalls aufgrund technischen Fortschritts und des Klimawandels in etwa gleichzeitig spürbar und sie würden sich gegenseitig hochschaukeln und verstärken.«

Ein Weg, dieses Szenario, das manchen als hyperkapitalistische Dystopie erscheint, zu vermeiden, wird vom Autor und Kritiker John Lanchester umrissen. Er schlägt vor, Verfügung und Kontrolle über viele neue Technologien – oder zumindest die dadurch generierten Profite – zugunsten des Gemeinwohls zu verwalten oder ihm zuzuführen.

Millionen von Menschen in den USA, die von weniger als zwei Dollar am Tag leben, sind zum kapitalistischen Äquivalent der Unpersonen im sowjetischen System geworden.

Dem Wirtschaftssoziologen Wolfgang Streeck zufolge ist dieser Sturm bereits hier: »Die seit 1945 bestehende Notehe des Kapitalismus mit der Demokratie zerbricht gerade.«

Für manche fühlt es sich so an, als sei dieser Zustand bereits eingetreten. Bei einem Spaziergang durch England in den Wochen vor dem Brexit-Referendum beschreibt der Journalist Mike Carter ein typisches Stadtzentrum mit folgenden Worten: »Überall gab es Wettbüros, Dutzende davon, und jeweils gleich nebenan eine Pfandleihe oder Stelle für Kurzzeitkredite. Es war eine makabere Variante von Mutualismus oder Symbiose, der ›natürliche‹ Markt in seiner ergiebigsten Form.«

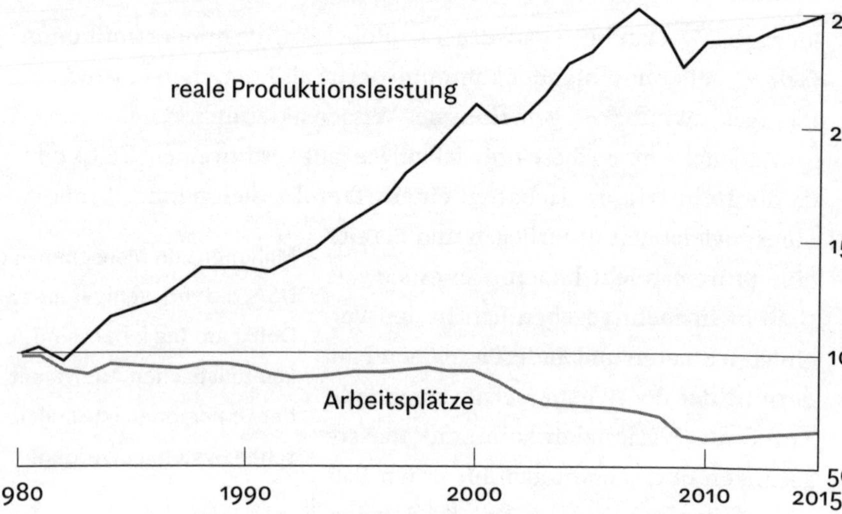

85 Prozent der Arbeitsplatzverluste in der US-Industrie zwischen 1980 und 2015 sind auf Automatisierung zurückzuführen und nur 15 Prozent auf internationalen Handel.

In dieser Vorstellung befreien Roboter einen Großteil der Menschheit von der Schinderei – als Minenarbeiter, LKW-Fahrer oder Toilettenputzkräfte. Und weil der Nutzen gleichmäßig verteilt wird, können die meisten Leute für die meiste Zeit tun, was immer ihnen beliebt. »Das wäre die Welt unbegrenzter Bedürfnisse, von der die Ökonomie redet«, sagt Lanchester, »nur mit dem Unterschied, dass die Bedürfnisse von Menschen befriedigt und die Arbeit von unseren Maschinen erledigt wird.« Es wäre eine Welt, von der William Morris in *Kunde von Nirgendwo* (1890) träumte: eine Welt voller Menschen, die sich in sinnvoller und vernünftig entgoltener Tätigkeit statt sinnloser Schufterei ergehen. Nur eben mit Robotern. Eine wahrhaft wundervolle Aussicht, mögen wir denken. Lanchester spezifiziert nicht, wie dieses Szenario (manchmal als voll automatisierter Luxuskommunismus

»[…] morgens zu jagen, nachmittags zu fischen, abends Viehzucht zu treiben, nach dem Essen zu kritisieren, wie ich gerade Lust habe.« Karl Marx

bezeichnet) zustande kommen würde, doch der Ökonom Yanis Varoufakis schlägt ein universelles Grundeinkommen vor, das durch Kapitalerträge und nicht durch Steuern finanziert wird. Leider nicht weniger plausibel scheinen andere Entwicklungen wie beispielsweise ›Exterminismus‹, wie Peter Frase es nennt: ein neofeudaler Alptraum, in dem sich die Ultrareichen an alle relevanten Mittel der Reichtumsproduktion klammern und sich in gut gesicherte Wehranlagen zurückziehen, während Roboter die ganze Arbeit erledigen und der Rest der Menschheit auf einem sich schnell erwärmenden Planeten um Abfälle kämpft.

So etwas scheint bereits zu existieren, so etwa das Survival Condo, ein früherer Raketensilo nördlich von Wichita in Kansas, der in Luxusapartments für die Superreichen umgebaut wurde, die sich um den Zusammenbruch der Zivilisation sorgen.

In *Homo Deus*, seiner ›Geschichte von Morgen‹, skizziert der Historiker Yuval Noah Harari ein noch düstereres Szenario. Bei allem Nutzen, den die Technologie uns gebracht hat, könnte sie doch das Ende der uns bekannten Menschheit heraufbeschwören. Konzerne und Militär benötigen Informationen, und Maschinen werden diese zunehmend liefern, ohne dafür Bewusstsein erlangen zu müssen. Immer mehr Menschen werden ökonomisch und damit politisch nutzlos. Doch die Auflösung geht noch weiter. Die ›liberale‹ Fiktion des Selbst wird zerbrechen, wenn Maschinen (und die mächtigen Interessen dahinter) uns besser verstehen als wir uns selbst und zunehmend die wichtigsten Entscheidungen für uns treffen. »Im 21. Jahrhundert ist es viel wahrscheinlicher, dass sich das Individuum still und leise von innen heraus auflöst und nicht von einem äußeren Big Brother brutal zerschlagen wird.«

Nun, vielleicht. Aber vielleicht ist ein trostloses Szenario wie dieses zumindest teilweise auch sublimierter Ausdruck – oder Zukunftsprojektion – der Verzweiflung über unsere eigene Zeit, in der oft diejenigen, die andere manipulieren und entmenschlichen, die Oberhand behalten. Und wenn es sich so verhält, dann wird die Herausforderung wenigstens so sehr politisch wie technologisch. Schließlich ist die Gesellschaft der Menschen immer wieder und oft in erdrückender Weise von Unterdrückungsverhältnissen gekennzeichnet gewesen und hat der Kampf um Befreiung sie immer begleitet.

Kurz nach der Wahl Donald Trumps zum US-Präsidenten, da »überall auf der Welt [...] die Dirigenten vor [unserem] Menschenorchester nur die gemeinsten und banalsten Melodien kennen«, reflektierte die Schriftstellerin Zadie Smith vor einem deutschen Publikum, dass der Fortschritt hin zu einer aufgeschlossenen, mitfühlenden Gesellschaft nie unumkehrbar ist. Ein solcher Fortschritt, sagte sie, »wird immer bedroht sein, muss verstärkt, bekräftigt und neu erdacht werden, wenn er Bestand haben soll«. Und wo Harari die internen Widersprüche und Schwächen des Menschen heraushebt, feiert Smith unsere Komplexität und sogar schiere Widerborstigkeit. »Wenn Schriftsteller etwas wissen«, sagte sie, »dann, dass einzelne Bürger in ihrem Innern viele sind: Sie tragen das ganze Spektrum möglichen Verhaltens in sich.«

Terror, Heiterkeit, Wunder

Es gibt Gründe, sich vor neuen Technologien zu fürchten, aber es gibt auch Gründe, sie zu feiern. Die Fortschritte der jüngeren Zeit haben uns bereits eine riesige Vielfalt wundervoller Dinge beschert und versprechen mehr für die Zukunft. Denken wir an die allgemeine Erhöhung der Lebenserwartung und des Lebensstandards. Bis vor etwa zweihundert Jahren starb rund die Hälfte aller Kinder vor dem fünften Lebensjahr aus heute leicht abwendbaren Ursachen. Dank grundlegender

Die Kindersterblichkeit konnte seit 1990 um die Hälfte gesenkt werden. Weitere 122 Millionen Kinder unter fünf Jahren wären innerhalb der fünfundzwanzig Jahre bis 2015 gestorben, wenn die Mortalitätsrate konstant geblieben wäre. Das bedeutet nicht, dass es Kindern überall gut geht. In Syrien stieg 2016 die Zahl verstümmelter, getöteter oder als Soldaten rekrutierter Kinder dramatisch an. Kinder, die Jüngsten davon sieben Jahre alt, wurden gezwungen, an der Front zu kämpfen, als Gefängniswärter zu arbeiten, Selbstmordattentate zu verüben und Exekutionen durchzuführen. Anfang 2017 waren Millionen kleiner Kinder im Jemen, im Südsudan und an anderen Orten vom Hungertod bedroht.

Technologien wie ordentlicher Hygiene, besserer Ernährung und Impfungen konnte die Kindersterblichkeit auf einen kleinen Bruchteil dessen gesenkt werden. Und sehr viel mehr von uns leben ein längeres und gesünderes Leben, als es das jemals in der Vergangenheit gegeben hat. Vielleicht haben wir nicht den Zustand der mythischen Hyperboreer auf der mittelalterlichen *mappa mundi* erreicht, die ohne Streit und Krankheit so lange leben, wie sie möchten, doch größtenteils leben wir viel länger als unsere Vorfahren, und mit stark reduzierter Häufigkeit körperlicher Schmerzen.

Wir haben heute die Aussicht auf biotechnologische und andere Erfindungen, die das innerste Gefüge des Menschen und des Lebens als Ganzes verändern könnten. Zu den bemerkenswertesten davon wird wahrscheinlich die Anwendung von CRISPR/Cas9 gehören, einer Genom-Editierungstechnologie, mit der in das Genom aller lebenden Wesen präziser, schneller und billiger eingegriffen werden kann, als das bislang möglich war. Verfechter sprechen von einem Potenzial, zahlreiche Virus- und Erbkrankheiten sowie Krebs beim Menschen zu heilen, und sehen auch Anwendungen in der Ausrottung von Krankheiten wie Malaria, das tagtäglich Tausenden Kindern das Leben kostet und viele mehr geschwächt zurücklässt. CRISPR, wie es oft abgekürzt wird, kann und wird vermutlich zur genetischen Veränderung einer Vielzahl von Pflanzen und Tieren, einschließlich uns selbst, eingesetzt werden. Dies würde zu irreversiblen Veränderungen im Genpool führen und potenziell die Macht mit sich bringen, evolutionäre Prozesse in einem Ausmaß und mit einer Geschwindigkeit zu steuern, die traditionelle Zuchttechniken bei Weitem übertreffen. »Wir werden lernen, uns selbst – unser Selbst – [d. h. unseren genetischen Code] zu lesen und zu schreiben«, sagt der Arzt Siddhartha Mukherjee. Die Anwendung dieser Technologie könnte mit der Beseitigung von Erbkrankheiten den Anfang machen, eines Tages aber auch auf die Auswahl von wünschenswert angesehenen Eigenschaften wie Stärke oder Intelligenz ausgedehnt werden (auch wenn es über die nächsten Jahrzehnte beim Menschen eher

»Es ist an der Zeit, dass wir uns fragen, wie wir uns die Entwicklung des Menschen über die nächsten ein, zwei Jahrhunderte wünschen.« Juan Enríquez

auf die Auswahl von Embryos hinauslaufen wird). CRISPR und andere Methoden der Genom-Editierung – oder Genschöpfung –, die gerade erst am Horizont auftauchen, könnten eine radikale Verlangsamung des Alterungsprozesses ermöglichen, sodass Menschen durchschnittlich über hundert Jahre und länger leben.

In wilderen Beiträgen ist sogar von derlei Dingen die Rede, wie Menschen genetisch Flügel anzuflanschen – eine Vorstellung, die den Menschheitstraum vom Fliegen anspricht, aber, ehrlich gesagt, einen schlicht irrsinnigen Weg einschlägt. Plausibler als Mittel zur Erweiterung menschlicher Fähigkeiten und Wahrnehmungsvermögen werden auf kürzere Sicht vielleicht neue Arten von Prothesen und Implantaten sein. Während heutige Apparate wie Brillen, Herzschrittmacher und künstliche Glieder Menschen mit Behinderung helfen, ihre Fähigkeiten dem Durchschnitt anzupassen, könnten jene unsere Fähigkeiten über das hinaus steigern, was heute als normal gilt. Ein einfaches Beispiel ist North Sense, ein kleines Silikongerät, das an der Brust sitzt und vibriert, wenn der Träger sich nach Norden ausrichtet. Doch es könnte noch sehr viel weiter gehen. Menschen könnten beispielsweise anfangen, sich ›Superhörhilfen‹ zu implementieren, die sie für die kleinsten Geräusche empfänglich macht, oder Geräte, mit denen man elektromagnetische Wellen jenseits des mit bloßem Auge sichtbaren Lichts wahrnehmen oder Magnetfelder spüren kann. Und dabei wird es nicht bleiben. Alles Leben auf der Erde wird wahrscheinlich auf neue Arten verändert werden. Anfang 2017 bestätigten Forscher, dass sie Mikroben mit synthetischer DNS erschaffen hatten, in denen das genetische Alphabet um zwei neu geschaffene Buchstaben erweitert wurde. Diese »stabile Form semi-synthetischen Lebens« würde ihnen zufolge die Grundlage bilden, um »das Hauptziel der synthetischen Biologie: die Erschaffung [programmierbarer] neuer Lebensformen«, zu erreichen.

»Was groß ist am Menschen«, schrieb Friedrich Nietzsche in den 1880er-Jahren, »ist, dass er eine Brücke und kein Zweck ist.« Niemand weiß wirklich, welches, wenn überhaupt eines unter den in diesem Kapitel oder den unzähligen anderswo beschriebenen Szenarios, eine bessere Orientierung für die Zukunft bietet. Vielleicht sollten wir weniger Energie darauf verwenden, die Zukunft vorherzusagen, und stattdessen versuchen, Eigenschaften zu entwickeln, die uns in die Lage versetzen, mit jeder Möglichkeit elastischer umzugehen. Vor allem sollten wir gastfreundlich und mutig sind. Wo etwas wunderlich seltsam daherkommt, sollten wir es willkommen heißen. Richtig eingesetzt muss Technologie nicht der Feind sein. Sie kann uns helfen, die Verhältnisse nicht als selbstverständlich anzusehen, sondern eine Welt zu erkunden, zu genießen und zu beschützen, in der »alle Dinge ureigen, selten, fremd, vermischt« sind, wie der Dichter Gerard Manley Hopkins sie nannte.

»Der Akt der Gastfreundschaft ist alt und zeitgenössisch zugleich, und steht im Zentrum jeder Geschichte[.] Verleugnet man sie, verleugnet man jeden Wert des Menschen.« John Berger

Wenn wir nach vorne blicken, sollten wir auch nicht vergessen, woher wir kommen, uns an die Tragödien der Geschichte erinnern und versuchen, unser Bewusstsein möglichst weit auf das Jenseits vor und nach dem Menschen auszudehnen. In Augenblicken des Wunderns, wie ich sie beschreiben würde, besitzen wir eine tiefe Achtsamkeit - der Augenblick ›verdichtet sich‹, reicht in Vergangenheit und Zukunft. Gleichzeitig in Furcht und Hochstimmung erkennen wir, wie Jorge Luis Borges schrieb: »Die Zeit ist ein Fluss, der mich mitreißt, aber ich bin der Fluss; sie ist ein Tiger, der mich zerfleischt, aber ich bin der Tiger; sie ist ein Feuer, das mich verzehrt, aber ich bin das Feuer.« Für diejenigen von uns, die nicht unter ständigen Schmerzen leben, ist das Leben ein Geschenk und in Momenten des Wunderns scheint es, als könnte genau dies der Punkt sein. Wenn wir für eine Handvoll Jahre erblühen, dann mit großer Wahrscheinlichkeit zum großen Teil, weil wir geben und empfangen können.

»Welche Art denkender Maschine könnte in langsamen, sich über die Jahrhunderte erstreckenden und über Land und Wasser hinweg geführten Gesprächen ihren Platz finden?«, fragt die Computerwissenschaftlerin Ursula Martin. »Welche Eigenschaften würde eine solche Maschine aufweisen müssen?«

Diejenigen von uns, die in hoch industrialisierten Gesellschaften leben, können von indigenen Völkern lernen. Nachdem sie einen

Beinahe-Genozid durch Invasoren mit weit überlegener Technologie überlebt haben, bewahren australische Aborigines die ältesten bekannten Geschichten der Welt und bringen in diesen Geschichten einen tiefen Sinn für die Zeit zum Ausdruck, darunter Erinnerungen an wirkliche Ereignisse im Zusammenhang (beispielsweise) mit einem Meeresspiegelanstieg vor zehntausend Jahren. An alle gerichtet, die heute auf dem australischen Kontinent leben oder zuhören wollen, sagt Galarrwuy Yunupingu, ein Ältester der Yolngu: »Lasst uns sein, wer wir sind – Aborigines in einer modernen Welt –, und stolz sein auf uns. Lasst uns erkennen, dass wir das Schlimmste, was über uns gebracht wurde, überlebt haben und wir hier sind mit unseren Liedern, unseren Zeremonien, unserem Land, unserer Sprache und unserem Volk – unserer ganzen Identität. Welch ein Geschenk das ist, das wir euch machen können, wenn ihr euch entscheidet, uns anzunehmen.« Nun dem Ende seines Lebens nahe, sieht er die kommende Zeit »über das Wasser laufen, hinab vom blauen Himmel und über den Horizont, als wäre er ein Projektionsschirm, der mir ein Bild der Zukunft offenbart.« Andere Male sieht er die Welt als schönes Gemälde, von Meisterhand geschaffen, doch nun in tausend Stücke zerbrochen, und er möchte diese Stücke wieder zusammensetzen: »um das Bild wiederherzustellen, wie es sein sollte – ein schönes Bild für uns alle.«

Australien wurde vor rund 50 000 Jahren von einer einzelnen Gruppe von Menschen besiedelt. Im Laufe der Jahrtausende verbreiteten sie sich über den Kontinent, entwickelten unterschiedliche Sprachen und kulturelle und physische Merkmale und passten sich im Verlauf dessen an die extremen Wetter- und Klimaverläufe an.

Nachwort

Der Wunderer und sein Schatten

Verzweiflung ist oft vorschnell.
REBECCA SOLNIT

Bereit, alles zu sein, in der Ekstase
immerwährenden Seins.
THOMAS BROWNE

Wenn man diesen Weg genommen hat: über die nahe liegende Route an den Toren der Militärbasis vorbei und über das Flachland, wo Betonbunker, einst Übungsziele für Großkaliber, heute von Dornen, Birken und Wildrosen überwuchert sind, dann gelangt man an die Stelle, wo die Straße endet. Gleich hinter einem Rastplatz und einem gedrungenen Ziegelbau schiebt sich der Asphalt über die niedrige Bodenerhebung der Küstenböschung und senkt sich auf der anderen Seite als bloße Betonfläche in leichten Windungen über vielleicht hundert Meter hinab, bevor er ins Meer ausläuft. Wenig mehr als eine Stunde später, zur Ebbe, erstrecken sich die Maplin Sands bis zum Horizont, wo sich die ferne Brandung kaum vom Himmel unterscheidet. Hier ist unbeschränkte Existenz.

Es gibt Pfade durch den Sand, die einen – wenn man achtsam bleibt – weiter die Küste entlang sicher an Land bringen, bevor die Flut zurückkehrt und einen davonschwemmt. Und am Ende der Betonbahn dient eine hellgrün bemalte Metallstange, der zwei in die Himmelsrichtungen ausgerichtete Dreiecke aus Metalllatten aufsitzen, als Orientierungspunkt, wenn man sich weit draußen befindet. Die Stange ist hoch – rund sechs Meter – und beeindruckend. Sie könnte einer gigantischen Sonnenuhr als Gnomon dienen, mit dem Sand als blankem Ziffernblatt – ein Monument, von einem verrückten Visionär an jenem Ort errichtet, wo einst ein Regenbogen die Erde berührte, oder eine surreale Version des einsamen Baums aus *Warten auf Godot*. Doch die Stange gibt einem nicht vor, wohin man gehen soll oder ob die Reise endet oder beginnt – ob man wacht oder träumt.

In Erinnerung an einen Kindheitstag mit dem Vater erzählte der Psychiater und Philosoph Karl Jaspers: »Der Weg über den frischen, reinen Strand; weiter, immer weiter, so tief war die Ebbe. Wir kamen ans Wasser [...] und ich war wie verzaubert.«

An einem Sommermorgen neben dieser Stange stehend, überkam mich kurz ein Gefühl von Verheißung und Möglichkeit, wie ich es seit Anfang zwanzig nur selten verspürt habe. Es war ein Gefühl des Staunens über die Welt – ein Gefühl, dass sich das Leben nicht woanders abspielte, sondern hier, obwohl sich unglaublich Wundervolles ebenfalls gleich hinter dem Horizont entfaltete.

Der Überlieferung zufolge hielten mittelalterliche Pilger am Ziel ihrer Pilgerfahrt einen kleinen Spiegel vor die heilige Reliquie, und im Glauben, etwas von der Macht der Reliquie darin aufbewahrt zu haben, zeigten sie ihn bei ihrer Heimkehr stolz Familie und Freunden. Dieses Buch ist wie einer jener Spiegel. Trotz Stürzen in die Dunkelheit neige ich immer noch zum Staunen und Wundern über das Dasein und zu dem Wunsch, dieses Staunen und Wundern mit anderen zu teilen. »Du freust dich an der Welt nicht recht«, schrieb Thomas Trahern, »ehe du die Schönheit dieser Freude so sehr liebst, dass du begehrst und inniglich erstrebst, auch andere zu dieser Freude zu bewegen.« Das Ziel der Philosophie, meinte Ludwig Wittgenstein, sei es, der Fliege den Ausweg aus dem Fliegenglas zu zeigen. Und so verhält es sich mit Wundern. Doch wie ist das Leben außerhalb der

Flasche? Manchmal fühlt es sich an, als seien wir nicht vollständig für Freiheit und Fliegen gemacht. Annie Dillard erinnert sich an einen Vorfall mit einer Polyphemus-Motte in ihrer Wissenschaftsstunde in der Schule. Die Motte schlüpfte aus ihrem Kokon und fand sich in einem Einmachglas wieder, das nicht genug Raum bot, um die Flügel in ihrer vollen Größe auszubreiten (sie haben üblicherweise eine Spannweite von fünfzehn Zentimetern und merkwürdige Augenmuster). Als die Motte schließlich in die Freiheit entlassen wurde, waren ihre Flügel bereits in der verengten und entstellten Form, die das Glas erlaubt hatte, getrocknet, sodass dem Tier nichts blieb, als nur über den Boden zu krabbeln. Und dann gibt es noch den existenziellen Druckfehler Elizabeth Bishops: die Mensch-Motte. Sie muss forschen, so weit sie eben in die Höhe kommt, sie fürchtet am meisten das, was sie tun muss, und scheitert, nur um es in einem fort zu wiederholen – nachdem sie Nacht für Nacht in Finsternis durch künstliche Tunnel getragen wird und wiederkehrende Träume träumt.

Die meisten meiner Reisen führten mich im Kreis oder in Sackgassen hinein. Doch ich mache weiter und es gibt die gelegentlichen Momente, in denen ich vernehme, was Louis MacNeice große Gegenwarten nannte. Meine tägliche Routine erlaubt ab und an eine kurze Runde im Park. Ich bin dankbar für die Möglichkeit, auf meinen eigenen Stelzen umherzulaufen, denn bei aller Wiederholung unterscheiden sich die Spaziergänge doch von Mal zu Mal. Und während ich um dieses allzu vertraute Fleckchen Erde herumleiere, folgt der Gesteinsbrocken unter meinen Füßen der Korkenzieherroute der Sonne um die Milchstraße – einer Galaxie, die ihrerseits durch einen der längsten Arme des Supergalaxienhaufens Laniakea (aus dem Hawaiianischen für ›unermesslicher Himmel‹) gezogen wird. Und während dieser Planet dem ehernen Gesetz der Schwerkraft folgend weiter seine Runden dreht, befinden sich die Vegetation, Winkel und Farbe des Lichts, die Temperatur, die Klarheit des Hier und Jetzt im Park in

Die Erde und die anderen Planeten im Sonnensystem umkreisen die Sonne im Winkel von 63 Grad zur Richtung des Sonnenumlaufs um die Galaxie. Während die Sonne einmal in 225 Millionen Jahren die Galaxie umkreist, folgen wir einer schräg stehenden Sonnenspiralbahn.

ständigem Wechsel. Gelegentlich, besonders an sonnigen Tagen, passiert etwas Wundervolles.

Auf meinem Weg komme ich an einigen großen Pappeln – fünfundzwanzig Meter oder höher – vorbei. Ihre dicken, tief gefurchten und schwülstigen Stämme erheben sich hoch über einen Fluss. An einem Abend sah ich sie, wie ich sie nie gesehen hatte. Der Tag, früh im Juli, war ruhig, warm und sehr hell gewesen und die Sonne viel länger am Himmel geblieben, als sie sollte, als ob das Ende des Tages und der große Zyklus, dem sie angehört, ausgesetzt worden wären. Eine sanfte Brise wuschelte durch die Wipfel anderer Bäume – Erlen, Weiden, Eichen, Buchen, Eschen –, war aber nicht so ruppig, sie aus ihren Träumen zu erwecken. Doch während jene Bäume – im Licht leuchtend – sich kaum rührten, zitterten, flüsterten, flimmerten die Blätter der Pappeln unter dieser sanftesten Berührung der Luft. Sie schienen lebendig, wie Tiere lebendig sind, als empfingen sie Nachrichten, die die anderen Bäume nicht wahrnehmen konnten, und drückten etwas aus, das andernfalls unentdeckt geblieben wäre.

»Denn das Phänomen des Träumens bietet nicht eine Lösung, sondern viele.« Christopher Smart

»Das Wunder«, schrieb Richard Jefferies, »ist hier, nicht dort; jetzt, nicht erst künftig, sondern jetzt immerdar.« Es klingt, als würde er sagen, dass im Wunder nur die Gegenwart existiert. Ich glaube aber, dass es der Wahrheit näher kommt, zu sagen, dass Wundern das Bewusstsein erweitert, sodass Vergangenheit und Zukunft ebenso wie die Gegenwart in offenbarerer und realerer Weise erlebt werden. In seinen *Bekenntnissen* vermutete Augustinus, dass Zeit nichts sei als Ausdehnung – vielleicht die Ausdehnung des Bewusstseins selbst. Doch im Wundern wird der gegenwärtige Augenblick als das gesehen, was er ist – eine Frage der Wahrnehmung und nicht der Realität –, so wie die Flachheit der Erde eine Illusion darstellt, die durch die Begrenztheit unserer Wahrnehmungsfähigkeit entsteht. Ein wundernder Geist fühlt und versteht das rasante Wallen und Flimmern der Pappelblätter (zu dem es kommt, weil die abgeflachten Stiele ihnen bei der geringsten Böe zu flattern erlauben) in Beziehung zu längeren und kürzeren Zeitrahmen. Die längeren Zeitrahmen reichen von Zyklen von wenigen Sekunden Dauer, in denen andere Bäume und das bewusste Denken sich bewegen, über den Tag- und Nachtzyklus bis hin zu längeren Zyklen wie einem Jahr und dem jahrhundertelangen Leben der Bäume. Selbst eine Zeit nach diesen Bäumen wird einbegriffen – in Form des Samen tragenden Flaums, potenziell zukünftige Bäume, der durch die Sommerluft hinabweht.

Wie er sich so durch die Sonnenstrahlen drängelt, ähnelt der Flaum den Partikeln von Lukrez und ruft Zeitrahmen in den Sinn, die wir uns in ihrer Kürze nur schwer vorstellen können. Innerhalb der Blätter dieser Bäume findet ständige Fotosynthese statt, und die Ausgangsspannung im Reaktionszentrum der Thylakoidmembran des Chloroplasts (die Motoren der Fotosynthese) in den Blattzellen wird in weniger als zehn Billionstel Sekunden aufgebaut. Eine Billionstelsekunde steht zu einer Sekunde im selben Verhältnis wie eine Sekunde zu 31 688 Jahren. In diesem Zeitmaßstab steht das Pappelblatt, dessen Flattern dem menschlichen Auge rasch erscheint, im Grunde genommen still. Und doch finden die Prozesse, die diese kolossalen und dauerhaften Bäume entstehen lassen, auf dieser Zeitskala statt. Man könnte von diesen Bäumen sagen, was Maurice Merleau-Ponty über die Bilder Paul Cézannes sagte, nämlich dass nur eine Empfindung möglich ist: das Gefühl der Fremdheit; und nur eine Poesie: die der unaufhörlichen Wiedergeburt der Existenz. Der Pilot und Schriftsteller Antoine de Saint-Exupéry musste auf einem Tafelberg in der Sahara notlanden und bestaunte die dort verstreut liegenden alten Meteoriten, die er wahrscheinlich als erster Mensch zu Gesicht bekam. »Ich erlebte so gleichsam eine packende Zeitrafferaufnahme des langsamen Feuerregens, der aus dem Weltraum auf die Erde niedergeht.« Doch dem aufgeschlossenen Geist ist das Aufeinandertreffen eines Photons und eines Blatts nichts weniger Staunenswertes.

In seinem 59 v. Chr. erschienenen Gedicht »Über die Natur der Dinge« feiert Lukrez die Wirklichkeit, wie Demokrit sie auffasste, nämlich bestehend aus Atomen, deren Bewegungen sich am Tanz der Staubkörner im Sonnenlicht erkennen lassen.

Eine Erklärung der Zeit bringt sie mit Entropie in Zusammenhang: eine emergente Eigenschaft einer sich auf die wahrscheinlichste Weise verhaltenden großen Zahl vibrierender Atome. Entropie erhöht sich, und Zeit verstreicht, wenn Kollisionen zwischen Atomen ihre Energien ausgleichen – beispielsweise wenn sich die Wärme einer Kaffeetasse über die Tischoberfläche und die Umgebungsluft verteilt. Dieser Vorgang nennt sich Dissipation und geschieht in unserem Universum nur in eine Richtung: hin zu größerer Unordnung. (Diese Erklärung wirft eine Frage auf: Wieso war unser Universum in der Vergangenheit von größerer Ordnung? Aber da ist es nun mal.) Leben gewinnt vorübergehend ein Mehr an Ordnung, indem es größere Unordnung an anderer Stelle schafft. Ein Baum zum Beispiel gewinnt Ordnung aus dem Strom von Photonen, die von der Sonne kommen, und er nutzt diese, um sich selbst zu erzeugen, während er größere Unordnung in seine Umgebung bringt. Der Geist schafft Ordnung, darunter Karten der Vergangenheit und Zukunft, die den Eindruck erwecken, außerhalb der Zeit zu stehen. Aber er tut dies in der Zeit.

Entropie liefert möglicherweise noch keine hinreichende Erklärung des Zeitpfeils. Mit Dekohärenz wird ein Quantenphänomen bezeichnet, das ebenfalls nur vorwärts in der Zeit funktioniert und sehr viel schneller vor sich geht als Dissipation. Bei einem in der Luft schwebenden Staubkorn oder Tropfen von Wasserdampf von einem Tausendstel Zentimeter Durchmesser zerstört der Zusammenprall mit einem Luftmolekül jegliche Quantenkohärenz seiner Atome in einem Billionstel der Zeit, die das Licht zum Durchqueren eines Wasserstoffatoms benötigt – und sehr viel weniger Zeit, als es zur Dissipation von Wärme in einem Staubkorn (oder Kaffeemolekül) braucht.

Die schimmernden Pappelblätter können auch eine fundamentale Eigenschaft am Ursprung, in der Struktur und im Fortgang des Universums illustrieren. Auf der tiefsten Ebene der Wirklichkeit, die wir kennen, ist das Quantenfeld verwackelt.

Der Physiker John Wheeler hat seine Fluktuationen mit winzigen Bewegungen von Schaum auf der Meeresoberfläche verglichen: für uns weit oben im Flugzeug nicht zu erkennen, aber doch vorhanden. Und Schall und Vibration, meint der Physiker Stephon Alexander, sind seit Anbeginn da und spielen keine weniger grundlegende

Rolle bei der Strukturierung der Materie als das Licht. In der Tat könnte sich das Universum an seinem Anfang verhalten haben wie die ultimative generative Musikkomposition. Schall hat auch fundamentale Bedeutung für die Selbsterneuerung des Lebens: Zu den erst jetzt ins Bewusstsein rückenden subtilen Eigenschaften der DNS gehören auch Vibrationen, die als kohärente, delokalisierte phononartige Schwingungszustände bekannt sind. Und wie die Pionierarbeit des Akustikökologen Bernie Krause gezeigt hat, kann uns größere Aufmerksamkeit für die Klangwelt lebender Organismen besser erkennen helfen, was durch Degradation und Artenschwund vom großen Netzwerk des Lebens bereits verloren ist, sodass wir mit Reparaturarbeiten beginnen und gemeinsam intelligentere, fruchtbarere und belastbarere Netzwerke schaffen können.

»Die Sterne lauter ganze Noten« Christian Morgenstern

Wozu ist das alles nütze? Wenn ein Engel über unsere Welt wacht, kann es manchmal scheinen, er müsse Walter Benjamins Engel der

Geschichte, der in den Ereignissen der Menschenwelt nur Katastrophen erblickt, stärker ähneln als Albrecht Dürers Engel auf der Suche nach Schönheit. Doch wir mögen uns auf die Wette einlassen, dass wir nicht in einer unentrinnbaren Falle sitzen. Was der Historiker Yuval Noah Harari über die Geschichte sagt, gilt auch für die Wissenschaften, die Künste und die Handlungen jener, die mutig und gütig sind. »Wir studieren [sie], nicht um die Zukunft zu kennen, sondern um unseren Horizont zu erweitern, um zu verstehen, dass unsere gegenwärtige Situation weder naturgegeben noch unausweichlich ist, und dass wir folglich mehr Möglichkeiten vor uns haben, als wir uns vorstellen können.« Benjamins Vision des Engels, die von einem *Angelus Novus* betitelten Druck seines Freundes Paul Klee aus dem Jahr 1920 inspiriert wurde, mag nicht unsere einzige Option sein. Ein anderes Bild Klees, *In Engelshut*, zeigt einen Schutzengel zwischen verschiedenen Formen changierend. Für mich sieht er aus wie ein freundliches, heiteres Gespenst – einer der besseren Engel unserer Natur –, das viele Möglichkeiten andeutet, nicht alle davon schlecht und einige sogar hoffnungsfroh.

»Leben kann so wunderbar wie fürchterlich sein, und wir mögen zunehmend imstande sein, das Leben zum Guten zu wenden. Da die Menschheitsgeschichte vielleicht gerade erst in ihren Anfängen steckt, lässt sich erwarten, dass zukünftige Menschen, oder Über-Menschen, Großartiges vollbringen, das wir uns heute noch nicht einmal vorstellen können.« Derek Parfit

Wundern, sagt die Philosophin Martha Nussbaum, hat das Potenzial zu einer politischen Empfindung. Es mehr in unser Leben zu lassen und uns mit seiner klaren Ruhe und Heiterkeit aufzuladen, ermöglicht uns, unseren Sinn für den Augenblick, in dem wir leben, zu vertiefen, mit unseren Sorgen und Ängsten umzugehen und unseren Ärger hin zu vorwärtsgerichteter Rationalität und geistiger Großmut zu überschreiten. Nie war die *askesis*, oder Praxis, des Wunderns bedeutsamer als in Zeiten, in denen Angst und Furor das öffentliche Leben beherrschen.

Bei Ebbe bleiben große Flächen der Maplin Sands mit einem Wasserfilm überzogen, der die Wolken im blauen Gewölbe darüber reflektiert, sodass ein Wanderer seine Schritte über Land und Himmel in einem lenkt. Während mein Schatten über den gespiegelten Himmel gleitet, spüren meine nackten Füße die Konsistenz – und Resonanz – des Sands, und mein Kopf umfängt einen Traum von Licht.

Wir leben im Schatten von Tod und Vergessen. Baldiger Verlust ist wirklich und ohne Erlass. Es gibt nur eine Galgenfrist. Doch das anzuerkennen, heißt nicht zwangsläufig, zu verzweifeln. Lieb' wohl, was du alsbald verlassen musst, und singe die Lieder des Lebens.

Anmerkungen

1 Edit. Anm.: Die Zitate in diesem Buch wurden, soweit nicht mit einem deutschsprachigen Titel im Literaturverzeichnis belegt, von Daniel Fastner übersetzt.

2 Anm. d. Übers.: Unterschiedliche Sprachen haben of einen unterschiedlichen Zuschnitt der Begriffe. Das englische »wonder«, von dem Caspar Henderson schreibt, ist am besten mit »Wunder« wiedergegeben. Doch im Deutschen muss man neben Naturwundern auch gleich an die Wunder der christlichen Tradition oder Ähnliches denken. Für diese religiöse oder magische Dimension hat das Englische einen anderen Begriff (»miracle«). Davon ist also hier nicht die Rede.

3 Anm. d. Übers.: Abwandlung eines Zitats aus James Thurbers *Das Geheimnisvolle O*, Düsseldorf 1966, S. 16.

4 Anm. d. Übers.: Eines der vielen Hindernisse des Pilgers Christ in John Bunyans *The Pilgrim's Progress* und Bild für erdrückende Schuldgefühle.

Auswahlbibliografie

Brown, Thomas, *Des berühmten Thomas Browns Religion eines Arztes*, hg. u. übers. v. Georg Venzky, Prenzlau/Leipzig 1746 [1643].

Carroll, Lewis, »Die Jagd nach dem Schnark«, in: Günther Flemming (Hg. u. Übers.), *Die Jagd nach dem Schnark, ALICEANA & Essays zu Leben und Werk*, Berlin 2013.

Clare, John, *Reise aus Essex und autobiografische Fragmente*, Berlin 2017.

Demokrit, »Fragment 247«, in: *Die Fragmente der Vorsokratiker*, übers. v. Hermann Diels, 2. Bd., Berlin 1922.

Feynman, Richard P., *Vom Wesen physikalischer Gesetze*, übers. v. Siglinde Summerer u. Gerda Kurz, München 1993 [1965].

Einleitung

—, *Das Augsburger Wunderzeichenbuch. Ein Prunkstück aus dem goldenen Zeitalter der Stadt sowie weitere Schätze zur Augsburger Überlieferung von Wunderzeichen*, Augsburg 2014.

Aristoteles, *Metaphysik*, übers. v. Hermann Bonitz, hg. v. Héctor Carvallo u. Ernesto Grassi, Reinbek bei Hamburg 1966.

Bayne, Tim u. a. (Hg.), *The Oxford Companion to Consciousness*, Oxford u. a. 2014.

Beckert, Sven, *King Cotton. Eine Globalgeschichte des Kapitalismus*, München 2014.

Berger, John, »Grotte Chauvet«, in: *Gegen die Abwertung der Welt*, München/Wien 2003.

Bevis, Matthew, »The Funny Thing About Trees«, in: *Raritan*, 34:3 (Winter 2015).

Bibel, Lutherübersetzung, revidierte Fassung 2017, {www.bibelserver.com}, letzter Zugriff am 25.6.2019.

Bishop, Elizabeth, »Elch«, in: *Alles Meer ein gleitender Marmor*, übers. v. Klaus Martens, Heidelberg 2011.

Borchert, Till-Holger (Hg.), *The Book of Miracles*, Köln 2013.

Borges, Jorge Luis, »Undr«, in: *Ausgewählte Werke*, 2. Bd., *Spiegel und Maske. Erzählungen*, übers. v. Curt Meyer-Clason, Berlin 1987.

Burke, Edmund, *Philosophische Untersuchung über den Ursprung unserer Begriffe vom Schönen und Erhabenen*, Riga 1772 [1757].

Burton, Robert, *Anatomie der Melancholie. Über die Allgegenwart der Schwermut, ihre Ursachen und Symptome sowie die Kunst, es mit ihr auszuhalten*, übers. v. Ulrich Horstmann, Zürich/München 1990 [1621–1639].

de las Casas, Bartolomé, 1542, *A Short Account of the Destruction of the Indies*, London 1992 [1542].

Descartes, René, *Die Leidenschaften der Seele*, übers. v. Klaus Hammacher, Hamburg 1984 [1649].

Deutsch, David, in einem Tweet an den Autor.

de Waal, Frans, *Are We Smart Enough to Know How Smart Animals Are?*, London 2016.

Dillard, Annie, *Ich schreibe*, übers. v. Henning Ahrens, Salzburg 1998.

Donne, John, 1611, »An Anatomy of the World«, in: *The Complete English Poems*, London 1991.

Dostojewski, Fjodor, *Aufzeichnungen aus dem Kellerloch*, in: *Romane und Erzählungen II*, übers. v. Arthur Luther, Frechen 2000 [1864].

du Sautoy, Marcus, *What We Cannot Know. Explorations at the Edge of Knowledge*, London 2016.

Edson, Evelyn, Emelie Savage-Smith u. Anna-Dorothee von den Brincken, *Der mittelalterliche Kosmos. Karten der christlichen und islamischen Welt*, übers. v. Thomas Ganschow, Darmstadt 2005.

Einstein, Albert, Brief vom 6.12.1917 an Heinrich Zangger, {https://einsteinpapers.press.princeton.edu/vol8a-doc/633}, letzter Zugriff am 18.11.2018.

Einstein, Albert, »Physik und Realität«, in: *Journal of the Franklin Institute* 221:3 (1936).

Emerson, Ralph Waldo, »Der Dichter«, in: *Essays 1. Folge*, übers. v. Wilhelm Schölermann, Leipzig 1902.

Emerson, Ralph Waldo, »Erfahrung«, in: *Essays 2. Folge*, übers. v. W. Mießner, Jena 1904.

Evans, Herbert M., »Wonder and the Clinical Encounter«, in: *Theoretical Medicine and Bioethics* 33:2 (April 2012).

Feynman, Richard, *Es ist so einfach. Vom Vergnügen, Dinge zu entdecken,* übers. v. Inge Leipold, München u. a. 2003.

Fisher, Philip, *Wonder, the Rainbow, and the Aesthetics of Rare Experiences,* Cambridge, MA 1999.

Freud, Sigmund, »Trauer und Melancholie«, in: *Studienausgabe,* Bd. 3, Frankfurt a. M. 2000.

Goodall, Jane, »Waterfall displays«, Jane Goodall Institute, 6. Januar 2011, {www.youtube.com/watch?v=jjQCZClpaaY}, letzter Zugriff am 18.11.2018.

Greenblatt, Stephen, *Wunderbare Besitztümer. Die Erfindung des Fremden. Reisende und Entdecker,* Darmstadt 1994.

Harari, Yuval Noaḥ, *Eine kurze Geschichte der Menschheit,* München 2015.

Hartle, James B., »Why is Our Universe Comprehensible?«, 2016, {https://arxiv.org/abs/1612.01952}, letzter Zugriff am 18.11.2018.

Heidegger, Martin, »Die Frage nach der Technik«, in: *Gesamtausgabe,* Bd. 7, hg. v. Friedrich-Wilhelm von Hermann, Frankfurt a. M. 2000 [1953].

Heisenberg, Werner, *Physik und Philosophie,* Stuttgart 2000 [1958].

Herzog, Werner u. Paul Cronin, *Werner Herzog: A Guide for the Perplexed,* London 2014.

Hinton, David (Hg. u. Übers.), *Classical Chinese Poetry. An Anthology,* New York 2008.

Hölderlin, Friedrich, »Menons Klagen um Diotima«, in: *Sämtliche Gedichte und Hyperion,* Frankfurt a. M./Leipzig 1999 [1800].

Holmes, Richard, *The Age of Wonder. How the Romantic Generation discovered the Beauty and Terror of Science,* London 2008.

Hume, David, »Über Wunder«, in: *Eine Untersuchung über den Menschlichen Verstand,* übers. v. Raoul Richter, Hamburg 2015 [1748].

Ingold, Tim, »Rethinking the Animate, Re-Animating Thought«, in: *Ethnos* 71:1 (2006).

Johnson, Samuel, *Die Geschichte von Rasselas, Prinzen von Abessinien. Eine morgenländische Erzählung,* Leipzig 1972 [1759].

Johnson, Steven, *Wonderland. How Play Made the Modern World*, New York 2016.

Kafka, Franz, *Die Verwandlung*, Frankfurt a. M. 1994 [1915].

Kant, Immanuel, *Kritik der praktischen Vernunft*, Werkausgabe Bd. 7, Frankfurt a. M. 1988 [1788].

Klee, Paul, »Schöpferische Konfession«, in: *Tribüne der Kunst und der Zeit. Eine Schriftensammlung*, Bd. XIII, hg. v. Kasimir Edschmid. Reiß, Berlin 1920 (S. 28).

Ko Un, »Der Sonnenstrahl«, in: *Die Sterne über dem Land der Väter*, über. v. Woon-Jung Chei u. Siegfried Schaarschmidt, Frankfurt a. M. 1996 (S. 44).

Ko Un, »The Snow Path«, {https://www.poemhunter.com/poem/the-snow-path/}, letzter Zugriff am 22.11.2018.

Kurtág, György, »Ziel, Weg, Zögern«, aus *Kafka Fragmente*, Op. 24, 1985/6, Hungaraton 2005.

Lewis, Michael, *Aus der Welt. Grenzen der Entscheidung oder Eine Freundschaft, die unser Denken verändert hat*, übers. v. Jürgen Neubauer u. Sebastian Vogel, Frankfurt a. M./New York 2016.

Méliès, Georges, *Le voyage à travers l'impossible*, Star Film Company, 1904.

Merwin, W. S., »On Reading What You Want, Reading it Slowly, and the Beauty of Trees«, 2017, {http://lithub.com/w-s-merwin-on-reading-what-you-want-reading-it-slowly-and-the-beauty-of-trees}, letzter Zugriff am 18.11.2018.

Mishra, Pankaj, »How to Think about Islamic State«, in: *Guardian*, 24. Juli 2015.

Mishra, Pankaj, *Das Zeitalter des Zorns. Eine Geschichte der Gegenwart*, übers. v. Laura Su Bischoff u. Michael Bischoff, Bonn 2017.

Moore, Alan, *Jerusalem*, London 2016.

Panofsky, Erwin, *Das Leben und die Kunst Albrecht Dürers*, Darmstadt 1979 [1943].

Parfit, Derek, »Why Anything? Why This?«, in: *London Review of Books*, 22. Januar 1998.

Park, Katherine u. Lorraine Daston, *Wonders and the Order of Nature 1150–1750*, New York 1998.

Paul-Choudhury, Sumit, »Ice-age Art Hints at Birth of Modern Mind«, in: *New Scientist*, 13. Februar 2013.

Philips, Adam, »The Art of Non-Fiction«, in: *Paris Review*, Frühling 2014.

Platon, *Theaitetos*, in: *Sämtliche Werke*, nach der Übers. Friedrich Schleiermachers, ergänzt durch Übers. v. Franz Susemihl u. a., hg. v. Karlheinz Hülser, Frankfurt a. M./Leipzig 1991.

Reich, Steve, *Proverb*, New York 1996.

Rovelli, Carlo, *Seven Brief Lessons on Physics*, London 2015.

Rubenstein, Mary-Jane, *Strange Wonder. The Close of Metaphysics and the Opening of Awe*, New York 2008.

Rubenstein, Mary-Jane, 2012, »Heidegger's Cave. On Dwelling in Wonder«, in: Sophie Vasalou (Hg.), *Practices of Wonder. Cross-Disciplinary Perspectives*, Cambridge 2012.

Rutledge, Rob B., »A Computational and Neural Model of Momentary Subjective Well-Being«, in: *Proceedings of the National Academy of Sciences* 111:33 (2014).

Schulz, Bruno, »Traktat über die Mannequins oder das zweite Buch Genesis«, in: *Die Zimtläden*, übers. v. Joseph Hahn, München 2000 (S. 37-41).

Sebald, W. G., *Die Beschreibung des Unglücks*, Salzburg 1985.

Sebald, W. G., *Die Ringe des Saturn. Eine englische Wallfahrt*, Frankfurt a. M. 1995.

Shakespeare, William, »Der Sturm«, in: *Shakespeare's dramatische Werke*, übers. v. August Wilhelm Schlegel u. Ludwig Tieck, 5. Bd., Berlin 1869.

Shelley, Percy, *A Defence of Poetry*, 1821, {http://www.bartleby.com/27/23.html}, letzter Zugriff am 19.11.2018.

Smith, Adam, *The principles which lead and direct philosophical enquiries, illustrated by the history of astronomy*, Bangalore 1880.

Smolin, Lee, *Im Universum der Zeit. Auf dem Weg zu einem neuen Verständnis des Kosmos*, übers. v. Jürgen Schröder, München 2015.

Steppenbeck, D. u. a., »Evidence for a New Nuclear ›Magic Number‹ from the Level Structure of 54Ca«, in: *Nature* 502 (2013).

Tegmark, Max, *Unser mathematisches Universum. Auf der Suche nach dem Wesen der Wirklichkeit*, übers. v. Hubert Mania, Berlin 2016.

Thomas, Lewis, »Seven Wonders«, in: *Late Night Thoughts on Listening to Mahler's Ninth Symphony*, New York 1983.

Thoreau, Henry David, *Vom Spazieren*, übers. v. Dirk van Gusteren, Zürich 2004.

Thurber, James, *Das geheimnisvolle O*, übers. v. Hans Georg Lenzen, Darmstadt 1966.

von Uexküll, Jakob, *Streifzüge durch die Umwelten von Tieren und Menschen: Ein Bilderbuch unsichtbarer Welten*, Frankfurt a. M. 1983 [1934].

Walker, James W. P., Clinnick, David T. G. u. Jan B. W. Pedersen, »Profiled hands in Palaeolithic art. The first universally recognized symbol of the human form«, in: *World Art*, 24. November 2016.

Weitzel, Hans, »A Further Hypothesis on the Polyhedron of A. Dürer's Engraving Melencolia I«, in: *Historia Mathematica* 31:1 (2004).

Wigner, Eugene, »The Unreasonable Effectiveness of Mathematics in the Natural Sciences«, in: *Communications in Pure and Applied Mathematics* 13:1 (1960).

Wilczek, Frank, *A Beautiful Question. Finding Nature's Deep Design*, London 2015.

Wootton, David, *The Invention of Science. A New History of the Scientific Revolution*, London 2015.

Worth, Robert F., »In the Attic of Early Islam«, in: *NYRB Daily*, 24. August 2016, {https://www.nybooks.com/daily/2016/08/24/in-the-attic-of-early-islam-shihab-al-din-al-nuwayri}, letzter Zugriff am 19.11.2018.

1. Der Regenbogen und der Stern: Licht

Ackermann, M. u. a., »Measurement of the High-Energy Gamma-Ray Emission from the Moon with the Fermi Large Area Telescope«, 2016, {https://arxiv.org/abs/1604.03349}, letzter Zugriff am 21.11.2018.

Adams, John Luther, *Become Ocean*, Ludvic Morlot & Seattle Symphony Orchestra, Cantaloupe 2014.

Adams, John Luther, *Canticles of the Sky. Sky with Four Suns*, Northwestern University Cello Ensemble, Cold Blue, 2015.

Al-Khalili, Jim, »Top Five Weird Physics Facts«, {www.jimal-khalili.com}, letzter Zugriff am 25.6.2019.

Berman, Bob, *The Sun's Heartbeat. And Other Stories from the Life of the Star that Powers Our Planet*, New York u. a. 2011.

Boyer, Carl B., *The Rainbow. From Myth to Mathematics*, Princeton 1987.

Britten, Benjamin, Brief an Henry Boys (1937), zit. in: Philip Reed (Hg.), *On Mahler and Britten*, Woodbridge 1998.

Browne, Thomas, »On Dreams«, in: *The Works of Sir Thomas Browne*, Bd. 3, London 1852.

Buson, Yosa, »Eine kurze Nacht«, in: Ute Guzzoni, *Raum der Gelassenheit*, München/Freiburg 2014 (S. 134).

Castelvecchi, Davide, »Hawking's Latest Black-Hole Paper Splits Physicists«, in: *Nature*, 27. Januar 2016.

Castelvecchi, Davide, »How to hunt for a black hole with a telescope the size of Earth«, in: *Nature*, 22. März 2017, und »Imaging and imagining black holes«, in: *Nature*, 28. März 2017.

Chirimuuta, Mazvita, »The Reality of Color Is Perception«, Nautilus (Webseite), 23. Juli 2015, {http://nautil.us/issue/26/color/the-reality-of-color-is-perception}, letzter Zugriff am 20.11.2018.

Cowen, Ron, »Simulations Back Up Theory that Universe is a Hologram«, in: *Nature*, 10. Dezember 2013.

Cowen, Ron, »Quantum Bounce Could Make Black Holes Explode«, in: *Nature*, 17. Juli 2014.

Daston, Lorraine, »How to Make a Greek God Smile«, in: *London Review of Books*, 10. Juni 1999.

Dehaene, Stanislas, *Denken. Wie das Gehirn Bewusstsein schafft*, München 2014.

Dickens, Charles, *Die Pickwickier*, 3. Bd., Leipzig 1837 [1836].

Dickinson, Emily, »Als ob das Meer sich teilte«, in: *Sämtliche Gedichte. Zweisprachig*, übers. v. Gunhild Kübler, München 2015, S. 643.

Dillard, Annie, »Total Eclipse« in: *Teaching a Stone to Talk. Expeditions and Encounters*, New York u. a. 1982.

DiMeo, Nate, »The Glowing Orbs«, in: *The Memory Palace* (Podcast), Episode 61, 7. Juni 2014.

Donne, John, »The Good-Morrow« (1633), in: *The Complete English Poems*, London 1991.

Eno, Brian, *Lux*, Warp, 2012.

Feynman, Richard, »How Mirrors Turn You Inside Out«, 1983, aus *Fun to Imagine* (TV-Reihe), BBC, {www.bbc.co.uk/archive/feynman/10703.shtml}, letzter Zugriff am 21.11.2018.

Feynman, Richard, *QED. Die seltsame Theorie des Lichts und der Materie*, übers. v. Siglinde Summerer u. Gerda Kurz, München/Zürich 2002.

Gleick, James, *Isaac Newton. Die Geburt des modernen Denkens*, Darmstadt 2004.

Goethe, Johann Wolfgang von, *Zur Farbenlehre* (1810), {https://theoryofcolor.org/Anzeige+und+Übersicht}, letzter Zugriff am 21.11.2018.

Green, Lucie, *15 Million Degrees. A Journey to the Centre of the Sun*, London 2017.

Händel, George Friedrich, »Eternal Source of Light Divine«, aus *Ode for the Birthday of Queen Anne*, HWV 74, 1713.

Hawking, Stephen, *Eine kurze Geschichte der Zeit*, Reinbek bei Hamburg 2018 [1988].

Jefferies, Richard, »Thoughts at Dawn«, {https://richardjefferies.wordpress.com/2015/10/26/thoughts-at-dawn}, letzter Zugriff am 20.11.2018.

Kant, Immanuel, *Allgemeine Naturgeschichte und Theorie des Himmels*, Königsberg/Leipzig 1755.

Keynes, Maynard, »Newton, the man«, in: Royal Society, *Newton Tercentenary Celebrations*, Cambridge 1947.

Koberlin, Brian, »How the Universe Made the Stuff That Made Us«, Nautilus (Webseite), 14. Januar 2015, {http://nautil.us/blog/how-the-universe-made-the-stuff-that-made-us}, letzter Zugriff am 21.11.2018.

Krauss, Lawrence M., »What Neutrinos Reveal«, in: *New Yorker*, 8. Oktober 2015.
Kurtág, György, »Play with Infinity«, aus Játékok, Bugallo-Williams Piano Duo 2015 [1973].
Kurtág, György, Stele, Op. 33, Claudio Abbado, Berliner Philharmoniker, Deutsche Grammaphon 1996 [1994].
Leach, Amy, *Things That Are. Encounters with Plants, Stars and Animals*, Edinburgh 2013.
Ligeti, György, 1985, Etude Nr. 5, Arc-en-Ciel, Piano Etudes Book 1, Jeremy Denk Plays Ligeti/Beethoven, Nonesuch 2012 [1985].
Lightman, Alan, *The Accidental Universe. The World You Thought You Knew*, New York 2013.
Mahler, Gustav, *Das Lied von der Erde*, 1909, Otto Klemperer/Christa Ludwig/Fritz Wunderlich , EMI Classics (1964–1966).
Merali, Zeeya, »Did a Hyper-Black Hole Spawn the Universe?«, in: *Nature*, 13. September 2013.
Miłosz, Czesław, »Late Ripeness«, in: *New and Collected Poems 1931–2001*, New York 2001.
NASA Goddard, »Fiery Looping Rain on the Sun« (Video), 2013, {www.youtube.com/watch?v=HFT7ATLQQx8}, letzter Zugriff am 21.11.2018.
NASA Jet Propulsion Laboratory, »Juno's Approach to Jupiter« (Video), 4. Juli 2016, {www.youtube.com/watch?v=kjfQCTat-8s}, letzter Zugriff am 21.11.2018.
NASA Solar Dynamics Observatory, »Thermonuclear Art – The Sun in Ultra-HD« (Video), 2015, {www.youtube.com/watch?v=6tmbe LTHC_0}, letzter Zugriff am 21.11.2018.
NASA Solar Dynamics Observatory, »Year 5« (Video), 2015, {www.youtube.com/watch?v=GSVv40M2aks}, letzter Zugriff am 21.11.2018.
Newton, Isaac, »The Analogy of Nature«, Brief an Mr. Oldenburgh, 1675–76, zit. in Jennings, Humphrey, *Pandaemonium 1660–1886: The Coming of the Machine Age as Seen by Contemporary Observer* 2012 [1985].
Newton, Isaac, »A New Theory about Light and Colours«, in: *Philosophical Transactions and Collections*, London 1722 [1700].

Newton, Isaac, *Sir Isaac Newtons Optik oder Abhandlung über Spiegelungen, Brechungen, Beugungen und Farben des Lichts*, übers. v. William Abendroth, Leipzig 1898 [1704].

Noë, Alva, 2014, »In Search of a Science of Consciousness«, NPR (Webseite), 30. Dezember 2014, {www.npr.org/blogs/13.7/2014/12/30/373952810/in-search-of-a-science-of-consciousness}, letzter Zugriff am 20.11.2018.

Owen, Wilfred, »Futility«, 1918, {www.poetryfoundation.org/poems-and-poets/poems/detail/57283}, letzter Zugriff am 21.11.2018.

Palczewskaa, Grazyna u. a., »Human Infrared Vision Is Triggered by Two-Photon Chromophore Isomerization«, in: *Proceedings of the National Academy of Sciences* 111:50 (2014).

Perkowitz, Sidney, *Eine kurze Geschichte des Lichts. Die Erforschung eines Mysteriums*, übers. v. Hainer Kober, München 1998.

Perkowitz, Sidney, *Slow Light*, London u. a. 2011.

Pullman, Philip, »William Blake and Me«, in: *Guardian*, 28. November 2014.

Ramm, Benjamin, »Birobidzhan – The Worst Good Idea Ever?«, openDemocracy (Webseite), 16. Dezember 2016, {www.opendemocracy.net/od-russia/benjamin-ramm/birobidzhan-worst-good-idea-ever}, letzter Zugriff am 23.11.2018.

Reed, Alexander W., *Aboriginal Myths, Legends and Fables*, Wellington 1982.

Rees, Martin, 2011, »Templeton Prize 2011: Full transcript of Martin Rees's acceptance speech«, in: *The Guardian*, {www.theguardian.com/science/2011/apr/06/templeton-prize-2011-martin-rees-speech}, letzter Zugriff am 26.6.2019.

Ross, Alex, »Water Music«, in: *New Yorker*, 8. Juli 2013.

Rovelli, Carlo, *Reality Is Not What It Seems. The Journey to Quantum Gravity*, London 2016.

Scharf, Caleb, *Gravity's Engines*, London 2012.

Scharf, Caleb, *The Copernicus Complex*, London 2014.

Solnit, Rebecca, *Die Kunst, sich zu verlieren. Ein Führer durch den Irrgarten des Lebens*, übers. v. Michael Mundhenk, München 2009.

Sommer, Andrei P. u. a., »Light Effect on Water Viscosity: Implication for ATP Biosynthesis«, in: *Scientific Reports* 5:12029 (Juli 2015).

Strang, Veronica, »Wonderful Light: Affect and Transformation in Engagements with Light and Water«, Paper vorgestellt auf der ASA Decennial Conference, 19.–22. Juni 2014, Edinburgh.

Tabakova, Dobrinka, »Einstein Considers Light as Waves, and Light as Quanta«, 2014, gesungen von Opus Anglicanum, {www.opusanglicanum.com}, letzter Zugriff am 1.7.2019.

They Might Be Giants, »Why Does the Sun Shine? (The Sun is a Mass of Incandescent Gas)«, Elektra 1993.

They Might Be Giants, »Why Does the Sun Really Shine? (The Sun is a Miasma of Incandescent Plasma)«, Disney Sound/Idlewild 2009.

Thoen, Hanne H. u. a., »A Different Form of Color Vision in Mantis Shrimp«, in: *Science*, 24. Januar 2014.

Thomas, Edward, »Lights Out«, 1917, {www.poetryfoundation.org/poems-and-poets/poems/detail/57199}, letzter Zugriff am 20.11.2018.

Thoreau, Henry David, *Vom Spazieren*, übers. v. Dirk van Gunsteren, Zürich 2004 [1862].

Tinsley, Jonathan N. u. a., »Direct Detection of a Single Photon by Humans«, in: *Nature Communications* 7:12172 (2016).

Tuan, Yi-Fu, *The Hydrologic Cycle and the Wisdom of God. A Theme in Geoteleology*, Toronto 1968.

Van Helden, Albert u. a., »Galileo's Sunspot Drawings«, in: *The Galileo Project*, Houston, TX 1995.

Wald, George, »The Molecular Basis of Visual Excitation«, in: *Nature* 219:5156 (1968).

Wheeler, John Archibald, »Hermann Weyl and the Unity of Knowledge«, in: *American Scientist* 74:4 (Juli-August 1986).

Whitman, Walt, »Ich singe den Leib, den elektrischen«, aus *Grashalme*, übers. v. Johannes Schaf, Stuttgart 1968 [1855] (S. 104–112).

Young, Thomas, »Bakerian Lecture: Experiments and Calculations Relative to Physical Optics«, in: *Philosophical Transactions of the Royal Society* 94 (1804).

2. Die Konzentration des universellen Lichts in leuchtenden Körpern: Leben

Aischylos, *Der gefesselte Prometheus. Die Schutzsuchenden*, übers. v. Walther Kraus, Stuttgart 1999.

Ball, Philip, *Nature's Patterns. A Tapestry in Three Parts*, Oxford 2009.

Ball, Philip, 2017, »The Computational Foundation of Life: How Life (and Death) Spring from Disorder«, Quanta Magazine (Webseite), 26. Januar 2017, {www.quantamagazine.org/20170126-information-theory-and-the-foundation-of-life}, letzter Zugriff am 23.11.2018.

Bell, Elizabeth A. u. a., »Potentially Biogenic Carbon Preserved in a 4.1 Billion-Year-Old Zircon«, in: *Proceedings of the National Academies of Science* 112:47 (2015).

Berry, Drew, »Animations of Unseeable Biology«, Vortrag bei TEDx Sydney, 2011 {www.ted.com/talks/drew_berry_animations_of_unseeable_biology}, letzter Zugriff am 23.11.2018.

Bianconi, Eva u. a., »An Estimation of the Number of Cells in the Human Body«, in: *Annals of Human Biology* 40 (June 2013).

Bradford, Charles M. u. a., 2011, »The Water Vapor Spectrum of APM 08279+5255«, in: *The Astrophysical Journal Letters* 741:2 (2011).

Browne, Thomas, *Hydrotaphia. Urne-Buriall*, New York 2012 [1658].

Chown, Marcus, *What a Wonderful World*, London 2013.

Coleridge, Samuel Taylor, *Biographia Literaria*, zit. v. Richard Holmes in »A Meander through Memory and Forgetting«, in: Harriet Harvey Wood u. A. S. Byatt (Hg.), *Memory. An Anthology*, London 2008.

Cope, Nick, »It Rains the Same Old Rain«, aus *My Socks*, Nick Cope Music 2011.

Deamer, David W., *First Life. Discovering the Connections between Stars, Cells, and How Life Began*, Berkeley 2011.

Engel, Gregory S. u. a., »Evidence for Wavelike Energy Transfer through Quantum Coherence in Photosynthetic Systems«, in: *Nature* 446, 12. April 2007.

European Southern Observatory, 2014, »Revolutionary ALMA Image Reveals Planetary Genesis«, eso1436 – Photo Release, 6. November 2014, {www.eso.org/public/unitedkingdom/news/eso1436}, letzter Zugriff am 23.11.2018.

Evelyn, John, 13. Dezember 1685, zit. in Humphrey Jennings, *Pandaemonium 1660–1886. The Coming of the Machine Age as Seen by Contemporary Observers*, London 2012 [1985].

Futera, Zdenek u. a., »Formation and Properties of Water from Quartz and Hydrogen at High Pressure and Temperature«, in: *Earth and Planetary Science Letters* 461 (2017).

Gershenfeld, Neil, »Digital Reality«, Edge (Webseite), 23. Januar 2015, {http://edge.org/conversation/neil_gershenfeld-digital-reality}, letzter Zugriff am 23.11.2018.

Goldblatt, C. u. a., 2010, »The Eons of Chaos and Hades,« in: *Solid Earth* 1, 1–3, {http://ntrs.nasa.gov/archive/nasa/casi.ntrs.nasa.gov/20100036717.pdf}, letzter Zugriff am 23.11.2018.

Goodsell, David S., *Wie Zellen funktionieren. Wirtschaft und Produktion in der molekularen Welt*, übers. v. Isolde Hummel, Heidelberg 2010.

Hazen, Robert, *Genesis. The Scientific Quest for Life's Origins*, Washington, DC 2005.

Hazen, Robert, *The Story of the Earth. The first 4.5 Billion Years, from Stardust to living planet*, New York, NY 2012.

Herzog, Werner u. Clive Oppenheimer, *In den Tiefen des Infernos*, Matter of Fact Media u. a. 2016.

Hoffmann, Peter H., *Life's Ratchet. How Molecular Machines Extract Order from Chaos*, New York 2012.

Hooke, Robert, *Micrographia*, London 1665.

Jacobson, H. u. a., »The Chemical Evolution of Phosphorus«, in: *The Astrophysical Journal Letters* 796:2 (2014).

James, William, »Der Strom des Bewusstseins«, in: *Psychologie*, übers. v. Marie Dürr, Leipzig 1909.

Jamie, Kathleen, »Wind«, in: *Sightlines*, London 2012.

Jansson, Tove, *Mumin und der Komet*, Berlin 2014 [1946].

Jegla, Timothy u. a., »Major Diversification of Voltage-gated K+ Channels Occurred in Ancestral Parahoxozoans«, in: *Proceedings of the National Academy of Sciences* 112:9 (2015).

Joyce, Gerald, »Vorwort zu David W. Dreamer u. Gail R. Fleischaker«, in: David W. Deamer, *Origins of Life. The central Concepts*, Boston 1994.

Kassin, Susan u. a., »The Epoch of Disk Settling: z ~ 1 to Now«, in: *The Astrophysical Journal* 758:2 (2012).

Kauffman, Stuart, *Öltropfen im Wasser. Chaos, Komplexität, Selbstorganisation in Natur und Gesellschaft*, übers. v. Thorsten Schmidt, München 1998.

Kircher, Athanasius, *Mundus Subterraneus*, Amsterdam 1665.

Lane, Nick, *Leben. Verblüffende Erfindungen der Evolution*, übers. v. Ilona Hauser, Darmstadt 2015.

Lane, Nick, *Der Funke des Lebens. Energie und Evolution*, übers. v. Monika Niehaus u. a., Darmstadt 2017.

Lin, Yutang (Hg.), *Die Weisheit des Laotse*, übers. v. Gerolf Coudenhove, Frankfurt a. M. 1994.

Lorenz, Ralph D. u. James R. Zimbelman, *Dune Worlds. How Windblown Sand Shapes Planetary Landscapes*, Berlin/Heidelberg 2014.

Mallick, Terrence, *Voyage of Time*, Broad Green Pictures and IMAX Corporation 2016.

Medical Research Council, MRC Mitochondrial Biology Unit, »Molecular Animations of ATP Synthase« (Video), {www.mrc-mbu.cam.ac.uk/projects/2248/molecular-animations-atp-synthase}, letzter Zugriff am 23.11.2018.

Ménard, Phia u. Compagnie Non Nova, *L'après-midi d'un foehn*, 2011, {www.cienonnova.com}, letzter Zugriff am 23.11.2018.

Monbiot, George, *Feral. Rewilding the Land, the Sea, and Human Life*, London 2013.

Muir, John, *Travels in Alaska*, New York 1998.

NASA, »NASA Ames Reproduces the Building Blocks of Life in Laboratory«, 3. März 2015, {www.nasa.gov/content/nasa-ames-reproduces-the-building-blocks-of-life-in-laboratory}, letzter Zugriff am 23.11.2018.

NASA, »Experiments Show Titan Lakes May Fizz with Nitrogen«, 15. März 2017, {www.nasa.gov/feature/jpl/experiments-show-titan-lakes-may-fizz-with-nitrogen/}, letzter Zugriff am 23.11.2018.

Noji, H. u. a., »Direct Observation of the Rotation of F1-ATPase«, in: *Nature*, 20. März 1997.

Petrov, Anton S. u. a., »Evolution of the Ribosome at Atomic Resolution«, in: *Proceedings of the National Academies of Science* 111:28 (2014). Siehe auch »The Origin and Evolution of the Ribosome« auf YouTube.

Plait, Phil, 2009, »Are Humans Brighter Than the Sun?«, in: *Discover Magazine*, 30. Dezember 2009, {http://blogs.discovermagazine.com/badastronomy/2009/12/30/are-humans-brighter-then-the-sun/#.WS2RgLA2yNo}, letzter Zugriff am 23.11.2018.

Plantlife, »Welsh Woodland as Vulnerable as Tropical Rainforest?«, Pressemitteilung, 28. Mai 2015.

Poe, Edgar Allan, *Ein Sturz in den Malstrom*, übers. v. Hans Wollschläger, Göttingen 2011 [1841].

Porchia, Antonio, *Voces/Stimmen*, übers. v. Juana u. Tobias Burghardt, Köln 1999 [1943].

Ralser, Markus u. a., »Sulfate Radicals Enable a Non-Enzymatic Krebs Cycle Precursor«, in: *Nature Ecology & Evolution* 1, 13. März 2017.

Russell, Michael J. u. a., »The Inevitable Journey to Being«, in: *Philosophical Transactions of the Royal Society* B, 10. Juni 2013.

Sacks, Oliver, »Darwin and the Meaning of Flowers«, in: *New York Review of Books*, 20. November 2008.

Schuergers, Nils u. a., »Cyanobacteria Use Micro-optics to Sense Light Direction«, in: *eLife*, 9. Februar 2016.

Seymour, Jamie E., »Do Box Jellyfish Sleep at Night?«, in: *Medical Journal of Australia* 181:11/12 (2004).

Shepherd, Nan, *Der lebende Berg. Eine Huldigung der Cairngorms*, übers. v. Judith Zander, Berlin 2017.

Sutherland, John D. u. a., »Synthesis of Activated Pyrimidine Ribonucleotides in Prebiotically Plausible Conditions«, in: *Nature* 459, 14. Mai 2009.

Sutherland, John D. u. a., »Common Origins of RNA, Protein and Lipid Precursors in a Cyanosulfidic Protometabolism,« in: *Nature Chemistry* 7 (2015).

Wade, David, *Li. Dynamic Form in Nature*, Glastonbury 2007.

Waite, J. H. u. a., 2017, »Cassini finds molecular hydrogen in the Enceladus plume. Evidence for hydrothermal processes«, in: *Science* 356:6334, 14. April 2017

Walker, John E. u. a., »Structure at 2.8 A Resolution of F1-ATPase from Bovine Heart Mitochondria«, in: *Nature* 370, 25. August 1994.

Welland, Michael, *Sand. A Journey Through Science and the Imagination*, Oxford 2009.

Whitehouse, David, *Journey to the Centre of the Earth*, London 2015.

Witze, Alexandra, »Giant Tsunamis Washed Over Ancient Mars«, in: *Nature*, 19. Mai 2016.

XVIVO Scientific Animation for BioVisions at Harvard University, »The Inner Life of a Cell« (Video), {www.xvivo.net/animation/the-inner-life-of-the-cell/}, letzter Zugriff am 23.11.2018.

Yasuda, R. u. a., »Resolution of Distinct Rotational Substeps by Submillisecond Kinetic Analysis of F1-ATPase«, in: *Nature* 410 (2001).

Young, Edward D. u. a., »Oxygen Isotopic Evidence for Vigorous Mixing during the Moon-Forming Giant Impact«, in: *Science* 351:6272 (2016).

3. Drei Milliarden Schläge: Herz

Adler, Jerry, »Why the Leatherback Turtle Has a Skylight in its Head«, in: *Smithsonian Magazine*, Januar 2015.

Anversa, Piero, »Life and Death of Cardiac Stem Cells: A Paradigm Shift in Cardiac Biology«, in: *Circulation* 133:11 (2006).

Bear, I. J. u. R. G. Thomas, »Nature of Argillaceous Odour«, in: *Nature* 201 (1964).

Berger, John, »About Song and Laughter«, Sunday Feature, BBC Radio 3, Mai 2015.

Berger, John, *Ein Geschenk für Rosa*, München 2018.

Bird, Geoffrey u. a., »From heart to mind: Linking interoception, emotion, and theory of mind«, in: *Cortex*, 2. Mai 2017.

Boon, B., »Leonardo da Vinci on Atherosclerosis and the Function of the Sinuses of Valsalva«, in: *Netherlands Heart Journal* 17:12 (2009).

British Heart Foundation and Resuscitation Council UK, »Consensus Paper on Out of Hospital Cardiac Arrests«, 2014, {https://www.bhf.org.uk/~/media/files/publications/ohca-consensus-paper.pdf}, letzter Zugriff am 24.11.2018.

Byrne, David u. a., »Once in a Lifetime«, aus Talking Heads, *Remain in Light*, Sire, 1980.

Cage, John, *4'33"*, Edition Peters 6777, 1952.

Clayton, Martin u. Ron Philo, *Leonardo da Vinci. Anatomist*, London 2012.

Costandi, Mo, »The Man Who Grew Eyes«, in: *Guardian*, 26. August 2014.

Davies, Jamie A., *Life Unfolding. How the Human Body Creates Itself*, Oxford 2014.

Deakin, Roger, »Fragments«, in: *Granta* 133: What Have We Done, Herbst 2015.

Eggers, Dave, *Der Circle*, übers. v. Ulrike Wasel u. Klaus Timmermann, Köln 2014.

Emslie, Karen, »Riding the Wind«, Aeon (Webseite), 21. Januar 2016, {https://aeon.co/essays/how-the-wind-blows-us-on-and-off-life-s-course}, letzter Zugriff am 24.11.2018.

Falconer, Tim, »Everything We Can't Describe in Music«, Hazlitt (Webseite), 15. April 2016, {http://hazlitt.net/feature/everything-we-cant-describe-music}, letzter Zugriff am 24.11.2018.

Fisher, Roger, »Preventing Nuclear War«, in: *The Bulletin of the Atomic Scientists* 37:3 (1980).

Flajnik, Martin F. u. Masanori Kasahara, »Origin and Evolution of the Adaptive Immune System. Genetic Events and Selective Pressures«, in: *Nature Reviews Genetics* 11 (2010).

Fludd, Robert, »De Musica Mundana«, in: *Utriusque cosmi maioris scilicet et minoris Metaphysica, physica atque technica Historia*, Frankfurt 1617.

Francis, Gavin, *Adventures in Human Being*, London 2015.

Frisén, Jonas u. a., »Evidence for Cardiomyocyte Renewal in Humans«, in: *Science* 324:5923 (2009).

Frohlich, Joel, »The Fugue of Life: Why Complexity Matters in Physiology and Neuroscience«, Knowing Neurons (Webseite), 3. Februar 2016, {http://knowingneurons.com/2016/02/03/why-complexity-matters-in-physiology-and-neuroscience}, letzter Zugriff am 24.11.2018.

Gawande, Atul, »Why Do Doctors Fail?«, 2014, Reith Lectures, BBC Radio 4, 29. November 2014, {http://downloads.bbc.co.uk/radio4/transcripts/2014_reith_lecture1_boston.pdf}, letzter Zugriff am 24.11.2018.

Gessen, Masha, »The Dying Russians«, in: *New York Review of Books*, 2. September 2014.

González-Crussi, F., *The Five Senses*, San Diego 1989.

González-Crussi, F., *Carrying the Heart*, New York 2009.

Graff, Simon u. a., 2016, »Long-Term Risk of Atrial Fibrillation after the Death of a Partner«, in: *Open Heart* 3:1 (2016).

Haskell, David George, *Der Gesang der Bäume. Die verborgenen Netzwerke der Natur*, übers. v. Christine Ammann, München 2017.

Hepper, P. G. u. a., 1994, »Development of Fetal Hearing«, in: *Archives of Disease in Childhood* 71:2 (1994).

Hickok, Gregory, 2009, »Eight Problems for the Mirror Neuron Theory of Action Understanding in Monkeys and Humans«, in: *Journal of Cognitive Neuroscience* 21:7 (2009).

Hughes, Timothy S., *Groove and Flow. Six Analytical Essays on the Music of Stevie Wonder* (Dissertation), St Louis, MO 2003.

Hume, David, 1739–40, *Über die menschliche Natur*, 2. Bd., Halle 1791 [1739-1740].

Jiménez, Juan Ramón, »Volles Bewusstsein«, in: *Wesen der Tiefe*, übers. v. Lini Hübsch-Pfleger, Frankfurt a. M. 1963 (S. 17).

Knausgård, Karl Ove, *Sterben*, übers. v. Paul Berf, München 2013.

Konvalinka, Ivana u. a., »Synchronized Arousal between Performers and Related Spectators in a Fire-Walking Ritual«, in: *Proceedings of the National Academy of Sciences* 108:20 (2011).

Lasky, Robert u. a., »The Development of the Auditory System from Conception to Term«, in: *Neoreviews* 6:3 (2005).

Long, Matthew C. u. a., »Finding forced trends in oceanic oxygen«, in: *Global Biogeochemical Cycles*, 29. Februar 2016.

Marsh, Jason, 29. März 2012, »Do Mirror Neurons Give Us Empathy? Neuroscientist V.S. Ramachandran explains what mirror neurons tell us – and what they don't – about empathy and other skills.«, {https://greatergood.berkeley.edu/article/item/do_mirror_neurons_give_empathy}, letzter Zugriff am 26.6.2019.

Morgenstern, Christian, *Stufen. Eine Entwickelung in Aphorismen und Tagebuch-Notizen*, München 2018.

NASA, 2012, »Perpetual Ocean« (Video), {http://www.nasa.gov/topics/earth/features/perpetual-ocean.html}, letzter Zugriff am 24.11.2018.

Nawroth, Janna C. u. a., »A Tissue-Engineered Jellyfish with Biomimetic Propulsion«, in: *Nature Biotechnology* 30:8 (2012).

Park, Yong Keun u. a., »Metabolic Remodelling of the Human Red Blood Cell Membrane«, in: *Proceedings of the National Academy of Sciences* 107:4 (2009).

Peto, James (Hg.), *The Heart*, London 2007.

Poon, Chi-Sang u. Christopher K. Merri, »Decrease of Cardiac Chaos in Congestive Heart Failure«, in: *Nature* 389 (1997).

Ramón y Cajal, Santiago, *Regeln und Ratschläge zur wissenschaftlichen Forschung*, München/Basel 1957 [1897].

Reich, Steve, *Clapping Music*, Universal Edition, 1972.

Roberts, Alice, *The Incredible Unlikeliness of Being. Evolution and the Making of Us*, London 2014.

Robinson, Kim Stanley, *Roter Mars*, München 2015 [1992-99].

Saladin, Kenneth S., *Anatomy and Physiology. The Unity of Form and Function*, Boston 2004.

Strogatz, Steve, *Synchron. Vom Rätselhaften Rhythmus der Natur*, übers. v. Hainer Kober, Berlin 2004.

Svevo, Italo, *Zenos Gewissen*, übers. v. Barbara Kleiner, Zürich 2011 [1923].

Wells, Francis C., *The Heart of Leonardo*, London u. a. 2013.

Whitfield, John, *In the Beat of a Heart. Life, Energy and the Unity of Nature*, Washington, DC 2006.

Willis, Allee u. Jon Lind, 1979, »Boogie Wonderland«, interpretiert v. Earth, Wind and Fire featuring The Emotions, Atlantic Record Company/Columbia Records, 1979.

Witek, Maria A. G. u. a., »Syncopation, Body-Movement and Pleasure in Groove Music«, PLOS One, 16. April 2014.

Wordsworth, William, »Ode«, übers. v. Dietrich H. Fischer, {http://william-wordsworth.de/translations/ode.html}, letzter Zugriff am 23.11.2018.

Wright, Thomas, *Circulation. William Harvey's Revolutionary Idea*, London 2012.

Xygalatas, Dimitris, »Trial by Fire«, Aeon (Webseite), 19. September 2014, {https://aeon.co/essays/how-extreme-rituals-forge-intense-social-bonds}, letzter Zugriff am 24.11.2018.

4. Ein Hyperobjekt im Kopf: Gehirn

Ackerman, Jennifer, *Die Genies der Lüfte. Die erstaunlichen Talente der Vögel*, Reinbek bei Hamburg 2017.

Attanasi, Alessandro u. a., »Information Transfer and Behavioural Inertia in Starling Flocks«, in: *Nature Physics* 10 (2014).

Auden, W. H., »Heavy Date«, in: *Collected Poems*, London 2004.

Bach, J. S., Clavierübung Teil I, BWV 825-830, 1726-31, Igor Levit, Sony 2014.

Ball, Philip, »Cellular Memory Hints at the Origins of Intelligence«, in: *Nature* 451:7177 (2008).

Beda, »Flug eines Spatzen«, in: *Kirchengeschichte des englischen Volkes*, übers. v. Günter Spitzbart, Darmstadt 2007 [731], Buch 2, Kapitel 13.

Benjamin, Walter, »Über einige Motive bei Baudelaire«, in: *Gesammelte Schriften*, Bd. 1 II, Frankfurt a. M. 2015.

Blake, William, »Europe: A Prophecy«, 1794, in: *Complete Poems*, Penguin Classics, Harmondsworth 1977.

Böhm, Jennifer u. a., »The Venus Flytrap Dionaea muscipula Counts Prey-Induced Action Potentials to Induce Sodium Uptake«, in: *Current Biology* 26:3 (2016).

Bor, Daniel, *The Ravenous Brain. How the New Science of Consciousness Explains our Insatiable Search for Meaning*, New York 2012.

Brenner, Sydney u. a., 1986, »The Structure of the Nervous System of the Nematode Caenorhabditis elegans«, in: *Philosophical Transactions of the Royal Society* 314:1165 (1986).

Brown, Thomas, *Des berühmten Thomas Browns Religion eines Arztes*, hg. u. übers. v. Georg Venzky, Prenzlau/Leipzig 1746 [1643].

Calvino, Italo, *Der Baron auf den Bäumen*, übers. v. Oswalt von Nostitz, München 2000 [1957].

Carter, Rita, *Gehirn und Geist. Eine Entdeckungsreise ins Innere unserer Köpfe*, übers. v. Monika Niehaus, Heidelberg 2012.

Chakrabortee, Sohini, »Luminidependens (LD) is an Arabidopsis Protein with Prion Behavior«, in: *Proceedings of the National Academy of Sciences* 113:21 (2016).

Chalmers, David, »Facing Up to the Problem of Consciousness«, in: *Journal of Consciousness Studies* 2:3 (1995).

Chung, Kwanghun u. Karl Deisseroth, »CLARITY for Mapping the Nervous System«, in: *Nature Methods* 10:6 (2013).

Churchland, Patricia, »Does Consciousness Emerge from Quantum Processes?«, in: *Times Higher Education Supplement*, 5. April 1996.

Clancy, Kelly, »The Strangers in Your Brain«, in: *New Yorker*, 17. Oktober 2015.

Clark, Andy, *Surfing Uncertainty*, Oxford 2015.

Colapinto, John, »Lighting the Brain: Karl Deisseroth and the Optogenetics Breakthrough«, in: *New Yorker*, 18. Mai 2015.

Cole, Andy A. u. a., »A Network of Three Types of Filaments Organizes Synaptic Vesicles for Storage, Mobilization, and Docking«, in: *The Journal of Neuroscience* 36:11 (2016).

Cook, Gareth, »Sebastian Seung«s Quest to Map the Human Brain«, in: *New York Times*, 11 January 2015.

Costandi, Mo, »The Discovery of the Neuron«, Neurophilosophy (Webseite), 29. August 2006, {https://neurophilosophy.wordpress.com/2006/08/29/the-discovery-of-the-neuron}, letzter Zugriff am 27.11.2018.

Costandi, Mo, »Nerve Terminal Nanofilaments Control Brain Signalling«, in: *Guardian*, 2. April 2016.

Costandi, Mo, *Neuroplasticity*, Cambridge, MA 2016.

Cox, Trevor, *Sonic Wonderland. A Scientific Odyssey of Sound*, London 2014.

Crick, Francis, »Thinking about the Brain«, in: *Scientific American* 241:3 (1979).

Crick, Francis u. Christof Koch, »What is the Function of the Claustrum?«, in: *Philosophical Transactions of the Royal Society* 360:1458 (2005).

Damasio, Antonio R., »How the brain creates the mind«, in: *Scientific American*, Dezember 1999.

Darwin, Charles, *Das Bewegungsvermögen der Pflanzen*, übers. v. J. Victor Carus, Stuttgart 1881.

Day, Brian L. u. Richard C. Fitzpatrick, »The Vestibular System«, in: *Current Biology* 15:15 (2005).

Deacon, Terrence, *Incomplete Nature. How Mind Emerged from Matter*, New York, NY 2011.

Dehaene, Stanislas, *Denken. Wie das Gehirn Bewusstsein schafft*, München 2014.

Dillard, Annie, *An American Childhood*, New York 1987.

Doidge, Norman, *Neustart im Kopf. Wie sich unser Gehirn selbst repariert*, Frankfurt a. M. 2017 [2007].

Doidge, Norman, *Wie das Gehirn heilt*, Frankfurt a. M. 2015.

du Sautoy, Marcus, *What We Cannot Know*, London 2016.

Eagleman, David, *The Brain. Die Geschichte von dir*, übers. v. Jürgen Neubauer, München 2017.

Einstein, Albert, Letter to Robert S. Marcus, 12. Februar 1950, {www.lettersofnote.com/2011/11/delusion.html}, letzter Zugriff am 27.11.2018.

Emerson, Ralph Waldo, *Natur*, übers. v. Harald Kiczka, Zürich 1988 [1836].

Emery, Nathan J. u. Nicola S. Clayton, »The Mentality of Crows. Convergent Evolution of Intelligence in Corvids and Apes«, in: *Science* 306:5703 (2004).

Emes, Richard D. u. G. N. Seth, »Evolution of Synapse Complexity and Diversity«, in: *Annual Review of Neuroscience* 35 (2012).

Epstein, Robert, »The Empty Brain«, Aeon (Webseite), 18. Mai 2016, {https://aeon.co/essays/your-brain-does-not-process-information-and-it-is-not-a-computer}, letzter Zugriff am 27.11.2018.

Erwin, Jennifer A. u. a., »Mobile DNA Elements in the Generation of Diversity and Complexity in the Brain«, in: *Nature Reviews Neuroscience* 15 (2014).

Eskelinen, Holli C., »Acoustic Behavior Associated with Cooperative Task Success in Bottlenose Dolphins«, in: *Animal Cognition* 19:4 (2016).

Everett, Daniel, »A Cultural Context« (Antwort auf die Frage: »Was denken Sie über Maschinen, die denken?«), 2015, Edge (Webseite), {http://edge.org/response-detail/26103}, letzter Zugriff am 27.11.2018.

Feldman Barrett, Lisa, »The Predictive Brain« (Antwort auf die Frage: »Was ist Ihrer Ansicht nach die wichtigste Nachricht der letzten Zeit [aus der Welt der Wissenschaft]? Weshalb ist sie wichtig?«), 2016, Edge (Webseite), {www.edge.org/annual-question/2016/response/26707}, letzter Zugriff am 27.11.2018.

Field Museum, »Field Museum Scientists Estimate 16,000 Tree Species in the Amazon« (Presserklärung), 17. Oktober 2013, {www.eurekalert.org/pub_releases/2013-10/fm-fms101413.php}, letzter Zugriff am 27.11.2018.

Fisher, Matthew P. A., »Quantum Cognition: The Possibility of Processing with Nuclear Spins in the Brain«, in: *Annals of Physics* 362 (2015).

Fisher, Philip, *Wonder, the Rainbow, and the Physics of rare Experiences*, Cambridge, MA 1998.

Foster, Charles, *Der Geschmack von Laub und Erde. Wie ich versuchte, als Tier zu leben*, übers. v. Gerlinde Schermer-Rauwolf u. Robert A. Weiß, München/Berlin 2017.

Gibson, William T., »Behavioral Responses to a Repetitive Visual Threat Stimulus Express a Persistent State of Defensive Arousal in Drosophila«, in: *Current Biology* 25:11 (2015).

Glickstein, Mitchell, »The Discovery of the Visual Cortex«, in: *Scientific American*, 1. September 1988.

Goff, Philip, 2017, »Panpsychism Is Crazy, But It's Also Most Probably True«, Aeon (Webseite), {https://aeon.co/ideas/panpsychism-is-crazy-but-its-also-most-probably-true}, letzter Zugriff am 27.11.2018.

Gorman, James u. a., 2014, »The Mapmakers« (Artikelserie), in: *The New York Times*, 2014.

Graziano, Michael, *Consciousness and the Social Brain*, Oxford 2013.

Graziano, Michael, »How the Light Gets Out«, Aeon (Webseite), 21. August 2013, {https://aeon.co/essays/how-consciousness-works-and-why-we-believe-in-ghosts}, letzter Zugriff am 27.11.2018.

Graziano, Michael, »Are We Really Conscious?«, in: *New York Times*, 10. Oktober 2014.

Groh, Jennifer M., *Making Space. How the Brain Knows Where Things Are*, Cambridge, MA 2014.

Hendy, David, *Noise. A Human History of Sound and Listening*, London 2013.

Henrik, Jörntell, »The Brain: A Radical Rethink is Needed to Understand It«, The Conversation (Webseite), 16. März 2017, {https://theconversation.com/the-brain-a-radical-rethink-is-needed-to-understand-it-74460}, letzter Zugriff am 27.11.2018.

Herculano-Houzel, Suzana u. a., »The Elephant Brain in Numbers«, in: *Frontiers in Neuroanatomy*, 12. Juni 2014.

Homer, *Odyssee*, übers. v. Johann Heinrich Voß, München 1996.

Hossenfelder, Sabine, »The Superfluid Universe«, Aeon (Webseite), 1. Februar 2016, {https://aeon.co/essays/is-dark-mattersubatomic-particles-a-superfluid-or-both}, letzter Zugriff am 27.11.2018.

Huth, Alexander G. u. a., »Natural Speech Reveals the Semantic Maps that Tile Human Cerebral Cortex«, in: *Nature* 532 (2016).

Jabr, Feris, »Know Your Neurons: What is the Ratio of Glia to Neurons in the Brain?«, in: *Scientific American*, 13. Juni 2012.

Jabr, Feris, »The Neuron's Secret Partner«, Nautilus (Webseite), 13. August 2015, {http://nautil.us/issue/27/dark-matter/the-neurons-secret-partner}, letzter Zugriff am 17.1.2019.

James, William, Kapitel »Der Strom des Bewusstseins«, in: *Psychologie*, übers. v. Marie Dürr, Leipzig 1909.

Kasthuri u. a., »Saturated Reconstruction of a Volume of Neocortex«, Cell 162:3 (2015).

Keiper, Caitrin Nicol, »Do Elephants Have Souls?«, in: *The New Atlantis* 38 (Winter/Frühling 2013).

Kessler, Sebastien C. u. a., »Bees Prefer Foods Containing Neonicotinoid Pesticides«, in: *Nature* 521 (2015).

Knausgård, Karl Ove, »I Had Never Seen Anything as Beautiful«, in: *Telegraph*, 10. März 2016.

Knowing Neurons (Webseite), »52 Brain Facts«, {http://knowingneurons.com/52-brain-facts}, letzter Zugriff am 27.11.2018.

Koch, Christoph, *Bewusstsein. Bekenntnisse eines Hirnforschers*, übers. v. Monika Niehaus u. Jorun Wissmann, Berlin 2013.

Kolb, Bryan u. Robbin Gibb, »Brain Plasticity and Behaviour in the Developing Brain«, in: *Journal of the Canadian Academy of Child and Adolescent Psychiatry* 20:4 (2011).

Lee, Hyo-Jun u. a., »Stem-Piped Light Activates Phytochrome B to Trigger Light Responses in Arabidopsis thaliana Roots«, in: *Science Signaling* 9:452 (2016).

Leibniz, Gottfried Wilhelm, *Monadologie*, Wien 1847 [1714].

Lichtman, Jeff W. u. a., »A Technicolor Approach to the Connectome«, in: *Nature Reviews Neuroscience* 9 (2008).

Lopez, Barry u. Debra Gwartney (Hg.), *Home Ground. Language for an American Landscape*, San Antonio 2013.

Lovelock, James, *A Rough Ride to the Future*, London 2014.
Majmudar, Amit, »The Brains of Animals«, in: *Kenyon Review*, 14. Dezember 2013.
Malafouris, Lambros, *How Things Shape the Mind. A Theory of Material Engagement*, Cambridge, MA 2013.
Manzotti, Riccardo, »On Consciousness« (Gespräche mit Tim Parks), in: *New York Review of Books*, Dezember 2016 bis April 2017; siehe auch Manzotts Webseite, {www.consciousness.it}, letzter Zugriff am 27.11.2018.
Marcus, Gary, *Kluge. The Haphazard Construction of the Human Mind*, Boston 2008.
Marcus, Gary u. Jeremy Freeman (Hg.), *The Future of the Brain. Essays by the World's Leading Neuroscientists*, Princeton 2014.
Marsh, Henry, *Um Leben und Tod. Ein Hirnchirurg erzählt vom Heilen, Hoffen und Scheitern*, übers. v. Katrin Behringer, München 2015.
Medlock, Ben, »The Body is the Missing Link for Truly Intelligent Machines«, Aeon (Webseite), 14. März 2017, {https://aeon.co/ideas/the-body-is-the-missing-link-for-truly-intelligent-machines}, letzter Zugriff am 27.11.2018.
Merleau-Ponty, Maurice, »Das Auge und der Geist«, in: *Das Auge und der Geist. Philosophische Essays*, Hamburg 2003 (S. 275–317).
Miller, Kenneth D., »Will You Ever Be Able to Upload Your Brain?«, in: *New York Times*, 15. Oktober 2015.
Moore, Henry, »The Sculptor Speaks«, in: *The Listener*, 18. August 1937.
Moser, Edvard u. a., »Spatial Representation in the Entorhinal Cortex«, in: *Science* 305:5688 (2004).
Nabokov, Vladimir, *Pnin*, Reinbek bei Hamburg 2017.
Nicholson, Max, *Birds and Men*, 1951, zit. in: Mark Cocker u. Richard Mabey, *Birds Britannica*, London 2005.
O'Keefe, J. u. a., »The Hippocampus as a Spatial Map. Preliminary Evidence from Unit Activity in the Freely-Moving Rat«, in: *Brain Research* 34:1 (1971).
O'Shea, Michael u. a., »The Human Brain« (Artikelserie), 2013–14, in: *New Scientist*, {www.newscientist.com/special/the-collection-human-brain}, letzter Zugriff am 27.11.2018.

Reardon, Sara, »Light-Controlled Genes and Neurons Poised for Clinical Trials«, in: *Nature*, 19. Mai 2016.
Reardon, Sara, »A Giant Neuron Found Wrapped Around Entire Mouse Brain«, in: *Nature*, 24. Februar 2017.
Russell, Bertrand, *Mensch und Welt. Grundriss der Philosophie*, übers. v. Kurt Grelling, München 1930.
Safina, Carl, *Die Intelligenz der Tiere. Wie Tiere fühlen und denken*, übers. v. Sigrid Schmid, München 2017.
Schulz, Bruno, »Republik der Träume«, in: *Die Zimtläden*, übers. v. Joseph Hahn, München 2000 (S. 134–141).
Scientific American (Hg.), *The Secrets of Consciousness*, New York 2013.
Seth, Anil, »The Real Problem«, Aeon (Webseite), 2. November 2016, {https://aeon.co/essays/the-hard-problem-of-consciousness-is-a-distraction-from-the-real-one}, letzter Zugriff am 27.11.2018.
Strawson, Galen, »Consciousness Myth«, in: *Times Literary Supplement*, 25. Februar 2015.
Strawson, Galen, »Mind and Being. The Primacy of Panpsychism«, in: Bruntrup, G. u. L. Jaskolla (Hg.), *Panpsychism. Philosophical Essays*, New York 2017.
Sutherland, Stuart, *The International Dictionary of Psychology*, New York 1989.
Szymborska, Wisława, »Conversation with a Stone«, in: *View with a Grain of Sand*, London (1996).
Tallis, Raymond, *The Kingdom of Infinite Space, Atlantic*, New York 2008
TED Talks über das Gehirn von Neil Burgess, Suzana Herculano Houzel, Henry Markram, Allan Jones, Daniel Wolpert
ter Steege, Hans u. a., »Hyperdominance in the Amazonian Tree Flora«, in: *Science* 342:6156 (2013).
Thomas, Lewis, *Das Leben überlebt. Geheimnis der Zellen*, übers. v. Margaret Carroux, Köln 1976.
Thompson, Evan, *Waking, Dreaming, Being. Self and Consciousness in Neuroscience, Meditation, and Philosophy*, New York 2014.
Thomson, Helen, »Woman of 24 Found to Have No Cerebellum in Her Brain«, in: *New Scientist*, 10. September 2014.

Whitman, Walt, »Gesang von mir selbst«, 1855, in: *Grashalme*, Stuttgart 1968.
Willis, Allee u. Jon Lind, »Boogie Wonderland«, Earth, Wind & Fire, featuring The Emotions, The Atlantic Record Company and Columbia Records 1979.
Willis, Thomas, *The Anatomy of the Brain and Nerves*, Birmingham, AL 1978 [1664].
Willis, Thomas, *Two Discourses Concerning the Souls of Brutes*, London 1672.
Zeng, Hongkui u. a., »A Connectome of the Mouse Brain«, in: *Nature* 508:7495 (2014).
Zimmer, Carl, *Soul Made Flesh. Thomas Willis, the English Civil War and the Mapping of the Mind*, London u. a. 2004.
Wolpert, Daniel, Dezember 2011, »The man with the golden brain«, *University of Cambridge* (Webseite), {www.cam.ac.uk/research/news/the-man-with-the-golden-brain}, letzter Zugriff am 26.6.2019.

5. Der Rand des Horizonts: Ein Menschenleben

Addyman, Caspar, »Why Playing Peekaboo with Babies is a Very Serious Matter,« Aeon (Webseite), 26. Februar 2016, {https://aeon.co/ideas/why-playing-peekaboo-with-babies-is-a-very-serious-matter}, letzter Zugriff am 14.1.2019.
Addyman, Caspar, *The Laughing Baby: The Extraordinary Science behind What Makes Babies Happy and Why*, Unbound (Im Erscheinen).
Agland, Phil, China: Between Clouds and Dreams, River Films 2016.
Akerlof, George A. u. Robert J. Shiller, *Phishing for Phools. Manipulation und Täuschung in der freien Marktwirtschaft*, übers. v. Stephan Gebauer, Berlin 2016.
Alter, Adam, »How Technology Gets Us Hooked«, in: *Guardian*, 27. Februar 2017.
Ananthaswamy, Anil, »Ecstatic Epilepsy. How Seizures can be Bliss«, in: *New Scientist*, 22. Januar 2014.

Ananthaswamy, Anil, »Trippy Tots: How to See the World as a Baby«, in: *New Scientist*, 21. August 2014.

Ananthaswamy, Anil, »The Wisdom of the Aging Brain«, Nautilus (Webseite), 12. Mai 2016, {http://nautil.us/issue/36/aging/the-wisdom-of-the-aging-brain}, letzter Zugriff am 17.1.2019.

Anonymous, »Ayahuasca. A Personal Encounter with the Miracle Vine«, in: *Network Review*, Frühling 2015.

Aristoteles, *Politik*, übers. v. Jacob Bernays, Berlin 1872.

Atran, Scott, »Jihad's Fatal Attraction«, in: *Guardian*, 4. September 2014.

Atran, Scott, »Looking for the Roots of Terrorism«, in: *Nature*, 15. Juni 2015, {http://www.nature.com/news/looking-for-the-roots-of-terrorism-1.16732}, letzter Zugriff am 14.1.2019.

Aurel, Marc, *Selbstbetrachtungen* (ca. 167), übers. v. Rainer Nickel, Mannheim 2010.

Ball, Philip u. a., »Why Music?«, BBC Radio 3, 25. September 2015.

Batchelor, Stephen, *Buddhismus für Ungläubige*, übers. v. Jochen Eggert, Frankfurt a. M. 2003.

Baumeister, Roy u. a., »Bad is Stronger than Good«, in: *Review of General Psychology* 5:4 (2001).

Benjamin, Walter, *Berliner Kindheit um neunzehnhundert*, Berlin 2010 [1938].

Berridge, Kent C. u. a., »Dissecting Components of Reward: ›Liking‹, ›Wanting‹, and Learning«, in: *Current Opinion in Pharmacology*, 9. Februar 2009.

Berry, Thomas, »The Meadow Across the Creek«, 1993, {http://thomasberry.org/publications-and-media/the-meadow-across-the-creek}, letzter Zugriff am 27.11.2018.

Bjerstedt, Sven, »Review essay of Strong Experiences with Music«, in: *International Journal of Education & the Arts*, 14, Heft 7 (2013).

Borges, Jorge Luis, »Undr«, in: *Gesammelte Werke. Erzählungen 1975–1977*, München/Wien 1982.

Browne Thomas, »Letter to a Friend«, 1690, in: Kevin Killen (Hg.), *Thomas Browne. 21st Century Oxford Authors*, Oxford 2014.

Burak, Jacob, »Outlook: Gloomy«, Aeon (Webseite), 4. September 2014, {https://aeon.co/essays/humans-are-wired-for-negativity-for-good-or-ill}, letzter Zugriff am 14.1.2019.

Carhart-Harris, Robin L. u. a., »Neural Correlates of the LSD Experience Revealed by Multimodal Neuroimaging«, in: *Proceedings of the National Academy of Sciences* 113:17 (2016).

Cioran, Emil, *Vom Nachteil, geboren zu sein*, Frankfurt a. M. 1993.

Clare, John, *Reise aus Essex und autobiografische Fragmente*, Berlin 2017.

Claxton, Guy, »On Being Touched and Moved: Why Spirituality Is Essentially Embodied« (Vortrag bei der Royal Society for the encouragement of Arts, Manufactures and Commerce), 26. November 2013, {https://www.thersa.org/discover/publications-and-articles/rsa-blogs/2014/02/science-and-spirituality-effing-the-ineffable/}, letzter Zugriff am 27.11.2018.

Costandi, Mo, »Diagnosing Dostoyevsky's Epilepsy«, Neurophilosophy (Webseite), 16. April 2007, {https://neurophilosophy.wordpress.com/2007/04/16/diagnosing-dostoyevskys-epilepsy}, letzter Zugriff am 14.1.2019.

Crawford, Matthew, *Die Wiedergewinnung des Wirklichen. Eine Philosophie des Ichs im Zeitalter der Zerstörung*, übers. v. Stephan Gebauer, Berlin 2016.

Deary, Vincent, *Wie wir sind. Leben: eine Anleitung*, übers. v. Gabriele Gockel u. Bernhard Jendricke, München 2017.

de Tocqueville, Alexis, *Journeys to England and Ireland*, Somerset 1987 [1835].

de Léry, Jean, *Des Herrn Johann von Lery Reise in Brasilien*, Münster 1794.

Dikkers, Scott (Hg.), *Our dumb century. The Onion presents 100 years of headlines*, Boxtree, Basingstoke 1999.

Dillard, Annie, *An American Childhood*, New York u. a. 1987.

Diski, Jenny, »The Island of Lost Words«, Berfrois (Webseite), 29. Januar 2016, {www.berfrois.com/2016/01/jenny-diski-on-the-enormity-of-that-lost-word}, letzter Zugriff am 27.11.2018.

Dolder, Patrick C. u. a., 2016, »LSD Acutely Impairs Fear Recognition and Enhances Emotional Empathy and Sociality«, in: *Neuropsychopharmacology* 41 (2016).

Dostojewskij, Fjodor, *Die Brüder Karamasow*, übers. v. Swetlana Geier, Frankfurt a. M. 2010 [1880].

Ehrenreich, Barbara, *Dancing in the Streets. A History of Collective Joy*, London 2007.

Emerson, Ralph Waldo, *Natur*, übers. v. Adolph Holtermann, Hannover 1868 [1836].

Evans, Jules, *The Art of Losing Control. A Philosopher's Search for Ecstatic Experience*, Edinburgh 2017.

Eyal, Nir, mit Ryan Hoover, *Hooked. Wie sie Produkte erschaffen, die süchtig machen*, München 2016.

Fleming, Amy, 2015, »The Science of Craving«, in: *1843 Magazine*, Mai/Juni 2015.

Freud, Sigmund, *Der Witz und seine Beziehung zum Unbewußten*, Gesammelte Werke, Bd. 6, Frankfurt a. M., 1999 [1905].

Gabrielsson, Alf, *Strong Experiences with Music*, Oxford 2011.

Gamme, Aleksander, »Basic needs - extreme happiness«, 29. März 2012, {www.youtube.com/watch?v=vC8gJ0_904M}, letzter Zugriff am 27.11.2018.

Gibbon, Edward, *Auszug aus: Verfall und Untergang des Römischen Reiches. Kap. I–X*, übers. v. Cornelius Melville, Hamburg 2011 [1776].

Glenny, Misha, »The Dark Side of Brazil's ›Marvellous City‹« (Rezension von Luiz Eduardo Soares' Rio de Janeiro: Extreme City), in: *Guardian*, 19. Mai 2016.

Gopnik, Alison, *Kleine Philosophen. Was wir von unseren Kindern über Liebe, Wahrheit und den Sinn des Lebens lernen können*, übers. v. Hainer Kober, Berlin 2009.

Gray, John, *The Soul of the Marionette. A Short Inquiry into Human Freedom*, London 2015.

Griffith, Jay, *Kith*, London 2014.

Griffiths, Ronald u. a., »Psilocybin Can Occasion Mystical-Type Experiences Having Substantial and Sustained Personal Meaning and

Spiritual Significance«, *Psychopharmacology* 187:3 (August 2006).
Harari, Yuval Noaḥ, *A brief History of Humankind*, London 2014.
Heraklit, Fragment 45, in: Walther Kranz (Hg.), *Die Fragmente der Vorsokratiker*, übers. v. Hermann Diels, Bd. 1, Berlin u. a. 1966.
Hoffman, Jan, »A New Vision for Dreams of the Dying«, in: *New York Times*, 2. Februar 2016.
Holloway, Richard, »Three Score Years and Ten: Looking Back«, BBC Radio 4, 18. Januar 2016.
Homer, *Ilias*, übers. v. Hand Rupé, Berlin 2013.
Hughes, Ted, *Letters*, London 2009.
Hume, David, »My Own Life«, 1776, {https://en.wikisource.org/wiki/My_Own_Life}, letzter Zugriff am 15.1.2019.
Irigaray, Luce, *Ethik der sexuellen Differenz*, übers. v. Xenia Rajewsky, Frankfurt a. M. 1991.
James, Henry, »Siena early and late«, in: *Italien Hours*, New York u. a. 1995.
Jefferies, Richard, *Die Geschichte meines Herzens*, übers. v. Hedwig Jahn, Jena 1906.
Kalanithi, Paul, *Bevor ich jetzt gehe. Was am Ende wirklich zählt*, übers. v. Gaby Wurster, München 2016.
Kerr, C. W. u. a., »End-of-Life Dreams and Visions: A Longitudinal Study of Hospice Patients' Experiences«, in: *Journal of Palliative Medicine* 17:3 (März 2014).
Kimmerer, Robin Wall, *Braiding Sweetgrass. Indigenous Wisdom, Scientific Knowledge and the Teachings of Plants*, Minneapolis 2013.
Kulka, Otto Dov, *Landschaften der Metropole des Todes. Auschwitz und die Grenzen der Erinnerung und der Vorstellungskraft*, übers. v. Inka Arroyo Antezana, Anne Birkenhauer u. Noa Mkayton, München 2013.
Lasdun, James, »Houellebecq in the Flesh«, in: *New York Review of Books*, 24. März 2015.
Lawrence, D. H., *Der Regenbogen*, übers. v. Gisela Günther, Reinbek b. Hamburg 1964.
Leach, Amy, *Things that are. Encounters with Plants, Stars and Animals*, Minneapolis 2012.

Lewis, Helen, »The Utopia of Isis: Inside Islamic State's Propaganda War«, in: *New Statesman*, 20. November 2015.
Lilla, Mark, »Slouching Toward Mecca« (Rezension von Michel Houellebecqs Soumission), in: *New York Review of Books*, 2. April 2015.
Macfarlane, Robert, *Alte Wege*, übers. v. Andreas Jandl u. Frank Sievers, Berlin 2016.
Macfarlane, Robert, *Landmarks*, London 2015.
Marshall, Michael, »Six Things Science Has Revealed about the Female Orgasm«, in: *New Scientist*, 28. Mai 2009.
Mason, Wyatt, »The Revelations of Marilynne Robinson«, in: *New York Times*, 1. Oktober 2014.
Masters, William H. u. Virginia Johnson, *Homosexualität*, Frankfurt a. M. 1979.
Merleau-Ponty, Maurice, 1945, *Phenomenology of Perception*, Routledge 2012.
Miłosz, Czesław, »Begegnung«, 1937, in: *Gedichte*, übers. v. Karl Dedecius u. Jeannine Luczak-Wild, Frankfurt a. M. 1992 (S. 22–23).
Mireault, Gina, »Five-Month-Old Babies Know What's Funny«, Aeon (Webseite), 20. Januar 2017, {https://aeon.co/ideas/five-month-old-babies-know-whats-funny}, letzter Zugriff am 15.1.2019.
Monbiot, George, »Our Greatest Peril? Screening Ourselves Off from Reality«, in: *Guardian*, 28. Februar 2017.
Morell, Virginia, »No Place is Safe for Africa's Hunted Forest Elephants«, in: *Science*, 20. Februar 2017.
Murray, Les, 1998, »A Defence of Poetry« (Vortrag beim Poetry International Festival in Rotterdam), {www.lesmurray.org/defence.htm}, letzter Zugriff am 27.11.2018.
Nietzsche, Friedrich, *Die Geburt der Tragödie aus dem Geiste der Musik*, Frankfurt a. M. 2000 [1872].
Nietzsche, Friedrich, *Also sprach Zarathustra*, Stuttgart 1988 [1885].
Packer, George, »Exporting Jihad: The Arab Spring Has Given Tunisians the Freedom to Act on Their Unhappiness«, in: *New Yorker*, 26. März 2016.

Peleg, R. u. Peleg, A., »Case Report: Sexual Intercourse as Potential Treatment for Intractable Hiccups«, in: *Canadian Family Physician* 46 (2000).

Picard, Fabienne u. A. D. Craig, »Ecstatic Epileptic Seizures. A Potential Window on the Neural Basis for Human Self-awareness«, in: *Epilepsy & Behaviour* 16:3 (2009).

Piff, Paul u. a., »Awe, the Small Self, and Prosocial Behavior«, in: *Journal of Personality and Social Psychology* 108:6 (2015).

Piff, Paul u. Dacher Keltner, »Why Do We Experience Awe?«, in: *New York Times*, 22. Mai 2015.

Pinker, Steven, *Gewalt. Eine neue Geschichte der Menschheit*, Frankfurt a. M. 2018.

Pollan, Michael, »The Trip Treatment«, in: *New Yorker*, 9. Februar 2015.

Reich, Steve, *Writings about Music*, The Press of the Nova Scotia College of Art and Design, Halifax 1974.

Rilke, Rainer Maria, Brief an Franz Xaver Kappus vom 12. August 1904, {www.rilke.de/briefe/120804.htm}, letzter Zugriff am 27.11.2018.

Roach, Mary, *Bonk. Alles über Sex*, Frankfurt a. M. 2009.

Roach, Mary, »10 Dinge über den Orgasmus, die Sie noch nicht wussten« (TED-Talk), Februar 2009, {www.ted.com/talks/mary_roach_10_things_you_didn_t_know_about_orgasm/transcript?language=de}, letzter Zugriff am 15.1.2019.

Roberts, Seth, »How Economics Shaped Human Nature. A Theory of Human Evolution«, in: S. Cai u. N. Beltz (Hg.), *Mind and Cognition*, Peking 2014.

Robinson, Marilynne, »Fear«, in: *New York Review of Books*, 24. September 2015.

Rowson, Jonathan, *Spiritualise. Revitalising Spirituality to Address 21st Century Challenges*, London 2014.

Sacks, Oliver, *Dankbarkeit*, Reinbek b. Hamburg 2016.

Sacks, Oliver, »Urge«, in: *New York Review of Books*, 24. September 2015.

Safina, Carl, *Die Intelligenz der Tiere. Wie Tiere denken und fühlen*, übers. v. Sigrid Schmid u. Gabriele Würdinger, München 2017.

Saunders, George, *On Story* (Film von Sarah Klein u. Tom Mason), Redglass Pictures 2015.
Schulz, Bruno, »Die Republik der Träume«, in: *Die Zimtläden*, übers. v. Joseph Hahn, München 2000 (S. 334–341).
Schwartz, Barry, *Anleitung zur Unzufriedenheit. Warum weniger glücklich macht*, Berlin 2011; siehe auch »Das Paradoxon der Wahlmöglichkeiten« (TED-Talk), Juli 2005, {www.ted.com/talks/barry_schwartz_on_the_paradox_of_choice?language=de}, letzter Zugriff am 15.1.2019.
Shakespeare, William, *Macbeth*, übers. v. Dorothea Tieck, Stuttgart 2001.
Sheridan, Margaret A., »Variation in Neural Development as a Result of Exposure to Institutionalisation Early in Childhood«, in: *Proceedings of the National Academy of Sciences* 109:32 (2012).
Sloboda, John, Exploring the Musical Mind, Oxford 2005; und persönlicher Austausch mit dem Autor 2015.
Sloterdijk, Peter, *Du musst sein Leben ändern. Über Anthropotechnik*, Frankfurt a. M. 2012.
Sophokles, *Ödipus auf Kolonos*, übers. v. Wolfgang Schadewaldt, Frankfurt a. M. 1996 [406 v. Chr.].
Solomon, Sheldon, »On Fear of Death«, Five Books (Webseite), 22. August 2015, {http://fivebooks.com/interview/sheldon-solomon-on-fear-of-death/}, letzter Zugruff am 19.11.2018.
Stevenson, Bryan, *Ohne Gnade. Polizeigewalt und Justizwillkür in den USA*, übers. v. Jürgen Neubauer, München/Berlin 2015.
Tallis, Raymond, *In Defence of Wonder*, Durham 2012.
Traherne, Thomas, *Centuries of Meditations*, ca. 1637–1674, Dobell, London 1927 [1910].
Unger, Roberto Mangabeira, *The Religion of the Future*, Cambridge, Mass. u. a. 2014; siehe auch openDemocracy, 31. März 2014, {www.opendemocracy.net/transformation/roberto-mangabeira-unger/religion-of-future}, letzter Zugriff am 27.11.2018.
Veloso, Caetano, *Livro*, Hamburg 1998.
Ward, Colin, *Das Kind in der Stadt*, Frankfurt a. M. 1978.

Weisberg, Jacob, »We are Hopelessly Hooked«, in: *New York Review of Books*, 25. Februar 2015.
Whaley, John, Sloboda, John u. Alf Gabrielsson, »Peak Experiences with Music« in: Hallam, Susan u. a. (Hg.), *Oxford Handbook of Music Psychology*, Oxford 2008.
White, Jon, »Does Music Strike a Chord with Everyone?«, in: *New Scientist*, 15. April 2015.
Williams, Rowan, »The Physicality of Prayer«, in: *New Statesman*, 8. Juli 2014.
Wordsworth, William, »Ode«, 1807, übers. v. Dietrich H. Fischer, {www.william-wordsworth.de/translations/ode.html}, letzter Zugriff am 27.11.2018.

6. Von Karten und Träumen: Welt

Adams, Douglas, *Das Restaurant am Ende des Universums*, Berlin 1997.
Adams, John, *Harmonielehre*, »Part III: Meister Eckhardt and Quackie«, aufgeführt von Simon Rattle und CBSO, Associated Music, G. Schirmer Inc. 1995.
al-Koni, Ibrahim, »Visiting Death«, in: David Parker, *Myth and Landscape*, Heidelberg/Berlin 2014.
Aristoteles, *Eudemische Ethik*, übers. v. Franz Dirlmeier, Berlin 1969.
Barras, Colin, »Mystery human species Homo naledi had tiny but advanced brain«, in: *New Scientist*, 24. April 2017.
Barthe, Christine u. Xavier Barral (Hg.), *The Lost Tribes of Tierra del Fuego*, mit Fotografien v. Martin Gusinde, London 2015.
Beck, Ulrich, *Die Metamorphose der Welt*, übers. v. Frank Jakubzik, Berlin 2017.
Benson, Michael, *Cosmigraphics. Picturing Space Through Time*, New York 2014.
Billings, Lee, *Five Billion Years of Solitude*, New York 2013.
Borges, Jorge Luis, »Von der Strenge der Wissenschaft«, 1946, in: ders., *Borges und ich. Kurzprosa und Gedichte*, übers. v. Karl August Horst u. Gisbert Haefs, Frankfurt a. M. 1993.

Brothers, J. Roger, »Evidence for Geomagnetic Imprinting and Magnetic Navigation in the Natal Homing of Sea Turtles«, in: *Current Biology* 25 (3/2015).

Brotton, Jerry, *Die Geschichte der Welt in zwölf Karten*, übers. v. Michael Müller, München 2014.

Browne, Thomas, »Hydrotaphia, or Urne-Buriall«, in: *Religio Medici and Urne-Buriall*, New York 2012.

Calvino, Italo, *Die unsichtbaren Städte*, übers. v. Burkhart Kroeber, München 2007.

Chandra Röntgenstrahlen-Observatorium, 2016, »Tycho's Supernova Remnant« (Fotografien), {chandra.harvard.edu}, letzter Zugriff am 15.1.2019.

Cox, Brian u. Andrew Cohen, *Mensch und Universum. Unser Platz in Raum und Zeit*, Stuttgart 2017.

Cyranoski, David, »Discovery of Long-Sought Biological Compass Claimed«, in: *Nature*, 16. November 2015.

Dillard, Annie, *Außer der Zeit*, übers. v. Hans-Ulrich Möhring, München 1999.

Doctorow, Cory, »Skynet Ascendant«, Locus Online (Webseite), 2. Juli 2015, {www.locusmag.com/Perspectives/2015/07/cory-doctorow-skynet-ascendant/}, letzter Zugriff am 15.1.2019.

Ellis, George, interviewt von John Horgan, in: *Scientific American*, 22. Juli 2014.

Finlay, Alec, »The Princess Forest«, Forest Fables (Podcast), Guardian, 5. November 2015.

Gaffney, Owen u. Will Steffen, »The Anthropocene Equation«, in: *The Anthropocene Review*, 10. Februar 2017.

Ghosh, Amitav, *Die große Verblendung. Der Klimawandel als das Undenkbare*, übers. v. Yvonne Badal, München 2017.

Gooley, Tristan, *Der natürliche Kompass. Wie uns Bäume, Sterne und das Meer bei der Orientierung helfen*, übers. v. Gaby Wurster, München 2018.

Graham, W. S., »As Brilliance Fell«, 1954, in: *Selected Poems*, London u. a. 1996.

Grinspoon, David, *Earth in Human Hands*, New York 2016.

Guzmán, Patricio, *Nostalgia de la luz – Heimweh nach den Sternen*, Atacama Productions u. a. 2010.

Guzmán, Patricio, *Der Perlmuttknopf*, Atacama Productions u. a. 2015.

Seamus Heaney, »Postskriptum«, in: *Die Wasserwaage*, übers. v. Giovanni u. Ditte Bandini, München/Wien 1998 (S. 137).

Hoare, Philip, *The Sea Inside*, London 2014.

Hoffman, Donald u. Amanda Gefter, »The Evolutionary Argument Against Reality«, Quanta Magazine (Webseite), 21. April 2016, {www.quantamagazine.org/20160421-the-evolutionary-argument-against-reality}, letzter Zugriff am 15.1.2019.

Hoggett, Paul u. Rosemary Randall, »Socially Constructed Silence? Protecting Policymakers from the Unthinkable«, openDemocracy (Webseite), 6. Juni 2016, {www.opendemocracy.net/transformation/paul-hoggett-rosemary-randall/socially-constructed-silence-protecting-policymakers-fr}, letzter Zugriff am 15.1.2019.

Jaubert, J. u. a., 2016, »Early Neanderthal Constructions Deep in Bruniquel Cave in Southwestern France«, in: *Nature* 534 (2016).

Jefferies, Richard, *The Old House at Coate and Other Unpublished Essays*, Cambridge 1948.

Julian of Norwich, *Revelations of Divine Love*, Oxford 2015 [1395].

Kalman, Maria u. Rick Meyerowitz, Cover des The New Yorker, 10. Dezember 2001.

Kant, Immanuel, *Allgemeine Naturgeschichte und Theorie des Himmels*, Erlangen 2004 [1755].

Keneally, Thomas, »Dreamscapes«, in: *New York Times*, 13. November 1988.

Kimmerer, Robin Wall, *Gathering Moss*, Corvallis 2003.

Koberlin, Brian, »Distant Star«, One Universe at a Time (Webseite), 22. Dezember 2013, {https://briankoberlein.com/2013/12/22/distant-star/}, letzter Zugriff am 15.1.2018.

Kopenawa, Davi u. Bruce Albert, *The Falling Sky*, Cambridge 2013.

Lawrence, D. H., »Introduction to Chariot of the Sun« (»Chaos in Poetry«), 1928, in: Edward D. McDonald (Hg.), *Phoenix. The Posthumous Papers of D. H. Lawrence*, Hamondsworth 1978.

Leopold, Aldo, *Am Anfang war die Erde*, übers. v. Elisabeth M. Walther, Darmstadt 1992 [1949].

Levi, Primo, »Der erste Atlas«, in: *Zu ungewisser Stunde. Gedichte*, übers. v. Moshe Kahn, München/Wien 1998 (S. 45–46).

Lewis-Williams, David, *San Rock Art*, Athens 2011.

Linklater, Andro, *Owning the Earth*, New York u. a. 2013.

Lopez, Barry, *Arktische Träume*, übers. v. Ilse Strasmann, Frankfurt a. M. 2007 [1986].

Lopez, Barry, »The Invitation«, in: *Granta* 133: What Have We Done, Herbst 2015.

McCarthy, Michael J., *The Moth Snowstorm. Nature and Joy*, London 2015.

Morphy, Howard, *Aboriginal Art*, London 1988.

Ornes, Stephen, »Inside the Lost Cave World of the Amazon's Tepui Mountains«, in: *New Scientist*, 26. April 2016.

Parshley, Lois, »Faultlines, Black Holes and Glaciers: Mapping Uncharted Territories«, in: *Guardian*, 7. Februar 2017.

Platoni, Kara, »Stanford's Virtual Reality Lab Turned Me into a Cow, Then Sent Me to the Slaughterhouse«, KQED Science (Webseite), 22. April 2016, {www.kqed.org/futureofyou/144683/stanfords-virtual-reality-lab-turned-me-into-a-cow-then-sent-me-to-the-slaughterhouse}, letzter Zugriff am 16.1.2019.

Ramsey, Frank, *Abhandlungen zur Philosophie, Logik, Mathematik und Wirtschaftswissenschaften*, Stuttgart/Bad Cannstatt 1980 [1931].

Ritz, Thorsten, »Magnetic Compass of Birds is Based on a Molecule with Optimal Directional Sensitivity«, in: *Biophysical Journal* 96 (August 2009).

Robinson, Kim Stanley, *Aurora*, übers. v. Jakob Schmidt, München 2016.

Robinson, Tim, 1986, *Stones of Aran. Pilgrimage*, Dublin 1995.

Schalansky, Judith, *Atlas der abgelegenen Inseln. Fünfzig Inseln, auf denen ich nie war und niemals sein werde*, Hamburg 2017.

Schiffman, Richard, »Four Countries are Acting as Safe Havens for African Elephants«, in: *New Scientist*, 5. Juni 2015.

Stapledon, Olaf, *Der Sternenschöpfer*, übers. v. Thomas Schlück, München 1969 [1937].

Thompson, Nainoa, »On Wayfinding«, Hawaiian Voyaging Traditions (Webseite), {http://pvs.kcc.hawaii.edu/ike/hookele/on_wayfinding.html}, letzter Zugriff am 16.1.2019.

Tollefson, Jeff, »Antarctic Model Raises Prospect of Unstoppable Ice Collapse«, in: *Nature*, 30. März 2016.

Thoreau, Henry David, *Walden. Ein Leben mit der Natur*, übers. v. Erika Ziha, München 1999.

Tracy, Gene, »Sky Readers«, Aeon (Webseite), 23. Dezember 2015, {https://aeon.co/essays/what-have-we-lost-now-we-can-no-longer-read-the-sky}, letzter Zugriff am 16.1.2019.

Traherne, Thomas, *Centuries of Meditations*, New York 2009.

Tyler, Dominik, *Uncommon Ground. A Word-Lover's Guide to the British Landscape*, London 2015.

Vanz, Thomas, *Novae – An Aesthetic Vision of a Supernova*, 2016, {https://vimeo.com/189562895}, letzter Zugriff am 16.1.2019.

Vitebsky, Pier, *The Reindeer People. Living with Animals and Spirits in Siberia*, London 2005.

Wang, J. u. C. Marois, »Four Planets Orbiting Star HR 8799« (Video), NExSS (NASA)/Keck Observatorium, 2017, {https://apod.nasa.gov/apod/ap170201.html}, letzter Zugriff am 16.1.2019.

Wernquist, Erik, *Wanderers*, 2014, {https://vimeo.com/108650530}, letzter Zugriff am 16.1.2019.

Winchester, Simon, *Eine Karte verändert die Welt. William Smith und die Geburt der modernen Geologie*, übers. v. Reiner Pfleiderer, München 2003.

Wright, Thomas, *An Original Theory or New Hypothesis of the Universe*, Cambridge, MA 2014 [1750].

Wulf, Andrea, *Alexander von Humboldt und die Erfindung der Natur*, übers. v. Hainer Kober, München 2018.

7. Wunder der Zukunft: Abenteuer mit Perhapsatron, der Vielleichtmaschine

Allen, Paul, »The Singularity Isn't Near«, in: *MIT Technology Review*, 12. Oktober 2011.

Andersen, Ross, 2014, »Exodus: Elon Musk Puts His Case for a Multi-Planet Civilisation«, Aeon (Webseite), 30. September 2014, {https://aeon.co/essays/elon-musk-puts-his-case-for-a-multi-planet-civilisation}, letzter Zugriff am 16.1.2019.

Armstrong, D. J. u. a., »Variability in the Atmosphere of the Hot Giant Planet HAT-P-7 b«, in: *Nature Astronomy* 1 (2016).

Barrat, James, *Our Final Invention. Artificial Intelligence and the End of the Human Era*, New York, NY 2015.

Benford, James u. Gregory Benford (Hg.), *Starship Century. Toward the Grandest Horizon*, Lucky Bat Books, 2013.

Berger, John, zit. v. Ali Smith in »John Berger Remembered«, in: *Guardian*, 6. Januar 2017.

Bernal, John Desmond, *The World, The Flesh and the Devil. An Enquiry into the Future of the Three Enemies of the Rational Soul*, 1929, {https://www.marxists.org/archive/bernal/works/1920s/soul/}, letzter Zugriff am 16.1.2019.

Bhorat, Ziyaad, »Lost in Space: Silicon Valley and the Future of Democracy«, openDemocracy (Webseite), 13 Juli 2016, {www.opendemocracy.net/transformation/ziyaad-bhorat/lost-in-space-silicon-valley-and-future-of-democracy}, letzter Zugriff am 16.1.2019.

Bishop, Elizabeth, »Bei den Fischhäusern«, in: *Gedichte*, übers. v. Steffen Popp, München 2018 (S. 89, 91, 93).

Boden, Margaret, *AI. Its Nature and Future*, Oxford 2016.

Borges, Jorge Luis, »Eine neue Widerlegung der Zeit«, in: *Eine neue Widerlegung der Zeit und 66 andere Essays*, übers. v. Gisbert Haefs, Frankfurt a. M. 2003.

Boston Dynamics, »Atlas: The Next Generation« (Video), 2016, {www.youtube.com/watch?v=rVlhMGQgDkY}, letzter Zugriff am 16.1.2019.

Bostrom, Nick, »Why I Want To Be a Posthuman When I Grow Up«, in: Bert Gordijn u. Ruth Chadwick (Hg.), *Medical Enhancement and Posthumanity*, Berlin 2008.

Bostrom, Nick, *Superintelligenz. Szenarien einer kommenden Revolution*, übers. v. Jan-Erik Strasser, Berlin 2016.

BP *Statistical Review of World Energy*, Juni 2015.

Breton, André, *Conversations. The Autobiography of Surrealism*, New York 1993.

Breton, André, *Die Manifeste des Surrealismus*, übers. v. Ruth Henry, Reinbek b. Hamburg 1986.

Breton, André, *Nadja*, übers. v. Max Hölzer, Frankfurt a. M. 1973.

Brodbeck, Luzius u. a., »Morphological Evolution of Physical Robots through Model-Free Phenotype Development«, in: *PLOS One*, 19. Juni 2015.

Brooks, Michael, »Turing's Oracle: The Computer That Goes Beyond Logic«, in: *New Scientist*, 16. Juli 2014.

Burton, Robert, *Anatomie der Melancholie*, übers. v. Ulrich Horstmann, Zürich/München 1990 [1621–39].

Butler, Declan, »A World Where Everyone Has a Robot. Why 2040 Could Blow Your Mind«, in: *Nature* 530:7591 (2016).

Butler, Samuel, »Darwin Among the Machines«, Brief an den Presseredakteur in Christchurch, Neuseeland, 13. Juni 1863, {http://nzetc.victoria.ac.nz/tm/scholarly/tei-ButFir-t1-g1-t1-g1-t4-body.html}, letzter Zugriff am 16.1.2019.

Carr, Nicholas, *Utopia is Creepy. And Other Provocations*, New York 2016.

Carter, Mike, »I Walked from Liverpool to London. Brexit was No Surprise«, in: *Guardian*, 27. Juni 2016.

Cave, Stephen, »Rise of the Machines: Is There Anything to Fear?«, in: *Financial Times*, 20. März 2015.

Ceglowski, Maciej, »Superintelligence. The Idea That Eats Smart People« (Vortrag beim Webcamp Zagreb), 26. Oktober 2016, {http://idlewords.com/talks/superintelligence.htm}, letzter Zugriff am 16.1.2019.

Chang, Ha-Joon, *23 Things They Don't Tell You About Capitalism*, London 2010.

Clancy, Kelly, »A Computer to Rival the Brain«, in: *The New Yorker*, 15. Februar 2017.

Cole, K. C., »Why You Didn't See It Coming«, Nautilus (Webseite), 15. Oktober 2015, {http://nautil.us/issue/29/scaling/why-you-didnt-see-it-coming}, letzter Zugriff am 17.1.2019.

Cotton-Barrat, Owen u. a., »Global Catastrophic Risks 2016«, Global Challenges Foundation 2016

Curry, Andrew, »On Futures«, Five Books (Webseite), 19. Juni 2015, {http://fivebooks.com/interview/andrew-curry-on-futures/}, letzter Zugriff am 16.1.2019.

Davies, William, »The New Neoliberalism«, in: *New Left Review* 101 (Sep/Okt 2016).

de Mul, Jos, »The Technological Sublime«, Next Nature (Webseite), 17. Juli 2011, {www.nextnature.net/2011/07/the-technological-sublime}, letzter Zugriff am 16.1.2019.

Deutsch, David, »Philosophy Will Be the Key That Unlocks Artificial Intelligence«, in: *Guardian*, 3. Oktober 2012.

Cooper, Alan u. a., »Aboriginal Mitogenomes Reveal 50,000 Years of Regionalism in Australia«, in: *Nature*, 8. März 2017.

Drexler, Eric K., *Radical Abundance. How a Revolution in Nanotechnology Will Change Civilization*, New York 2013.

Dyson, Freeman, »The Green Universe: A Vision«, in: *The New York Review of Books*, 13. Oktober 2016.

Dyson, George, *Turings Kathedrale. Die Ursprünge des digitalen Zeitalters*, übers. v. Karl Heinz Siber, Berlin 2014.

Edin, Kathryn J. u. H. Luke Shaefer, *$2.00 a Day. Living on Almost Nothing in America*, Boston 2015.

Enriquez, Juan u. Steve Gullans, *Evolving Ourselves. Redesigning the Future of Humanity – One Gene at a Time*, New York 2016.

Ford, Martin, *Aufstieg der Roboter. Wie unsere Arbeitswelt gerade auf den Kopf gestellt wird – und wie wir darauf reagieren müssen*, übers. v. Matthias Schulz, Kulmbach 2016.

Frase, Peter, *Four Futures. Life After Capitalism*, London 2016.
Gaiman, Neil, »How Stories Last« (Seminar bei der Long Now Foundation), 9. Juni 2015, {http://longnow.org/seminars/02015/jun/09/how-stories-last}, letzter Zugriff am 16.1.2019.
Garland, Alex, *Ex Machina*, Film4/DNA Films 2015.
Gillon, Michaël u. Triaud Amaury, »Dwarf Planetary Systems will Transform the Hunt for Alien Life«, Aeon (Webseite), 2. Mai 2017, {https://aeon.co/ideas/dwarf-planetary-systems-will-transform-the-hunt-for-alien-life}, letzter Zugriff am 16.1.2019.
Gillon, Michaël u. a., »Seven Temperate Terrestrial Planets around the Nearby Ultracool Dwarf Star TRAPPIST-1«, in: *Nature* 542:2762 (2017).
Goodall, Chris, The Switch, London 2016.
Harari, Yuval Noah, *Homo Deus. Eine Geschichte von Morgen*, übers. v. Andreas Wirthensohn, München 2017
Harford, Tim, *Adapt*, London 2011.
Harford, Tim, »Brexit and the Power of Wishful Thinking«, timharford.com (Webseite), 19. Juli 2016, {http://timharford.com/2016/07/brexit-and-the-power-of-wishful-thinking/}, letzter Zugriff am 16.1.2019.
Helbing, Dirk u. a., »Will Democracy Survive Big Data and Artificial Intelligence?«, in: *Scientific American*, 25. Februar 2017.
Herzog, Werner, 2016, *Wovon träumt das Internet?*, Saville Productions 2016.
Hopkins, Gerard Manley, »Gescheckte Schönheit«, übers. v. H. Gericke, in: *Pied beauty. Gescheckte Schönheit*, Berlin 1995 (S. 33).
Humphrey, Nicholas, »The Colossus is a BFG«, 2015, Edge (Webseite), {http://edge.org/response-detail/26063}, letzter Zugriff am 16.1.2019.
Huxley, Aldous, »Tomorrow and Tomorrow and Tomorrow«, in: ders., *Collected Essays*, New York 1959.
IEEE Spectrum, »Robots Falling Down at the DARPA Robotics Challenge« (Video), 5 June 2015, {www.youtube.com/watch?v=g0TaYhjpOfo}, letzter Zugriff am 16.1.2019.

Impey, Chris, *Beyond. Our Future in Space*, New York 2015.

Ings, Simon, »Stanisław Lem: The Man with the Future Inside Him«, in: *New Scientist*, 16. November 2016.

International Energy Agency, World Energy Outlook 2016.

Johnson, Steven, *Die Erfindung der Zukunft. Sechs Innovationen, die die Welt veränderten*, übers. v. Jorunn Wissmann, Berlin/Heidelberg 2016.

Jones, Jonathan, »Out of This World: Why the Most Important Art Today is Made in Space«, in: *Guardian*, 12. Juni 2016.

Jones, Richard A. L., *Against Transhumanism*, 2016, Soft Machines (Webseite), {www.softmachines.org/wordpress/?p=1772}, letzter Zugriff am 16.1.2019.

Kelly, Kevin, *The Inevitable. Understanding the 12 Technological Forces That Will Shape Our Future*, New York 2016, {www.wired.com/2016/12/the-seven-steps-toward-making-humans-obsolete/}, letzter Zugriff am 16.1.2019.

Kelly, Kevin, »The Next 30 Digital Years« (Seminar an der Long Now Foundation), 14. Juli 2016, {http://longnow.org/seminars/02016/jul/14/next-30-digital-years}, letzter Zugriff am 16.1.2019.

Keynes, John Maynard, »Economic Possibilities for Our Grandchildren«, in: *Essays in Persuasion*, New York 1963 [1930].

Keynes, John Maynard, »Some Economic Consequences of a Declining Population«, in: *The Eugenics Review* 29 (Januar 1937).

Khatchadourian, Raffi, »A Star in a Bottle«, in: *The New Yorker*, 3 März 2014.

Kleeman, Jenny, »The Race to Build the World's First Sex Robot«, in: *Guardian*, 27. April 2017.

KPMG India, 2015, *The Rising Sun. Disruption on the Horizon*, {https://assets.kpmg.com/content/dam/kpmg/pdf/2016/01/ENRich2015.pdf}, letzter Zugriff am 16.1.2019.

Kruse, Ethan, Kepler Orrery IV, 2015, {www.youtube.com/watch?v=_DnDeBa0KFc}, letzter Zugriff am 16.1.2019.

Kurzweil, Ray, *Menschheit 2.0. Die Singularität naht*, übers. v. Martin Rötzschke, Berlin 2013.

LaFrance, Adrienne, »When Robots Hallucinate«, in: *The Atlantic*, 3. September 2015.

Lanchester, John, »The Robots Are Coming«, in: *London Review of Books*, 5. März 2015.

LeCun, Yann u. a., »Deep Learning«, in: *Nature* 521:7553 (2015).

Le Guin, Ursula, 2014, Rede bei der Verleihung der Medaille für außerordentliche Verdienste in der amerikanischen Literatur durch die US National Book Foundation, {www.nationalbook.org/amerletters_2014_uleguin.html#.WMXzABKLRLU}, letzter Zugriff am 16.1.2019.

Lem, Stanisław, *Die Stimme des Herrn*, übers v. Roswitha Buschmann, Berlin 1981.

Lem, Stanisław, *Solaris*, übers. v. Irmtraud Zimmermann-Göllheim, Berlin 2016 [1961].

Lem, Stanisław, *Summa Technologiae*, übers. v. Friedrich Griese, Berlin 1980.

Liu Cixin, Trisolaris-Trilogie (*Die drei Sonnen*, *Der dunkle Wald*, *Jenseits der Zeit*), München 2017/2018/2019.

Louden, Tom u. Peter J. Wheatley, »Spatially Resolved Eastward Winds and Rotation of HD 189733b«, in: *The Astrophysical Journal Letters* 84 (2/2015).

Louwen, Atse u. a., »Re-Assessment of Net Energy Production and Greenhouse Gas Emissions Avoidance after 40 Years of Photovoltaics Development«, in: *Nature Communications* 7 (2016).

Mailer, Norman, *Auf dem Mond ein Feuer. Report u. Reflexion*, übers. v. Matthias Büttner, München/Zürich 1974.

Marcus, Gary, »Why We Should Think About the Threat of Artificial Intelligence«, in: *The New Yorker*, 24. Oktober 2013.

Margolin, Madison, »War Algorithms Will Save Lives Unless They Kill Us All«, Inverse (Webseite), 16. December 2016, {www.inverse.com/article/25140-war-algorithms}, letzter Zugriff am 16.1.2019.

Martin, Ursula, »Thinking Saltmarshes«, 2015, Edge (Webseite), {www.edge.org/response-detail/26120}, letzter Zugriff am 16.1.2019.

Marx, Karl, *Die deutsche Ideologie*, Berlin 1960.

Mason, Michael u. a., »The Potential of CAM Crops as a Globally Significant Bioenergy Resource«, in: *Energy and Environmental Science* 8 (2015).

McKay, Chris, »Make Mars Great Again«, Nautilus (Webseite), 15. Dezember 2016, {http://nautil.us/issue/43/heroes/make-mars-great-again}, letzter Zugriff am 17.1.2019.

Mendelson, Edward, »In the Depths of the Digital Age«, in: *New York Review of Books*, 23. Juni 2016.

Mordvintsev, Alexander u. a., »Inceptionism. Going Deeper into Neural Networks« (Google Forschungs-Blog), 17. Juni 2015, {https://research.googleblog.com/2015/06/inceptionism-going-deeper-into-neural.html}, letzter Zugriff am 17.1.2019.

Morris, William, *Kunde von Nirgendwo*, übers. v. Natalie Liebknecht u. Clara Steinitz, Golkonda, München/Berlin 2017 [1890].

Moskvitch, Katia, »Artificial Photosynthesis: Mimicking Nature's Most Powerful Trick«, in: *Engineering and Technology Magazine*, 9. November 2015.

Mukherjee, Siddhartha, *Das Gen. Eine sehr persönliche Geschichte*, übers. v. Ulrike Bischoff, Frankfurt a. M. 2017.

New Scientist magazine, »The Rapid Rise of Neural Networks and Why They'll Rule Our World«, 8. Juli 2015.

Nielsen, Michael, »Is AlphaGo Really Such a Big Deal?«, Quanta Magazine (Webseite), 29. März 2016, {www.quantamagazine.org/20160329-why-alphago-is-really-such-a-big-deal}, letzter Zugriff am 17.1.2019.

Nietzsche, Friedrich, *Also sprach Zarathustra. Ein Buch für alle und keinen*, Stuttgart 2014.

Nocera, Daniel u. a., »Water Splitting–Biosynthetic System with CO2 Reduction Efficiencies Exceeding Photosynthesis«, in: *Science* 352:6290 (2016).

Nordhaus, William D., »Do Real Output and Real Wage Measures Capture Reality? The History of Lighting Suggests Not«, 1994, in: Timothy F. Bresnahan u. Robert J. Gordon (Hg.), *The Economics of New Goods*, Chicago 1996.

Nyquist, Eric, »Running is Always Blind: How Your Brain Keeps You from Falling On Your Face«, Nautilus (Webseite), 7. Juli 2016, {http://nautil.us/issue/38/noise/running-is-always-blind}, letzter Zugriff am 17.1.2019.

Office of the Secretary of Defence Public Affairs, »Perdix Swarm Demo Oct 2016« (Video), 2016, {www.dvidshub.net/video/504622/perdix-swarm-demo-oct-2016}, letzter Zugriff am 17.1.2019.

Oreskes, Naomi u. Erik M. Conway, *Vom Ende der Welt. Chronik eines angekündigten Untergangs*, übers. v. Gabriele Gockel, München 2015.

Osnos, Evan, »Doomsday Prep for the Super-Rich«, in: *The New Yorker*, 30. Januar 2017.

Pamlin, Dennis u. Stuart Armstrong, *12 Risks That Threaten Civilisation*, Oxford Martin School, 2015, {www.researchgate.net/publication/291086909_12_Risks_that_threaten_human_civilisation_The_case_for_a_new_risk_category}, letzter Zugriff am 17.1.2019.

Pecchi, Lorenzo u. Gustavo Piga, *Revisiting Keynes*, Cambridge, MA 2008.

Radiohead, »Daydreaming« (Video), 2016, (Regie: Paul Thomas Anderson), {www.youtube.com/watch?v=TTAU7lLDZYU}, letzter Zugriff am 17.1.2019.

Raworth, Kate, *Die Donut-Ökonomie. Endlich ein Wirtschaftsmodell, das den Planeten nicht zerstört*, übers. v. Hans Freundl u. Sigrid Schmid, München 2018.

Regis, Ed, »Let's Not Move to Mars«, in: *New York Times*, 21. September 2015.

Reid, Nicholas u. a., »Indigenous Australian Stories and Sea-Level Change«, in: Patrick Heinrich u. Nicholas Ostler (Hg.), *Indigenous Languages and their Value to the Community (Proceedings of the 18th Foundation for Endangered Languages Conference, Okinawa, Japan)*, Bath 2013.

REN21, *Renewables 2016 Global Status Report*, 2016, {www.ren21.net/gsr-2016/}, letzter Zugriff am 17.1.2019.

Romesberg, Floyd E. u. a., »A Semisynthetic Organism Engineered for the Stable Expansion of the Genetic Alphabet«, in: *Proceedings of the National Academy of Sceinces* 114 (Juni 2016).

Russell, Andrew, u. Lee Vinsel, 2017, »Whitey on Mars«, Aeon (Webseite), 1. Februar 2017, {https://aeon.co/essays/is-a-mission-to-mars-morally-defensible-given-todays-real-needs}, letzter Zugriff am 17.1.2019.

Shanahan, Murray, *Die technologische Singularität*, Berlin 2020.

Shanahan, Murray, »Conscious Exotica«, Aeon (Webseite), 19. Oktober 2016, {https://aeon.co/essays/beyond-humans-what-other-kinds-of-minds-might-be-out-there}, letzter Zugriff am 17.1.2019.

Simonite, Tom, »Google's Quantum Dream Machine«, in: *MIT Technology Review*, 18. Dezember 2015.

Smith, Zadie, »On Optimism and Despair«, in: *New York Review of Books*, 22. Dezember 2016.

Sophokles, *Antigone*, übers. v. Kurt Steinmann, Stuttgart 2016 [441 v. Chr.].

Sparrow, Robert, »The Argument Against Terraforming Mars«, 2016, Nautilus (Webseite), {http://cosmos.nautil.us/short/85/the-argument-against-terraforming-mars}, letzter Zugriff am 17.1.2019.

Streeck, Wolfgang, »How Will Capitalism End?«, in: *New Left Review* 81 (Mai/Juni 2014).

Sussams, Luke u. a., *Expect the Unexpected. The Disruptive Power of Low-Carbon Technologies*, Carbon Tracker/Grantham Institute, Imperial College London, 2017, {www.carbontracker.org/report/expect-the-unexpected-disruptive-power-low-carbon-technology-solar-electric-vehicles-grantham-imperial/}, letzter Zugriff am 03.07.2019.

Upton, John, »Ancient Sea Rise Tale Told Accurately for 10,000 Years«, in: *Scientific American*, 26. Januar 2015.

Urban, Tim, »How and Why Spacex will Colonise Mars«, Wait But Why (Webseite), 16. August 2015, {http://waitbutwhy.com/2015/08/how-and-why-spacex-will-colonize-mars.html,} letzter Zugriff am 17.1.2019.

Verschiedene Autorinnen/Autoren, Antworten auf die Edge-Frage 2015: »What Do You Think about Machines That Think?«, Edge (Webseite), {www.edge.org/annual-question/what-do-you-think-about-machines-that-think}, letzter Zugriff am 17.2.2019.

Webster, C. R. u. a., »Mars Methane Detection and Variability at Gale Crater« in: *Science* 347:6220 (2015).

Wenger, Albert, *World After Capital*, 2016, {http://worldaftercapital.org}, letzter Zugriff am 17.1.2019.

Wheeler, Michael, »Martin Heidegger«, 2011, in: Edward N. Zalta (Hg.), *The Stanford Encyclopedia of Philosophy*, {https://plato.stanford.edu/entries/heidegger/}, letzter Zugriff am 17.1.2019.

Winfield, Alan u. Dieter Vanderelst, »The Dark Side of Ethical Robots«, 2016, {https://arxiv.org/pdf/1606.02583.pdf}, letzter Zugriff am 17.1.2019.

Wood, David u. a., *Anticipating 2025. A Guide to the Radical Changes That May Lie Ahead*, London Futurists, 2014.

World Nuclear Association, »Plans for New Reactors Worldwide«, 2016, {www.world-nuclear.org/info/current-and-future-generation/plans-for-new-reactors-worldwide}, letzter Zugriff am 17.1.2019.

Yong, Ed, »What Can You Actually Do with Your Fancy Gene-Editing Technology? Wading through the Hype about CRISPR«, in: *The Atlantic*, 2. Dezember 2015.

Yunipingu, Galarrwuy, »Rom Watangu: An Indigenous Leader Reflects on a Lifetime Following the Law of the Land«, in: *The Monthly*, Juli 2016.

Zhang, Xiaochun u. Ken Caldeira, »Time Scales and Ratios of Climate Forcing Due to Thermal versus Carbon Dioxide Emissions from Fuels«, in: *Geophysical Research Letters* 42 (November 2015).

Nachwort: Der Wunderer und sein Schatten

Alexander, Stephon, *The Jazz of Physics. The Secret Link Between Music and the Structure of the Universe*, New York 2016.

Augustinus, *Confessiones. Bekenntnisse*, Stuttgart 2009 [ca. 400 n. Chr.].

Beckett, Samuel, *Warten auf Godot*, übers. v. Elmar Tophoven, Berlin 1953.

Benjamin, Walter, *Über den Begriff der Geschichte*, Berlin 2010 [1940].

Brent Tully, R. u. a., »The Laniakea Supercluster Galaxies«, in: *Nature* 513:7516 (2014); siehe auch »Laniakea. Our Home Supercluster« (nature video), 3. September 2014, {www.youtube.com/watch?v=rENyyRwxpHo}, letzter Zugriff am 17.1.2019.

Browne, Thomas, *Hydrotaphia. Urne-Buriall*, New York 2012 [1658].

Eliot, T. S., *Four Quartets: Little Gidding. The Poems of T. S. Eliot*, San Diego, CA 1971 [1943].

González-Jiménez, M. u. a., »Observation of Coherent Delocalized Phonon-Like Modes in DNA under Physiological Conditions«, in: *Nature Communications* 7, Artikel 11799 (2016).

Jaspers, Karl, *Karl Jaspers – ein Selbstporträt*, (Regie Hannes Reinhardt), NDR 1968.

Jefferies, Richard, *Die Geschichte meines Herzens*, übers. v. Hedwig Jahn, Jena 1906 [1883].

Johnson, Ronald, »What the Leaf Told Me«, in: The Book of the Green Man, New York 1967.

Krause, Bernie, *Das große Orchester der Tiere. Vom Ursprung der Musik in der Natur*, übers. v. Sonja Schuhmacher, München 2015.

Larkin, Philip, »Here«, in: *The Whitsun Weddings*, London 1962.

Leopold, Aldo, *Round River. From the Journals of Aldo Leopold*, Oxford 1993 [ca. 1940–1948].

Lucretius, Carus, *Von der Natur*, übers. v. Hermann Diels, Berlin 2013 [56 v. Chr.].

Macfarlane, Robert, *Alte Wege*, übers. v. Andreas Jandl u. Frank Sievers, Berlin 2016.

MacNeice, Louis, »Entirely«, in: *Selected Poems*, London 1964.

Messiaen, Olivier, »Les ressuscités et le chant de l'étoile Aldebaran«, aus: *Des canyons aux étoiles ...*, 1974, Roger Muraro, Orchestre Philharmonique de Radio France, Myung-Whun Chung, Deutsche Gramaphon (2003).

Morgenstern, Christian, »Die Sterne lauter ganze Noten«, in: *Aphorismen, Werke und Briefe*, Bd. 5, Stuttgart 1987 (S. 63).

Nietzsche, Friedrich, »Der Wanderer und sein Schatten«, 1880, 3. Teil von *Menschliches, allzu Menschliches*, Frankfurt a. M. 2000.

Nussbaum, Martha, *Politische Emotionen. Warum Liebe für Gerechtigkeit wichtig ist*, übers. v. Ilse Utz, Berlin 2016.

Nussbaum, Martha, *Zorn und Vergebung. Plädoyer für eine Kultur der Gelassenheit*, übers. v. Axel Walter, Darmstadt 2017.

Parfit, Derek, *On what matters*, Bd. 2, Oxford u. a. 2013.

Purdy, Jedediah, *After Nature*, London 2015.

Ruff, Willie u. John Rogers, *The Harmony of the Word. A Realisation for the Ear of Johannes Kepler's Astronomical Data from Harmonices Mundi 1619*.

Saint-Exupéry, Antoine de, *Wind, Sand und Sterne*, übers. v. Henrik Becker, Düsseldorf 1994 [1939].

Schulz, Kathryn, »When Things Go Missing«, in: *The New Yorker*, 13. u. 20. Februar 2017.

Shriver, Lionel, »Lionel Shriver Reads T. C. Boyle« (Podcast, Lesung und Diskussion von T. C. Boyle's Chicxulub), The New Yorker Fiction Podcast, 31. August 2015.

Smart, Christopher, *Jubilate Agno*, The Poetical Works of Christopher Smart, Bd. 1, London u. a. 1980.

Solnit, Rebecca, »Coyote«, in: *The New Yorker*, 22. Dezember 2014.

Solnit, Rebecca, *Hoffnung in der Dunkelheit. Von den Möglichkeiten, die Welt zu verändern*, übers. v. Michael Mundhenk, Frankfurt a. M. u. a. 2006.

Traherne, Thomas, *Centuries of Meditations*, ca. 1637–1674, London 1927 [1910].

Waits, Tom, »Misery is the River of the World«, *Blood Money*, ANTI- 2002.

Wheeler, John, »Quantum Ideas, Quantum Foam« (Video), Web of Stories (Webseite), {www.webofstories.com/play/john.wheeler/77}, letzter Zugriff am 17.1.2019.

Wittgenstein, Ludwig, *Philosophische Untersuchungen*, Berlin 2011.

Danksagung

Dank geht an meine Familie. Danke an Phil Bloomer und George Monbiot, der mir über einem Pint den Anstoß gab, die Sache anzupacken. Danke an meinen Agenten James Macdonald Lockhart und an meine Lektorin Laura Barber. Dank an alle bei Granta und Chicago University Press, die mitgeholfen haben, dieses Buchs zu realisieren.

Danke an Lucy Conway, Eddy Scott und The Bothy Project. Danke an die Mitarbeiter der Abteilung Manuskripte und seltene Bücher der Bodleian Library. Dank an die Bibliotheksmitarbeiter am Christchurch College dafür, dass ich Richard Burtons eigene Bücher einsehen durfte.

Danke an die Society of Authors für ein Stipendium. Es kam zu einem besonders günstigen Augenblick. Danke an alle, die im Kleinen oder Großen *Neue Karte der Weltwunder* unterstützt haben, darunter Meg Berlin, Robert Butler, Ian Christie, Sheila Dillon, Chris Goodall, David Hough, Roman Krznaric, Sarah Laird, Pedro Moura Costa, Kate Raworth, Paul Stiga und Marina Warner.

Dank unter anderem an Peter Abrahams, Rebecca Abrams, Caspar Addyman, Phil Agland, Mark Anthony, Sonia Antoranz Contera, Anthony Barnett, Richard Berry, Matthew Bevis, James Bradley, Mark Brickman, Harvey Brown, Jorge Cabadas, Thomas Cabot, Susan Canney, Jo Cartmell, Barbara Casadei, Melanie Challenger, Nic Compton, Nick Cope, Tan Copsey, Jon Corbett, Julian Cottee, Miriam Darling, Sally Davies, Ken Dixon, Athene Donald, Danny Dorling, Steve Drummond, Jules Evans, Martyn Evans, Nick Forrester, Charles Foster, Gavin Francis, Darwin Franks, Marshall Ganz, Sam Geall, Ed Gillespie, Tom Goreau, Loren Griffith, Sam Guglani, Jon Halperin, Thomas Harding, Tim Harford, Roger Harrabin, Dennis Harrison, Ben Hennig, Judith Herrin, Steve Hicks, Laurence Hill, Isabel Hilton, Roland Hodson, Richard Holloway, Sara Holloway, Finn Jackson, Paul Kingsnorth, Justine Kolata, Charlie Kronick, Sally Lane, Antonia Layard,

Rosemary Lee, John Letts, Mark Lynas, Richard Mabey, Robert Macfarlane, Richard Madden, Lambros Malafouris, Alberto Manguel, Pippa Marland, Harry Marshall, Maury Martin, Susan Miller, Fran Monks, Hugh Osborn, Maria Padget, John Parham, Stuart Paterson, Jan Pedersen, Ben Pope, Max Porter, Matt Prescott, Philip Pullman, David Pyle, Karthik Ramanna Adam Ramsay, Andrew Ray, Philip Read and Manchoir, Adam Ritchie, Callum Roberts, Nick Robins, Oliver Robinson, Yazaan Romahi, Mike Rossi, Jonathan Rowson, Noemi Roy, Caleb Scharf, Louis Schwizgebel, Michael Segal, Natalie Shaw, John Shea, Iain Sinclair, Joe Smith, Amia Srinivasan, Veronica Strang, John Sutherland, Balasz Szendroi, Hanne Thoen, Sam Thompson, Alison Tickell, Oliver Tickell, Peter Trawny, Maya Tudor, Dominick Tyler, Renata Tyszczuk, Fran van Dijk, Zool Verjee, Tilman Vogt, John Walker, Martin Ward, Hugh Warwick, Christopher Whalen, Ben Wilmore, Alan Winfield, Chris Wood, Andrea Wulf und Xiao Xiao Zhu.

Aún aprendo

Bildnachweise

Verlag und Autor haben sich bemüht, die Inhaber der Rechte der hier abgedruckten Bilder zu ermitteln. Bei Kenntnis von Versäumnissen bitten wir, den Verlag zu kontaktieren, damit die Rechte im Rahmen der üblichen Regularien abgegolten werden können.

S. 2 Henry Holiday, Illustration in The Hunting of the Snark von Lewis Carroll. Gemeinfrei, zugänglich in Wikimedia Commons.

S. 14 Cueva de las Manos, Río Pinturas. UNESCO Creative Commons Attribution-ShareAlike 3.0 IGO, {http://whc.unesco.org/en/list/936}, letzter Zugriff 3.7.2019.

S. 26 Albrecht Dürer, *Melencolia I*. Gemeinfrei, zugänglich in Wikimedia Commons.

S. 44 Olaf Rømer, Diagramm zur Messung der Lichtgeschwindigkeit. Ein Diagramm von Jupiter (B), der seinen Mond Io (DC) in seinen Schatten stellt, aus verschiedenen Punkten der Laufbahn der Erde um die Sonne gesehen. Olaf (Ole) Rømer, Demonstration tovchant le mouvement de la lumiere trouvé par M. Rømer de l'Academie Royale des Sciences, December 7, 1676. Gemeinfrei, zugänglich in Wikimedia Commons.

S. 47 Philip Ronan und Gringer, Sichtbares Licht als Anteil des elektromagnetischen Spektrums. Copyright © Philip Ronan, Gringer / Wikimedia Commons 2013. CC-BY-SA-3.0.

S. 50 Roland Deschain, Rhodopsin. Gemeinfrei, zugänglich in Wikimedia Commons.

S. 53 Ben Conrad, Frontansicht von Ben Conrad mit Lochmusteranzug und Helm mit 135 Kameras (1994). Courtesy Palace of the Governors Photo Archives (NMHM/DCA), HP.2012.15.1398.

S. 61 Marin Cureau de la Chambre, Regenbogen. In: Carl B. Boyer, *The Rainbow. From Myth to Mathematics*, Princeton 1987.

S. 61 René Descartes, Regenbogen. Gemeinfrei, zugänglich in Wikimedia Commons.

S. 62 Thomas Young, Doppelspaltexperiment. Gemeinfrei, zugänglich in Wikimedia Commons.

S. 65 Isaac Newton, Newtons Farbkreis. Gemeinfrei, zugänglich in Wikimedia Commons.

S. 69 Leonardo da Vinci, Erdschein-Skizze. Illustrationen einschließlich der Skizze des Erdscheins aus Leonardo da Vincis *Codex Leicester*.

S. 71 Galileo Galilei, Sonnenflecken. Abbildungen bereitgestellt von *The Galileo Project* und entnommen aus Owen Gingerichs Exemplar der ersten Ausgabe der *Istoria e Dimostrazioni*.

S. 72 Athanasius Kircher, *Schema Corporis Solaris in Mundus Subterraneus*. The Bodleian Libraries, University of Oxford, Douce K 148, Illustration auf S. 64 f. (Tomus I. 180).

S. 82 f. Vom Verlag nach Autorenvorgaben gezeichnet.

S. 89 Schwarzlochabflüsse von Centaurus A. Copyright ESO/WFI (Optical); MPIfR/ESO/APEX/A. Weiss et al. (Submillimetre); NASA/CXC/CfA/R. Kraft et al. (X-ray).

S. 90 Jean-Pierre Luminet, *Schwarzes Loch* (1978), Reproduktion mit freundlicher Genehmigung von Jean-Pierre Luminet.

S. 100 Vom Verlag neu gezeichnet auf der Grundlage dieses Originals: NASA (Jennifer Johnson), Herkunft der Elemente im Sonnensystem, Copyright © ESA/NASA/AASNova. Grafik erstellt von Jennifer Johnson.

S. 101 HL Tauri. Copyright ALMA (ESO/NAOJ/NRAO).

S. 103 Theia. Copyright © NASA/JPL-Caltech.

S. 111 Athanasius Kircher, *Erde (Feuer)* in *Mundus Subterraneus*. The Bodleian Libraries, University of Oxford, Douce K 148, Illustration auf S. 114 f. (Tomus I v.15).

S. 112 Athanasius Kircher, *Erde (Wasser)* in *Mundus Subterraneus*. The Bodleian Libraries, University of Oxford, Douce K 148, Illustration auf S. 180 f. (Tomus I 64).

S. 116 f. Wichtige Pfade in einer Zelle. Copyright © 2017 F. Hoffman-La Roche Ltd.

119 Wilson Bentley, Schneeflocken. Photos: Wilson Bentley Digital Archives of the Jericho Historical Society, {snowflakebentley.com}, letzter Zugriff 3.7.2019.

S. 120 NASA, Barchan-Dünen auf dem Mars. Copyright NASA/ JPL/University of Arizona. Nachdruck mit freundlicher Genehmigung.

S. 122 Schallwellen auf einer Chladni-Platte. {https://physics.stackexchange.com/questions/90021/theory-behind-patterns-formed-on-chladni-plates}, letzter Zugriff 3.7.2019.

S. 124 f. Hand- und Armgrafik für die Tiefenzeit. Vom Verlag neu gezeichnet mit Änderung des Autors, auf Grundlage von: {http://nautil.us/issue/17/big-bangs/the-greatest-animal-war}, letzter Zugriff 3.7.2019.

S. 129 Grafiken von RNS und DNS. Sponk / Wikimedia Commons / CC BY-SA 3.0.

S. 136 Bakterielles Ribosom. Copyright © David S. Goodsell und die RCSB Protein Data Bank. Nachdruck mit freundlicher Genehmigung von David Goodsell.

S. 140 ATP-Synthase. Copyright © David S. Goodsell and the RCSB Protein Data Bank. Nachdruck mit freundlicher Genehmigung von David Goodsell.

S. 150 Leonardo da Vinci, RCIN 919073, Verso: Studien zu den Herzkranzgefäßen und -klappen des Herzens, (im Verzeichnis gelistet als Recto: Schädel geteilt), Royal Collection Trust / © HM Queen Elizabeth II 2017.

S. 155 Vereinfachtes Diagramm des Herzens. Wikimedia Commons. CC BY-SA 3.0. Copyright © 2000, 2001, 2002, 2007, 2008 Free Software Foundation, Inc. Genehmigung nach den Bedingungen des GNU Free Documentation License, Version 1.3, oder jeder späteren Ausgabe durch die Free Software Foundation.

S. 158 Laurence Jackson, Regenbogen-Vogelnest, MRT von Herzfasern. Copyright © Laurence Jackson.

S. 163 Richard Wheeler (Zephyris), Hämoglobin-Molekül. Wikimedia Commons. CC BY-SA 3.0. Copyright Free Software Foundation, Inc. Genehmigung nach den Bedingungen des GNU Free Documentation License, Version 1.3, oder jeder späteren Ausgabe durch die Free Software Foundation.

S. 167 Henry Vandyke Carter, Embryonale Entwicklung des Herzens. In: *Gray's Anatomy*.

S. 175 Robert Fludd, Das göttliche Monochord. SLUB Dresden / Deutsche Fotothek.

S. 178 f. Alte Karten der Ozeanzirkulation. Reproduziert durch The Department of Rare Books and Special Collections, Princeton.

S. 180 f. NASA Perpetual. Copyright © NASA/SVS (Scientific Visualisation Studio)

S. 184 Schwarmverhalten der Stare. {www.murmuration.community}, letzter Zugriff am 3.7.2019.

S. 194 Santiago Ramon y Caja, Dendriten und das Zellgeäst. Drei Zeichnungen von Santiago Ramon y Cajal, entnommen aus dem Buch *Comparative study of the sensory areas of the human cortex*, Worcester 1899, S. 314, S. 361 und 363. Links: Nissl-gefärbter visueller Kortex eines menschlichen Erwachsenen. Mitte: Nissl-gefärbter motorischer Kortex eines menschlichen Erwachsenen. Rechts: Golgi-gefärbter Kortex eines anderthalb Monate alten Säuglings.

S. 196 Lappen der Großhirnrinde. Illustrationen von der Internetseite des University of Queensland, Brain Institute.

S. 197 Mittelhirn. Illustrationen von Anatomy & Physiology, Connexions Website. © Wikimedia Commons/OpenStax College. CC BY-SA 3.0.

S. 199 Henry Vandyke Carter, Rautenhirn mit Kleinhirm im Querschnitt. In: *Gray's Anatomy*.

S. 201 Der sensorische Homunkulus. Nachempfunden der Zeichnung aus: Wilder Penfield und Theodore Rasmussen, *The Cerebral Cortex of Man: A Study of Localization of Function*, New York 1950, S. 119.

S. 203 Gedächtnistheater. Illustration von Athanasius Kircher zu Giulio Camillos Konzept aus *L'idea del Theatro, Florenz 1550*.

S. 215 Leonardo da Vinci, RCIN 919058, Recto: Schädel geteilt. Royal Collection Trust / © HM Queen Elizabeth II 2017.

S. 216 Thomas Willis, Anatomie des Gehirns, 1664. Zur Verfügung gestellt durch das Museum of the History of Science, Oxford.

S. 217 Thomas Willis, Nervenkarte. In: Thomas Willis, *Cerebri Anatome: Cui Accessit Nervorum Descriptio et Usus*, London, 1664. Mit Erlaubnis der Lilly Library, Indiana University Bloomington.

S. 219 Gehirnströme. Vom Verlag neu gezeichnet auf Grundlage von: {www.makeuseof.com/tag/tapping-brainwaves-will-brains-soon-hackable}, letzter Zugriff am 3.7.2019.

S. 221 Santiago Ramon y Caja, Mikroskopische Gehirnstruktur, 1904. Science Source/Science Photo Library.

S. 246 Abraham Ortelius, *Islandia*. Gemeinfrei, zugänglich in Wikimedia Commons.

S. 259 Art Wolfe, Japanische Kraniche beim Tanz. Copyright © Art Wolfe {artwolfe.com}, letzter Zugriff am 3.7.2019.

S. 262 Robin Carhart-Harris, Psilocybin erhöhte Gehirnaktivität. Abbildung entnommen aus G. Petri, P. Expert, F. Turkheimer, R. Carhart-Harris, D. Nutt, P. J. Hellyer, F. Vaccarino, »Homological scaffolds of brain functional networks«, in: *Proceedings of the Royal Society Interface*, 6. Dezember 2014, Volume 11, issue 101. DOI: https://doi.org/10.1098/rsif.2014.0873

S. 280 Francisco Goya, *Aún aprendo* (Ich lerne noch). Copyright © Museo Nacional del Prado.

S. 286 Roger Penrose, Drei »Welten«. Aus: Roger Penrose, *The Road to Reality. A Complete Guide to the Laws of the Universe*, London 2004, S. 18.

S. 286 Roger Penrose, Penrose-Dreieck. Gemeinfrei, zugänglich in Wikimedia Commons.

S. 289 Hereford-Karte Mappa Mundi (ca. 1300), Hereford Cathedral.

S. 290 al-Idrisis Tabula Rogeriana (1154) [seitenverkehrt]. Gemeinfrei, zugänglich in Wikimedia Commons.

S. 291 Charles Minard, 1869, Karte mit dem Verlust an Soldaten, den Truppenbewegungen und den Temperaturen im Laufe von Napoleons Russlandfeldzug 1812/13. Gemeinfrei, zugänglich in Wikimedia Commons.

S. 292 Benjamin Hennig, Moderne Mappa mundi. Copyright © Benjamin Hennig, Worldmapper Project, {www.viewsoftheworld.net}, letzter Zugriff am 3.7.2019.

S. 299 Thomas Dawson, Linienzeichnung des Linton-Panels. Copyright © Thomas Dawson, 1987. {https://archaeology-travel.com/friday-find/linton-panel}, letzter Zugriff am 3.7.2019.

S. 303 Hōkūle'a-Sternenkompass, Polynesian Voyaging Society.

S. 306 Bibi Saint-Pol, Anaximanders Weltkarte. Abbildung von Bibi Saint-Pol, auf Grundlage einer Abbildung aus *John Mansley Robinson, An Introduction to Early Greek Philosophy*, Boston, MA, 1968. Gemeinfrei, zugänglich in Wikimedia Commons.

S. 309 EA1978.2573, Der Engel Dschibril (Gabriel) hält die acht himmlischen Sphären des Ptolemäischen Systems. Seite aus einem Manuskript des Aja'ib al-Makhluqat (*Wunder der Lebewesen*) von Zakariya ibn Muhammad al-Qazwini. Abbildung © Ashmolean Museum, University of Oxford.

S. 314 Thomas Wright, Galaxiemodelle. The Bodleian Libraries, University of Oxford, Rigaud d. 170, Plate XXVII.

S. 319 Eine Brücke zwischen zwei Galaxien. Von NASA, ESA und the Hubble Heritage Team (STScI/AURA). Gemeinfrei, zugänglich in Wikimedia Commons.

S. 320 Szene aus *Roundhay Garden Scene*. National Science and Media Museum, Bradford.

S. 323 David Parker, *Oracle 1*. Reproduktion mit freundlicher Genehmigung von David Parker.

S. 329 Alexander von Humboldt, Verteilung der Pflanzen im äquinoktialen Amerika, nach der Höhe über dem Meeresspiegel. Gezeichnet von George Aikman. Aus: Alexander von Humboldt, Physikalische Geografie, Berlin 1839. Copyright © Geographicus/Wikimedia Commons.

S. 331 Galileo Galilei, Zeichnungen des Mondes. Aus: Galileo Galilei, Sidereus Nuncius, Venedig 1610. Gemeinfrei, zugänglich in Wikimedia Commons.

S. 332 Martin Gusinde, Telil, Shenu. Martin Gusinde, Télen, nördliche Shoort, Sénu, westliche Shoort. Copyright © 1923 Martin Gusinde, Anthropos Institut, Éditions Xavier Barral.

S. 334 Neu gezeichnet vom Verlag auf Grundlage eines Details der Hereford-Karte Mappa Mundi. Hereford Cathedral.

S. 343 Umfassender Weltraumplan. Copyright © Rockwell International, Space Transportations Systems Division.

S. 351 Wendelstein 7-X Stellarator. Abbildung mit freundlicher Genehmigung des Max-Planck-Instituts für Plasmaphysik.

S. 355 Reuben Wu, Solarmodule. Crescent Dunes Solar Energy Project © Reuben Wu 2017.

S. 357 Darius Siwek, Künstliches Blatt. Copyright © Californian Institute of Technology. Grafik von Darius Siwek.

S. 359 Extreme Deep Field (2012), Hubble geht ins eXtreme, um den bis dato tiefsten Blick in das Universum zu werfen. Copyright © NASA; ESA; G. Illingworth, D. Magee, and P. Oesch, University of California, Santa Cruz; R. Bouwens, Leiden University; HUDF09 Team.

S. 380 Murray Shanahan, Alle möglichen Ausprägungen von Bewusstsein in einem zweidimensionalen Feld. Copyright © Murray Shanahan, »Conscious Exotica«. In: Aeon magazine, October 2016.

S. 384 Grafik der realen Produktionsleistung und Beschäftigung im verarbeitenden Gewerbe der USA 1980–2015. Vom Verlag neu gezeichnet. Daten entnommen von The Brookings Institute.

S. 394 Pfahl auf Maplin Sands. Fotografie des Autors.

S. 399 Paul Klee, *In Engelshut*. Bereitgestellt für Wikimedia Commons durch das Solomon R. Guggenheim Museum im Rahmen eines Kooperationsprojektes. Solomon R. Guggenheim Museum, New York Estate of Karl Nierendorf, durch Kauf.

Register

C

D

F

G

I

J

Q

R

Erste Auflage Berlin 2020

Copyright © der deutschen Ausgabe 2020
MSB Matthes & Seitz Berlin Verlagsgesellschaft mbH
Göhrener Str. 7, 10437 Berlin
info@matthes-seitz-berlin.de

Copyright © der englischen Originalausgabe 2017
A New Map of Wonders: A Journey in Search of Modern Marvels
Granta Books, London

Alle Rechte vorbehalten.

Einbandgestaltung: Tom Mrazauskas, Berlin
unter einer Verwendung der Vorlage von Stephen Parker
Satz und Gestaltung: Tom Mrazauskas, Berlin
Druck und Bindung: Pustet, Regensburg

ISBN 978-3-95757-784-9

www.matthes-seitz-berlin.de